Clean and Efficient Coal-Fired Power Generation Technologies

高效清洁燃煤发电技术

王卫良　吕俊复　倪维斗◎著

中国电力出版社
CHINA ELECTRIC POWER PRESS

内 容 提 要

针对高效清洁燃煤发电技术的重大需求，本书分别从中国燃煤发电发展概述、高效燃煤发电技术、热电联产节能减排技术、燃煤发电污染物控制技术和智能发电技术等五个角度，系统讨论了高效燃煤发电技术的发展历程、关键技术及今后的重点发展方向。

全书包括五篇，共计 14 章。第一篇“燃煤发电发展概述”包括第 1～4 章，主要通过燃煤发电工业的历史发展与综合数据分析，系统阐述了中国燃煤发电的发展概况。第二篇“高效燃煤发电”包括第 5～8 章，结合基础理论和技术研究，深入讨论了中国燃煤发电的能效现状、能效评价方法、节能潜力和重点高效燃煤发电技术。第三篇“热电联产与节能减排”包括第 9～11 章，同样基于基础理论和技术研发，重点分析了中国燃煤发电热电联产在节能减排方面的重要意义、关键技术及未来发展方向。第四篇“燃煤发电污染物控制”包括第 12、13 章，分别从宏观发展和技术路线方面系统介绍了中国燃煤发电行业污染物控制的发展过程与现状和污染物控制的发展方向。第五篇“智能发电”包括第 14 章，综合讨论了中国燃煤发电领域信息控制技术的发展历程，并提出智能发电的发展方向。

本书内容丰富，深入浅出，涉及行业综合研究、基础理论、关键技术和行业发展战略，涵盖了中国电力行业近几十年来的主要理论创新、技术发展和关键应用成果，具有显著的创新性和较高的实验性。

本书可作为高等院校热能与动力工程等专业本科生及研究生的教材或教学参考书，也可作为从事燃煤发电领域的专业技术人员的参考书，还可供电力行业相关管理人员、政府管理部门管理人员参考。

图书在版编目（CIP）数据

高效清洁燃煤发电技术/王卫良，吕俊复，倪维斗著．—北京：中国电力出版社，2020.9

ISBN 978-7-5198-2715-1

Ⅰ．①高…　Ⅱ．①王…②吕…③倪…　Ⅲ．①燃煤发电厂－无污染技术　Ⅳ．①TM621

中国版本图书馆 CIP 数据核字（2018）第 272569 号

出版发行：中国电力出版社
地　　址：北京市东城区北京站西街 19 号（邮政编码 100005）
网　　址：http://www.cepp.sgcc.com.cn
责任编辑：畅　舒
责任校对：黄　蓓　常燕昆
装帧设计：张俊霞
责任印制：吴　迪

印　　刷：三河市万龙印装有限公司
版　　次：2020 年 9 月第一版
印　　次：2020 年 9 月北京第一次印刷
开　　本：787 毫米×1092 毫米　16 开本
印　　张：19.25
字　　数：441 千字
印　　数：0001—1000 册
定　　价：108.00 元

序

长期以来，燃煤发电一直是世界电源结构的重要组成部分，更是我国电力工业的主体。在改革开放以来的四十年时间内，中国燃煤发电工业通过产、学、研、用等的不懈努力，取得了辉煌的成绩，并在装备制造、运行管理和节能减排等多个方面都引领了世界燃煤发电的发展方向。面对世界能源结构的重大调整，尤其是风能、太阳能等可再生能源电力飞速发展带来的冲击，燃煤发电工业该如何继续发挥关键性作用，如何在节能减排领域继续做出更大的贡献，是一个关系国家乃至世界能源与电力发展的重要问题。

通过过去数十年间中国燃煤发电机组节能减排的系统研究可知，发展高参数/大容量先进燃煤发电机组、淘汰落后产能、节能减排技术的推广应用和经营管理水平的提升等，是中国燃煤发电在节能减排方面取得辉煌成就的关键，而发展先进节能减排技术是贯穿上述几个影响因素的内在核心。基于多年的理论研究、科技研发等大量工作，本书系统研究了中国燃煤发电节能减排的潜力，提出了一系列燃煤发电节能减排技术方案，并逐个分析了各个技术方案的理论效果，进而指出了燃煤发电节能减排的重点发展方向。

基于系统研究，若我国燃煤发电行业继续合理推动产业升级，淘汰落后产能，推动热电联产，至少还可以降低全国供电煤耗20g/kWh 以上。若结合本书介绍的燃煤发电节能减排关键技术方案，进一步推进技术研发，使其全面推广应用于我国燃煤发电机组，则我国燃煤发电机组的供电煤耗还可下降 30g/kWh 以上。然而，截至2017 年年底，我国燃煤发电行业 NO_x、SO_2 和烟尘的年排放量已分别降低至 114 万、120 万 t 和 26 万 t，仅分别占全国总排放量的 2%～7%，可挖掘空间太小。若可将电力行业污染物治理的经验推广至热力、钢铁、水泥等其他主要燃煤工业，预计 NO_x、SO_2 和烟尘每年可分别降低 700 万～800 万 t，对全国污染物排放控制意义重大。

本书中所涉及的部分科技成果，已在中国燃煤发电行业得到广泛推广应用，使得大量燃煤发电机组的能耗大幅下降，污染物排放得到有效控制，有力地推动了我国节能减排事业的发展。还有大量研究成果，尚处于概念设计和技术研发阶段，其具体方案是否可行，应用效果到底如何，还有待于我国燃煤发电各界同仁共同努力。

倪维斗

2019 年 11 月于清华园

前 言

电力工业是国民经济发展的动力。受我国煤炭资源的天然禀赋影响，燃煤发电无论是装机容量，还是发电量，都是我国电力工业的主体，也是我国化石能源第一消耗大户，且在可预见时期内无法改变。面对日趋严峻的能源短缺、环境恶化等问题，习近平总书记提出加快推动能源生产和消费革命的要求。开展高效清洁燃煤发电是我国能源生产和消费革命的重中之重，对我国的节能减排事业意义重大。

近十几年来，作者针对燃煤发电节能减排理论创新和技术研发开展了大量研究工作，联合中国能源研究会、中国电力企业联合会、电力规划设计总院、中国电力工程顾问集团、三大发电设备制造基地、五大发电集团等十余家单位的五十余名专家学者，针对中国燃煤发电节能减排的中长期发展战略开展了深入研究，取得了一系列原创性研究成果。

基于近十年来针对燃煤发电节能减排开展的理论研究、技术研发，以及近几年针对中国燃煤发电节能减排开展的战略研究，本书分别从燃煤发电发展概述、高效燃煤发电、热电联产与节能减排、燃煤发电污染物控制和智能发电五个篇章，讨论了高效燃煤发电技术的历史、现状，以及未来的发展方向。其中第一篇“燃煤发电发展概述”包括 4 个章节，分别通过中国燃煤发电工业的发展概况、燃煤发电的发展与能耗、淘汰落后产能与节能降耗，以及国内外燃煤发电技术的对比等讨论，系统阐述了中国燃煤发电的发展历程与历史坐标。第二篇“高效燃煤发电”包括 4 个章节，分别通过中国燃煤发电的能效状况、燃煤发电的能效评价方法、燃煤发电的能量转化和高效燃煤发电技术等研究，系统讨论了中国燃煤发电的能效现状、能效评价方法、节能潜力和可开发的高效燃煤发电技术。第三篇“热电联产与节能减排”包括 3 个章节，主要从高效热电联产技术、热电解耦与节能减排和热电联产的发展方向三个角度系统讨论了中国燃煤发电热电联产在节能减排方面的重要意义，以及未来发展方向。第四篇“燃煤发电污染物控制”包括 2 个章节，系统介绍了中国燃煤发电行业污染物控制的发展过程与现状和污染物控制的系列技术路线。第五篇“智能发电”只包括 1 个章节，主要简单介绍了中国燃煤发电领域信息控制技术的发展历程、对节能减排的影响，以及未来的发展展望。

本书由王卫良、吕俊复、倪维斗共同编著，王卫良统稿。编著过程中，得到岳光溪院士的指导和大力支持。还有其他同志也参与了编写，其中周霞、李建锋参与了中国燃煤发电概述部分的内容整理，王玉召和仇晓智参与了高效燃煤发电技术部分的理论推导和数据采集，张攀参与了热电联产与节能减排部分技术方案优化和参数计算，李博和姚宣参与了燃煤发电污染物排放控制部分的资料收集和数据整理。

来自中国电力企业联合会、电力规划设计总院、国电科学研究院、华北电力科学研究院、北京国电龙源环保工程有限公司等的同仁们也提供了诸多帮助，限于篇幅，不一一列举。在此，一并表示谢忱！

感谢杜祥琬、谢克昌、彭苏萍等十余位院士对高效清洁燃煤发电技术研究工作的指导和高度评价。

本书是作者十余年来相关研究的总结。高效清洁燃煤发电技术是发展中的技术。限于水平，本书肯定存在不妥之处，恳请同行不吝指正。

编著者

2019 年 11 月

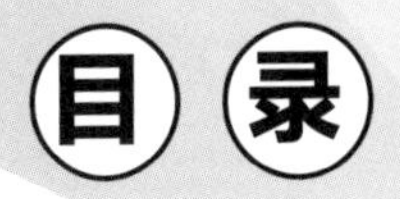

目录

第三篇 热电联产与节能减排

第四篇 燃煤发电污染物控制

第五篇 智 能 发 电

第一篇
燃煤发电发展概述

第 1 章　燃煤发电发展概况

1.1　中国电源的基本构成

我国一次能源的特点是“多煤、缺油、少气”，煤炭是我国最主要的化石燃料。燃煤发电一直占据我国电源结构的主体地位。相对而言，我国水资源也比较丰富，水力发电自新中国成立以来一直是燃煤发电的重要补充。作为一个铀资源匮乏的国家，虽然 20 世纪 80 年代就采用自主研发技术建造首台核能发电站（秦山核能发电站），后来又引进法国、俄罗斯等国家技术建造大亚湾、岭澳、田湾等核能发电站，但核能发电机组一直没有在我国大规模发展。在除水力之外的可再生能源方面，我国因幅员辽阔、海岸线长，风能资源比较丰富。1989 年我国第一台风力发电站并网发电，虽然开始发展较慢，到 2007 年后却异军突起，成为我国可再生能源电力的主要组成。我国主要处于温带和亚热带地域，太阳能资源比较丰富。太阳能发电从 2010 年开始规模发展，近几年发展异常迅猛。根据国家中长期发展规划，以风能和太阳能为代表的可再生能源发电有望在不远的未来超过燃煤发电总装机，成为我国电源结构的主要组成。即便如此，由于可再生能源资源的不稳定性，其发电机组的可利用小时数较低。为此，在今后相当长的一段时间内，燃煤发电依然是我国最主要的电源。

一般而言，火力发电包括燃煤发电、燃油发电、燃气发电、生物质发电等。但由于长期以来，受资源禀赋影响，中国的火力发电一直以燃煤发电为主，燃油发电、燃气发电在火力发电机组占比很小。图 1-1 给出了新中国成立以后我国火力发电装机容量及其发电量在全国总量中所占的比例情况。从图 1-1 可以看出，在新中国成立初期，我国的火力发电机组占总装机容量的 90%以上。后来随着我国水利水力发电技术的发展，全国范围内大规模兴建水力发电机组，使得火力发电总装机容量占比在 20 世纪 70、80 年代长期处于 70%左右。如，1978 年我国发电总装机容量为 5712 万 kW，只有火力发电和水力发电两种形式，分别占 69.75%和 30.25%，且火力发电机组中 90%以上为燃煤发电机组。

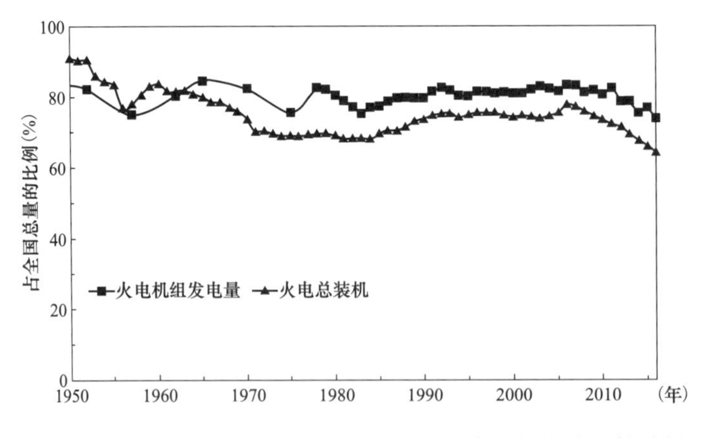

图 1-1　火力发电装机容量和发电量分别占全国相应总量的份额

后来燃煤发电装机发展较快，相比之下水力发电装机容量所占比例呈逐年下降趋势。到1993年，我国总装机容量为18291万kW，其中火力发电占75.6%，水力发电占24.4%。随后在“九五”“十五”“十一五”期间，我国火力发电机组占总发电装机的比例长期维持在75%左右。在2003～2005年的电荒后，作为火力发电的主体，燃煤发电于2005～2006年呈现出井喷式发展，这两年装机容量年增长率分别达到了18.8%和23.7%。火力发电机组占总装机容量的比重也在2006年一度达到77.8%，其中燃煤发电机组占总装机容量的比重也达到77.1%。

同时，与水力发电、风力发电、太阳能发电等可再生能源“靠天吃饭”的情况不同，火力发电几乎不受季节、环境等影响，可长期根据需要调节总发电量，因而平均利用小时数相比于水力发电、风力发电和太阳能等较高，导致其发电量的比例可长期保持比装机容量高的状态。从发电量的比例变化情况来看，虽然在20世纪70、80年代火力发电机组装机容量比例曾有较大幅度下降，但其发电量的占比并没有明显下滑。近几年虽然可再生能源发展导致火力发电机组装机容量比例大幅下降，但火力发电机组的发电量比例下降速度则相对较缓。总的来看，火力发电机组发电量的比例比装机容量比例长期高5%～10%，且呈现装机容量比例越低，发电量与装机容量比例的差额越大的现象。

2007年以后随着国家对节能减排的日趋重视，风能、太阳能等可再生能源发电得到了大力推动。图1-2所示为近十年来我国电源结构的发展变化情况。可见，从2007～2012年风力发电装机逐年以50%～100%的速度飞速增长；近年来增长速度逐渐趋于平稳。经过10年的时间，风力发电装机容量从2007年的420万kW已经增长至2017年的16367万kW，占总装机容量的比例也从0.5%增长到9.2%。太阳能发电则从2011年以后开始井喷式发展，仅7年时间总装机容量几乎从零增长到13025万kW，占国内发电总装机容量的比例达7.3%。水力发电装机总体长期保持与总装机同步增长的趋势，装机比例一直维持在20%左右。

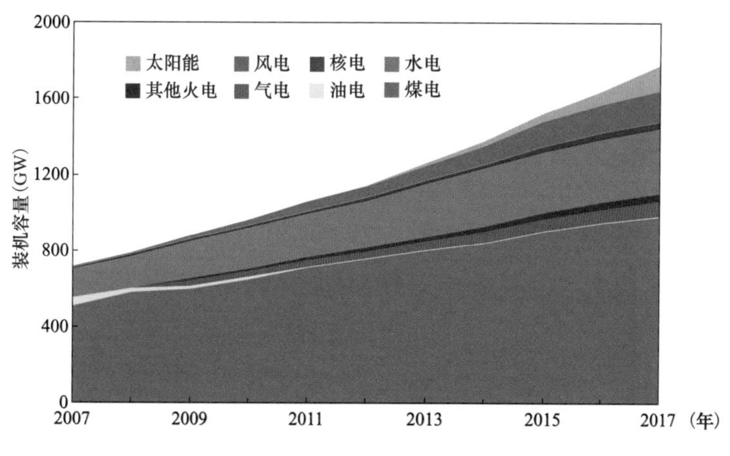

图1-2　近十年来我国电源结构的发展情况

近年来，为应对温室气体排放带来气候变化，全球范围内加紧国际合作，中国政府在《中美气候变化联合声明》中首次正式提出2030年中国温室气体排放达到峰值的目标。为此，控制化石能源消费总量，推进电力产业结构调整成为必要举措。为实现上述目标，我国政府大力推动风力发电、太阳能发电等可再生能源的发展，加快优化能源结构。而燃煤发电机组的发展受政府的总体控制，增长速率在近十年内逐渐从 2007 年的 15%逐渐下降至 2017 年的 4%。然而由于新增可再生能源电力的利用小时数较低，虽然燃煤发电机组装机容量占我国发电机组总装机容量的比例已于 2017 年降低至 55%左右，但其发电量占我国总发电量的比例仍然维持在 63%左右。

从电源特征上来看，水力发电相对于燃煤发电更容易调控，只要在水库容量满足情况下可快速响应电网调频和调峰的需求，但水力发电的负荷受季节（枯水期和汛期等）影响较大。核能发电机组虽然可以调峰，但考虑到安全和容量小等问题，国内核能发电机组一般只承担基本负荷。风力发电受环境不稳定的风向、风力等影响，间歇性、波动性的特点较强，自身供电品质不稳定，需要依赖其他电源进行调峰。燃煤发电的调峰性能比较好，只要燃料充足，机组一般可根据电网需求在 50%～100%之间灵活调整，若开展灵活性改造，还有较大挖掘空间。

由此，根据我国电力装机容量的比重，一般情况下水力发电在季节内承担主要调峰作用，燃煤发电辅助调节；在全年周期来看，燃煤发电起主要调节作用，以配合水力发电的季节性特点。而核能发电和风力发电在条件允许情况下分别带基本负荷和环境负荷。这也侧面说明火力发电机组承担了更大的调峰任务，其对维持电网稳定，有效吸收可再生能源电力，发挥着重要作用。

1.2 燃煤发电在我国经济发展中的地位

习近平总书记在中央财经领导小组第六次会议上强调，能源安全是关系国家经济社会发展的全局性、战略性问题，对国家繁荣发展、人民生活改善、社会长治久安至关重要。面对能源供需格局新变化、国际能源发展新趋势，保障国家能源安全，必须推动能源生产和消费革命。随着能源消费的快速增长，能源问题已成为制约经济发展的主要因素之一。长期以来，煤炭资源消费一直占据我国能源资源消费的主体地位。而对于一次能源消耗大户的电力行业，煤炭责无旁贷作为最主要一次能源长期支撑了中国电力工业的发展。电力又作为主要的二次能源，长期支撑了中国经济的高速发展。

煤炭作为我国最主要的化石能源，长期供应全国 70%左右的能源总消费。燃煤发电作为中国最主要的电源，长期供应全国 80%左右的电力消费。

近年来，国家大力推进风能、太阳能等可再生能源的利用，使得我国煤炭消费占总能源消费的比重，以及电力生产中燃煤发电的比例呈逐渐下降趋势。

根据国家统计局数据，2016 年我国能源消费总量 43.6 亿吨标准煤，其中煤炭消费总量达 26.8 亿吨标准煤，仍占我国能源消费总量的 61.5%左右。图 1-3 给出了我国 2016 年煤炭消费的分布情况，可见该年我国的电力生产消费了 12.66 吨标准煤，约占全国煤炭总消费的 47%。根据中国电力统计数据，2016 年中国燃煤发电机组的发电量占据全国总发电量的 73.8%左右。

改革开放以来，我国国民经济持续高速发展，经济总量不断跃上新台阶。图 1-4 是根据 1980～2016 年全国总发电量与国内生产总值年度数据制作的图表。从图 1-4 可以看出，

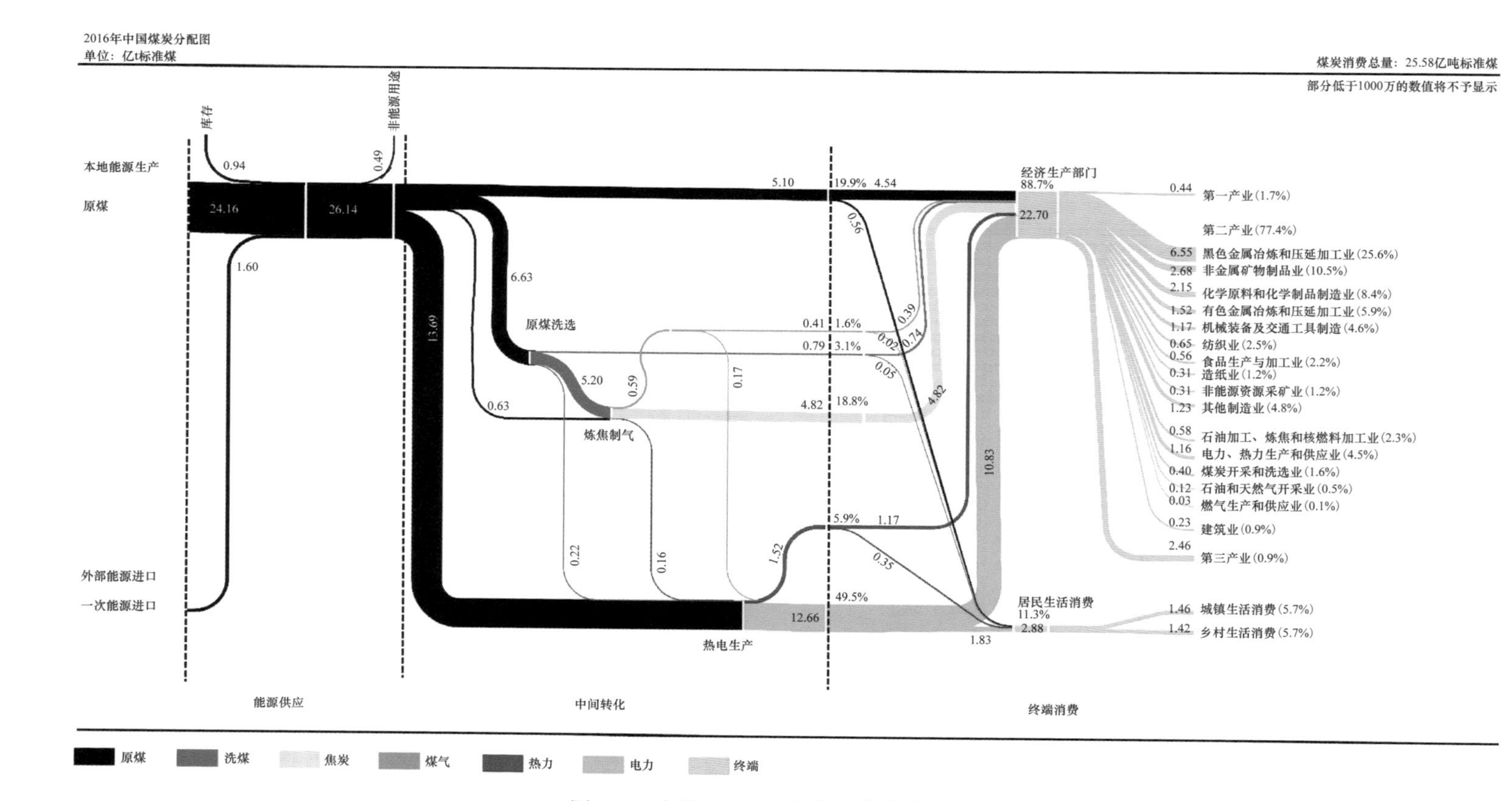

图 1-3　中国 2016 年能源消费分布图

1980～2016年，我国GDP年均增长约9%。1980年全国GDP约4545亿元，经过“六五”“七五”，实现了翻两番，到1990年接近1.9万亿元，刨去通货膨胀的影响，约为1980年的1.4倍。经过“八五”“九五”2000年我国GDP达到9.9万亿元，刨去通货膨胀的影响，约为1990年的2.7倍。又经过“十五”“十一五”，到2010年我国GDP达到40万亿元，刨去通货膨胀的影响，约是2000年的2.5倍。截至2016年年底，我国GDP总量已达到74.4万亿元，是1980年的164倍，刨去通货膨胀的影响，也达到1980年的24倍左右。

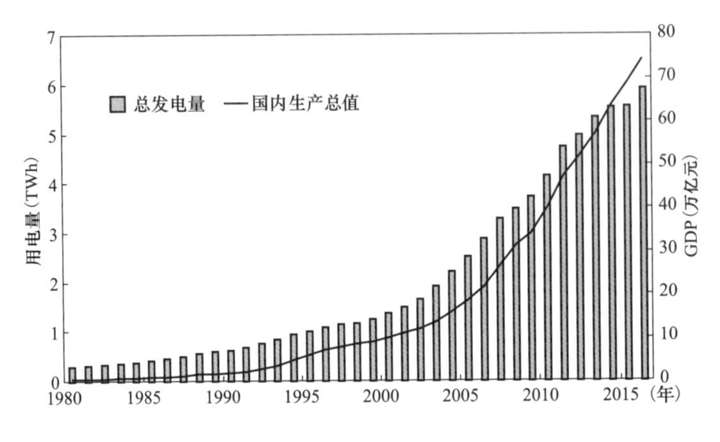

图1-4　1980～2016年总发电量和国内生产总值的增长情况

为了支撑经济的高速发展，我国的电力装机和年发电总量也持续飞速增长。从图1-4中每年全国总发电量（即全国社会总用电量）的情况可以看出，1980年我国全年发电量为3006亿kWh，1990年增加到6213亿kWh，十年增长1.06倍，支撑了我国经济总量约1.4倍的增长。2000年我国全年发电量为13684亿kWh，相比1990年全年发电量增长1.2倍，支撑了我国经济总量相应增长约1.7倍。2010年我国全年发电量为41413亿kWh，相比2000年全年发电量约增长2.0倍，支撑了我国经济总量相应增长1.7倍。“十二五”期间经济相对放缓，2015年我国的发电量为55500亿kWh，相比2010年增长约34%，支撑了“十二五”期间经济总量相应增长约35%。

电力工业是经济发展的基本保障。从1980～2016年，我国全社会用电量增长近20倍，年均增长8.7%。而相应经济总量，刨去通货膨胀后，折算约增长24倍，年均增长9.3%。可见，电力发展的速度和经济增长基本保持同步发展。但由于社会整体能源利用效率的提高，以及社会经济结构从高能耗逐渐向低能耗方向转型，使得社会用电的增长速度低于经济发展的速度。总体来看，燃煤发电作为我国电源结构的主要构成，是经济发展、社会进步，和人民生活不断提高的根本保障。

1.3　未来电源结构的发展预测

党的十九大提出，到21世纪中叶要实现三个目标，即2020年全面建成小康社会，实现第一个百年奋斗目标；到2030年基本实现社会主义现代化；到21世纪中叶建成富强民主文明和谐美丽的现代化社会主义强国。并指出要转变发展方式、优化经济结构、转换增长动力，实现经济发展从高速增长阶段向高质量发展阶段的转型。结合国内外学者研究，预测2030年之前我国GDP的增长速度平均为6%左右，2031～2050年之间GDP的增长速度平均为3.5%左右。则2030年和2050年我国GDP总量将分别达到140亿元和280亿元（按2010年基准折算）。

基于国家经济的中长期发展，结合电力发展“十三五规划”及国家电力规划研究中心对中长期电力能力与发展需求的研究，对中国用电需求及电力结构的发展情况进行保守预测如图1-5所示。到2030年我国社会用电量达到10.5万亿kWh，二氧化碳排放总量达到107亿～120亿t的峰值，总装机容量达到31亿kW左右。其中燃煤发电总发电量按7万亿～8万亿kWh计，折合装机容量13.5亿kW，占全国发电总装机容量的43.5%。水力发电、燃气发电、核能发电、风力发电、太阳能发电和储能发电装机容量分别达到4.5、2、2、4、3亿kW和1.5亿kW，其中可再生能源发电装机比例达到37%左右。到2050年全社会用电量达到13万亿kWh，总装机容量达到45亿kW左右。随着燃煤发电技术进步，在二氧化碳排放总量维持逐渐下降的前提下，燃煤发电装机容量到2050年可发展到15亿kW，占全国发电总装机容量的33.3%。而水力发电、燃气发电、核能发电、风力发电、太阳能发电和储能发电装机容量则分别发展到5.4亿、3亿、4亿、7亿、7亿kW和3亿kW，可再生能源发电装机比例达到43%左右。

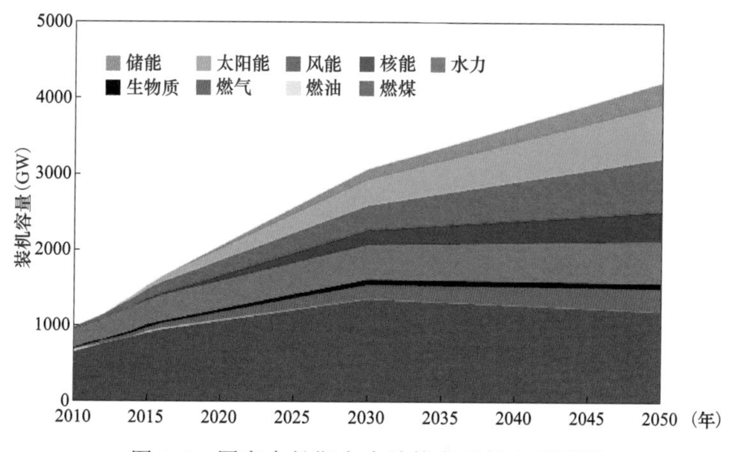

图1-5　国家中长期电力结构发展保守型预测

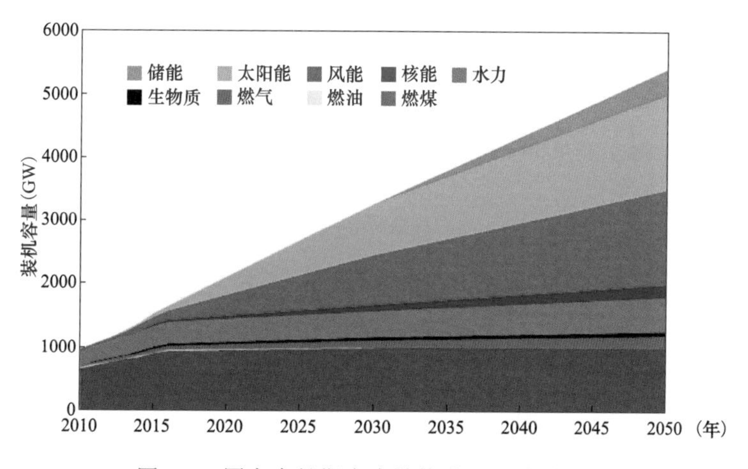

图1-6　国家中长期电力结构发展开放型预测

根据国家经济发展的基本趋势，如果采用可再生能源发展的开发性预测方案，如图 1-6 所示，到 2030 年我国社会用电量仍然按 10.5 万亿 kWh 计，总装机容量达到 32 亿 kW 左右。其中燃煤发电装机容量为 12 亿 kW，占全国发电总装机的 37.5%。而水力发电、燃气发电、核能发电、风力发电、太阳能发电和储能发电装机容量分别达到 4.8、1.2、1、6、4 亿 kW 和 1.8 亿 kW，可再生能源发电装机比例累计达到 47%左右。到 2050 年全社会用电量达到 15 万亿 kWh，总装机容量达到 55 亿 kW 左右。随着调峰技术的大幅提升，燃煤发电装机容量到 2050 年可逐渐降低至 9 亿 kW，占全国发电总装机的 16.3%。而水力发电、燃气发电、核能发电、风力发电、太阳能发电和储能发电装机容量则分别发展到 5.4、2、2、15、15 亿 kW 和 5.8 亿 kW，可再生能源发电装机比例累计达到 64%左右。

综上可见，无论在哪种情景下，燃煤发电装机占全国总装机的比例都面临大幅下降的局面。煤炭资源是我国化石能源的主体，而燃煤发电又是煤炭高效清洁利用的最主要形式。随着风能、太阳能等可再生能源发电装机比例的大幅上涨，燃煤发电的供电比例必将持续下降。然而，由于可再生能源稳定性差等特点，燃煤发电将承担越来越重要的调峰作用。燃煤发电在我国电源结构中的地位必将逐渐从当前的主导地位向基础地位转变。从某种意义上看，燃煤发电未来的功能定位或将面临从主要电源供应向关键电源保障方向发展，在我国电源结构中发挥更加重要、更加丰富的作用。

第 2 章 燃煤发电的发展与能耗

2.1 中国电力事业发展的早期阶段

电力在中国的应用最早可追溯至 1879 年，上海公租界为迎接美国前总统尤利西斯•格兰特（U.S.Grant，1822-1885），在中国试燃了第一盏电弧灯。1882 年英国商人立特儿（R.W.Little）等在上海集资兴办上海电光公司（一说上海电气公司），在南京路投资建成 12kW 容量的直流发电厂，这标志着中国大陆第一家电能生产企业诞生。

1884 年中国从丹麦购买 15kW 容量的交流发动机，在西苑（今中南海）建立西苑电灯公所，是中国人利用电能的开端。随着西方帝国主义国家在中国大量投资工业，许多外商在广州、天津、上海、福州、青岛、汉口等通商口岸和租界内大量兴建电能生产企业。俄罗斯则在东北哈尔滨、长春、铁岭、大连等中东铁路支线兴办了不少电能企业。同时，清政府及清朝商人受改良主义政治运动的影响，也大量兴建电厂。从电能应用角度看，上海电光公司比建于法国巴黎的世界第一座发电厂仅晚 7 年，与美国第一座发电厂（纽约珍珠街电厂）、日本首家电力公司（东京电灯会社）几乎同步。

据不完全统计，从 1882～1911 年，全国开办的发电公司的设备容量约 76MW，其中中国人经营的约占 45.5%。然而由于设备陈旧，故障多，煤耗高达 1800～2000g/kWh，再加上管理不善，诸多民营电力生产企业或倒闭，或被外商兼并。截至 1911 年清朝灭亡，中国尚存的发电装机容量约 27MW，全部为火力发电机组。其中，民营资本经营的电厂只有 18 家，装机容量约 12MW。但由于技术来源复杂，系统设备构造、运行参数迥异，且供电电压、频率相差较大，晚清时期的电厂基本上都是一厂一网，并没有形成电网。

辛亥革命以后，欧美帝国主义忙于第一次世界大战，无暇顾及对中国的侵略。中国民族工业如纺织、橡胶等趁机而起，推动了中国电力事业的发展。但民族工业兴办的电厂开始还主要采用蒸汽机、柴（煤）油机驱动，存在设备陈旧、容量小、效率低、成本高、故障多等问题。1917 年上海华生电器厂生产第一台国产商用直流发电机，标志着我国电力设备制造的开端。

1936 年，全国发电设备已从 1912 年的 27MW 增长到 1366MW，增加约 50 倍，但几乎全部为进口设备，发电量也达到 3.8TWh。绝大部分发电设备仍然是火力发电机组，水力发电仅占 0.55%。中国人经营的电厂约 596 座，总装机约 554MW，约占 40.5%。随着老式蒸汽机、柴（煤）油机的逐步淘汰，汽轮机的数量大幅增加，比重达 85%左右。但资金雄厚的外资公司则更具优势，经营的电厂虽然只有 70 座，但总装机却达 812MW。

1937 年“七七事变”以后，中国大面积国土沦陷，北平、天津、唐山、上海、江苏、浙江、广州、汉口等地大中型发电设备悉数被日本侵略者占有，仅将汉口、沙市、宜昌、长沙、湘潭、常德等地的部分发电设备约 26MW 机组内迁。1938 年，云南、贵州、四川、湘西、陕西、甘肃、宁夏、青海、新疆等地发电设备容量总计不过 36MW，仅是 1936 年全国发电容量的 2.6%左右，发电量也只有 73.6GWh。

1945 年第二次世界大战结束，苏联根据波茨坦协定出兵东北，从东北拆除已运行和待安装发电设备容量达 1398MW，占东北总装机的 51%。其中火力发电约 736MW，水力发电约 662MW，大部分都为当时新式、大容量、先进型机组。经过对沦陷区发电设备的接管、修复，以及几年的发展，到 1946 年，全国发电设备装机容量仅有 1281MW（包括台湾约 320MW），发电量约 3.62TWh。又经过几年内战，期间虽然大量设备受到损坏，但修复和扩建工作也在进行。截至 1949 年年底，中华人民共和国成立后，全国发电设备容量约 1849MW，发电量为 4.31TWh（不包括台湾）。其中火力发电设备容量约 1686MW，占全国总容量的 91%左右。

中国电力事业从开始就是完全的“洋办”产业。晚清时期，即使是中国人投资的电厂，其发供电设备全部从外国引进，发供电设施的选址、设计、施工及后期的管理维护全部为外商全权负责。1879 年最早应用的弧光灯是上海工部局的工程师毕晓甫（J .D .Bi shop）利用一台德国西门子公司（Siemens A.G.）生产的 10hp（英马力，1hp=745.7W）自激式直流发动机。而第一家发电厂上海电光公司则是英国人集资开办，并购买美国克里兰夫电气公司（Brush Company of Cleveland）制造的锅炉、蒸汽机和发动机等设备。1907 年中国第一台汽轮机在隶属英国人控制的上海工部局新中央电站投运，容量为 800kW。

1929 年英国人开办的上海杨树浦电厂开始投运 20MW 的中温中压机组，蒸汽压力为 2.5MPa，温度为 371℃，锅炉效率可达 80%，发电煤耗为 776g/kWh。1937 年该厂又扩建容量为 15～17.65MW 的高温高压机组，蒸汽压力为 8MPa，温度为 493℃。但因日本的入侵，该机组延迟到 1947 年才投运。1936 年北平石景山电厂投运了容量为 25MW 的中温中压机组。

1938 年中华民国政府成立经济部，下设专门负责电力事业的“资源委员会”在云南昆明成立了“中央机器厂”，正式开启我国自行生产燃煤发电设备的时代。1940 年中央机器厂下属四分厂从瑞士 BBC(Brown Bovori Co.)公司引进了 2MW 汽轮发电机组的制造技术，并分别进口了 2 台 2MW 汽轮机和 2 台空气冷却式发电机转子。随后该四分厂根据引进技术制造了发电机定子和其他部件，仿造了瑞士苏尔寿公司 2 台 12t/h 电站锅炉，完成了 2 套燃煤发电机组的配套生产，并于 1943 年分别安装于四川泸县电厂和云南昆明湖电厂。

1945 年资源委员会与美国西屋公司签订《经济技术合作合同》，引进西屋 10MW 及以下容量汽轮发电机组技术，并委托西屋公司对中方人员进行培训。此计划虽未完全执行，其为我国电机工业培训的 96 名电器设计、制造和管理技术人员，造就了我国电器工业一批技术精英和业务带头人，为我国后来电力工业的发展做了很好的铺垫。

新中国成立之前的 70 年间，中国火力发电历经蒸汽机、汽轮机；参数从晚清时期的低压，逐渐到中压，发展到高压；单机容量也从 100kW 级，经过 1MW 级，发展到 50MW 级；单机发电煤耗率也逐渐从 1350g/kWh 降低至 500～600g/kWh。1949 年，全国平均煤耗供电水平约 1130g/kWh。表 2-1 列举了新中国成立前燃煤发电从欧洲逐渐引入中国的关键性事件。

表 2-1　　新中国成立前燃煤发电发展的重要事件

时间（年）	地点/主体	内　容
1875	法国巴黎	世界第一座发电厂（燃煤）
1882	上海电气公司	中国第一座电厂，容量 12kW
1907	上海新中央电站	中国第一台汽轮机投运，容量 800kW
1917	上海华生电器厂	生产第一台国产实用直流发电机
1929	上海杨树浦电厂	中国第一台中温中压机组，容量 20MW
1937	上海杨树浦电厂	中国第一台高温高压机组，容量 15～17.65MW
1938	中央机器厂	引进瑞士发电制造技术
1945	资源委员会	引进西屋 10MW 及以下汽轮发电机组技术

2.2　新中国成立后燃煤发电的发展与能耗

2.2.1　新中国成立后燃煤发电的发展历程

新中国成立后，国家把发展电力工业放在重要位置。1949 年 10 月成立燃料工业部，下设电业管理总局分管电力事业。在三年国民经济恢复时期内，各地电力职工克服重重困难，抢修发、供电设备，特别是东北重工业区域如抚顺、阜新、鞍钢、锦西等电站开展了快速修复、重建工作。1951 年中苏签订援助合同，开始大规模在阜新、抚顺、富拉尔基、西安、郑州、重庆、太原、吉林等地重建或新建一批骨干电厂。1953 年国家燃料部颁布《电力工业技术管理暂行法规》，在电力工业中贯彻执行“安全第一”的方针，实行技术责任制，编制各种专业规程和现场规章制度。实行电力统一调度，推行经济指标管理考核，降低发电煤耗等。

1950～1952 年，全国新增 6MW 以上火力发电机组 7 台，容量增加 83.5MW。1955 年燃料工业部分家，成立电力工业部专门负责电力工业。“一五”期间，新建火力发电机组约 1.84GW，其中 6MW 以上的火力发电机组达 89 台，共计 1.41GW，苏联援助的机组约占 1.35GW。截至 1957 年底，全国发电设备容量达到 4.6GW，其中火力发电设备容量达 3.6GW，占总容量的 78%。

1958 年 2 月水利部与电力工业部合并，成立水利电力部。随后便进入“大跃进”时期（1958～1960 年），由于片面追求发展速度，电力工业出现了空前“繁荣”的景象。三内内，投产火力发电机组 6.67GW。截至 1962 年，我国发电设备容量达到 13.03GW，其中火力发电机组容量达到 10.65GW。

然而，由于“大跃进”时期设计粗糙、设备粗制滥造、材料盲目替代，再加上生产过程中有些机组采取超铭牌方式运行等原因，很多机组投运后难以正常运行，频繁出现锅炉爆管、汽轮机掉叶片和烧坏发动机等现象。据不完全统计，1960 年发电事故率高达 8.84 次/台，比 1957 年的 2.47 次/台高出 2.6 倍。受紧随而来的三年自然灾害（1959～1961 年）影响，国民经济严重下滑，使得大批电力项目被迫停工，电力建设遭受重创。

随着国民经济进入调整时期（1961～1965 年），大量停、缓建工程得以全部恢复，兴建了火力发电机组达 1301MW。截至 1965 年底，全国发电设备容量达到 15.08GW，其中火力发电设备容量达到 12.06GW，占全国总容量的 80%左右。中国电力工业进入全部自给自足的时期，严重缺电的局面得到缓和。

1966～1976 年，中国进入“文化大革命”时期。基于国民经济调整时期留下的良好基础，电力工业在这十年内发展并未中断。十年期间，共计投产电力装机约 26GW，其中火力发电为 17.6GW。但电力发展仍然存在一定的滞后，导致 1970 年左右出现全国性电力短缺的情况。截至 1975 年底，全国火力发电设备容量接近 30GW，占全国发电设备总容量的 69%左右。然而大量投产机组问题频发，“四五”期间新投产的 19.63GW 火力发电机组中竟有 2.6GW 机组严重出力不足。

“文革”前夕，国产技术也获得了较大发展。如国产 6、12MW 机组在 1956、1957 年后已开始量产；国产 25、50MW 和 100MW 技术也于 1958、1959 年和 1960 年前后完全掌握。“文革”期间自行研制了超高压 125、200MW 及亚临界 300MW 中间再热机组，分别于 1969、1972 年和 1974 年投运。

图 2-1 是新中国成立后到改革开放之前中国发电总装机容量和火力发电装机容量的发展情况。从图中可以看出，新中国成立之时，我国的发电总装机只有 1.85GW 左右，主要为火力发电机组。三年恢复时期没有进行规模建设，火力发电机组几乎没有增长。“一五”期间，受苏联援助，兴建了大批中温中压（参数为 3.43MPa，450℃）机组，及一批高温高压机组（参数为 8.83MPa，500/535℃），发电总装机容量和火力发电机组容量都实现了翻一翻的成绩，分别达到 4.63GW 和 3.62GW。“二五”时期开始便进入“大跃进”时期，全国掀起工业超速发展的浪潮，电力工业总装机容量以每年平均 40%左右的增长速率超速发展。到 1960 年底，全国电力总装机容量和火力发电装机容量分别达 11.91GW 和 9.98GW，仅三年时间便增长 1.5 倍以上。随后 1961 年开始压缩建设规模，对已投产的未完工程项目和缺陷实行“填平补齐”。再经过“三年调整”时期，到 1965 年底发电设备容量增长到 15.07GW，比 1962 年仅增加 2.22GW。

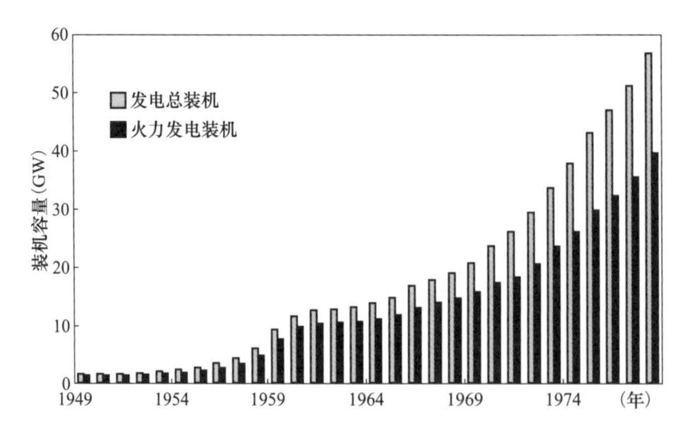

图 2-1　新中国成立后我国发电装机容量

1966 年“文化大革命”开始，“安全第一质量第一”的办电思想受到批判。电力工业再度进入无序管理状态。很多重要单位派驻军代表进行管理，大搞“超铭牌”运行挖掘机组“潜力”，造成大量汽轮机飞脱损坏；要求电厂选址以“靠山、分散、隐蔽”为原则，造成大量电厂与煤源、水源、负荷中心脱节，还增加了挖山填石的大量工程。十年期间，虽然发电装机容量增加近两倍，但由于机组问题很多，故障频发，新投产机组出力严重不足，导致经常拉闸限电，严重影响工农业生产。

“文革”期间，受闭关自守政策的影响，使得发电技术发展呈现“外强中干”的特点，技术水平与国外差距越来越大。同时，由于大部分管理、技术人员受到残酷的政治迫害，不仅使大量电力建设工作处于极其困难的境况，而且技术骨干队伍建设受到严重阻碍，导致国内电力技术发展出现青黄不接的局面。

1976 年长达十年的“文化大革命”结束，中国的电力建设开始进行第二次调整，对投产机组进行大规模消缺完善。重建新机投产启动验收制度，严格执行满负荷试运行和生产移交等标准和规程。在国家经委、建委和物资总局及一机部各制造厂的协助下，对“文革”期间因设备制造质量差、设备损坏或失修、辅机不配套等机组进行专项修整挖潜，到 1978 年全国发电设备总装机达 57.12GW，其中火力发电设备总装机约 39.84GW，火力发电机组的供电煤耗也降至 471g/kWh。

新中国成立后的近 30 年时间，我国发电设备制造能力、发电设备技术等级，和运行管理技术总体上都得到了较大提高，使得火力发电机组的运行效率大大提升，供电煤耗水平也从新中国成立前的 1130g/kWh 逐渐降低至 1978 年的 471g/kWh。

2.2.2 新中国成立后燃煤发电装备制造的发展

新中国成立以前我国的发电设备基本上全部依赖进口。新中国成立后，在苏联援助下大规模兴建电站的同时，燃煤发电技术的引进工作也在开展。为了配合电力发展的需求，1952 年政务院财经委批准在上海和哈尔滨兴建两套发电设备主机生产基地。1952 年上海发电设备制造基地从原捷克斯洛伐克引进中压 6～12MW 燃煤发电设备制造技术。1956 年完成中压 6MW 燃煤发电机组的研制，并于同年成功投运于安徽淮南电厂。1953 年哈尔滨发电设备制造基地从苏联引进 6～25MW 中压和 25～50MW 高压燃煤发电设备制造技术。

为了进一步弥补电力工业发展的巨大缺口，1954 年在中南地区兴建武汉锅炉厂；1958 年在北京兴建北京重型电机厂，在四川德阳兴建德阳水利发电设备厂（后改名东方电机厂）；1966 年又兴建东方锅炉厂和东方汽轮机厂。逐渐形成哈尔滨、上海、东方、北京和武汉等发电设备制造基地，其中哈尔滨、上海和东方发电设备制造基地因其规模相对较大，称为中国三大发电设备制造基地。

上海发电设备制造基地生产的第一台 12MW 发电机组于 1958 年在重庆发电厂投运。哈尔滨发电设备制造基地也于 1958 年先后成功研制中国第一台 25MW 高温高压燃煤发电机组和 50MW 高温高压燃煤发电机组，并于 1959 年分别投运于哈尔滨热电厂和辽宁发电厂，随后又于 1960 年研制出 100MW 高压燃煤发电机组。

1960 年，苏联终止援建合同，撤退在华专家。而此时，中国电力技术人才已初步具备独立发展的能力，外界的压力一定程度推动了我国自主研发水平的发展。随着国民经济进入调整时期（1961～1965 年），国内发电设备制造基地针对中压机组、高压机组开展优化研究。由于主蒸汽温度和汽轮机效率等都得到一定提高，生产的部分机组能耗可以达到进口同类机组水平。

哈尔滨制造基地研制的第一台100MW机组于1967年在北京高井电厂投运。上海发电设备制造基地于1969年研制出第一台125MW中间再热式超高压燃煤发电机组，并于上海吴泾热电厂投运。哈尔滨制造基地于1970年研制出第一台200MW超高压燃煤发电机组，于1972年在辽宁朝阳电厂投运。上海制造基地于1971年研制出第一台300MW亚临界中间再热式燃煤发电机组，于1974年在江苏望亭电厂投运。新中国成立以来我国电力发展的重要事件见表2-2。

表2-2　新中国成立后我国电力发展重要事件

时间（年）	地点/主体	内　容
1952	上海发电设备制造基地	引进捷克6～12MW中压燃煤发电设备制造技术
1953	哈尔滨发电设备制造基地	引进苏联6～25MW中压和25～50MW高压燃煤发电设备制造技术
1956	上海发电设备制造基地	完成6MW中压燃煤发电机组的研制
1956	安徽淮南电厂	国产6MW中压燃煤发电机组投运
1958	哈尔滨发电设备制造基地	先后研制成功25MW和50MW高压燃煤发电机组
1958	上海闸北电厂	国产首台25MW高压燃煤发电机组投运
1959	沈阳辽宁电厂	国产首台50MW高压燃煤发电机组投运
1960	哈尔滨发电设备制造基地	研制出100MW高压燃煤发电机组
1967	北京高井电厂	国产首台100MW高压燃煤发电机组成功投运
1969	上海吴泾热电厂	125MW中间再热式超高压燃煤发电机组投运
1972	辽宁朝阳电厂	国产首台200MW超高压燃煤发电机组投运

经过三十年的技术引进、消化吸收、再发展，新中国成立后我国的电力制造行业从无到有，实现了历史性的突破。虽然历经“大跃进”“三年自然灾害”和“文化大革命”等历史性的破坏，我国的电力装备制造能力一直在曲折中大步前进。新中国成立以来中国火力发电装备制造能力的发展情况见表2-3。然而但由于当时政治环境动荡，技术研发和加工制造都存在较多的问题，大量投产机组质量严重不合格，也给改革开放后全面引进国外亚临界燃煤发电技术埋下伏笔。

表2-3　新中国成立后的电力装备制造情况

时间（年）	全口径电力装备制造（GW）	火力发电装备制造（GW）
1953～1957	2.5	
1958～1962	9.1	
1963～1965	1.3	
1966～1970	8.6	8.1
1971～1975	19.6	9.8
1975～1980	22.5	15.6

2.2.3 新中国成立后燃煤发电的能耗情况

新中国成立后，国家对战乱中毁坏、失修的大量发电设备进行全面修复重建。经过三年恢复时期，中国电力工业的技术经济性指标大幅提高。图 2-2～图 2-4 分别展示了新中国成立后中国火力发电机组供电煤耗与装机容量增长率、年利用小时与厂用电率的发展情况对比。从图 2-3 和图 2-4 分别可以看出，到 1952 年年底，中国电力工业用三年时间将火力发电设备年利用小时从 2202h 提高到 3457h，提高幅度达 57%，火力发电机组的厂用电率也在这三年内从 9.75%大幅下降至 7.42%，下降幅度达 24%。而图 2-2 所示这几年的火力发电装机容量并没有明显增长，这说明从 1949～1952 年，中国火力发电机组的供电煤耗从 1130g/kWh 下降到 785g/kWh，下降幅度达 30%的成绩，主要通过提高运行稳定性，加强精细化运行管理等方式实现。

“一五”期间，受苏联的援助，电力工业装机容量开始起步发展，如图 2-2 所示。新投入的火力发电机组占总火力发电机组的比例达 50%，使得全国机组的平均技术经济指标都有较大提高。如图 2-3 所示，“一五”期间火力发电机组的年平均利用小时提高 1200h 左右。而从图 2-4 可以看出，这段时间火力发电机组的厂用电率并没有明显下降。可见“一五”期间全国火力发电平均供电煤耗下降 134g/kWh，平均每年下降近 27g/kWh 的成绩，主要通过大比例兴建高效机组和进一步提高设备可用率来实现。

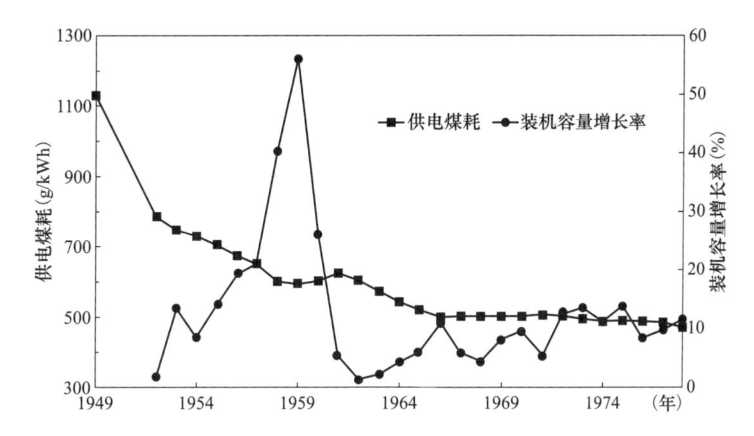

图 2-2　新中国成立后火力发电机组供电煤耗和装机容量增长率的变化情况

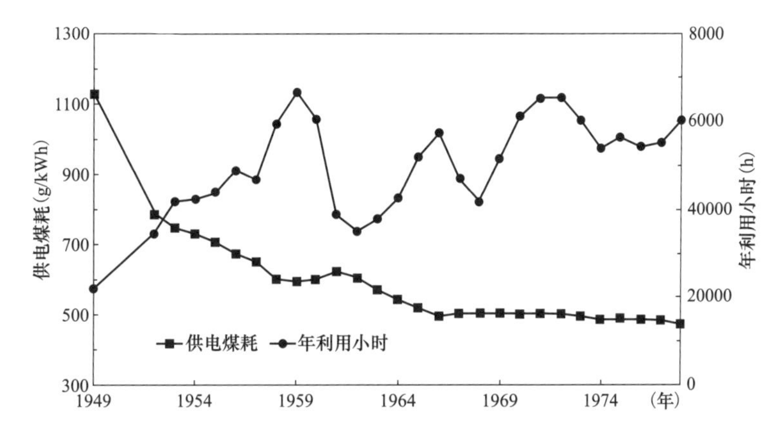

图 2-3　新中国成立后火力发电机组供电煤耗和年利用小时的变化情况

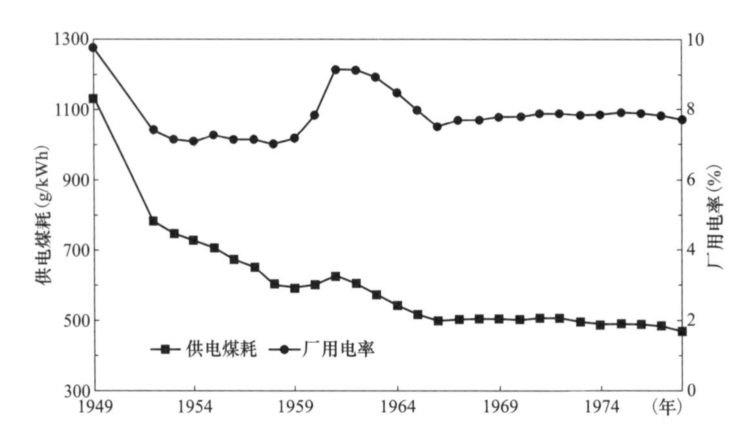

图 2-4 新中国成立后火力发电机组供电煤耗和厂用电率变化情况

“大跃进”三年，全国工业发展进入无序化状态。如图 2-2 所示，电力工业虽然每年都以 40%、50%的速度超速发展，但依然跟不上工业的需求。导致全国范围内电力生产大面积采用超铭牌等方式运行，寅吃卯粮，这几年电力年利用小时呈短暂的虚高状态。由于电力工业在设计、基建和运行过程中存在大量的问题，三年期间虽然装机容量整整翻了一番，年利用小时也提高 1500h 以上，但供电煤耗不降反升。这三年积累了大量问题，设备故障频发。而在紧随的“三年自然灾害”时期，不仅大量机组停建、缓建，火力发电机组年利用小时陡降 2200 多小时，厂用电率也升高至 9%以上，接近新中国成立初期的水平。使得供电煤耗也经历了一个短暂的回升。

随后经过几年的国民经济调整，机组的大量问题才开始得到逐步解决，厂用电率开始恢复至原来状态，年利用小时开始回升。通过对大量新投运机组的效率挖潜，全国火力发电机组的平均供电煤耗比“大跃进”前下降 87g/kWh 左右，1965 年的全国平均供电煤耗下降至 518g/kWh。

然而，经过几年的稳定发展，电力工业刚刚恢复良好的状态，一场历经十年的“文化大革命”再次冲击电力工业的发展。超铭牌运行等电力生产乱象再次侵扰电力工业的正常发展，以至于“四五”“五五”期间火力发电机组年利用小时有两年都在 6500h 以上，十年期间，在火力发电机组装机容量增长近 150%的情况下，供电煤耗几乎没有下降（1966 年下降 20g/kWh，主要为前面国民经济调整期的贡献）。

从上述分析可以看出，新中国成立后，中国火力发电机组能耗下降主要归功于三个阶段。第一阶段为新中国成立后的三年恢复时期，通过提高设备可用率，提高运行管理水平，实现供电煤耗 345g/kWh 的下降。第二阶段为“一五”时期，通过新机组的拉动，以及进一步提高设备可用率，实现了供电煤耗约 134g/kWh 的下降。第三阶段为“大跃进”和“三年自然灾害”后的电力工业调整时期，通过对“大跃进”时期兴建的大量火力发电机组进行整顿挖潜，使其能效水平得以发挥，进而带动全国火力发电机组能耗水平下降达 87g/kWh 左右。“文革”以后，随着电力工业进入第二次调整，机组的经济技术指标才开始逐渐恢复至正常状态。截至 1978 年底，中国火力发电机组年平均利用小时达 6018h，厂用电率达 7.7%，供电煤耗约 471g/kWh。

2.3 改革开放后燃煤发电的发展与能耗

2.3.1 改革开放后燃煤发电的发展情况

1979年水利电力部分家，又分别成立水利部和电力部，国家电力建设总局恢复建制，开始大规模整顿和开展队伍建设工作。基本建设实行投资包干、招标承包和施工企业百元产值工资含量包干的三包制度。1980年电力工业部颁发《电力生产企业小指标分析和管理办法》，推行经济责任制，开展省煤节电和经济运行工作。推进机构精简、运行/检修集中管理，推行国家、企业、集体和个人一起办电等多维度的体制、机制改革。后来根据工业发展需要，1982年水利部和电力部再次合并，成立水利电力部。1988年又撤销水利电力部，成立水利部和能源部，电力事业归能源部分管。1993年撤销能源部，第三次成立电力工业部。直至1997年，撤销主管电力事业的部级行政建制，成立国家电力公司，电力的行政管理权移交至国家经委及地方政府，电力行业发展进入政、企分开的运行模式。

十一届三中全会以后，当时国产机组技术落后，难以满足生产需要。同时，1980年全国性电力短缺的局面非常严重，电力供应不足开始严重制约国民经济和社会发展。我国开始逐年从日本、欧洲等发达国家进口300MW等级的亚临界机组。党的十二大提出到20世纪末实现经济总量比1980年翻两番的目标，经济快速发展，“六五”“七五”期间电力短缺现象日趋严重。为此，全国开始大量兴建火力发电机组，火力发电建设速度稳步上升。尤其是1985年和1987年引进型300、600MW机组分别试制成功后，引进型机组的国产化大大降低了建造成本，保障了我国燃煤发电装机的快速发展。

图2-5所示为改革开放以后至电力改革前中国发电机组装机容量的发展情况。从图中可以看出，从“七五”开始，我国电力建设进入平稳高速增长阶段。从1984年的54.52GW装机容量，到1990年突破100GW装机容量只用了6年时间。然而因电力建设发展太快，电力工业存在较多问题。首先，大量采用国产设备的新建电厂投产后存在设备缺陷，热力系统和控制系统故障频发，往往需要1～2年的时间为已投产的主、辅机消缺、调试和自动装置整定。其次，由于统配煤落实不到位，煤质严重滑坡，含矸石量增加，灰分超标、发

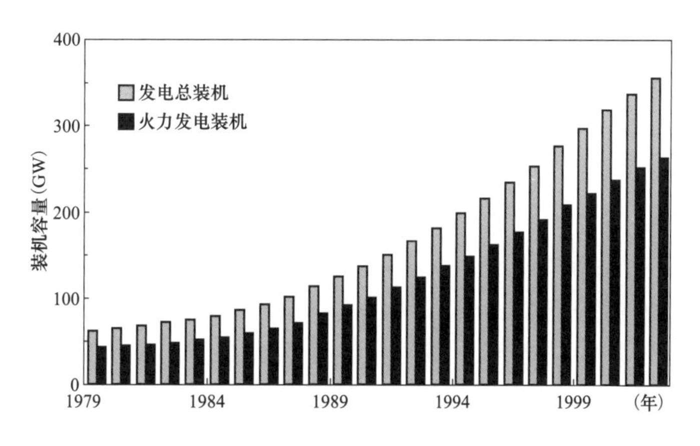

图2-5 改革开放后至电力改革前发电装机容量

热量降低等诸多原因，导致设备磨损加重，锅炉结焦严重，厂用电率增加 20%～30%，还大大增加了事故率。再次，受国家号召的“大、中、小”机组一起上的引导，大量村镇集资兴办小火力发电。“七五”期间增加 6～12MW 的小火力发电机组达 3.61GW，使得小火力发电总装机容量达到 9.25GW，占当时总火力发电装机容量的 9%左右。

到了“八五”“九五”期间，随着大量亚临界燃煤机组国产化，300、600MW 亚临界等级燃煤机组逐渐成为新建机组的主体。同时，在引进 300、600MW 亚临界机组技术后，我国于 1992 年采取技贸合作带技术引进的方式从瑞士 ABB 公司引进 2 台 600MW 超临界燃煤发电机组及锅炉和汽轮机的超临界技术，安装于上海石洞口二厂。后又陆续从俄罗斯进口 2×300MW、2×500MW、2×500MW 和 2×800MW 超临界机组分别安装于辽宁营口电厂、天津盘山电厂、内蒙古伊敏电厂和辽宁绥中电厂（2000 年前投运）；从美国燃烧工程公司（CE）和日本三菱公司（MHI）进口 6×600MW 超临界燃煤发电机组安装于福建漳州后石电厂（一期两台 2000 年前投运，后四台陆续于 2004 年前投运）；分别从德国阿尔斯通和西门子公司进口 2×900MW 超临界燃煤锅炉和汽轮机组安装于上海外高桥二厂（2004 年投运）。

1995 年全国发电装机容量突破 200GW 大关，1996 年全国发电总装机和发电量先后超过法、英、加、德、俄、日，成为仅次于美国的世界第二电力生产和消费大国。到 1998～2000 年，电力工业实现供需平衡，且有一定的冗余。为此，国家做出 3 年不上常规新火力发电项目的决定，导致电力建设陡然放缓。1998 年开工的火力发电项目下降至 10GW 左右，1999～2000 年更是下降至 6GW 左右，直至 2001 年以后才有所好转。截至 2002 年年底，中国的发电设备总装机容量已达 356.57GW，其中火力发电机组的装机容量达 265.55GW，占 74.5%。火力发电机组的供电煤耗进一步下降至 383g/kWh。

2.3.2 改革开放后燃煤发电装备制造的发展

改革开放后，党中央提出到 20 世纪末国民生产总值要翻两番的宏伟目标。作为国民经济发展的动力，我国电力工业必然要面临总装机容量翻两番的要求。以 1980 年我国装机容量 65.87GW 计，翻两番后到 2000 年我国装机容量要达到 263.48GW。虽然当时我国有哈尔滨、上海、东方、北京和武汉等发电设备生产制造基地，但大型火力发电机组的生产能力在 1983 年也只有 2.68GW/a 左右，离电力工业发展需求还有很大距离。且当时国产机组技术水平落后，事故频发，难以满足生产需要。鉴于此，经国务院批示及国家计委、国家经委和国家进出口委批准，机械部开始着手引进 300、600MW 燃煤发电设备制造技术，并组织全国协作生产首台 300、600MW 考核机组。

1980 年 5 月联合发出《关于安排 300、600MW 大型火力发电设备的技术引进和合作生产项目有关事项的通知》，由一机部和电力部负责。随后一机部邀请美国通用电气（GE）公司、西屋电气（WH）公司、燃烧工程（CE）公司、巴威（B&W）公司、瑞士勃朗·鲍威利（BBC）公司、法国阿尔斯通（Alstom）公司等六家欧美主要电力装备制造公司来华谈判，并最终于 1980 年美国 WH 公司和 CE 公司分别签订了 300、600MW 等级亚临界汽轮发电机组和燃煤锅炉的技术转让和部分零件购买合同，电力部同时向依柏斯库工程（EBASCO）公司引进了电站设计技术。在与 WH 公司和 CE 公司签订汽轮机和燃煤锅炉技术转让合同后，一机部安排上海和哈尔滨两大发电设备制造基地分别承担 300MW 和 600MW 燃煤发电机组的试制工作，东方发电设备制造基地进行协作配合。

1984年召开的“七五”电力建设专题会议提出到1990年要形成10GW/a的综合生产能力。机械部按此规划，大型火力发电设备要具备8GW/a的生产能力，大型水力发电设备具备1.4GW/a的生产能力。主要改造四个发电设备生产制造基地，其中哈尔滨发电设备制造基地规划能力达到3.6GW/a，上海发电设备制造基地规划能力达到2.5GW/a，四川东方发电设备制造基地规划能力达到2.4GW/a，北京重型电机厂规划能力达到1.3GW/a。

“七五”期间工厂技术改造是在消化吸收的基础上，充分进行工厂内部挖潜改造，从国产200MW机组为主逐步过渡到以生产引进型300、600MW机组为主，使产品更新换代并形成8.6GW/a的生产能力。三大锅炉厂主要针对汽包、蛇形管、膜式壁等受压部件生产进行改造。如哈尔滨锅炉厂建成以8000t冲压油压机为主体的重型冷作厂房及MPM膜式壁管屏生产线，上海锅炉厂建成膜式水冷壁车间及相应的生产线，东方锅炉厂建成蛇形管车间及相应的生产线。

三大汽轮机厂和无锡叶片厂“七五”期间主要为300、600MW汽轮机关键部件的批量生产增设相应实施和关键设备。如上海汽轮机厂建成重型冷作车间及新增数控重型车床、数控落地镗铣床、数控龙门镗铣床等设备；哈尔滨汽轮机厂建成产品试验室及新增数控龙门镗铣床、数控落地镗铣床、数控围带车床等；东方汽轮机厂为扩大生产能力在德阳厂区建成250t重型跨厂房及DH11型200t超速动平衡室，同时还增添了数控转子车床、天桥铣、落地镗床以及数控切割机等设备。无锡叶片厂为形成批量生产大型汽轮机配套叶片8万片的生产能力而建成锻压车间制坯工段、模具车间及新增设备245台（套），其中包括双工位加工中心等。

三大电机厂“七五”期间重点是对定子、转子线圈等关键部件制造进行调整，以适应美国WH公司线圈结构的特殊制造工艺。如上海电机厂扩建冲剪、线圈厂房，新增机座加工中心、数控冲床和数控气割机等；哈尔滨电机厂扩建焊接车间，增添大型数控转子槽铣床、500t全自动冲床等。

经过几年的努力，300MW亚临界燃煤发电考核机组于1985年12月20日在上海试制完成，并于1987年6月30日在山东石横电厂投运发电，600MW亚临界燃煤发电考核机组于1987年12月17日在哈尔滨试制完成，并于1989年11月4日在安徽平圩电厂投运发电。经考核性能监测，300MW和600MW考核机组的各项指标都达到了技术输出方的保证值。

“我国能源工业中期（1989～2000年）发展计划纲要”提出，“八五”新增装机火力发电设备以引进型300、600MW机组为主，综合生产能力达到15GW/a，其中火力发电设备提高到11.5GW/a。为此，“八五”期间工厂技术改造是以调整产品结构为中心，全面提高机组性能和水平。除继续提高发电设备主机生产能力外，重点补充引进辅机和主机协作件相关技术并进行相应的工厂技术改造，使引进技术生产的引进型燃煤发电机组生产比例达到90%以上。

三大锅炉厂“八五”期间技术改造主要是完善以300、600MW锅炉为主，在生产适应各种煤种系列的同时，积极引进、开发循环流化床锅炉，并全面提高技术装备水平。如上海锅炉厂增添引进大型卧式三辊下调式卷板机，采用窄间隙焊接工艺，增添大型卧式镗铣床及第二条波纹板传热元件生产线；哈尔滨锅炉厂增添如三轴数控孔钻床等关键设备；东方锅炉厂重点解决重型汽包的生产能力，新建汽包配跨及其他配套设施等。

三大汽轮机厂和无锡叶片厂“八五”期间主要围绕着调整产品结构，提高可靠性和经济性，强化工艺装备手段等开展工作。如上海汽轮机厂建成计算机房和热处理车间，增添包括数控立式车床、数控多轴叶片型面铣床等设备；哈尔滨汽轮机厂建成600MW机组整体盘车台位，新增六台二手进口设备，一台PMC6500AC数控龙门铣床和一台TBM-80车镗加工中心；东方汽轮机厂在德阳厂区建成150t级重型冷作跨厂房，同时新添增进口数控龙门镗铣床、10m×5.5m×6.1m热处理炉等设备；无锡叶片厂建成万吨压机车间和35kV降压站，新增德国SPKA11200型离合器式螺旋压机及国产125MN双点切边压力机等。

“七五”期间哈尔滨电机厂、上海电机厂已逐渐具备生产引进型300、600MW汽轮发电机的能力。“八五”期间国家针对上海电机厂实施了“八五”重点专项技术改造，主要新增添一台重型数控卧式车床（ϕ2000mm×20000mm，顶夹承重120t）和一台超速动平衡机（DH-1型）。配套建设超速动平衡试验室1200m^2，增添动平衡装置的电气测试、控制、监视、通信等配套系统，改造FB260数控镗铣床及机座加工中心。

经过十五年的工厂技术改造，到1995年我国哈尔滨、上海、东方三大发电设备制造基地的300、600MW大型燃煤发电设备产品研制、开发和制造的主要工艺和装备水平已经跨入了国际先进水平行列，关键部件的制造工艺和装备也达到了国际先进水平。锅炉方面如蛇形管、膜式壁、汽包、联箱等受压部件的生产，及其材料预处理、成品试验和监测等，哈尔滨锅炉厂、上海锅炉厂、东方锅炉厂、武汉锅炉厂四家的主要制造工艺和装备水平已达到美国、日本、联邦德国等同行的先进水平。哈尔滨汽轮机厂、上海汽轮机厂、东方汽轮机厂三家的汽轮机关键部件如汽缸、转子、叶片等制造技术、工艺装备和设施均达到了当时国际先进水平。哈尔滨电机厂、上海电机厂主要工艺如定子加工、转子加工和绝缘处理等方面也达到了国际较先进水平。同时，生产高压加热器、回转式空气预热器、吹灰器及电站阀门等相关辅机企业也进行了大力的技术改造，多项技术也达到了国际先进水平。

在上海和哈尔滨两大发电设备制造基地集中精力进行300、600MW机组技术引进消化吸收、国产化和优化创新的同时，东方制造基地作为这次技术引进的协作方，由于没有国家指定的试制机组任务，而潜心自主研究开发冲动式300MW燃煤发电机组和同等级电站锅炉。中途虽经几次波折，最终在1985年12月于山东邹县电厂投运首台东方型自主研发的电站锅炉，并在1987年11月于山东黄台电厂投运首台自主研发的冲动型汽轮机组。随后1991年东方电气集团又与日本日立公司合作生产亚临界600MW冲动式汽轮机发电机组，并在1997年于山东邹县电厂投运首台东方型600MW亚临界燃煤发电机组。上海和哈尔滨发电设备制造基地引进的WH汽轮机技术都属于反动式汽轮机组，东方制造基地自主研发的300MW机组和引进的600MW机组都属于冲动型流派，这样三大基地逐渐以各自的优势在国内电力市场形成了“三足鼎立”的态势。我国引进/自助研发亚临界燃煤发电技术的标志性项目见表2-4。

表2-4　引进/自助研发亚临界燃煤发电机组发展重要事件

时间（年）	地点/主体	内　容
1985	上海电气联合公司	引进300MW机组试制完成
1985	东方电气集团/山东邹县电厂	国产300MW锅炉研制完成，并成功投运

续表

时间（年）	地点/主体	内　容
1987	山东石横电厂	引进300MW机组成功投运
1987	哈尔滨电站设备成套公司	引进600MW机组试制完成
1987	东方电气集团/山东黄台电厂	国产300MW冲动型汽轮机组研制完成，并成功投运
1989	安徽平圩电厂	引进600MW机组成功投运
1997	东方电气集团/山东邹县电厂	首台东方型600MW亚临界机组投运

300、600MW亚临界机组引进以后经过“六五”“七五”和“八五”三个五年计划时期，分别作为各个阶段的科技攻关项目，逐步完成了消化吸收、国产化和优化创新等过程。三个阶段交叉进行，1981～1989年期间主要围绕着第一台考核机组的生产完成了引进技术的消化吸收过程，1983～1991年期间主要围绕着第二台以后的汽轮发电机的国产化科技攻关、资料标准化、生产制造、安装、调试和投运，完成了引进技术的国产化过程，而1984～1993年期间主要围绕着300、600MW汽轮发电机组的技术优化设计、生产制造、安装、调试和投运完成引进技术的优化创新过程。

1988年全国生产了发电设备10.66GW，其中火力发电设备8.79GW（包括100MW及以上大型火力发电机组34台，共计6.53GW），提前两年实现“七五”既定的生产能力目标。1995年全国生产了发电设备16.47GW，其中火力发电设备13.85GW，达到了“八五”计划原定目标。截至1995年年底，全国共生产了300MW级锅炉87台、汽轮机92台、汽轮发电机94台；600MW级锅炉、汽轮机、汽轮发电机各5台。截至2002年底，全国共投入引进型300MW亚临界燃煤发电机组200余台，600MW亚临界燃煤发电机组20余台，300、600MW燃煤机组已逐渐成为我国电网的主力机型。1998～2000年受国家3年不上常规新火力发电政策的影响，发电设备年产量陡然下降，1999～2001年火力发电设备制造容量分别仅为9.62、8.57、10.37GW。改革开放后电力装备制造能力的发展见表2-5。

表2-5　改革开放后电力装备制造情况

时间（年）	全口径电力装备制造（GW）	火力发电装备制造（GW）
1981～1985	22.2	15.1
1986～1990	50.8	41.2
1991～1995	78.3	61.1
1996～2000	102.1	74.6

2.3.3 改革开放后燃煤发电的能耗情况

经历“大跃进”“三年自然灾害”和“文化大革命”等历史性的破坏，随着中国改革开放的春风，中国电力工业发展终于进入一个崭新的时代。图2-6～图2-8分别展现了改革开放以后火力发电机组供电煤耗与装机容量增长率、设备年利用小时和厂用电率变化的对比情况。随着电力生产的管理逐渐恢复正常，以及大量进口火力发电机组投入运行，在改革开放前几年火力发电机组的装机容量经历一个平稳发展阶段。而这个时期虽然设备利用小时略有下降，厂用电率还略有提高，但供电煤耗却下降近40g/kWh。说明这个时期供电煤耗的下降主要由引进国外先进高效机组拉动。

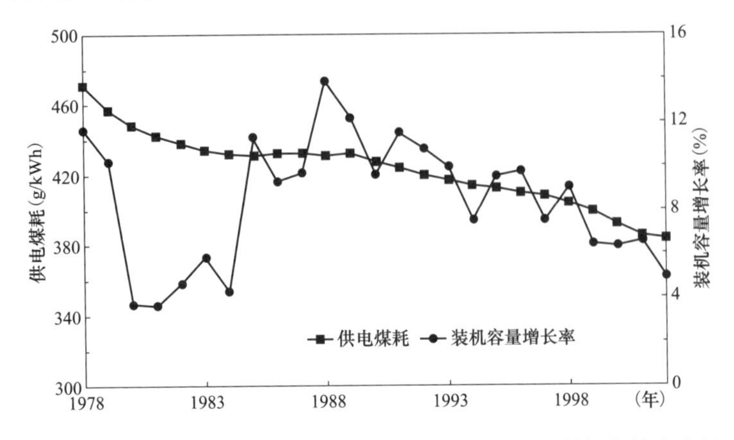

图 2-6　改革开放后火力发电机组供电煤耗和装机容量增长率的变化情况

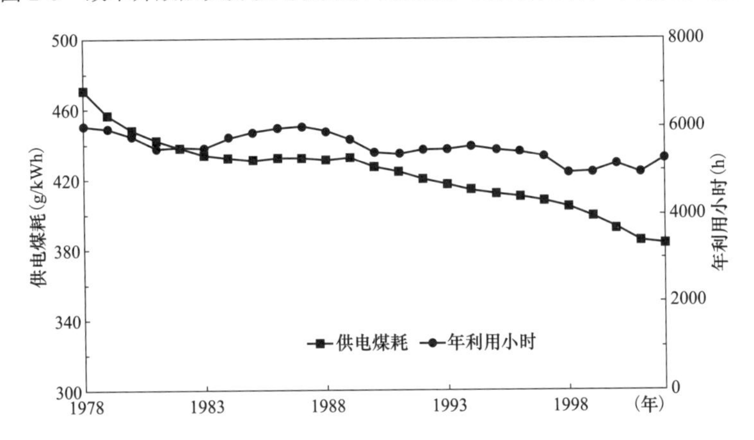

图 2-7　改革开放后火力发电机组供电煤耗和设备年利用小时变化情况

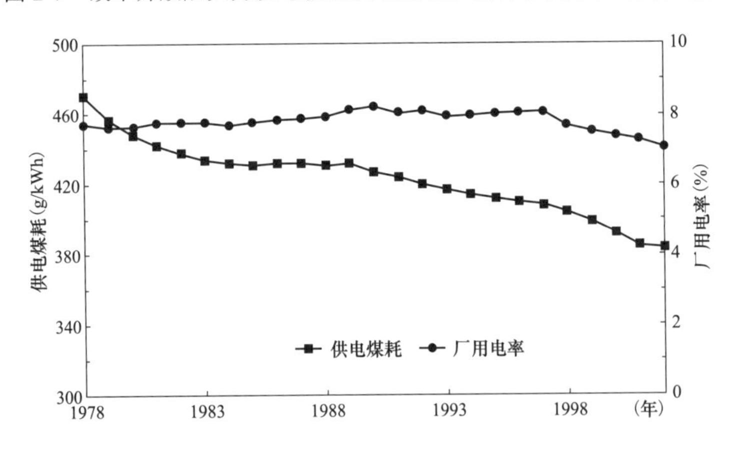

图 2-8　改革开放后火力发电机组供电煤耗和厂用电率变化情况

在“六五”后期和“七五”前期，改革开放促动的高速经济发展，电力供应出现严重短缺。当时为了紧急应对社会形势，支撑经济发展，国务院曾提出电力机组“大、中、小一齐上”的号召，大量小火力发电机组兴建。由图 2-6～图 2-8 可以看出，1985～1992 年期间火力发电装机容量平均以每年 11%的速率在高速增长，设备年利用小时在 1987 年甚至达到 6011h，厂用电率也逐渐升高到 1990 年的 8.22%左右。而受大量兴建小机组、设备年利用小时数过高、厂用电率升高等负面影响，虽然同时也兴建了大量高参数的火力发电机组，火力发电装机容量高速增长，但全国火力发电机组的能耗水平并未明显下降。

随着引进型 300、600MW 亚临界机组的成功投运，在经济高速发展的拉动下，高参数、大容量火力发电机组的比例逐步提高。同时，从图 2-7 和图 2-8 可知，“七五”后期到 1997 年期间，火力发电机组在设备年利用小时和厂用电率都恢复平稳，新投运的大型火力发电机组的节能潜力得以发挥，全国火力发电机组供电煤耗下降约 20g/kWh。

1997 年电力部撤销，成立国家电力公司后，受亚洲金融危机影响，国内电力出现一段时间的冗余甚至过剩。从图 2-7 可见，在 1998 年后火力发电设备的年利用小时受电力冗余影响出现一段时间的明显下降。新成立的国家电力公司开始放缓电力建设，如图 2-6 所示。同时开展小火力发电关停工作，整顿电力企业的经营管理。从图 2-8 可以看出这段时间火力发电厂的厂用电率也开始稳步下降。而受上面几方面因素的共同作用，火力发电机组的全国平均供电煤耗呈快速下降的趋势，五年内下降 25g/kWh。

从 1978 年到 2002 年的 24 年期间，燃煤发电机组供电煤耗从 471g/kWh 下降到 383g/kWh，机组效率提高 23%。其供电煤耗的下降过程大体可分为三个阶段，第一段是在改革开放初期，主要受电力工业整顿，恢复秩序化管理，以及大量引进国外先进设备影响，供电煤耗下降约 40g/kWh。第二阶段主要受“七五”后期和“八五”期间大量兴建引进型 300、600MW 火力发电机组的拉动，及电力运行恢复合理状态的影响，供电煤耗下降约 20g/kWh。第三阶段主要受关停小火力发电机组，及加强火力发电机组运行管理等影响，供电煤耗下降约 25g/kWh。

2.4 电力改革后燃煤机组的发展与能耗

2.4.1 电力改革后燃煤机组的发展历程

电力工业一直是经济发展的原动力。然而，随着改革开放的不断深化，电力短缺制约经济发展的情况越发凸显，而反过来经济发展又引起电力产业的盲目扩展，以至于电力工业与经济发展长期处于无序的状态。为此，改革开放后国家曾对电力工业开展一系列的改革，如“六五”时期开始起步电力工业的体制改革和简政放权，在江苏、安徽、浙江和上海试行“发电、用电、燃料”三挂钩，多发多用，少发少用，用经济办法管电。推行国家、地方、企业、集体参加集资办电的模式，并组建华能国际电力开发公司以利用国外贷款等兴建电厂。“七五”期间进一步提出“国家、企业、集体、个人一起来，大、中、小一齐上”的政策，调动所有社会资源兴建电厂。

1995 年进一步开展电力市场投资主体多元化改革，提出允许外商投资电力项目。1997 年成立国家电力公司，通过完成公司改制，实现政企分开，打破垄断，引入竞争，优化资源配置，建立规范有序的电力市场。1998 年 8 月，国家电力公司推出以“政企分开，省为实体”和“厂网分开，竞价上网”为内容的“四步走”的改革方略。1998 年 12 月 24 日，国务院办公厅转发《国家经贸委关于深化电力工业体制改革有关问题的意见》，“厂网分开，竞价上网”开始在六个省市先行试点。2000 年 10 月，国务院办公厅下发 69 号文件，明确电力体制改革工作由国家计委牵头，会同国家经贸委、国家电力公司等部门和单位，组成电力体制改革协调领导小组。经过多次会议论证，最后确立将国家电力公司改组，成立电监会、国家电网公司、中国南方电网公司及 5 家发电集团公司的方案，实现“厂网分开”。

2002 年的电力体制改革以后，恰逢亚洲金融危机结束，国内经济释放出巨大的发展需求，而彼时电力建设还处于收紧阶段，电力缺口很大。2001 年电力工业开始吃紧，随后进入全国性电力供不应求的局面。整个“十五”期间，全国大规模拉闸限电，2004、2005 年期间全国拉闸限电的省（直辖市、自治区）达到 24、27 个，电力装机缺口最大时候达 44.85GW。为此，体制改革后的电力工业在“十五”“十一五”期间出现了井喷式的发展景象。2005 年中国燃煤机组装机容量的增速达 18.8%，2006 年更是达到 23.7%。图 2-9 给出了电力改革后全国发电总装机及火力发电、燃煤发电装机的发展情况。从图 2-9 中可以看出，从 2002 年的 265GW 发展到 2007 的 546GW，5 年时间实现装机容量翻一番还多。

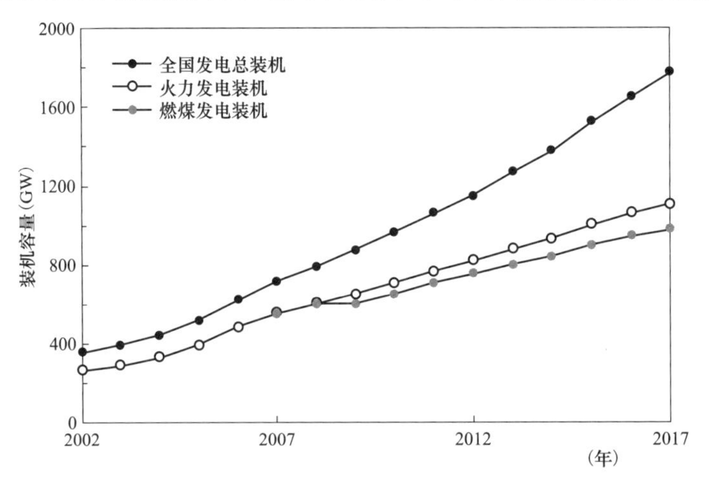

图 2-9　电力改革后发电装机容量的发展

为应对温室气体排放带来气候变化，进入“十二五”后，受国家重点发展可再生能源电力，以及经济发展逐渐进入新常态的影响，燃煤发电发展速度逐渐趋缓。2014 年中国国家主席习近平同志在《中美气候变化联合声明》中首次正式提出中国计划于 2030 年左右将实现二氧化碳排放达到峰值，并将努力早日达峰；并计划到 2030 年非化石能源占一次能源消费比重提高到 20%左右。为此，控制化石能源消费总量，推进电力产业结构调整成为必要举措。为实现上述目标，我国政府近几年大力推动风力发电、光伏等清洁能源的发展，加快优化能源组织结构，使得火力发电机组的总装机占比呈逐步下降趋势。但燃煤发电机组的主体地位在相当长的时间内不可撼动，且由于风力发电、光伏等可再生能源发电的品质较差，燃煤发电将承担越来越重要的电网调峰功能。

长期以来，除了极少部分燃油、燃气机组，中国的火力发电机组基本上全部为燃煤发电机组。然而随着“十一五”期间国家天然气开技术的大力发展，以及“十二五”以来国外天然气进口额的大幅增加，燃气发电在近十年受到一定程度的重视，燃机机组装机容量成大幅增长趋势。同时余温、余气、余压发电装机容量也得到同步的增长。图 2-10 给出了

2016年中国火力发电机组的构成情况。从图中可以看出截至2016年年底，虽然燃气和余温/余气/余压机组的发电装机容量已达94.4GW，燃煤发电机组的装机容量仍然占89.8%左右，而其余火力发电机组的装机容量依然非常少。根据中电联数据统计，截至2016年底，中国燃煤发电装机容量达到946GW，占全国发电总装机容量的57.3%。全国火力发电机组的供电煤耗下降到312g/kWh。

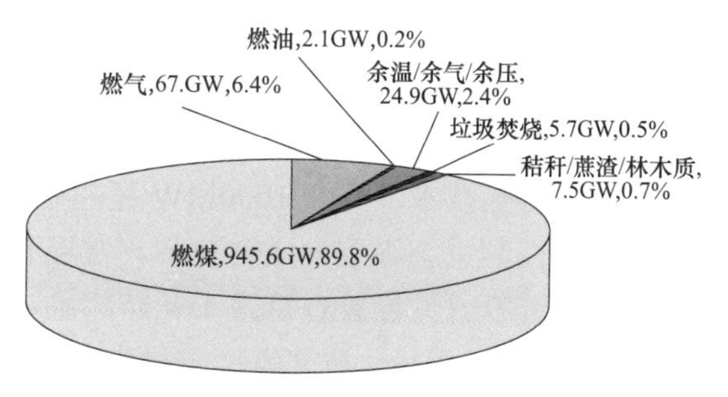

图2-10　2016年中国火力发电机组的构成

2.4.2　电力改革后燃煤发电装备制造的发展

在国产300、600MW亚临界机组批量生产，国内进口超临界机组逐渐投产并积累了一定的生产、安装技术和运行经验后，国家计委于2000年将600MW超临界火力发电机组的研制补充列入“九五”国家重大技术装备科技攻关项目。自2002年开始，为提高燃煤发电机组的效率和降低煤耗水平，我国决定发展超临界和超超临界燃煤发电机组。在国家发改委严格控制审批非超临界或超超临界机组项目的政策引导下，我国超临界和超超临界燃煤发电技术发展迅速。

通过河南沁北电厂、常熟电厂、镇江电厂等依托项目，哈尔滨电气、上海电气和东方电气三大集团分别与日本三菱公司（MHI）、德国西门子公司（Siemens）和日本日立公司（Hitachi）以项目合作的方式逐渐掌握了600MW超临界燃煤发电机组的制造技术，三个（套）项目机组于2004年至2005年陆续投运后，经西安热工院和上海成套院测试，热耗约7528kJ/kWh，供电煤耗约293g/kWh，都达到了当时的国际先进水平。

在研制超临界机组的基础上，2003年下半年科技部将超超临界燃煤机组参数与容量的选择列入“863”科技攻关课题，在制造超临界机组的基础上，开始了超超临界燃煤发电机组的研制。国内近20个发电、制造、科研机构、大学、电力设计单位参与课题的各项研究任务，该课题取得了一批重要研究成果，形成了多项自主研发的本土化技术，有效地促进了整个行业的快速进步。随后哈尔滨电气集团、上海电气集团和东方电气集团分别从MHI、法国阿尔斯通（Alstom）和德国西门子、日本日立等公司引进1000MW超超临界技术，开始建造1000MW级超超临界燃煤发电机组。首台机组以华能玉环电厂为工程依托，上海汽轮机厂、哈尔滨锅炉厂、上海电机厂分别承担三大主机设备的制造，于2006年11月18日正式投运。同年12月，由东方电气集团承担建造三大主机的山东邹县电厂1000MW超超临界燃煤发电机组投运。2007年12月，由哈气集团承担建造三大主机的江苏泰州电厂1000MW超超临界燃煤发电机组投运。经西安热工院和上海成套院测试，国产1000MW级超超临界机组热耗约7296kJ/kWh，供电煤耗约为285kJ/kWh，达到国际先进水平。

此后，我国三大制造基地又经历了对引进技术的消耗、吸收和再创新的过程。如2009年在浙江宁海电厂投产了自主设计的1000MW超超临界燃煤发电机组，2011年在秦岭电厂投产了国内首台660MW超超临界空冷燃煤发电机组等。

为了更进一步提高燃煤发电机组的效率，探索先进燃煤发电技术的发展方向，十二五期间国家科技部、能源局分别把1000MW超超临界二次再热技术列入国家重大科技支撑计划和燃煤发电示范工程。利用现有600℃高温材料系列和我国1000MW超超临界燃煤发电机组设计和制造平台，借鉴国外二次再热发电机组设计运行经验，通过提高机组初参数、采用二次再热技术，开发1000MW超超临界二次再热燃煤发电机组成套技术，研制锅炉、汽轮机、控制系统等重大成套装备，发展我国超超临界二次再热燃煤发电技术。

2015年9月世界首台百万千瓦超超临界二次再热燃煤发电机组在国电泰州电厂顺利通过168h连续试运行，被誉为世界最高效、最环保、技术最先进的示范电厂。标志着我国燃煤发电技术再上一个新的台阶。超临界/超超临界燃煤发电装备制造发展过程中的标志性项目见表2-6。目前我国600℃等级超超临界燃煤发电技术已经逐步成熟。截2016年底，我国已有96台1000MW等级超超临界燃煤发电机组投入运行，成为国际上投运该等级燃煤发电机组最多的国家。

表2-6　我国超临界/超超临界燃煤发电装备制造发展的重要事件

时间	地点/主体	内　容
2004年11月	河南沁北电厂/600MW超临界	哈尔滨电气集团/日本三菱公司 东方锅炉厂制造/日本日立公司
2005年03月	江苏常熟电厂/600MW超临界	东方电气集团/日本日立公司
2005年07月	江苏镇江电厂/600MW超临界	上海电气集团/德国西门子公司
2006年11月	华能玉环电厂/1000MW超超临界	上海汽轮机厂/德国西门子公司 哈尔滨锅炉厂/日本三菱公司 上海电机厂/德国西门子公司
2006年12月	山东邹县电厂/1000MW超超临界	东方电气集团/日本日立公司
2007年12月	江苏泰州电厂/1000MW超超临界	哈尔装电气集团/日本三菱公司
2015年06月	江西安源电厂/660MW超超临界二次再热	哈尔滨锅炉厂/东方电气集团
2015年09月	江苏泰州电厂/1000MW超超临界二次再热	上海电气集团

1998年针对国内大量商品积压、供过于求的现象，工业设备存在重复建设、用人过多、经营不善等问题，国家领导人提出三年原则上不上新的加工项目。电力工业受国家宏观政策的影响，电力建设大幅下滑，从而引起电力改革后全国电力缺口严峻。加上电力工业建设存在2年左右的滞后性，2003年以后中国的火力发电事业出现井喷式的发展。受电力工业需求的强烈刺激，我国发电设备制造能力发展迅猛。“十一五”期间的火力发电制造能力比“十五”期间翻一番还多。2001年以来我国电力设备制造能力和火力发电设备制造能力情况见表2-7。

表2-7　电力改革后的中国电力装备制造情况

时间（年）	全口径电力设备制造（GW）	火力发电设备制造（GW）
2001～2005	197.9	153.8
2006～2010	449.2	318.3
2011～2015	511.1	242.4

我国 600℃等级超超临界燃煤发电技术的发展走的是一条引进、消化、吸收的技术路线，很大程度上促进了我国发电技术的迅速提升。在充分吸收发达国家经验的基础上，蒸汽温度从 538℃的亚临界等级参数快步跃上 600℃的超超临界等级参数。由于有发达国家作为“前行者”，我国实施参数跨越发展的风险相对可控。现在我国的燃煤发电参数已经达到世界领先水平。

2.4.3 电力改革后燃煤发电的煤耗情况

电力改革后，恰逢经济发展的新一轮增长。由于当时电力建设并没有及时响应经济发展的需求，电力短缺严重。导致 2002 年底原计划对小火力发电机组实施关停的计划进程在 2003 年被打断。图 2-11～图 2-13 分别展现了电力改革以后火力发电机组供电煤耗与装机容量增长率、设备年利用小时和厂用电率变化的对比情况。从图 2-12 可以看出，2001 年后设备利用小时开始逐年攀升，2004 年达到 5988h 的最高值。受机组长期超负荷运行影响，设备厂用电率也在 2004、2005 年明显增加。但由于这一阶段兴建了大量火力发电机组，使得火力发电机组的供电煤耗仍然能年平均约 4g/kWh 的速度平稳下降。截至 2006 年，中国火力发电机组的供电煤耗下降至 367g/kWh。

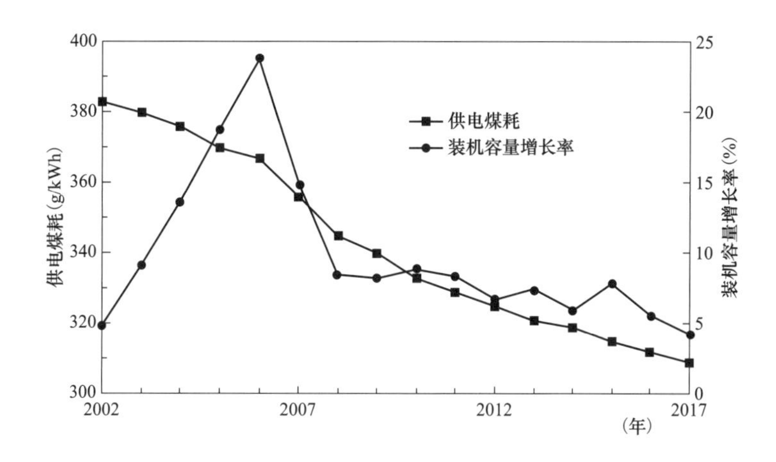

图 2-11 电力改革后火力发电机组供电煤耗和装机容量增长率的变化情况

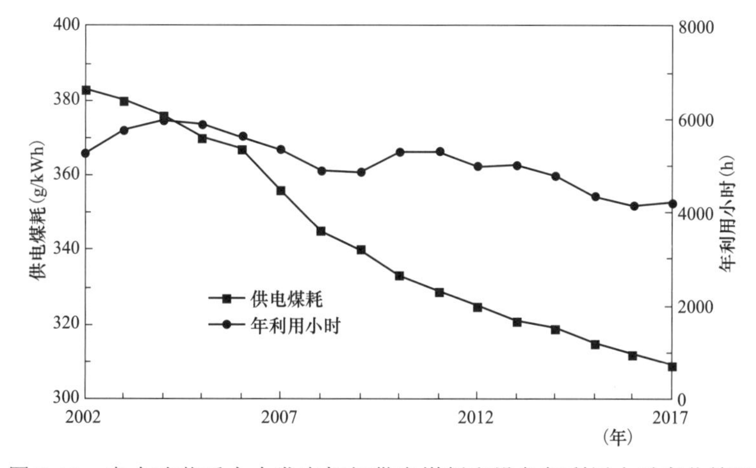

图 2-12 电力改革后火力发电机组供电煤耗和设备年利用小时变化情况

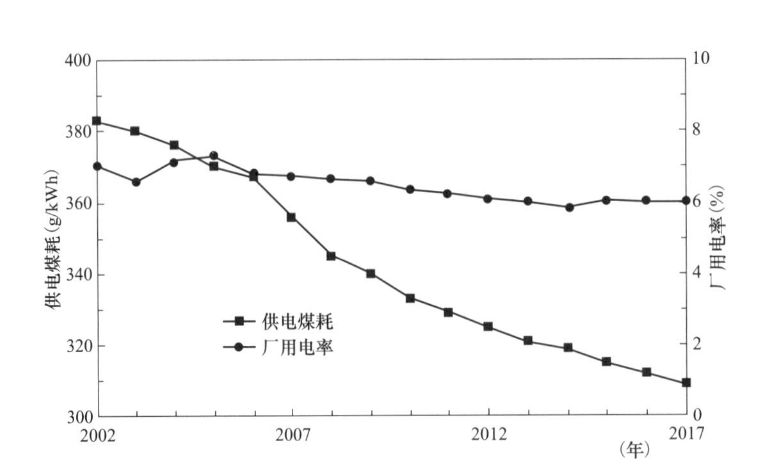

图 2-13　电力改革后火力发电机组供电煤耗和厂用电率变化情况

2004～2007 年火力发电装机容量以每年平均 17.8%的速度超速增长，如图 2-11 所示。同时大量国产超临界、超超临界机组投入运行，全国电力工业紧张局面得到全面缓解。火力发电设备的年利用小时也逐渐回落至 5000h 左右的常规状态，如图 2-12 所示。大批超临界、超超临界高效低能耗的 600、1000MW 机组投产，截至 2010 年底，我国 300 MW 及以上等级的燃煤机组装机容量已超过 70%。同时，由于电力短缺的局面已经缓解，2003 年被打断的关停小火力发电工作的进程重新启动，而且规模空前，“十一五”期间关停高能耗低效率的小火力发电机组约 77GW。根据“十一五”规划纲要，国务院印发了《节能减排综合性工作方案》(国发〔2007〕15 号)，将节能降耗落实到具体行业、具体指标上来，进一步促进了电力行业各种节能降耗工作的推进。同时，由于电煤供应质量逐步下降、价格上涨等问题的加剧，电力生产企业也越来越重视节能降耗工作，燃煤电站大面积开展主辅机设备技术改造、燃料精细化管理工作等。基于上述诸多因素作用下，全国火力发电机组的厂用电率呈逐年下降趋势，如图 2-13 所示。火力发电机组的供电煤耗在“十一五”期间成绩斐然，2007 年和 2008 年火力发电机组供电煤耗每年都下降 11g/kWh，十一五期间共计 37g/kWh。截至 2010 年年底，我国火力发电机组的供电煤耗水平已经下降到 333g/kWh。

“十二五”以来，虽然经济发展逐渐进入“新常态”，受风力发电、太阳能等可再生能源迅猛发展的影响，火力发电机组仍保持着稳定增长。新上机组大多为超超临界 660、1000MW 等级的高效火力发电机组，使得火力发电机组的结构进一步得到优化。同时，“十二五”期间小火力发电机组得到进一步关停。在国务院印发的节能减排“十二五”规划等一系列政策引导下，燃煤电站节能减排工作得到进一步推进。特别是 2014 年发改委发布《煤电节能减排升级与改造行动计划(2014～2020 年)》以来，燃煤电厂大力推进各项节能技改工作。使得近几年来火力发电机组的年利用小时持续下降，但火力发电机组的全国平均供电煤耗依然保持相对稳定的下降趋势。“十二五”以来，火力发电机组的平均供电煤耗下降 20g/kWh 左右。截至 2017 年年底，我国火力发电机组的供电煤耗水平已经下降到 309g/kWh。

2.5 燃煤机组装机结构对煤耗的影响

2.5.1 燃煤机组装机结构的变化

新中国成立之前，我国的燃煤发电装机以 2MW 及以下容量为主力，截至 1949 年底，全国总装机容量为 1.85GW，其中 1.69GW 为火力发电机组（主要为燃煤发电，其余为水力发电）。新中国成立后随着国家产业的大力发展，单机容量不断增长，6～12、25、50、100、125、200MW 和 300MW 等容量的机组逐渐投入运行。截至 1980 年底，全国总装机容量约 65.87GW，火力发电机组约 45GW，其中 100MW 及以上机组共计 136 台，包括 300MW 及以上机组共计 7 台和 200MW 等级的机组（包括 250MW）共计 17 台。最大机组为大港电厂引进的两台意大利制造的 320MW 亚临界机组。

十一届三中全会后一方面开始逐渐从日本、欧洲等发达国家进口技术指标先进的亚临界 300MW 等级燃煤发电机组；另一方面从国外引进 300、600MW 亚临界等级机组的制造技术，加紧亚临界机组的国产化进程。到 1987 年，引进技术制造的 300、600MW 等级亚临界机组样机刚投产运行。而此时全国发电装机容量已突破 100GW，火力发电装机 72.7GW，其中 300MW 等级及以上的机组的亚临界机组共计 22 台，主要以日本、欧洲等发达国家进口为主。100MW 及以上大型燃煤发电机组已达 253 台，最大的火力发电机组为 1985 年从法国引进的 600MW 亚临界机组。到 1995 年，全国装机容量突破 200GW 大关，达 217GW，国产 300、600MW 等级亚临界机组比例逐渐增加，也逐渐成为电力市场的主力机型之一，另外还包括从俄罗斯引进的 300、500MW 和 800MW 共计 8 台超临界机组。

截至 2000 年底全国发电总装机容量约 319GW，其中燃煤发电装机容量约 238GW。其中 300MW 及以上机组容量约占 39%，600MW 及以上机组容量仅占 7%左右。虽然新投产机组以国产 300、600MW 亚临界机组为主，但 300MW 以下容量机型装机容量占比超过 60%，仍然是燃煤发电装机的主体。

图 2-14 和图 2-15 分别展示了 21 世纪以来全国火力发电机组分等级的装机构成与各自所占份额的发展情况。从火力发电机组不同容量等级结构来看，2000～2004 年期间，300MW 及以上容量机组所占比例在 40%左右，100MW 以下容量机组的比例却占到近 30%，结构调整相对缓慢。2004 年以后，随着大量新机组的投产，特别是“十一五”期间“上大压小”工作的大规模开展，大量高能耗的小火力发电机组得以关停，兴建了大量 600、1000MW 等级的超超临界火力发电机组，使得我国火力发电结构发生了快速调整。五年期间，关停小火力发电机组约 76.83GW，使得 100MW 以下火力发电机组占全国从 6MW 以上火力发电机组的比例从 2004 年的 27%左右大幅下降至 2010 年的 10%左右。300MW 及以上容量火力发电机组的占比也从 2004 年的 44%左右大幅提高至 2010 年的 73%，成为我国火力发电机组的主要部分，如图 2-15 所示。

2005 年全国发电总装机容量约 517GW，火力发电装机容量约 391GW。其中单机容量为 300MW 及以上机型总容量占 6MW 及以上火力发电机组容量的 47%，已成为我国火力发电机组的主体机型。而 100～250MW 的机组还占 27%左右，100MW 以下的小火力

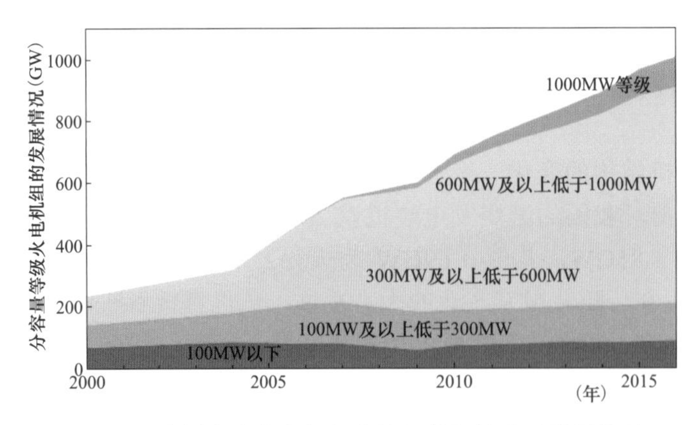

图 2-14　全国火力发电机组分等级装机构成及发展情况

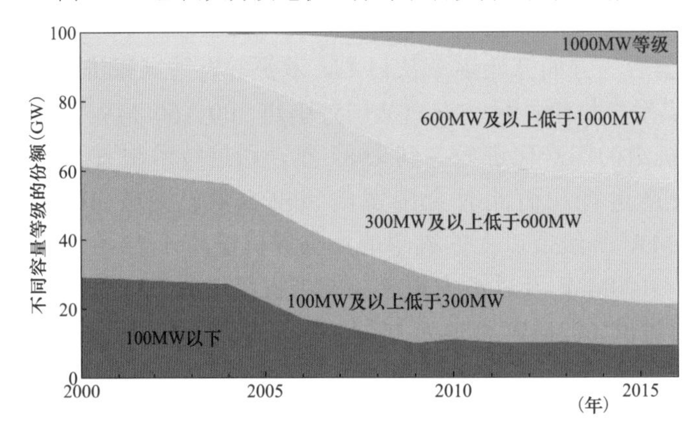

图 2-15　全国火力发电机组分等级结构比例及发展情况

发电机组仍然有 23%。2007 年 300MW 及以上火力发电机组容量已经高达 342GW，占当年火力发电机组容量的比例已超过 61%，成为电力市场的绝对主体，其中还有超超临界百万千瓦机组 10 台左右。然而单机容量 100MW 及以下的火力发电机组仍然有 82GW 左右，占火力发电装机容量的近 15%。到 2009 年，300MW 及以上火力发电机组容量已经高达 419GW，占当年火力发电机组容量的比例近 70%。同时，600MW 及以上火力发电机组已达到 219GW，首次超过 300MW 等级火力发电机组容量，占火力发电机组容量的 36%左右，已逐渐成为我国火力发电机组的主力机型，其中包括超超临界百万千瓦机组 39 台。截至 2010 年，全国发电总装机容量约 966GW，其中火力发电装机容量约 710GW。300MW 以上等级装机已经达到 504GW 左右，占火力发电装机容量的 73%左右。单机容量 100MW 以下小火力发电机组还有 76GW 左右，约占 11%。

“十二五”期间，虽然国家经济发展总体放缓，但“上大压小”工作进一步得到推进，并兴建了大量 1000MW 等级超超临界火力发电机组。同时因工业发展需求，350MW 等级超临界火力发电机组也得到了大力发展，投产 300 余台；660MW 等级超超临界火力发电机组也新投产了近 200 台。300MW 等级及以上的火力发电机组的比例持续提高，到 2015 年底，300MW 以上机组所占比例已经达到 80%左右。“十二五”期间关停小火力发电机组达 43.72GW，但与此同时，还兴建生物质、余温余压机组约 20GW。再加上国家加强对小机组的统计力度，原有大量没有统计的小机组也被统计进来，使得“十二五”期间小机组的容量不降反增，100MW 以下容量火力发电机组容量的占比也仅从 2010 年的 11%降低到 2015 年的 9.2%。

截至 2016 年年底，我国发电装机容量达到 1.65TW，其中火力发电机组装机 1060GW，燃煤发电机组容量 946GW。2016 年底中国火力发电装机分容量等级的构成如图 2-16 所示，300MW 及以上机组容量已经占火力发电总装机容量的 79.1%，600MW 及以上机组容量占 43.4%，百万千瓦超超临界机组达到 96 台，分别占火力发电装机和燃煤发电装机容量的 9.6%和 11.3%。另外，据不完全统计，开工在建的百万超超临界机组达 69 台。

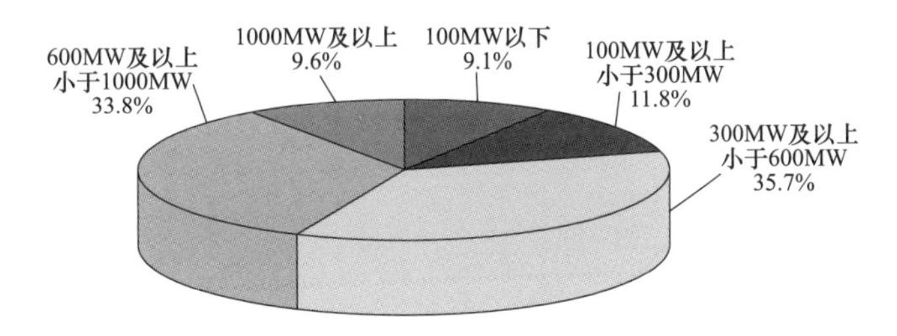

图 2-16　2016 年中国火力发电装机分容量等级构成

2.5.2　新增机组对煤耗下降的贡献

一般而言，主蒸汽参数越低，容量越小，则机组的供电煤耗越高。根据调研，典型 6MW 机组的平均供电煤耗达 573g/kWh 以上，是当前全国燃煤机组供电煤耗（312g/kWh）平均值的 1.8 倍，是当前先进超超临界二次再热机组平均供电煤耗的 2 倍。根据对全国典型燃煤机组的广泛调研，以纯凝湿冷机组为例，全国不同容量等级典型燃煤机组的运行经济性指标见表 2-8。从表中可以看出，机组热耗率随机组容量的增加逐渐降低，锅炉效率随机组容量的增加呈逐渐增加，厂用电随机组容量的增加逐渐下降。几项指标结合起来，使得燃煤机组的供电煤耗随机组容量的增加呈明显下降的趋势。且机组容量越小，其煤耗随容量的变化越剧烈。当机组容量大于 300MW 以后，热耗与供电煤耗随机组容量的变化开始逐渐趋缓。

表 2-8　　不同容量机组技术经济性指标（参考值）

容量（MW）	蒸汽参数	热耗率（kJ/kg）	锅炉效率（%）	厂用电率（%）	供电煤耗（g/kWh）
6	3.43MPa、435℃	13600	90	10	573
12	3.43MPa、435℃	12500	90	10	527
25	8.826MPa、535℃	10500	90	10	442
55	8.826MPa、535℃	10000	90	9	417
100	8.826MPa、535℃	9500	90	8	392
200	13.24MPa、535/535℃	8550	90	7	341
300	16.7MPa、540/540℃	8300	91.5	6	328
600	24.2MPa、566/566℃	7850	92	5.4	309
1000	26.25MPa、600/600℃	7600	93.5	4.2	290
1000	31MPa、600/610/610℃	7350	94.5	3.9	276

结合图 2-15 中全国燃煤发电机组各容量等级的增量比例，及表 2-8 中不同等级燃煤机组的参考供电煤耗情况，得到不同年度新增燃煤机组的平均供电煤耗如图 2-17 所示。由于“十一五”之前大部分新建机组还是亚临界机组，而到了“十一五”期间，随着超临界、超超临界机组的大力发展逐渐成为新增机组的主体。从图中可以看出，“十一五”期间新上机组的平均供电煤耗水平大幅从 355g/kWh 左右下降至 315g/kWh 左右。而到了“十二五”期间，新增装机的平均供电煤耗维持基本稳定。

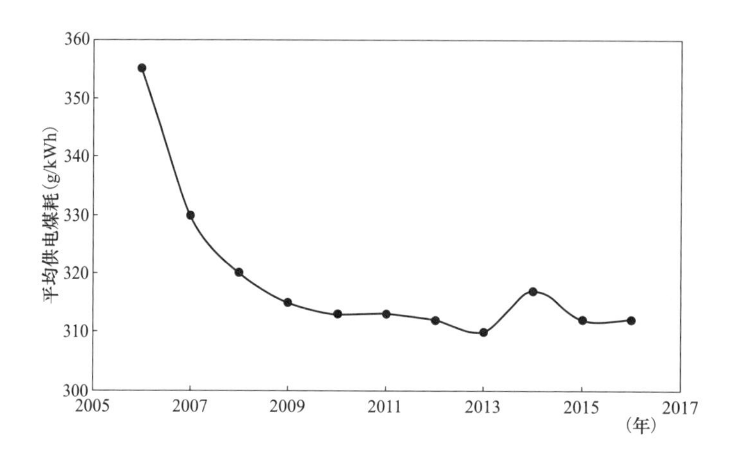

图 2-17　新增燃煤机组平均供电煤耗

基于图 2-17 新增燃煤机组的平均供电煤耗，结合当年的新增装机容量、燃煤机组总装机容量和平均供电煤耗水平，可以计算出新增装机容量对当年燃煤机组供电煤耗下降的影响，如图 2-18 所示。在过去十年左右新建机组是火力发电机组平均供电煤耗下降的主要动力之一，累计使得供电煤耗下降 20g/kWh 左右，综合影响达 36%左右。

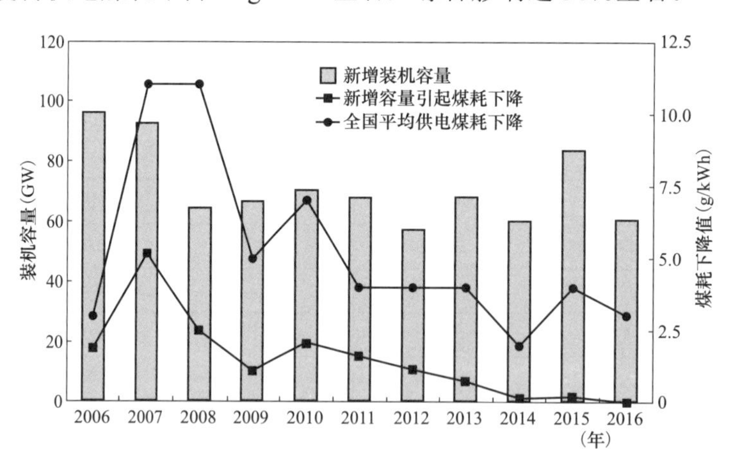

图 2-18　新增燃煤装机容量对供电煤耗下降的影响

与全国火力发电机组平均供电煤耗下降的情况相比，在“十一五”期间新增燃煤装机对火力发电机组平均供电煤耗下降影响较大，年平均达 3.2g/kWh 左右，这主要归功于“十一五”期间超临界、超超临界燃煤机组的快速发展所致。而到了“十二五”期间，由于全国发电煤耗下降到新的水平，而超临界、超超临界燃煤发电技术已日趋成熟稳定，新增装机的火力发电机组平均煤耗的下降贡献越来越小，年平均不到 1g/kWh，2016 年甚至接近 0 贡献。从前述分析可知，持续发展更先进的燃煤发电技术，进一步提高新建燃煤发电站的发电效率，降低供电煤耗，是推动全国燃煤机组平均供电煤耗下降的关键动力。

第3章 淘汰落后产能与节能降耗

一般来说，燃煤发电的节能降耗可以通过兴建先进高效机组、淘汰落后产能、采用高效节能技术和提高运行与管理水平等方式来实现。兴建先进高效机组、采用节能技术和提高运行管理水平容易引起行业关注，而淘汰落后产能往往被忽视。如果说20世纪中国火力发电机组供电煤耗的下降主要归功于电力工业发展带动电力技术进步和相应管理水平上升，那么21世纪以来火力发电行业大力开展淘汰落后产能和节能技术改造同样功不可没。本章重点讲述淘汰落后产能对火力发电机组供电煤耗下降的影响，有关节能技术改造将在第4章进行分析。

3.1 落后产能的历史环境

3.1.1 淘汰落后产能的背景

“落后产能”与“先进产能”是相对的概念，随技术的发展而不断变化，其界定具有较大的人为因素。在火力发电行业，“落后产能”一般就是指常规所说的“小火电”机组，而先进产能则指当前的“大容量、高参数”火力发电机组。“小火电”一般代指“小火力发电机组”或“小火力发电厂”。抗日战争前夕，火力发电厂主要分为4等：容量10MW及以上的电厂为一等，容量在1.001～10MW之间的为二等，容量在0.101～1MW之间的为三等，容量为0.1MW以下的为四等。其中，四等电厂即为当时的小火力发电厂。新中国成立后，火力发电机组普遍采用中低压机组，单机容量6MW即为大机组，而电厂容量在0.5MW及以下的定为小火力发电厂。20世纪70年代，电厂容量在25MW以下的定为小火力发电厂。20世纪80年代后期，电厂容量在50MW以下的定位为小火力发电厂。根据1997年电力工业部《关于印发〈小火电机组建设管理暂行规定〉的通知》，100MW及以下的机组也被认定为小火电机组。根据2007年国务院批转的由国家发改委、能源办《关于加快关停小火电机组的若干意见》（国发2号文），200MW以下的机组也开始被列入关停小火电机组的范围。

小火力发电厂一般都是早期兴建的电厂。随着电力工业发展，大量更大容量电厂的兴建，使得原来的老电厂逐渐退化为小火力发电厂。另外，由于小火力发电厂投资小、建设快，技术配备要求低，容易建设等原因，小火力发电的大量兴建还有如下几方面原因。首先，由于中国长期严重缺电，大电网难以满足地方经济发展的需求，有些地方工农业生产受到严重影响，不得不兴建小火力发电机组。其次，由于有些地方小煤矿多，产煤难以运出，于是兴建小火力发电厂将煤炭转化为电出售。另外，由于集资办大电厂在特定时期出现利益分配不均等问题，也导致有些出资方更愿意投资小火力发电厂。

其中由于严重缺电而导致全国大规模兴建小火力发电厂的主要有两次。一是20世纪50～60年代，为解决缺电或无电地区的用电问题，兴建了一批列车电站和快装机组。20

世纪 80 年代初，全国大规模缺电，使得小火电发展达到一个新的高潮。如 1987～1990 年分别兴建 0.5～25MW 的小火力发电厂 1353、1470、1768 座和 1842 座，相当于当时全国总装机容量的 6.46%、6.45%、7.11%和 7.18%。截至 1996 年底，全国 50MW 及以下机组容量约 33.5GW，100MW 及以下火力发电机组容量高达 75.7GW，分别占全国火力发电装机容量的 18.8%和 43.3%。

小火电在国家经济发展和社会建设过程中虽然发挥过不可磨灭的作用，但由于其机组小、参数低，导致其能源效率低、煤耗高、环境污染大、安全可靠性差、劳动生产率低、发电成本高等一系列问题。随着大型电厂的建设和大电网的覆盖面越来越全，小火力发电一方面因逐渐失去市场而淘汰，另一方面在国家节能减排政策引导下，被逐步强迫关停。

3.1.2 国家相关政策的发展历程

1989 年 3 月国家能源部、国家计委联合发出《关于严格限制凝汽式小火电厂建设的通知》，首次明文提出限制小火电机组方案。1995 年 12 月，国家计委、国家经贸委、中国人民银行、机械工业部、电力工业部又联合发出《关于严格控制小火电设备生产、建设的通知》，采取了更严格的措施控制小火电设备的生产、建设。1997 年为了进一步落实 1995 年两委一行两部的通知，电力工业部颁发了《小火电机组建设管理暂行规定》，强调纯凝汽式小火电机组和常规燃油机组，还本付息后原则上停发。但上述文件的发布和实施仍未有效制止小火力发电机组的无序发展。

在“九五”中后期关停小火电的时机日渐成熟。首先，社会各方面对节约资源、保护环境的认识有很大提高，对关停小火电工作十分关注和支持。其次，1997 年全国电力供需形势发生了明显变化，全国电力供需基本平衡，部分地区供大于求，为关停小火电机组创造了十分有利的条件。1999 年国务院办公厅转发国家经贸委《关于关停小火电机组有关问题意见》（国办发〔1999〕44 号）的通知，标志着关停工作的正式启动。随后，国家经贸委又出台了《关停小火电实施意见》（国经贸电力〔1999〕883 号），并印发了《关于做好关停小火电机组工作中小型热电联产机组审核工作的通知》（国经贸电力〔2000〕879 号）及《综合利用电厂（机组）认定管理办法》（国经贸资源〔2000〕660 号）等配套文件。

然而，2003 年全国各地出现大面积缺电导致关停小火电进程被打断。更有甚者的是，各级地方政府借机大力兴建（或改建）小火电机组，如 2004 年投产 25MW 以下小火电机组 8.8GW。随着电力供需形势缓解，国家发改委于 2005 年公布 2010 年前第一批关停小火电机组及关停进度表，再次督促各地落实国务院办公厅转发国家经贸委《关于关停小火电机组有关问题意见的通知》（国办发〔1999〕44 号）的精神。

根据“十一五”规划纲要要求，到 2010 年单位国内生产总值能源消耗和主要污染物排放总量分别比 2005 年降低 20%和 10%左右。电力工业或为节能降耗和污染减排的重点领域。电力结构不合理，特别是能耗高、污染重的小火力发电机组比重过高，成为制约电力工业节能减排和健康发展的重要因素。据此，2007 年 1 月 20 日，国务院批转了由国家发改委、能源办《关于加快关停小火电机组的若干意见》（国发 2 号文），标志着被打断的关停小火电工作重新启动并加快进程。2007 年 3 月，十届全国人大五次会议提出了“十一五”

期间关停 50GW 小火电机组的目标，关停小火电工作得到前所未有的重视。

《关于加快关停小火电机组的若干意见》要求“十一五”期间，在大电网覆盖范围内逐步关停以下机组：单机容量 50MW 以下的常规火力发电机组；运行满 20 年，单机容量 100MW 及以下的常规火力发电机组；按照设计寿命服役期满、单机 200MW 以下的各类机组；供电标准煤耗高出 2005 年本省（区、市）平均水平 10%或全国平均水平 15%的各类燃煤机组；未达到环保排放标准的各类机组；按照有关法律、法规应予关停或国务院有关部门明确要求关停的机组。

为了确保关停政策顺利推进，国家发改委、电监会、国家能源局和金融机构相互协调，制定了一系列保障政策措施：一是规定到期应实施关停的机组，电力监管机构要及时撤销其电力业务许可证，电网企业及相关单位应将其解网，不得再收购其所发电量，电力调度机构不得调度其发电，银行等金融机构要停止对其发放贷款。二是明确“上大”与“压小”相结合。发改委在审批政策上将项目新建审批与小火电关停联系在一起，“压小”是“上大”的前提，要先明确“压小”，然后才能“上大”。为了调动地方和企业实施“上大压小”的积极性，允许按一定比例折算，即：建设单机 300MW 机组要关掉其容量 80%的小机组，建设单机 600MW 机组要关掉其容量 70%的小机组，建设单机 1000MW 机组要关掉其容量 60%的小机组，也可以按等煤量计算。三是通过降低小火电机组上网电价，加强电厂排污监督检查，对自备电厂自发自用电量征收国家规定的基金和附加费等措施促进关停小火电机组。对提前关停或按期关停的小火电机组，允许按不高于降价前的上网电价，向大机组转让发电量指标。四是开展节能发电调度试点，压缩小火电的生存空间。

3.2 淘汰落后产能的执行情况

3.2.1 淘汰落后产能的总体情况

国家电力公司从 1997 年就开始进行关停小火电机组的工作，计划重点对 50MW 及以下凝汽机组和“以大代小”的其他类型机组共计 14GW 于 2005 年底前实施逐步关停。1998 年底，国家电力公司已关停小火电机组 2.84GW，为关停小火力发电机组的工作积累了很多可借鉴的经验。

根据 1999 年国家经贸委出台的《关停小火电实施意见》（国经贸电力〔1999〕883 号），国家电力公司针对其下属的约 14GW 小火电机组（50MW 及以下机组），将 1997～2000 年原计划关停的 6.81GW 的小火电机组容量调整为 7.74GW，将 2001～2003 年原计划关停的 4.3GW 的小火电机组容量调整为 4.5GW，剩下主要为 1.76GW 高压 50MW 机组于 2004 年底前完成关停。对于当时地方和非国家电力公司所属企业手中的 19.8GW 小火电机组，国家电力公司建议根据电量的平衡及供应，提出关停计划方案；对尚未偿还完贷款的关停机组，探讨和商议由电网的大机组代发“还贷电量”；对达到停运期和在供热与综合利用方面不符合要求的电厂进行电网解列等。

到 2001 年底，中国累计关停小火电机组 12.26GW，已完成总体目标的 40.9%，其中国家电力公司关停的机组为 9.19GW，地方关停的机组为 3.07GW，分别占各自总体目标的 65.6%和 19.2%。到 2002 年底，中国累计关停小火电机组约 15GW。

2002 年 9 月和 12 月，国家经贸委连续公布了第一批和第二批关停小发电机组的名单，数量达 173 家之多。总体来看，由于电力供应形势偏紧，加上关停小火力发电的配套措施不完善，“十五”期间关停小火电进展比较缓慢。据有关资料显示，“十五”期间计划关停的 15GW 小火电机组最终只关停 8.3GW 左右。

“十一五”期间，电力产业“上大压小”成绩明显，累计关停小火电容量为 76.83GW，超额完成计划任务，加快优化了电力产业构造。其中 2006～2008 年三年全国关停小火电容量分别为 3.14、14.36GW 和 16.69GW。三年合计关停小火电 34.19GW，完成“十一五”任务目标的 68.38%。2009 年 1～6 月，全国关停小火电 19.89GW。2006 年 1 月至 2009 年 6 月间，全国累计全国已累计关停小火电机组 7467 台，总容量达到 54.07GW，提前一年半完成“十一五”期间关停 50GW 的目标。全国近半数省份（15 个）提前完成本地区“十一五”关停任务，其中，仅广东、河南、江苏、山东、河北五省，关停的小火电机组就达到 31.46GW，占全国关停总量的 58%。截至 2010 年底，全国共计关停小火电机组 76.83GW，在役火电机组中，300MW 及以上机组比重由 2005 年的 47%发展到 72.6%，火力发电机组平均供电煤耗也由 370g/kWh 降低到 333g/kWh。“十二五”期间，关停小火电的工作得到进一步推进，仅前三年就关停了小火电机组 23.73GW，提前完成“十二五”规划关停小火电的容量。据不完全统计，“十二五”期间全国关停小火电机组容量约 43.72GW，超过计划关停容量的两倍，近十年内实现小机组关停量近 120GW。全国淘汰落后产能情况见表 3-1。

表 3-1 中国淘汰落后产能情况表

时间（年）	计划关停容量（GW）	实际关停容量（GW）
1996～2000	10.58	10.11
2001～2005	15.00	8.3
2006～2010	50.00	76.83
2011～2015	20.00	43.72
2016～2020	20.00	—

3.2.2 淘汰落后产能对能耗的影响分析

由表 2-8 中供电煤耗的数据对比可知，若根据当前国家对落后产能的定义（200MW 以下火力发电机组），以当前相对先进的 1000MW 超超临界二次再热机组分别替代典型的 6、12、25、55MW 和 100MW 的小火电机组，则相当于分别降低相应容量机组供电煤耗 297、251、166、141g/kWh 和 116g/kWh 左右。

由于近十年来关停的小火电机组大多为 100MW 以下的燃煤机组，以表 2-8 中 6～100MW 机组的供电煤耗平均值 490g/kWh 作为关停小火电的平均供电煤耗进行估算。根据关停小火电机组容量占当年火力发电机组容量的比例，及小火电平均供电煤耗与当年火力发电机组平均供电煤耗的数据，计算出关停小火电机组对当年火力发电机组煤耗下降的贡献情况见图 3-1。

从图 3-1 中可以看出，在过去十年，小火电机组关停对煤耗下降的影响非常明显。其中2007～2009年由于机组关停容量较大，年平均约关停19GW，占当年火力发电机组容量的3%以上，使得这几年因小火电机组关停而引起供电煤耗每年下降幅度平均达4.5g/kWh。过去十年内我国火力发电机组供电煤耗的下降情况与小火电关停情况总体趋势一致，反映其紧密的内在联系。“十一五”期间小火电关停工作成绩最为突出，同时也正是我国燃煤机组供电煤耗下降最为迅速的几年。根据估算，“十一五”和“十二五”期间因小火电关停工作而引起我国火力发电机组煤耗下降总量达27g/kWh左右，占同期全国平均供电煤耗下降的46%左右。考虑到关停的小火电机组的平均单机容量可能更小，对其平均煤耗的估算方法存在一定的保守，小火电关停工作对供电煤耗下降的实际影响很可能更大。

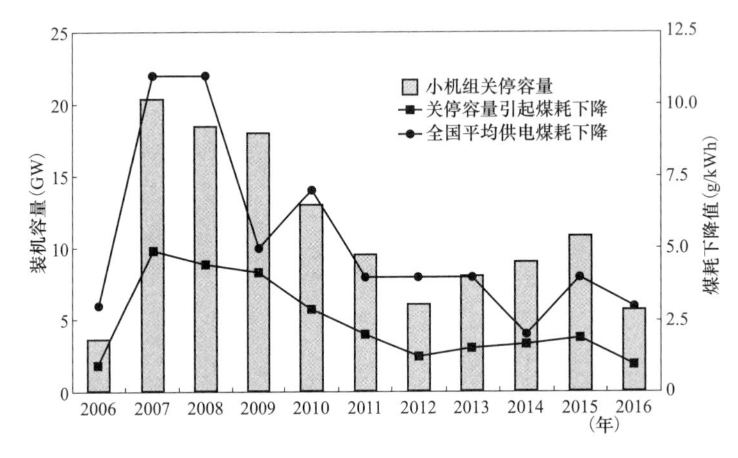

图3-1 关停小火力发电机组对全国供电煤耗下降的影响

然而小火电机组存在容量小、机组数量多、分散广、涉及业务面宽等诸多问题，关停起来异常困难。根据中电联数据统计，截至2016年年底，我国100MW以下的小火电机组还有5198台，装机容量达92GW；100MW至200MW以下的小火力发电机组约471台，装机容量达65GW；200MW至300MW以下火力发电机组还有约251台，装机容量约54GW；300MW至600MW以下火电机组约1090台，装机容量达360GW。基于表2-8中不同机组供电煤耗的差值，若淘汰上述机组，并将相应机组容量以当前先进百万机组进行替代，得到淘汰不同容量等级机组对全国平均供电煤耗下降的影响情况如图3-2所示。

从图3-2可以看出，若将全国100MW以下5198余台小火电机组全部淘汰并以当前先进的1000MW等级超超临界二次再热机组替代，以该区间被替代小火电平均供电煤耗490g/kWh计，则可降低全国燃煤机组供电煤耗21g/kWh左右。若将100MW至200MW以下的471台小火力发电机组全部淘汰并以当前先进的1000MW等级超超临界二次再热机组替代，以该区间被替代小火电机组平均供电煤耗380g/kWh计，则可进一步降低全国燃煤机组供电煤耗7g/kWh左右。若进一步将200MW至300MW以下小火电机组全部淘汰，并替代为当前先进的超超临界1000MW机组，以该区间机组平均供电煤耗330g/kWh计，则还可降低全国燃煤机组供电煤耗约3g/kWh。另外我国300MW等级燃煤机组尚有1090台左右，容量约360GW。若在适当时机，考虑进一步将300MW机组关停，并全部以1000MW超超临界二次再热机组替代，以300MW机组平均供电煤耗328g/kWh计，则还可降低全国燃煤机组平均供电煤耗约19g/kWh。

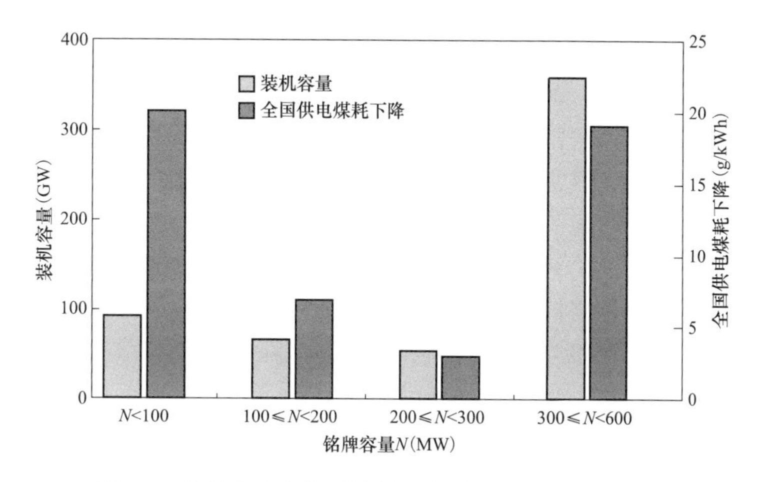

图 3-2 淘汰相应机组对全国平均供电煤耗下降的影响

由此可知，通过进一步关停全国 200MW 以下全部约 5600 台容量达 153GW 左右的小火电机组，并替代为当前先进的超超临界 1000MW 机组，可进一步降低全国供电煤耗 28g/kWh 以上。若进一步关停 200MW 等级和 300MW 等级亚临界火力发电机组，则还可降低全国燃煤机组平均供电煤耗约 22g/kWh 左右。可见淘汰落后小火电机组对节能减排具有重大意义。

3.3 淘汰落后产能的技术经济性

随着我国工业的快速发展，国家对节能减排工作越来越重视。为了提高电力工业生产效率，降低供电煤耗，我国在 1997 年便提出“上大压小”政策，对 50MW 及以下小火电机组开展关停工作。“十一五”期间，我国的小火电机组关停工作成绩尤为显著，累计关停小火电机组约 77GW。而目前亚临界 300MW 机组的关停工作也已提上日程。为了应对工业发展带来的环境污染，解决老百姓日益关心的雾霾等问题，国家相关部门出台越来越严苛的环保排放标准。针对我国燃煤发电行业，2015 年底，国家环保部、发改委和能源局联合印发《全面实施燃煤电厂超低排放和节能改造工作方案》的通知，要求到 2020 年，全国所有具备改造条件的燃煤电厂力争实现超低排放（即在基准氧含量 6%条件下，烟尘、SO_2、NO_x 排放浓度分别不高于 10、35、50mg/m^3）。

提高设备效率，降低工业排放，无疑是利国利民的事情。然而，任何节能减排工作都会涉及相应的改造，都需要成本。这里的成本不仅是初投资、运行等经济成本，同时还包括改造及运行过程中涉及的能源消耗和排放增加。因此，本文试图将电站基建、调试、拆除等过程中涉及的煤耗、排放等因素考虑进来，以期为淘汰落后产能，“上大压小”等工作提供更全面的评价指标。基于对行业调研分析，对基建等过程中的能耗一般可采用“工业平均能耗分析”“全生命周期分析”和“投资额当量煤耗分析”等几种方法，下面分别进行讨论。

3.3.1 全生命周期分析法

燃煤发电系统的全生命周期可分为建造、运行和退役三个阶段。其中建造主要包括原材料开采、加工、运输、厂房建造和设备安装；运行阶段主要包括燃料/原料的开采和运输、电力生产、污染物排放控制、固体废物/粉尘的处理；退役阶段则主要包括电厂拆除、废弃物运输及回收利用。通过调研发现，国内外在开展燃煤机组全生命周期分析过程中，由于设备生产等过程数据缺乏，通常只考虑基建、运行、拆除等过程中涉及的钢铁、水泥、沥青等原材料开采、加工、运输等过程中的能耗与排放情况，大都忽略发电设备生产加工过程中涉及的材料损耗、能源消耗以及相关的管理系统能耗。而国内的一些研究更是连厂房建造和设备安装等环节都忽略掉。机组退役阶段中由于还有大量原材料可以回收利用，一般认为与拆除所消耗的能耗相互抵消，因拆除工作消耗的能力与排放相对较小，将其与基建部分的排放与能耗合并，未考虑回收利用的情况。

在对燃煤机组基建能耗的全生命周期分析中，综合比较了美国可再生能源实验室、美国威斯康辛大学、美国国家能源技术中心和国内华北电力大学等对燃煤机组全生命周期能耗的研究。根据各方面的数据整理得到全生命周期排放与附加能耗情况见表 3-2，所有数据都按设备运行 150kh（即 30a×5000h/a）折算。其中排放数据是基于美国 2010 年最先进的超超临界机组设计与运行数据折算而成，运行排放数据参照美国 2010 年的当地排放标准包含了发电过程中的烟气排放。附加能耗 1 是基于美国 2000 年先进的超超临界机组设计数据折合标准煤耗而得附加能耗，附加能耗 2 是基于国内百万千瓦超超临界机组设计与运行数据（供电煤耗 280g/kWh）折合而得的附加能耗，两者均未考虑电站设备加工生产过程中的能耗。

表 3-2　国内外电站全生命周期排放与能耗情况

项目	基建与拆除	调试	运行
NO_x（mg/m^3）	0.778	0.313	126.6
SO_x（mg/m^3）	1.313	0.017	155.2
PM（mg/m^3）	0.334	0.041	23.49
VOC（mg/m^3）	0.037	0.081	0.008
附加能耗 1（g/kWh）	0.769	0.073	35.44*
附加能耗 2（g/kWh）	1.005	0.068	18.91*

* 运行附加能耗中不包括电站机组发电过程的供电煤耗。

从表 3-2 可以看出，燃煤机组基建与调试过程中所消耗的 NO_x、SO_x 和粉尘的排放分别仅为运行期间相应排放的 0.9%、0.9%和 1.6%左右，即使与中国当前超低排放的标准相比，也只有 3.1%、2.7%和 3.7%左右。可见，只要当机组效率提高 3.7%以上，对老机组进行关停并替代以新机组便可相应降低 NO_x、SO_x 和粉尘的总排放。

从表 3-2 所示的中、美附加能耗的情况可见，华北电力大学计算的附加能耗相对较低，经分析推测是由于该研究在数据处理中未充分考虑电站建设中土地征用、道路修建等项目所致。为了确保数据尽量全面，进一步考虑了电力设备生产过程中的电耗。表 3-3 所示为上海电气集团近四年电耗情况。考虑到该集团所生产的主机、辅机设备只包括了电站设备的主要部分，本文按 70%估算。得到最近四年电力设备生产过程中的单位电耗，分别为 5.6、5.9、5.4kWh/kW 和 6.7kWh/kW。考虑到全生命周期计算中电力生产的附加能耗为供电煤耗与电站设备基建、燃煤生产与供应、废物处理等相关能耗之和，结合表 3-2 中的附加能耗数据与国内的平均供电煤耗（2016 年为 312g/kWh），取国内全生命周期用电煤耗为 360g/kWh，电站机组服役时间按 150kh 计算，可计算出电站设备生产能耗平摊到供电煤耗中的附加能耗约为 0.014g/kWh。可见电站设备生产过程对电站总体基建煤耗影响非常小。

表 3-3　　　　上海电气集团设备生产电耗

时间（年）	项目	上汽	上锅	上发	上辅
2014	产量（GW）	21.24	18.97	27.27	24.41
	用电量（GWh）	36.78	24.52	14.13	8.77
	单位电耗（kWh/kW）	1.73	1.29	0.52	0.36
2015	产量（GW）	25.54	11.94	19.65	18.02
	用电量（GWh）	38.07	19.20	10.92	7.91
	单位电耗（kWh/kW）	1.49	1.61	0.56	0.44
2016	产量（GW）	23.58	19.26	24.93	26.90
	用电量（GWh）	37.10	20.94	20.02	8.55
	单位电耗（kWh/kW）	1.57	1.09	0.80	0.32
2017（1～10 月）	产量（GW）	19.09	10.20	25.83	16.81
	用电量（GWh）	28.05	21.95	18.60	6.01
	单位电耗（kWh/kW）	1.47	2.15	0.72	0.36

将表 3-2 中的基建与拆除附加能耗数据加上设备生产能耗估算值，得到中美基建与拆除过程引起的附加煤耗分别为 0.783g/kWh 和 1.019g/kWh。以超超临界机组供电煤耗 280g/kWh 计，可得中美两国超超临界机组全生命周期运行总煤耗分别约为 299g/kWh 和 315g/kWh。从而可以进一步得到中美两国基建、拆除和调试总附加煤耗都占运行总煤耗的 0.3%左右。可见，只要机组效率提高 0.3%，对老机组进行关停便可保证淘汰老机组后电力生产的总能耗下降。

3.3.2　工业能耗与排放当量分析法

鉴于淘汰落后产能后兴建的替代机组一般都为超超临界机组，以 1000MW 超超临界机组为例进行分析。工业能耗与排放当量分析方法的基本前提是假设燃煤电站基建过程中单位投资的能耗和排放为基于当年工业生产总值的全国工业总能耗与总排放的平均值。根据国家统计局 2011～2015 年中国工业生产总值、中国工业能源消费总量和中国环境统计年鉴的工业排放数据，可以计算出近几年国内工业单位生产总值的平均能耗和平均排放。基于电力规划设计总院汇编的《火力发电工程限额设计参考造价指标（2011～2015 年）》中关于 1000MW 超超临界燃煤机组的参考造价等数据，结合单位生产总值能耗与排放，从而计算出 1000MW 超超临界燃煤机组基建过程中的能耗与排放情况。同样以燃煤机组服役时间 150kh计，将基建能耗分摊到每度电中，得到单位上网电量的附加能耗。由于调试、关停过程的财务费与基建费用相比可以忽略不计，因而本段并未考虑其相应引起的能耗与排放情况。相关数据见表 3-4。

由于全国工业效率的逐渐提高，排放标准越来越严，污染物控制的面越来越广，从表3-4可见，无论是燃煤电站的单位造价，还是单位工业产值的煤耗、排放都有逐年降低的趋势。从而导致燃煤机组基建的附加煤耗和 SO_2、NO_x 和烟尘的附加排放也呈现逐年下降的趋势。以2015年为例，基建附加煤耗和基建 SO_2、NO_x 和烟尘的附加排放分别为2.2g/kWh、12mg/m^3、9mg/m^3 和 9mg/m^3。若以超超临界燃煤机组的全生命周期运行总供电煤耗为315g/kWh计，并参照当前燃煤机组超低排放的指标，2015年基建附加能耗仅占运行煤耗的0.7%，而 SO_2、NO_x 和烟尘的附加排放则分别占运行排放值的34.3%、18%和90%。

由此可见，基于工业能耗与排放当量分析方法，只要燃煤机组效率提高0.7%，对老机组实施关停即可降低总体能源消耗。而若要保证 SO_2、NO_x 和烟尘等污染物排放当量总体下降，则需新建的机组效率或相应污染物排放标准分别提高34.3%、18%和90%。

表3-4　　1000MW超超临界燃煤机组基建过程对应工业能耗与排放

项目	2011年	2012年	2013年	2014年	2015年
单位造价（元/kW）	3497	3358	3334	3180	3180
工业生产总值（$\times 10^{12}$元）	227039	244643	261956	277572	282040
工业能源总消耗（标准煤）（$\times 10^6$t）	2464	2525	2911	2957	2923
工业 SO_2 排放（$\times 10^6$t）	20.17	19.12	18.35	17.40	15.57
工业 NO_x 排放（$\times 10^6$t）	17.30	16.58	15.46	14.05	11.81
工业粉尘排放（$\times 10^6$t）	11.01	10.29	10.95	14.56	12.33
单位工业产值标准煤耗（g/元）	108.55	103.20	111.14	106.53	103.63
单位工业产值 SO_2 排放（g/元）	0.89	0.78	0.70	0.63	0.55
单位工业产值 NO_x 排放（g/元）	0.76	0.68	0.59	0.51	0.42
单位工业产值粉尘排放（g/元）	0.48	0.42	0.42	0.52	0.44
基建附加煤耗（g/kWh）	2.53	2.31	2.47	2.26	2.20
基建 SO_2 附加排放（g/kWh）	0.021	0.017	0.016	0.013	0.012
基建 NO_x 附加排放（g/kWh）	0.018	0.015	0.013	0.011	0.009
基建烟尘附加排放（g/kWh）	0.011	0.009	0.009	0.011	0.009

3.3.3 投资当量分析法

基于各方面统计数据的缺乏，行业内也有一些人士直接将燃煤机组投资成本的燃煤购买力当作基建能耗，进而分摊到机组全生命周期内的上网电量中，得到相应的基建附加能耗。同样参考《火力发电工程限额设计参考造价指标（2011～2015年）中2×1000MW超超临界燃煤机组的参考工程造价，以标准煤单价700元/t，电站机组服役时间150kh计，得到按投资当量估算的基建附加煤耗见表3-5。可见，投资当量燃煤机组基建能耗比基于工业平均能耗和全生命周期能耗分析得到的燃煤机组基建能耗高一个量级。

表3-5　　投资当量估算的基建附加煤耗

项目	2011年	2012年	2013年	2014年	2015年
单位造价（元/kW）	3497	3358	3334	3180	3180

续表

项目	2011 年	2012 年	2013 年	2014 年	2015 年
标准煤单价（元/t）	700	700	700	700	700
利用小时数（$\times10^3$h）	150	150	150	150	150
基建附加煤耗（g/kWh）	33.3	32.0	31.8	30.3	30.3

基于投资当量分析法，以超超临界燃煤机组的全生命周期运行总供电煤耗为 315g/kWh 计，超超临界机组基建附加能耗计算结果约为超超临界机组全生命周期运行总能耗的 9.6%左右。由此可知，当燃煤机组效率提高 9.6%左右，即供电煤耗提高 30.3g/kWh，从能耗消耗最低角度则具备淘汰现役机组的条件。

3.3.4 分析方法综合评价

总结前述讨论的全生命周期分析、工业平均能耗与排放当量分析以及投资当量分析几种方法，将 2005～2015 年基建过程的附加能耗对比如图 3-3 所示。从图 3-3 中可见采用全生命周期分析方法基建过程的附加能耗最低，采用工业平均能耗当量分析的方法得到的基建附加能耗约为全生命周期基建附加能耗的 2 倍，而采用投资当量分析所得到的基建附加能耗为全生命周期基建附加能耗的 30 倍左右。

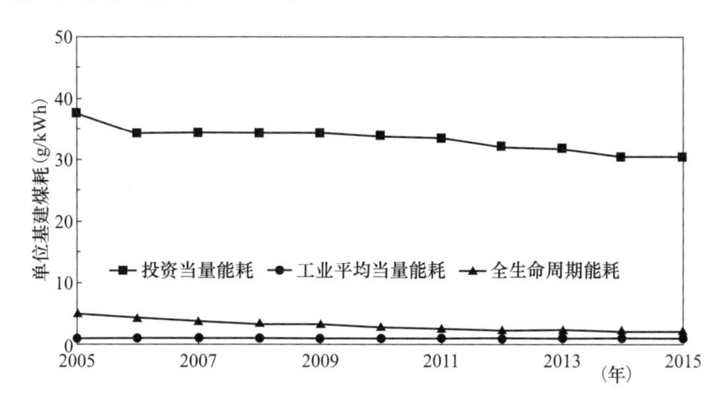

图 3-3　不同分析方法的附加基建能耗

通过对比以上几种分析方法，结合燃煤机组基建、设备生产、原材料加工等过程，虽然全生命周期方法所得到的基建附加煤耗与附加排放情况对不同项目存在一定的不确定影响，但总体来说相对准确。而通过将工业平均当量分析所得到的附加能耗与附加排放结果，虽然从总量上把握，没有漏网之鱼，但由于不同工业之间的能耗差距，可能也会引起不小的误差。将工业平均当量分析得到的附加能耗与附加排放与全生命周期方法得到的附加能耗与附加排放结果对比，可以看出电力基建工业的能耗水平仅为全国工业平均能耗水平的一半左右，而其排放水平更是全国工业领域平均排放水平的十分之一左右。

投资当量分析法虽然从能耗分析角度上看有较大的不合理性，但其结果却反映了电力投资与收益的经济性关系。不考虑通货膨胀引起的财务费用影响，从投资当量分析的角度可以看出，对老机组的替代只有在供电煤耗降低 30g/kWh 以上，对老机组的淘汰工作才有经济性可言。

由此可见，从能耗角度上看，只要新建机组效率提高 0.3%，即供电煤耗下降 1g/kWh，则可保证淘汰老机组以实现电力生产在全生命周期内总体能耗的下降。而只要新建机组效率提高 3.7%以上，即供电煤耗下降 12g/kWh 左右，即可保证淘汰老机组以实现电力生产在全生命周期内总体排放下降（基于新老机组采用同样超低排放标准）。而从经济性上看，则需保证新建机组煤耗至少降低 30g/kWh 以上，才可保证以新机组替代老机组总效益不会下降。

3.4 淘汰落后产能的经济性分析

基于本章前三节的分析，中国还有大量的小火力发电机组具备淘汰的条件，这些落后产能的淘汰将大力促进我国节能减排事业的发展。然而随着电力技术的发展，淘汰落后产能是一个动态过程，不光涉及节能、减排等问题，更重要的是影响到业主的经济性。因此，如何科学合理界定落后产能，确定一个明确的淘汰机制，有效调动产业的积极性，才能更好地推进落后产能淘汰工作的有效实施。

将燃煤机组的淘汰过程视作一个项目投资。其中替代拟被淘汰机组剩余服役年限作为项目投资周期，拟被淘汰机组服役期满后替代机组继续服役的时间则属于电站存在合理性的范畴，不予考虑。根据调研，机组能耗降低带来相应的环保运行成本下降比燃料成本的下降小一个量级，暂忽略其影响，仅仅从机组节约能耗，降低运行成本，从而收回投资的角度进行效益分析。假定每千瓦机组的初投资费用为 F_c，新建机组服役期为 30 年，拟被淘汰机组的剩余服役年限为 n，则认为淘汰工作经济可行的条件是机组替代期间的节能量收益财务净现值 F_{NPV} 满足式（3-1）。设标准煤单价为 p（元/t），年运行小时数为 m，新建机组供电煤耗下降值为Δe（g/kWh），而淘汰老机组经济可行所需新建机组供电煤耗下降的临界值为Δe_c（g/kWh），投资基准收益率为 i，则可得到节能量收益财务净现值的计算方法如式（3-2）所示。将式（3-1）和式（3-2）进行整理，可得到式（3-3）。

$$F_{NPV} \geqslant \frac{nF_c}{30} \tag{3-1}$$

$$F_{NPV} = \sum_{t=1}^{n} \frac{m \cdot \Delta e \cdot p}{10^6} \cdot (1+i)^{-t} \tag{3-2}$$

$$\Delta e_c = \frac{10^6 \cdot F_c}{30mp} \frac{ni}{[1-(1+i)^{-n}]} \tag{3-3}$$

从式（3-3）可知，界定落后产能的临界供电煤耗差Δe_c 与单位千瓦新项目初投资费用成正比，与机组年利用小时数和标准煤单价成反比，与基准收益率成非线性关系。考虑到标准煤单价变化较大，首先以每千瓦初投资费用 3180 元、机组年利运行 5000h、电力投资基准收益率 5%计，分别考虑标准煤单价 500、700 元/t 和 900 元/t 三种情况，则界定落后产能的临界供电煤耗差与剩余服役年限的关系如图 3-4 所示。

从图 3-4 中可以看出，机组越新，其所剩余的服役年限越长，则临界供电煤耗差越大，即需要新上机组的效率提高程度越大。而由于标准煤单价与临界供电煤耗差成反比关系，标准煤单价越低，则所对应的临界供电煤耗差变化越大。基于标准煤单价的变化区间（500～800 元/t），当机组剩余服役年限小于 10 年时，判定是否淘汰该机组的临界供电煤耗差为 30～54g/kWh，当机组剩余服役年限大于 10 年且小于 20 年时，判定是否淘汰该机组的临界供电煤耗差为 38～68g/kWh。

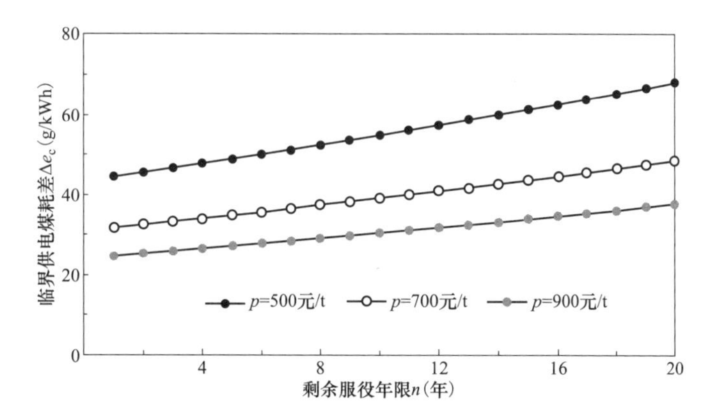

图 3-4　不同标准煤单价下临界供电煤耗差与剩余服役年限的关系

考虑到基准收益率的不同对临界供电煤耗差的影响，以每千瓦初投资费用 3180 元、机组年利用小时 5000h、标准煤单价 700 元/t 计，考虑基准收益率分别为 3%、5%和 7%三种情况，则相应淘汰落后产能的临界供电煤耗差与剩余服役年限的关系如图 3-5 所示。从图 3-5 中可见，基准收益率对剩余服役年限越长机组的临界供电煤耗差影响越大，而对剩余服役期年限较少机组的临界供电煤耗差的影响基本可以忽略。基于图 3-5 的变化趋势，当机组剩余服役年限小于 10 年时，判定是否淘汰该机组的临界供电煤耗差为 35～43g/kWh，当机组剩余服役年限大于 10 年且小于 20 年时，判定是否淘汰该机组的临界供电煤耗差为 40～57g/kWh。

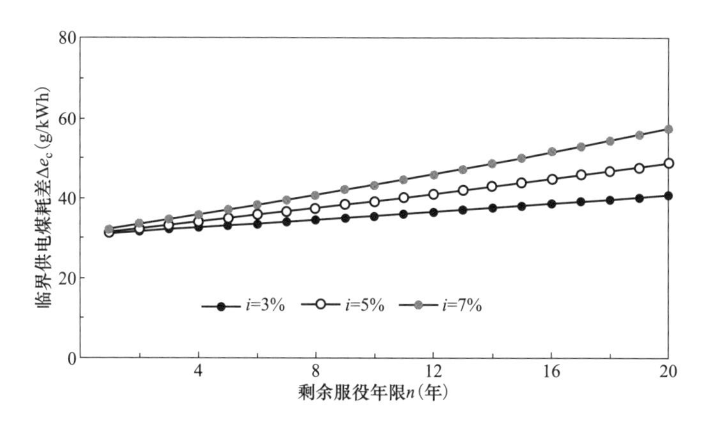

图 3-5　不同基准收益率下临界供电煤耗差与剩余服役年限的关系

随着可再生能源机组的大量兴建，燃煤机组因长期承担调峰功能而导致负荷率下降，年利用小时数越来越低。为了考虑年利用小时数对临界供电煤耗差的影响，以每千瓦初投资费用 3180 元、标准煤单价 700 元/t、基准收益率 5%计，分别研究了机组年利用运行 5000、4000h 和 3000h 三种情况，则相应落后产能的临界供电煤耗差与剩余服役年限的关系如图

3-6 所示。从图中可以看出，机组年利用小时数的临界供电煤耗的影响同样非常大，而且利用小时数越低，其影响程度越大。基于年利用小时数 3000～5000 的变化区间及图 3-6 的变化趋势，当机组剩余服役年限小于 10 年时，判定是否淘汰该机组的临界供电煤耗差为 40～65g/kWh，当机组剩余服役年限大于 10 年且小于 20 年时，判定是否淘汰该机组的临界供电煤耗差为 47～81g/kWh。

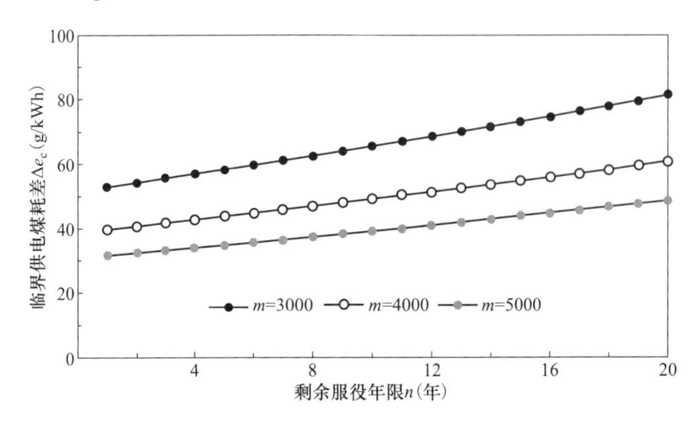

图 3-6　不同年利用小时下临界供电煤耗差与剩余服役年限的关系

由于单位千瓦机组初投资费用波动较小，且成一定的下降趋势，不影响临界供电煤耗差对机组淘汰的整体判断，这里就不作专门讨论。进一步分析上述三种因素的变化对临界供电煤耗差的影响，一般可认为基准收益率不变。而标准煤单价虽然经常性波动，但受国家调控及全球能源的周期性影响，可认为长期来看，取每吨 700 元误差较小。考虑到燃煤机组将逐渐更大程度承担调峰功能，而将燃煤机组分为深度调峰机组和常规机组两类。综合考虑上述各种因素的影响，对于常规机组，当机组剩余服役年限小于 10 年时，推荐判定是否淘汰该机组的临界供电煤耗差为 40g/kWh，当机组剩余服役年限大于 10 年且小于 20 年时，推荐判定是否淘汰该机组的临界供电煤耗差为 50g/kWh。对于深度调峰机组，当机组剩余服役年限小于 10 年时，推荐判定是否淘汰该机组的临界供电煤耗差为 50g/kWh，当机组剩余服役年限大于 10 年且小于 20 年时，推荐判定是否淘汰该机组的临界供电煤耗差为 65g/kWh。

第4章　国内外高效燃煤发电技术对比

世界上超（超）临界发电技术的发展过程大致可以分成三个阶段：第一个阶段，从20世纪50年代开始，以美国和德国等为代表。当时的起步参数就是超超临界参数，但随后由于电厂可靠性的问题，在经历了初期超超临界参数后，从60年代后期开始，美国超临界机组大规模发展时期所采用的参数均降低到常规超临界参数。直至80年代，美国超临界机组的参数基本稳定在这个水平。

第二个阶段，大约是从20世纪80年代初期开始。由于材料技术的发展，尤其是锅炉和汽轮机材料性能的大幅度改进，及对电厂水化学方面认识的深入，克服了早期超临界机组所遇到的可靠性问题。同时，美国对已投运的机组进行了大规模的优化及改造，可靠性和可用率指标已经达到甚至超过了相应的亚临界机组。通过改造实践，形成了新的结构和新的设计方法，大大提高了机组的经济性、可靠性、运行灵活性。其间，美国又将超临界技术转让给日本（通用电气向东芝、日立，西屋向三菱），联合进行了一系列新超临界电厂的开发设计。这样，超临界机组的市场逐步转移到了欧洲及日本，涌现出了一批新的超临界机组。

第三个阶段，大约是从20世纪90年代开始进入了新一轮的发展阶段。这也是世界上超超临界机组快速发展的阶段，即在保证机组高可靠性、高可用率的前提下采用更高的蒸汽温度和压力。其主要原因在于国际上环保要求日益严格，同时新材料的开发成功和常规超临界技术的成熟也为超超临界技术的发展提供了条件。主要以日本（三菱、东芝、日立）、欧洲（西门子、阿尔斯通）的技术为主。

据统计，截至2016年年底全世界（除中国外）已投入运行的超临界及以上参数的发电机组大约有600多台。其中在美国有170多台，日本和欧洲各约60台，俄罗斯及原东欧国家280余台。目前发展超超临界技术领先的国家主要是日本、德国等。世界范围内（除中国外）属于超超临界参数的机组大约有60余台。在中国超超临界技术的应用起步较晚，但发展速度迅猛。据中电联统计，2016年底中国已投产的1000MW 超超临界机组已达96台。中国已是世界上1000MW超超临界机组发展最快、数量最多、容量最大和运行性能最先进的国家。

为进一步降低能耗和减少污染物排放，改善环境，在材料工业发展的支持下，各国的超（超）临界机组都在朝着更高参数的技术方向发展。

4.1　欧洲高效燃煤发电技术的发展

基于二战后比利时、法国、西德、意大利、瑞士和卢森堡等于1951年签订的巴黎协定，1952年欧洲煤钢联盟（ECSC）成立。受欧洲煤钢联盟的资助，欧洲于20世纪50年代开始研发适用于超超临界机组的钢材。1983 年欧洲煤钢联盟在西德、英国和意大利启动 91

级钢铁协作研发计划，并最早应用于法国科涅（Cogne）电厂。这些工作都为超超临界机组的研制奠定基础。作为欧洲煤钢联盟的继任者，欧洲煤炭钢铁基金（RFCS）于 2002 年成立，进而每年资助欧洲煤炭和钢铁行业涉及安全、高效、有竞争优势的研发项目。

针对超超临界和先进超超临界（A-USC）的研发，欧洲主要启动了 COST（European Cooperation in Science and Technology）和 Joule-Thermie AD700 计划。其中 COST 计划始于 1971 年，历经 COST 50（1971 年启动）、501（1980-1997 年，I-III 期）、505（1982～1986 年）、522（1999～2003 年）和 536（2004～2009 年）等研发项目。通过这些工作的开展，使得合金材料耐高温等特性逐步提高，从而实现燃煤/燃气机组的热效率提高 10%左右。

2011 年以前，欧洲投运的单机容量 1000MW 以上的超超临界机组为 NIEDERAUSSEM-#K 机组，机组容量 1025MW，主汽压力 26.5MPa，主/再热汽温 576/599℃，此机组为德国实施火力发电深度节能优化计划（简称 BoA 计划）第一期的依托工程。在总结吸收 NIEDERAUSSEM-#K 机组的经验基础上，进行了进一步的改进和优化，第二期 BoA 计划的依托工程为 Neurath #F，G 机组，容量增加到 1100MW，主蒸汽和再热蒸汽参数提高到 600℃和 605℃，电厂供电效率达到 43%，更低的污染物排放。同时，新建机组开始实施在现有材料基础上，主蒸汽压力进一步提高，再热蒸汽温度提升到 620℃的方案。另外丹麦的 Nordjylland 电厂 3 号机组虽然机组容量不大，但是采用了二次再热、深海水冷却等技术，是目前世界上机组效率最高的燃煤电厂之一。

在 1997 年欧洲许多国家都签订《京都议定书》的背景下，大幅减排 CO_2 面临巨大挑战。为此，欧盟于 1998 年 1 月启动 AD700 先进超超临界发电计划，其主要目标是研制适用于 700℃锅炉高温段、主蒸汽管道和汽轮机的奥氏体钢及镍基合金材料，设计先进的 700℃超超临界锅炉及汽轮机，降低 700℃机组的建造成本。最终建成 35MPa、705℃/720℃等级的示范电站，结合烟气余热利用、降低背压、降低管道阻力、提高综合给水温度等技术措施，使机组效率达到 50%（LHV）以上。拟通过示范电站的运行和技术完善，在 2011 年左右实现机组商业化运行。

AD700 计划主要包括概念设计与高温材料研发（第一阶段，1998～2004 年）、锅炉设计与高温材料性能测试（第二阶段，2002～2005 年）、关键部件的中试实验（第三阶段，2004～2008 年）、700℃超超临界示范电站的建设（第四阶段，2006～2011 年）、示范电站的运行（第五阶段，2012～2014 年）和技术反馈（第六阶段，2012～2014 年）。材料部分主要通过比选市场上已有或者研发新的钢/合金材料以满足相应抗高温蠕变断裂特性。具体包括满足在 100MPa、650℃条件下安全运行 100kh 的铁素体钢、满足在 100MPa、700℃条件下安全运行 100kh 的奥氏体钢和满足在 100MPa、750℃条件下安全运行 100kh 的高温合金钢。

通过材料实验研究发现，锅炉部分涉及的昂贵的镍基合金钢（617、263 和 740 合金）和奥氏体钢（Sanicro25）都通过了实验测试。然而所选用的几种铁素体钢材（含 12%铬）在经历 10～20kh 以后都存在微结构的不稳定性而导致抗蠕变性能下降（也有报道称镍基管道在部件验证实验回路中出现了裂缝）。汽轮机部分关于阀门、高/中压转子、焊接等相关实验研究都顺利完成。其他关于锅炉、汽轮机的整体设计和具体加工制造方案及关键部件的中试实验等都已经顺利完成。

在热力系统研究过程中，丹麦 DONG 能源公司提出了通过在给水泵汽轮机上打孔抽汽以降低再热段（中、低压缸）回热㶲损失的 MC 系统。如果给水泵汽轮机效率能提高到一定水平，MC 系统可实现在同等材料基础上将机组热效率提高 1.4%左右。通过与 AD700 原计划的方案结合，并采用海水冷却等措施，可进一步将系统热效率提高至 55%。然而由于高温合金钢和奥氏体钢价格昂贵，相对便宜等级的铁素体钢性能还没有达到预期目标，整个项目的投资会大大增加，导致本计划一再推迟，目前还没有兴建 A-USC 示范电厂的具体计划。

4.2 日本高效燃煤发电技术的发展

日本的燃煤发电装机容量在 1960 年之前非常小。受 20 世纪 70 年代石油危机的影响，大规模燃煤机组开始在日本建造以保障能源安全。日本大部分燃煤机组在 20 世纪 50 年代末就已经从 538℃提高到 566℃。而到 1993 年以后，新建的燃煤机组一般都采用超超临界 25MPa、600℃/600℃等级的参数，机组热效率达到 42%（HHV）。到 2004 年，日本约 1/4 的电力由燃煤机组供应，其中有近一半的机组为超超临界机组。2011 年福岛地震以后，几乎所有的核能发电站都被关闭，直到 2015 年仙台核能发电站经过政府严格审查后才重新启动。为此燃气电站、燃煤电站和燃油电站等几乎全负荷工作以满足电网需求。近几年燃煤机组的发电量已占 30%以上。

在超超临界技术发展成熟以后，同时也受欧洲 AD700 计划的影响，日本锅炉制造厂、汽轮机制造厂、阀门制造厂、研究所、高校和相关事业单位在政府支持下于 2008 年联合启动 700℃先进超超临界（A-USC）研发计划。A-USC 计划的目标是在 600℃等级超超临界技术的基础上将燃煤电站的参数提高到 35MPa、700℃/720℃/720℃等级（二次再热），将机组热效率提高到 46%～48%（HHV）。研发计划成立 A-USC 委员会，下设汽轮机、锅炉、阀门和锅炉部件测试等分委员会。

锅炉部分的工作主要包括系统设计、材料特性研究、管/板焊接、关键部件成型、抗氧化/腐蚀/疲劳/蠕变实验等研究工作。锅炉材料部分重点对镍基合金（HR6W、HR35、617 合金、263 合金、740 合金和 141 合金）和铁素体钢（High-B-9Cr、Low-C-9Cr 和 SAVE12AD）等进行研究。过热器、再热器、主/再热蒸汽管道、阀门和套管等都在 2015～2016 年通过了实炉试验。

汽轮机部分的工作主要包括系统设计、转子锻造、转子焊接与加工、阀门/内缸/喷嘴室铸造、材料的抗氧化/疲劳/蠕变等研究工作。汽轮机部分的材料重点研究了适用于 700℃高温段的镍基（FENIX-700、LTES 和 TOS1X）等材料。镍基 FENIX-700 是在 706 合金的基础上减少了铌的成分，并增加了钛和铝的成分，在 700℃下具有最好的长期稳定性。汽轮机的转子实验已于 2016 年在电加热试验台上完成。另外相关高温段的阀门采用如镍基材料、钨铬钴合金和表面涂层处理材料也通过了实验测试。通过上述研究发现，镍基合金、先进的 9 铬合金钢以及他们的整个铸造、加工等环节是本项目的关键。

4.3 美国高效燃煤发电技术的发展

美国在超（超）临界技术的研发起步较早，目前世界上多个技术流派都源自于美国。

但受国内资源禀赋等多种原因的影响，自 20 世纪 90 年代以来，美国高效燃煤发电机组的发展较为缓慢。目前美国拥有世界上单机容量最大的 1300MW 超临界双轴机组。但由于这些机组均为 20 世纪 70 年代至 90 年代初投入运行的，虽然机组单机容量为目前世界最大，其技术水平与目前世界先进的高效燃煤发电水平相比有较大差距。

2001 年美国能源部（DOE）和俄亥俄煤炭发展办公室（OCDO）联合主要电站设备制造商、美国电力研究院（EPRI）等单位启动先进超超临界燃煤发电机组 US DOE/OCDO A-USC 研究项目，并成立 US DOE/OCDO A-USC 联盟。该项目的最终目标是开发蒸汽参数达到 35MPa、760℃/760℃的火力发电机组，效率达到 45%（HHV）以上。计划到 2015 年，完成先进超超临界机组所涉及材料的所有性能研究工作，包括长期的机械性能测试、材料微观组织老化的深入研究、氧化层的形成与脱落特性研究、向火侧腐蚀特性的实炉研究、焊接性能研究、涉及转子加工过程的模具/锻造和性能测试等研究、铸造成型和表面处理等工作。

相关研究工作主要包括锅炉和汽轮机两个部分。锅炉部分从 2001 年启动，并于 2015 年全部完成。主要包括概念设计和经济性分析、高温合金的机械特性、蒸汽侧的氧化和抗氧化特性、向火侧的抗腐蚀特性、焊接性能、可加工特性、表面处理特性、设计数据和标准。汽轮机部分分为两个阶段，第一阶段从 2005 年到 2009 年。主要完成方案设计和经济性分析、非焊接转子的材料研究、焊接转子的材料研究、铸造、氧化和固体颗粒侵蚀等工作。由于第一阶段完成后，阿尔斯通（Alstom）和西门子（Siemens）终止参与，所以第二阶段从 2010 年开始又根据第一阶段研究的优选材料针对 GE 开发的螺栓连接的转子开展相关性能研究。第二阶段的具体研究内容包括转子/压力盘测试（全尺寸锻造成型和示范）、叶片和螺栓的长时间测试、汽轮机缸体和阀体的铸造、套管焊接和铸造修复等工作。上述工作已全部于 2015 年完成。

通过上述研究，US DOE/OCDO A-USC 联盟完成了先进超超临界电厂基于镍基合金的焊接和制造相关工作，完成了基于世界上第一台 760℃汽冷腐蚀测试实验系统的高温合金材料向火侧腐蚀特性实炉研究，完成了高温时效硬化合金、用于锻造转子的新型材料的铸造技术研发，以及作为核心材料的耐 760℃电厂用铬镍铁合金 740H 的验收标准。基于上述 14 年的研发工作的顺利开展，目前美国 US DOE/OCDO A-USC 联盟正在开展相关关键部件实验平台的建造工作。

4.4 中国高效燃煤发电技术的发展

中国从 1992 年开始兴建超临界机组，直到 21 世纪初才开始引进超临界/超超临界技术。2004 年首台国产超临界机组投产后，国家科技部又将“超超临界燃煤发电技术”列入“十五”863 项目，极大促进了我国 600℃/600℃一次再热超超临界技术的引进和消化吸收。国内主机厂通过不同的合作方式引进、消化并吸收国外技术，逐步实现了超超临界机组的国产化。

最初东方电气集团、哈尔滨电气集团现有超超临界机组汽轮机进口参数为 25MPa、600℃/600℃，相应锅炉的设计参数为 26.25 MPa、605/603 ℃。上海电气集团超超临界机组汽轮机进口参数选用 26.25～27MPa、600℃/600℃的方案，相配套锅炉的主汽压力为 27.5～28.35MPa。在引进消化、吸收以后，三大制造厂在新项目中逐步开展了优化设计研究。比如，将主蒸汽压力从 25MPa 逐步提高到 28、31MPa，将再热气温从 600℃逐步提高到 615、620℃等。如浙江长兴电厂 2014 年投产的 660MW 超超临界机组将主蒸汽参数提高到 28MPa、600℃/620℃的，泰州电厂 2015 年投产的 1000MW 超超临界二次再热机组将主蒸汽参数提高到 31MPa、600℃/610℃/610℃。目前中国已是世界上 1000MW 超超临界机组发展最快、数量最多、容量最大和运行性能最先进的国家，我国 25～31MPa、600℃等级超超临界发电技术已经逐步成熟。泰州电厂的 1000MW 超超临界二次再热机组的发电效率已达到 47.8%，处于世界领先水平。目前，神华国华电力正在积极推进 35MPa、610℃/630℃/630℃等级的高效超超临界机组项目的实施。

我国超临界和超超临界发电技术比发达国家起步晚，但利用国内市场提供的巨大舞台，通过前期的技术转让以及后期的自主研发，目前具有先进的设计制造平台、全球 600℃超超临界机组最多的设计运行经验，为我国 700℃超超临界燃煤发电技术的发展奠定了良好的基础。为此，我国从 2010 年 7 月 23 日在北京成立“国家 700℃超超临界燃煤发电技术创新联盟”，其组成单位包括五大发电集团、三大动力装备制造集团，以及重点电力设计和研究单位、材料研究和冶炼单位等。2011 年 6 月 24 日国家能源局在北京组织召开了国家 700℃超超临界燃煤发电技术创新联盟第一次理事会议和技术委员会会议，正式启动 700℃超超临界燃煤发电技术研发计划的工作。根据 700℃高效超超临界发电技术的难点及与国外差距，我国初步确定 700℃计划示范机组容量采用 600MW 等级，压力和温度参数为 35MPa、700℃/720℃，机组采用紧凑型布置，再热方式按照一次再热和二次再热两种方案开展研究。并制定了初步研发进度，原计划在“十二五”末建立 660MW，35MPa、700℃/720℃的示范电站。但由于耐高温材料等研制的影响，项目进度已被推迟至 2018 年启动示范机组建设，2020 年投入运行。目前尚未见该示范机组启动的相关报道，可见 100℃计划再度延后。

根据 700℃超超临界燃煤发电技术的目标要求，国家能源局设立了《700℃超超临界燃煤发电关键设备研发及应用示范》重点研发项目。该项目内容主要包括机组总体方案设计研究、关键材料技术研究、锅炉关键技术研究、汽轮机关键技术研究、关键部件验证试验平台的建立及运行、示范电站建设的工程可行性研究等 6 个方面。从 2012 年开始，中国钢铁研究院、抚顺特殊钢厂、内蒙古重工、宝钢、中国一重、中国二重、中科院金属所等联合开发 700℃超超临界燃煤发电技术所需的耐高温材料。同时还引进了 740H、617B、Sanicro25、Haynes282、Nimonic80A 等镍基或铁镍基高温合金材料，并组织西安热工研究院、上海成套院、哈尔滨锅炉厂等单位对其成分、力学及持久性能等开展详细分析。目前，我国宝钢集团、太钢集团等冶金/制造企业已试制出了镍基高温材料的管材。中科院金属研究所通过对 984 合金改进得到 984G 合金。宝钢集团也试制出了 984G 管材，并进行相关性能试验。华能清能院联合东方锅炉厂和西北电力设计院，完成了 700℃紧凑型超超临界煤粉锅炉的初步设计。依托南京电厂的 700℃实炉超超临界燃煤发电机组关键部件验证实验平台于 2015 年底建成投运，并 2017 年 10 月通过专家鉴定。

材料和制造技术是发展先进机组的技术核心，而我国的高温材料基础研究薄弱。自主产权高温材料数据库的缺乏，成为制约 700℃超超临界发电技术的瓶颈。目前国内外 700℃材料都不太成熟，而且价格极其昂贵。从主机设备、系统布置等方面进行设计创新，努力减少高温材料的使用，降低工程投资，是目前全世界共同研究的方向之一。

4.5 世界主要国家燃煤机组发电煤耗的对比

根据国际能源署（IEA）2016年提供的燃煤机组煤炭消耗及发电量，选取中国、美国、澳大利亚、日本、韩国、印度、法国、德国、北欧（丹麦、瑞典、芬兰、挪威）、英国和爱尔兰等世界主要国家和地区的相关数据，并参考日本MRI研究协会2016年的分析报告所计算的各个国家燃煤机组的发电效率，整理得到上述国家燃煤机组的煤耗情况。考虑到有些地区的电网交叉性很强，难以分割，如北欧四国地区，以及英国和爱尔兰地区，将其作为一个地区进行分析。根据IEA2014年的统计数据，所选择的14个国家化石燃料的发电量占全世界化石燃料发电量的66%左右，具有较强的代表性。另外，由于缺乏各个国家燃煤机组厂用电率的统计数据，主要对比的是发电煤耗的情况。

由于欧洲燃煤技术发展总体水平较高，为了方便讨论，将中国燃煤发电的煤耗情况与欧洲主要国家和欧洲以外主要国家分别进行对比分析。图4-1所示为中国与美国、澳大利亚、日本、韩国和印度等非欧洲主要国家平均发电煤耗的对比情况。从图中可以看出，中国在20世纪90年代燃煤机组发电煤耗水平总体落后，只比临近的韩国低。但由于韩国当时的装机容量基数很小（年耗煤量只有6000kt，仅相当于中国的4%，IEA数据），受当时韩国经济发展需求的拉动，1995年比1990年新增装机容量1.8倍左右（根据IEA提供燃煤发电消耗量和总效率估算）。大量高效新机组的投运推动了燃煤机组整体效率的大幅提高，发电煤耗从1990、1991年的500g/kWh左右飞速降低至1995年的335g/kWh。以至于中国从1993年开始成为煤耗最高的国家。

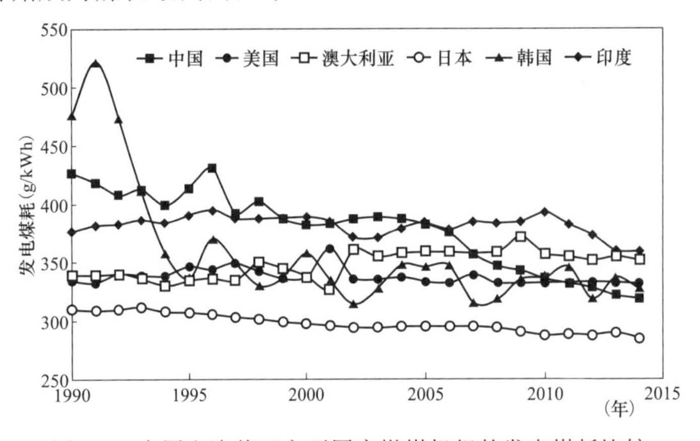

图4-1 中国和澳美亚主要国家燃煤机组的发电煤耗比较

从图4-1可以看出，自1995年以来中国发电煤耗总体上持续稳定下降（图中的几个波动点疑似统计出入），分别在2006年后开始明显低于印度，在2007年后开始明显低于澳大利亚，在2011年后明显低于美国，与韩国相近。虽然自2010年以后印度燃煤机组的发电煤耗也开始稳定持续下降，但与中国仍有较大差距。然而，由于日本自20世纪80年代以后，燃煤机组已全部更新为超临界机组，因而燃煤机组总体煤耗水平较低。自1993年以后日本开始大力发展大容量超超临界机组（同时也建造了少量PFBC亚临界机组），使得日本燃煤机组的发电煤耗开始进一步稳定下降。虽然总体下降幅度不大，但由于其早期煤耗水平较低（1993 年为 311g/kWh），一直保持着世界领先的地位。截至 2014 年，日本燃煤机组的平均发电煤耗已经下降至 284g/kWh。

美国和澳大利亚等国家自 20 世纪 90 年代以来几乎没有兴建火力发电机组，其中澳大利亚总体电力工业除了在可再生能源领域有所增长之外，总体电力装机增长很小，而美国自 2000 年以后的电力增长点主要集中在燃气机组方面，从而导致这两个国家的发电煤耗水平基本维持不变，澳大利亚燃煤机组甚至因老化而导致煤耗一定程度升高。

图 4-2 为中国与欧洲主要国家燃煤机组发电煤耗的对比情况。从图中可以看出，欧洲各国的发电煤耗总体较低。虽然德国在 1990 年发电煤耗相对较高，但经过 20 世纪 90 年代开展的一系列深度节能降耗措施，如燃煤锅炉余热利用提效的 BoA 计划等，使得德国燃煤机组在装机容量没有明显增加的情况下发电煤耗从 356g/kWh 大幅降低至 318g/kWh 左右。但由于燃煤机组的节能潜力已经差不多挖掘完，且又没有大量兴建先进机组拉动，导致其发电煤耗近十几年来没有明显变化。欧洲其他几个国家由于燃煤机组近二十多年都没有明显变化，因而其发电煤耗也一直维持平稳。其中法国燃煤机组容量太小（1GW 量级），容易受负荷率、机组更新等变化影响波动较大。北欧的装机容量为法国的 2 倍左右，但其煤耗总体最低。

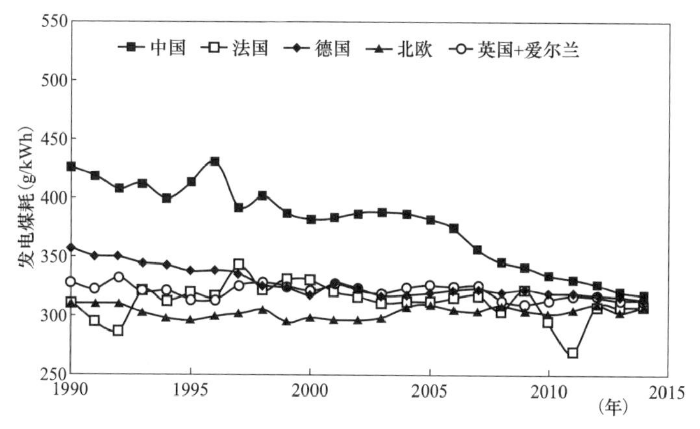

图 4-2　中国与欧洲主要国家燃煤机组发电煤耗的比较

中国的供电煤耗水平与欧洲国家相比长期处于大幅落后状态。在 2007 年以后由于兴建大量新机组和小机组的大规模关停，导致煤耗直线下降。随着近几年煤耗的稳步下降，到 2014 年已经与欧洲总体相当。如果考虑近几年的煤耗下降情况，当前中国燃煤机组的发电煤耗应该与欧洲的平均水平非常接近。

图 4-3 为中国发电煤耗与所选的 10 个国家和地区发电煤耗平均水平的比较情况。其中选取国家代数平均为基于 IEA 数据选取的美国、澳大利亚、中国、日本、韩国、印度、英国和爱尔兰地区、法国、德国、北欧四国地区等 10 个国家和地区燃煤机组发电煤耗数据的代数平均情况，其主要反映了世界各国的技术水平分布情况，但不能反映世界燃煤发电的总体煤耗情况。而选取国家的加权平均考虑了各个国家燃煤发电量的权重，但易受如中国、美国等能源消耗大国的主导，从而难以体现日本等先进国家对总体的影响。其中中国-IEA 数据与其他国家的数据都是基于 IEA 提供能源平衡数据整理而得，而中国-中电联数据是根据中电联发布的历年电力工业快报统计而出。从图 4-3 中可以发现，中电联的统计数据与基于

IEA 数据整理的结果有较大误差，但总体趋势越来越接近，其中 2014 年的误差约 18g/kWh。结合项目组到国内各家电厂调研的情况，综合认为中电联统计的数据存在 10g/kWh 以上的系统偏差。而 IEA 的数据则可能因口径统计偏差会存在一定的误差，但总体上更为可靠。

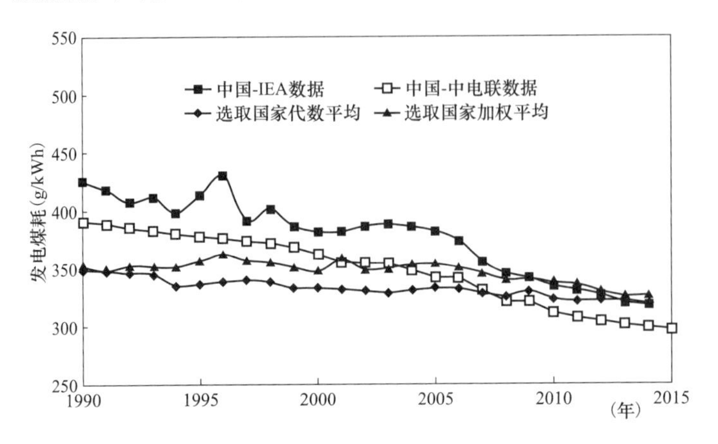

图 4-3 中国发电煤耗与世界主要国家平均水平的比较

先统一采用 IEA 的数据来源，将中国与所选取国家和地区发电煤耗的加权平均情况相比较。可以看出，在 20 世纪 90 年代初中国燃煤工业的发电煤耗水平与世界平均水平差距较大，约 70g/kWh。随着中国电力工业近三十年的飞速发展，中国燃煤工业的发电煤耗逐渐下降，也与世界所选国家和地区加权平均水平逐渐减小。特别是通过“十一五”期间大规模关停小火力发电机组，并新建大量大容量高参数的高效燃煤发电机组，2010 年中国燃煤工业的发电煤耗已经开始低于世界加权平均水平。

对比世界所选国家和地区燃煤机组发电煤耗的加权平均与代数平均的情况，可以看出，在 20 世纪 90 年代两者并无明显差别，但随着中国、印度等国家装机容量的大幅增长，而其他发电煤耗较低国家的装机容量总体增长不明显，导致发电煤耗的加权平均值受中国、印度等煤耗较高国家的影响越来越明显高于代数平均值，在 1995～2005 年期间长期高 20g/kWh 左右。然而，随着中国发电煤耗水平的持续快速下降，所选国家燃煤机组发电煤耗的加权平均与代数平均差距在 2005 年以后越来越小。直至 2013 年，中国燃煤机组的发电煤耗开展降低至所选国家燃煤机组发电煤耗的加权平均水平，中国燃煤机组的发电煤耗水平开始对世界燃煤机组发电煤耗的加权平均值进行反向拉动。预期再过几年，选取国家燃煤机组发电煤耗加权平均水平有可能受中国发电煤耗持续下降的影响低于代数平均值。

根据 IEA 数据，2015 年全世界发电量共约 27600TWh，其中燃煤机组的发电量约占 46%，约 12700TWh。而 2015 年中国燃煤机组的发电量就达 3895TWh，约占全世界燃煤机组发电量的 31%。中国燃煤机组的节能降耗情况直接影响全世界燃煤机组的总体能耗水平。根据中国燃煤机组发电煤耗水平与所选时间各国的对比情况来看，中国燃煤机组的发电煤耗已经达到世界平均水平，明显低于澳大利亚、印度等相对落后的国家，与欧洲主要国家接近，与日本等领先水平还有 34g/kWh 左右的差距（2014 年水平）。总体上看，中国燃煤机组的煤耗水平还有一定下降空间。

第二篇

高效燃煤发电

第 5 章　燃煤电站的能效状况

根据前几章的系统分析，中国燃煤发电行业自改革开放以来，历经技术引进、消化吸收、自主创新、产业升级等持续发展，总体能效水平已经超过美国，接近欧盟等发达国家，达到世界先进水平。从能源转化利用角度看，燃煤电站主要包括燃料系统、风烟系统、汽水热力系统和电气系统等。从设备构成看，燃煤电站主要包括锅炉、汽轮机、发电机等三大主机，以及磨煤机、风机、水泵、冷凝器等锅炉辅机和汽轮机辅机设备。由于以发电机为主机的电气系统，总体效率较高，设备运行稳定，节能空间较小，因此，本章主要针对燃煤电站锅炉、汽轮机，及其相应的辅机，分别讨论燃煤电站的总体设计、运行和能耗情况。

5.1　燃煤电站设备状况

根据 2016 年燃煤发电机组的装机构成情况，300、600MW 和 1000MW 容量等级机组占比 80%以上，是当前燃煤机组的主体部分。因此，本节主要讨论 300、600MW 和 1000MW 等三个等级燃煤机组的情况。

5.1.1　机组容量和蒸汽参数

近 20 年来，随着燃煤发电技术高速发展，我国燃煤电站锅炉无论是从容量上还是在参数上均有了很大的提高。施行“上大压小”政策之后，单机 600MW 及以上容量机组逐渐成为国内电力行业的主力机组，并且为降低全国燃煤发电机组的平均能耗发挥了积极作用。自 2006 年 11 月，首台 1000MW 机组在我国投运。截至 2016 年底，我国投运的 1000MW 机组已达到 97 台，1000MW 机组的装机容量已达燃煤发电总装机的 10%。

从 2003 年起，我国发电设备制造企业与国外制造商合作，引进大型超超临界火力发电技术。上海电气、哈尔滨电气和东方电气三大动力集团分别从西门子、三菱以及日立等公司引进了超超临界技术。2006 年 11、12 月采用引进技术生产的 1000MW 超超临界火力发电机组分别在玉环电厂、邹县电厂成功投运，标志着我国燃煤电站蒸汽参数已进入超超临界时代。2013 年 12 月、2014 年 4 月分别投产的田集电厂二期 2 台 660MW 燃煤发电机组，在材料和主汽温 605℃不变的情况下，通过优化设计，挖掘潜力，将锅炉侧再热器出口温度从 603℃提高至 623℃，到目前为止仍然是我国汽温等级最高的机组。

2015 年 6 月 27 日，中国首台二次再热机组在华能安源发电有限责任公司 1 号机组顺利投入商业化运营；同年 8 月 24 日，该电厂 2 号机组投运。2 台机组发电主机设备均由国内厂家自主研制，其中汽轮机、发电机分别由东方汽轮机有限公司（东汽）、东方电机有限公司（东电）提供，锅炉由哈尔滨锅炉有限公司（哈锅）提供。继之在国电泰州发电有限公司、华能莱芜发电有限公司投运的 4 台二次再热机组，功率等级达到 1000MW，炉侧蒸汽参数达到 32.4MPa、605℃/623℃/623℃。

根据中电联统计数据，截至 2016 年年底，我国单机容量在 300MW 以及以上的大型燃煤发电机组占全国燃煤发电总装机容量的 88.6%。蒸汽参数涵盖亚临界到超超临界，蒸汽温度跨越 540℃到 623℃，还包括部分二次再热机组。我国大型电站锅炉典型蒸汽参数见表 5-1。目前，300MW 及以上机组是我国火力发电机组的主力，这些机组的系统配置、技术参数、运行状况反映我国火力发电机组的技术水平和能效总体状况。

表 5-1　　我国大型电站锅炉蒸汽参数

参数等级	蒸汽压力（MPa）	蒸汽温度（℃）	机组功率（MW）
亚临界	16.8～18.3	540/540	300/600
超临界	25.5	570/570	350/660
超超临界	26.2～32.4	600～605/600～623（/623）	660/1000

5.1.2　锅炉设备状况

我国大型燃煤电站的锅炉主要有哈尔滨锅炉厂、上海锅炉厂和东方锅炉厂等三大锅炉厂生产供应。武汉锅炉厂、北京巴威锅炉厂等中大型锅炉厂作为三大锅炉厂的重要补充，也生产供应部分大型燃煤电站锅炉。当前主流的 300MW 和 600MW 等级亚临界燃煤发电机组的锅炉，大部分是上海锅炉厂和哈尔滨锅炉厂分别于 20 世纪 80 年代从美国西屋（WH）公司进行技术引进，再经过消化、吸收生产制造，以及部分由东方锅炉厂自主研发生产制造；还有少量由北京巴威锅炉厂等生产制造。超临界、超超临界锅炉基本上都是三大锅炉厂通过与从阿尔斯通（Alstom）、三菱（MHI）和日立（Hitachi）等公司进行技术合作的方式生产制造。随着锅炉的大型化，锅炉效率逐渐提高，当前先进百万机组的锅炉效率已达到 95%左右。

锅炉的热效率主要受排烟损失、气体不完全燃烧损失、固体不完全燃烧损失、散热损失和灰渣物理损失等影响。对于煤粉炉，气体不完全燃烧损失很小，设计时一般按 0 处理。散热损失大小与锅炉的外表面积、绝缘程度、环境温度及空气流速等有关，设计时一般按经验或查图确定，300MW 及以上容量机组锅炉的散热损失为 0.17%～0.21%。灰渣物理热损失主要取决于燃料中灰分的含量，灰分含量越高，其值越大，反之，越小，当收到基灰分含量在 30%以下时，灰渣物理热损失小于 0.15%。固体不完全燃烧损失是煤粉炉的主要损失之一，其大小与煤种有很大关系，也与煤粉细度、燃烧方式、燃烧器的性能、燃烧组织有关，其值一般在 3%以下。排烟损失通常是所有损失中最大的一项，其值一般在 5%左右。基于以上分析可知，排烟损失和固体不完全燃烧损失是锅炉最主要的损失，是不同锅炉热效率差异的主要原因，也是锅炉节能的重点。

排烟损失和固体不完全燃烧损失均与燃料的种类有很大的关系。排烟损失主要由煤质、过量空气系数和排烟温度决定，而过量空气系数与煤质的关系很大。无烟煤、贫煤挥发分含量低，其着火和燃尽困难，设计过量空气系数一般为 1.2～1.3；烟煤、褐煤挥发份含量相对较高，着火和燃尽容易，设计过量空气系数相对较低，一般为 1.15～1.20。燃用无烟煤和贫煤时。锅炉的固体不完全燃烧损失一般为 1.0%～3.0%，燃用烟煤时一般为 0.5%～1.0%，燃用褐煤时一般小于 0.5%，有时甚至小于 0.3%。排烟温度对锅炉的热效率影响最大，排烟温度每升高 15～20℃，锅炉热效率降低 1%。排烟温度的选取受技术经济条件影响，现役大型燃煤锅炉排烟温度设计值一般为120～130℃。当燃用水分含量高的褐煤时，为了防止低温腐蚀和堵灰，设计排烟温度往往高于130℃。

现役300MW及以上机组锅炉的设计效率参数见表5-2，燃用无烟煤和贫煤的锅炉效率设计值为91%～93%，燃用烟煤和褐煤的锅炉效率设计值为93%～95%。表明我国大型燃煤锅炉的效率已达到较高的水平，这得益于企业对节能的重视和各种锅炉技术的发展。

表5-2　　300MW及以上机组锅炉设计效率参数

煤种	过量空气系数	排烟温度（℃）	固体未完全燃烧损失（%）	锅炉效率（%）
无烟煤、贫煤	1.2～1.3	120～130	1.0～3.0	91～93
烟煤	1.15～1.2	120～130	0.5～1.0	93～95
褐煤	1.15～1.2	＞130	＜0.5	93～95

5.1.3　锅炉辅机状况

1．空气预热器

空气预热器是利用烟气余热加热燃烧所需要的空气的热交换设备，它利用了烟气余热，使排烟温度降低，提高了锅炉效率。同时，强化了着火和燃烧过程。用于锅炉的空气预热器主要有管式空气预热器和回转式空气预热器两种类型。与管式空气预热器相比，回转式空气预热器因其结构紧凑、节省钢材、耐腐蚀性能好等优点而被大型电站锅炉广泛采用。

根据转动部件不同回转式空气预热器分为受热面旋转和风罩旋转两种，我国电站锅炉多采用受热面旋转的回转式空气预热器。根据烟、风通道数量不同，回转式空气预热器又分为二分仓、三分仓和四分仓。二分仓是空气一个通道、烟气一个通道，一次风和二次风共用一个通道。三分仓是烟气一个通道，一次风一个通道，二次风一个通道。由于一次风风压远高于二次风风压，一、二次风分开的三分仓回转式空气预热器在大型电站锅炉上应用最为广泛。近几年新推出的四分仓回转空气预热器，设置了两个二次风通道，将高压的一次风放置在两个二次风通道中间。

由于回转式空气预热器有转动部件，动、静部件间存在着间隙，烟气侧为负压、空气侧为正压，空气在压差的作用下会漏入烟气侧。漏风量大是回转式空气预热器的主要缺点。漏风不仅增大排烟热损失，降低锅炉效率，而且会增大风机电耗，严重时影响机组的稳定运行。漏风率是衡量漏风量大小的参数，也是回转式空气预热器的主要性能参数之一。漏风率是指漏入烟气侧的空气量占空气预热器入口空气当量（由入口过量空气系数推算）的百分数，其大小主要取决于密封技术，大小等于出入口过量空气系数差与入口过量空气系数之比。

早期回转式空气预热器密封简单，漏风率高达30%以上，通过改造和密封技术升级，可使漏风率降至百分之十几。随着密封技术的发展，20个世纪90年代至本世纪初期，漏风率逐渐降至6%～10%。近年来随着多道密封技术、柔性密封技术、间隙自补偿密封技术的应用，回转式空气预热漏风率降至6%以下。

除提高密封技术外，也有从降低空气与烟气侧压差的方法来减小漏风率。如近年来发展的四分仓回转空气预热器，就是通过设置两个二次风通道，并将一次风通道放置在二次风通道之间，大幅降低了空气与烟气之间的压差，避免了高压一次风通道与烟气通道之间的直接泄漏，从而大幅降低了空气预热器的漏风率。根据模型预测，四分仓回转空气预热器的漏风率可降至4%以下同时。同时，通过调整烟气通道周向的流量分配，还可进一步降低低温腐蚀。

此外，还有人提出了加压密封技术，通过在扇形板上开设通道，将空气预热器出口烟气通过高压风机加压后送入密封区，从而减小空气与烟气侧的压差。采用该技术可以将漏风率控制在2%以下。目前该技术仅在GGH系统上应用，还没有用于空气预热器。作者也提出过抽气式回转空气预热器，通过在扇形板等漏风处开设抽气通道，理论上可将漏风率降低至0。

2. 磨煤机与制粉系统

制粉系统是将原煤磨制成煤粉，并直接或间接提供给锅炉燃烧的系统。磨煤机是制粉系统的重要组成部分，是电厂重要的辅助动力设备，其作用是将入炉煤破碎并磨成煤粉。磨煤机配置的优劣将直接影响机组的安全性和经济性。

制粉系统分为直吹式制粉系统和中间储仓式制粉系统。直吹式制粉系统“现磨现烧”，制粉量随锅炉负荷变化而变化，磨煤机出力与锅炉负荷相对应。中间储仓式制粉系统是将磨制好的煤粉先储存在煤粉仓中，再根据锅炉燃烧的需要通过给粉机将煤粉送入炉膛。制粉量不随锅炉负荷变化而变化，磨煤机出力不受锅炉负荷的影响，可一直在经济负荷下运行。与直吹式系统相比，中间储仓式系统增加了煤粉仓、细粉分离器、给粉机、排粉风机和螺旋输粉器等设备，系统复杂、占地面积大、投资大，加之中间储仓式制粉系统一般配低速磨煤机，磨煤电耗比较高。

磨煤机按其工作速度，可分为低速磨、中速磨和高速磨。低速磨主要有钢球磨和双进双出刚球磨。常用的中速磨有碗式磨和辊式磨。常用的高速磨是风扇磨。不同磨煤机具有各自鲜明的性能特点，表5-3给出了不同磨煤机的性能对比。

表5-3　不同磨煤机的性能对比

磨煤机	通风阻力	制粉单耗	煤种适应性	检修维护量
钢球磨	较小	最高	最广	最少
中速磨	最大	较低	不能磨制硬度较高的煤种	居中
风扇磨	最小	居中	适用于高水分褐煤	最频繁

磨煤机和制粉系统形式应根据煤种的特性、可能的煤种变化范围、负荷性质、磨煤机的适用条件，并结合锅炉燃烧方式、炉膛结构和燃烧器结构形式，按有利于安全运行、提高燃烧效率、降低NO_x排放的原则，经过技术经济比较后确定。制粉系统、磨煤机与煤种的关系见表5-4。

大容量机组在煤种适宜时，宜选用中速磨煤机。燃用高水分、磨损性不强的褐煤时，宜选用风扇磨煤机，当制粉系统的干燥能力满足要求并经论证合理时，也可采用中速磨煤机。燃用低挥发分贫煤、无烟煤、磨损性很强的煤种时，宜选用钢球磨煤机或双进双出钢球磨煤机。当采用中速磨煤机、风扇磨煤机或双进双出钢球磨煤机制粉设备时，宜采用直吹式制粉系统。当燃用非易燃易爆煤种且采用常规钢球磨煤机制粉设备时，宜采用中间储仓式制粉系统。

表 5-4　　制粉系统、磨煤机与煤种的关系

煤种	制粉方式	磨煤机
无烟煤、贫煤	中储式，半直吹式	钢球磨、双进双出钢球磨
烟煤	直吹式	碗式磨、辊式磨、双进双出钢球磨
褐煤	直吹式	风扇磨、碗式磨

3. 风机配置

一次风机、送风机和引风机是火力发电厂厂用电的消耗大户，是机组安全和经济运行的关键设备。风机的参数与型式对发电厂节能降耗具有十分重要的意义。风机的参数指风机的风量和风压，其值取决于基本风量、基本风压和风量裕量与风压裕量。

目前，大型电站锅炉风机参数选型计算的依据主要是《大中型火力发电厂设计规范》（GB 50660—2011）。两者对风机的基本风量和基本风压的规定见表 5-5，对风机的风量裕量和风压裕量的规定见表 5-6。

表 5-5　　设计规程对风机基本风量和基本风压计算的规定

风机名称	基本风量	基本风压
一次风机	按设计煤种计算，包括锅炉在最大连续蒸发量时所需的一次风量、制造厂保证的空气预热器运行 1 年后，一次风侧的漏风量加上磨煤机密封风量损失	按设计煤种、锅炉最大连续蒸发量时与磨煤机投运台数相匹配的运行参数计算，包括制造厂保证的磨煤机及分离器阻力、锅炉本体一次空气侧阻力（含自生通风力）、系统阻力及燃烧器处炉膛静压
送风机	按设计煤种计算，包括锅炉在最大连续蒸发量时所需的风量、制造厂保证的空气预热器运行 1 年后送风侧的净漏风量	按设计煤种、锅炉最大连续蒸发量工况计算，包括制造厂保证的锅炉本体空气侧阻力（含自生通风力）、系统阻力及燃烧器处炉膛静压
引风机	按设计煤种计算，包括锅炉在最大连续蒸发量时的烟气量、制造厂保证的空气预热器运行 1 年后烟气侧的漏风量和锅炉烟气系统漏风量	按设计煤种、锅炉最大连续蒸发量工况计算，包括制造厂保证的锅炉本体烟气侧阻力（含自生通风及炉膛起点负压）、烟气脱硝装置、烟气脱硫装置（当与增压风机合并时）、除尘器及系统阻力

表 5-6　　设计规程对风机风量裕量和风压裕量的规定

风机名称	风量裕量		风压裕量	
	DL 5000—2000	GB 50660—2011	DL 5000—2000	GB 50660—2011
一次风机	（1）不低于 35%，另加温度裕量	（1）20%～30%，另加温度裕量	（1）30%	（1）20%～30%
	（2）20%，另加温度裕量	（2）20%，另加温度裕量	（2）25%	（2）25%
送风机	不低于 5%，另加温度裕量	不低于 5%，另加温度裕量	不低于 10%	不低于 15%
引风机	不低于 10%，另加不低于 10℃温度裕量	不低于 10%，另加不低于 10℃～15℃温度裕量	不低于 20%	不低于 20%

注　采用直吹式制粉系统时，一次风机风量裕量和风压裕量按规定（1）；采用中间储仓式制粉系统时按规定（2）。

从表 5-5 和表 5-6 可以看出，DL 5000—2000 和 GB 50660—2011 对风机基本风量和基本风压的规定相同，但对风量裕量和风压裕量的规定有差异。采用直吹式制粉系统时一次风机的风量裕量和风压裕量差异较大，DL 5000—2000 规定的风量裕量是不低于 35%，另加温度裕量，风压裕量是 30%，GB 50660—2011 规定的风量裕量是 20%～30%，另加温度裕量，风压裕量是 20%～30%。送风机的风量裕量相同，风压裕量 DL 5000—2000 规定的是不低于 10%，而 GB 50660—2011 规定的是不低于 15%。引风机的风量裕量和风压裕量两者规定基本相同。

表 5-7 是 DL 5000—2000 和 GB 50660—2011 是关于风机选型的规定，两者的规定也有一定的差异。对正压直吹式制粉系统或热风送风中间储仓式制粉系统，三分仓空气预热器，DL 5000—2000 规定冷一次风机宜采用单级离心式，也可采用动叶可调轴流式，GB 50660—2011 规定可选用动叶可调轴流式风机或调速离心式风机。DL 5000—2000 规定大容量送风机宜选用动叶可调轴流式，也可采用静叶可调轴流式或高效离心式，当采用双速离心式时，低速挡宜满足汽轮机额定负荷需要，并处于高效区运行，当技术经济条件允许时，也可采用其他调速风机。GB 50660—2011 规定送风机宜选用动叶可调轴流式，也可选用调速离心式。DL 5000—2000 规定大容量引风机宜采用静叶可调轴流式风机或高效离心式风机，当风机进口烟气含尘量能满足风机要求，其技术经济比较合理时，可采用动叶可调轴流风机。GB 50660—2011 规定 300MW 级及以上机组引风机宜选用轴流式风机。

表 5-7　　规程对风机选型的规定

风机名称	风机型式	
	DL 5000—2000	GB 50660—2011
一次风机	宜采用单级离心式，也可采用动叶可调轴流式	可选用动叶可调轴流式或调速离心式
送风机	宜选用动叶可调轴流式，也可采用静叶可调轴流式或高效离心式	宜选用动叶可调轴流式，也可选用调速离心式
引风机	宜采用静叶可调轴流式或高效离心式，也可采用动叶可调轴流式	宜选用轴流式

300MW 及以上等级的锅炉采用的风机型式有离心式风机、动叶可调轴流式风机、静叶可调轴流式风机。离心式风机与轴流式风机的设计最高效率差别不大，双吸离心式风机最高效率约 88.0%，动叶可调轴流式风机最高效率约 87.5%。但在低负荷运行时，它们之间的效率相差较大。这与风机的调节方式和调节性能有关。

离心式风机的调节方式一般有 3 种，即进口挡板调节、进口导叶调节和变转速调节。动叶可调轴流式风机是利用改变动叶安装角度来调节风机体积流量和压头的。离心式风机和动叶可调轴流式风机的等效率曲线均为椭圆形，动叶可调轴流式风机的等效率曲线的长轴与系统阻力曲线基本平行，而离心式风机的等效率曲线的长轴与系统阻力曲线基本垂直，在变负荷运行时，效率降低较快。因而，动叶可调轴流式风机的高效率区域较广，调节性能比离心式风机好。

表 5-8 给出了 300MW 及以上等级典型锅炉的风机参数及风机类型。可以看出：三大风机中，一次风机的风压最高，通常在 10kPa 以上，引风机次之，在 6.0～10kPa，送风机最低在 2.5～5.5kPa。主要因为：与送风机相比，一次风机需要克服磨煤机的阻力和提供携

带煤粉的动力，因而需要的很高的风压；引风机除需要克服烟道阻力外，还要克服脱硝装置、除尘器，引增合一的风机还要克服脱硫系统的阻力，因此也需要较高的压力。一次风机的风压与制粉系统的型式、磨煤机和燃烧器类型有关。直吹式制粉系统的阻力比中间储仓式大，中速磨煤机的通风阻力比低速磨煤机大，旋流式燃烧器的阻力比直流式燃烧大。因此，不同锅炉的一次风压会由于制粉系统、磨煤机和燃烧器的型式不同而有很大差异。这也是表 5-8 中一次风压变化范围较大的主要原因。引风机的压力与除尘器的型式、是否有低温省煤器、是否引增合一等因素有关。比如布袋除尘器的阻力远大于电除尘器的阻力，因此不同锅炉引风机风压变化范围也较大。相对于一次风机和引风机，送风机主要克服二次风系统的阻力及燃烧器处炉膛静压，风压低，变化范围也小。

表 5-8　300MW 及以上等级典型锅炉的风机参数及风机类型

风机参数	机组容量（MW）	一次风机	送风机	引风机
最大风压（kPa）	300 600 1000	9～15 12～17 16～22	2.7～5.0 3.5～4.5 3.8～5.5	7.0～10.0 8.0～10.0 6.0～10.0
最大流量（m^3/s）	300 600 1000	33～67 84～112 119～177	120～175 220～270 280～370	260～380 480～580 630～780
电动机电压（kV）		6	6	6，10
电机功率（kW）	300 600 1000	550～1250 1750～3100 2850～5000	650～1250 1200～1500 2150～3000	2700～3850 5000～7500 6000～8600
风机类型		单吸离心式 双吸离心式 动叶可调轴流式 双级动叶可调轴流式	静叶可调轴流式 动叶可调轴流式	静叶可调轴流式 动叶可调轴流式 双级动叶可调轴流式 汽动、静叶可调轴流式

风机的流量首先与锅炉容量有关，锅炉容量越大，风机的流量就越大。相同容量等级的锅炉，风机的流量还与煤种、锅炉效率、过量空气系数、空气预热器漏风率、风量裕量的选取等因素有关。一次风机和送风机风量还与一次风率和二次风率的选取有关。因此，相同容量等级的不同锅炉，风量的差异较大。

现役 300MW 等级的锅炉一次风机较多采用离心式风机，这是因为一次风压头高、流量小，可供选择的轴流式风机不多。随着锅炉容量的增大，一次风流量也随之增大，可供选择的轴流式风机也逐渐增多。因此，现役 600MW 及以上等级的锅炉一次风机基本都采用动叶可调或双级动叶可调轴流式风机。与一次风相比，锅炉的二次风流量大、压头低，符合轴流式风机的特点。因此现役 300MW 及以上等级锅炉的送风机大都采用动叶可调轴流式风机。现役 300MW 及以上等级锅炉的引风机广泛采用静叶可调、动叶可调或双级动叶可调轴流式风机。当采用汽动引风机时，风机一般采用静叶可调轴流式。

4. 点火与稳燃方式

采用节油技术点火与稳燃是大型燃煤锅炉的节能措施之一。随着国家节能减排要求日益严格，传统的大油枪、小油枪点火及低负荷稳燃方式已逐步淘汰。近 20 年来，锅炉的点火及稳燃方式逐渐向少油、无油方式发展。从表 A-1～表 A-3 可以看出，目前大型煤粉锅炉应用较多的点火方式是微油和等离子点火方式。

微油点火及稳燃技术利用压缩空气的高速射流将燃料油直接击碎，雾化成超细油滴进行燃烧，同时用燃烧产生的热量促进油滴蒸发气化，强化燃油燃烧，并产生高温火焰。进而利用高温火焰点燃一级浓缩的风粉气流，进而逐级点燃二级、三级风粉混合物。实现了煤粉的分级燃烧，燃烧能量逐级放大，达到点火并加速煤粉燃烧的目的，减少煤粉燃烧所需的引燃能量。该种点火方式可以适应于所有烟煤。但当煤的挥发份 V_{daf} 低于 20%时，设计上应适当增加微油油枪的出力。

等离子点火及稳燃技术利用高温等离子体作为煤粉燃烧器的点火源，首先点燃一级燃烧筒室浓缩的煤粉气流，然后通过产生的热烟气逐级点燃风粉混合物，实现电站锅炉点火及稳燃的目的。从实际使用情况看，等离子点火已在烟煤、褐煤甚至贫煤煤质均有成功应用，结合煤质不同设计上选择合适的等离子发生器功率达到点火要求。但对于挥发份很低的无烟煤，在国内尚无成功应用的实例。然而，目前等离子点火暂无法实现冷炉冷粉点火的目标，必须要在风道口安装一个暖风器，先将风进行加热，使温度要达到 170℃左右，进而启动点火磨煤机。在点火前，要用油枪对锅炉进行预热，还不能做到真正的无油点火。

5.1.4 汽轮机设备状况

我国大型燃煤机组的汽轮机主要由哈尔滨汽轮机厂、上海汽轮机厂和东方汽轮机厂等三大汽轮机厂生产供应。北京北重汽轮机厂作为后起之秀，以 300MW 机组为主导产品，它是由始建于 1958 年的北京重型电机厂通过资产转型在 2000 年 10 月份成立的又一大动力厂。当前主流的 300MW 和 600MW 等级亚临界燃煤发电机组的汽轮机，大部分是上海汽轮机厂和哈尔滨汽轮厂分别于 20 世纪 80 年代从美国西屋（WH）公司通过技术引进，再进行消化、吸收生产制造，部分由东方汽轮机厂自主研发生产制造。从 2003 年开始，我国电力市场进入高速发展阶段，600MW 机型逐渐成为市场主力机型，1000MW 等级的机组也越来越多，而且机组参数也在不断提升。当前主流的 1000MW 等级超超临界汽轮机组主要包括上汽-西门子型、哈汽-东芝型、东汽-日立型等。三大汽轮机厂家以及北重汽轮机厂主要机型技术参数见表 5-9～表 5-14。

表 5-9　　各主要汽轮机厂家 300MW 等级湿冷机组设备状况

序号	项目	哈汽	上汽	东汽	北重
1	产品编号	73D	155	D300P	C17A
2	汽轮机型号	CN300-16.7/538/538	C300-16.7/0.38/538/538	C300/227.6-16.7/0.55/537/537	C330/300-17.75/1.27/540/540
3	机组形式	亚临界、一次中间再热、两缸两排汽、单轴、抽汽凝汽式汽轮机	亚临界、中间再热、两缸两排汽、抽汽凝汽式汽轮机	亚临界、一次中间再热、两缸两排汽、抽汽凝汽式汽轮机	亚临界、一次中间再热、单轴、三缸两排汽、抽汽凝汽式汽轮机
4	THA/VWO/T-MCR 工况功率（MW）	300/336/318	300/329/316	300/333/320	330/371/342
5	额定主蒸汽参数（MPa/℃）	16.67/538	16.7/537	16.67/537	17.75/540

续表

序号	项目	哈汽	上汽	东汽	北重
6	额定再热蒸汽温度（℃）	538	537	537	540
7	主蒸汽额定进汽量（t/h）	896.2	921.573	—	998
8	主蒸汽最大进汽量（t/h）	1025	1025	1025	1145
9	额定排汽压力/背压（kPa）	4.9	4.9	抽汽：3.43 冷凝：6.0	7.2
10	设计冷却水温（℃）	20	20	—	27
11	额定给水温度（℃）	273.6	274	272	275
12	额定/调整抽汽压力（MPa）	0.4	0.2～0.65	0.55	0.98～1.57
13	额定抽汽流量（t/h）	320	—	400	—
14	最大抽汽流量（t/h）	550	550	625	400
15	额定转速（r/min）	3000	3000	3000	3000
16	旋转方向	顺时针	顺时针	顺时针	逆时针
17	调节控制系统	DEH	DEH	DEH	DEH
18	回热级数（高加+除氧+低加）	8（3+1+4）	8（3+1+4）	8（3+1+4）	8（3+1+4）
19	通流级数（调节+高压+中压+低压）	36（1+12+11+2×6）	36（1+11+12+2×6）	26（1+8+7+2×5）	31（1+10+10+2×5）
20	低压末级叶片长度（mm）	900	905	856	1055
21	机组外形尺寸（长×宽×高）（mm×mm×mm）	17400×10400×6950	18900×10400×6900	18381×7464×8734	19100×7760×6075
22	汽轮机本体总重（t）	约 750	约 760	630	约 539
23	配汽方式	喷嘴配汽	喷嘴+节流	喷嘴配汽	喷嘴配汽
24	运行方式	定压和滑压	定-滑-定	定-滑-定	定-滑-定
25	启动方式	高压缸启动	高压缸启动及带旁路的高中压缸联合启动	高中压联合启动或中压缸启动	中压缸启动

由表 5-9 可以看出，四大汽轮机厂家 300MW 等级湿冷汽轮机组的设备参数存在一定的差别，哈汽、上汽、东汽的汽轮机多数转向为顺时针，而北重汽轮机厂生产的汽轮机为逆时针；北重汽轮机厂的汽轮机低压缸末级叶片长度为 1055mm，比其他三家汽轮机厂的末级叶片长度较长；运行方式哈汽采用的定压和滑压运行，而其他三大厂家采用的定-滑-定运行方式；通流级数哈汽与上汽相同，均为 36 级，而东汽为 26 级，北重为 31 级。

表 5-10　　各主要汽轮机厂家 300MW 等级空冷机组设备状况

序号	项目	哈汽	上汽	东汽	北重
1	产品编号	K09	A153	D300R	CK17
2	汽轮机型号	CZK287/N330-16.67/538/538	NZK300-16.7/538/538	CZK300/250-16.7/0.4/538/538	NCZK330-17.75/1.0/540/540
3	机组形式	亚临界、单轴、两缸两排汽、中间再热、直接空冷、单抽、供热凝汽式汽轮机	亚临界、中间再热、两缸两排汽、直接空冷凝汽式汽轮机	亚临界、一次中间再热、两缸两排汽、直接空冷、抽汽凝汽式汽轮机	亚临界、一次中间再热、单轴、三缸两排汽、直接空冷、抽汽凝汽式汽轮机
4	THA/VWO/T-MCR 工况功率（MW）	330/371/356	300/335/320	300/331/322	310/339/329
5	额定主蒸汽参数（MPa/℃）	16.67/538	16.7/538	16.67/538	17.75/540
6	额定再热蒸汽温度（℃）	538	538	538	540
7	主蒸汽额定进汽量（t/h）	1016	932.55	946.4	934
8	主蒸汽最大进汽量（t/h）	1176	1065	1065	1025
9	额定排汽压力/背压（kPa）	15	16	抽汽：5.39 冷凝：15	16
10	设计冷却水温（℃）	—	—	—	—
11	额定给水温度（℃）	273	272.3	274.5	247.7
12	额定/调整抽汽压力（MPa）	0.3	—	0.4	0.785～1.27
13	额定抽汽流量（t/h）	550	—	300	
14	最大抽汽流量（t/h）	600	—	600	210
15	额定转速（r/min）	3000	3000	3000	3000
16	旋转方向	顺时针	顺时针	顺时针	逆时针
17	调节控制系统	DEH	DEH	DEH	DEH
18	回热级数（高加+除氧+低加）	7（3+1+3）	7（3+1+3）	7（3+1+3）	7（2+1+4）
19	通流级数（调节+高压+中压+低压）	34（1+12+11+2×5）	35（1+11+9+2×7）	24（1+8+7+2×4）	31（1+10+10+2×5）
20	低压末级叶片长度（mm）	620/680	665	661	648
21	机组外形尺寸（长×宽×高）（mm×mm×mm）	17954×10170×6950	17700×10400×7563	17911×7530×8734	19100×7760×5870
22	汽轮机本体总重（t）	600	约 550	630	约 490
23	配汽方式	喷嘴调节	喷嘴+节流	喷嘴配汽	喷嘴配汽
24	运行方式	定压和滑压	定-滑-定	定-滑-定	定-滑-定
25	启动方式	高中压缸联合启动	高压缸启动及带旁路的高中压缸联合启动	高中压联合启动或中压缸启动	中压缸启动

由表 5-10 可以看出，四大汽轮机厂家 300MW 等级空冷汽轮机组的设备参数存在一定的差别，哈汽、上汽、东汽的汽轮机多数转向为顺时针，而北重汽轮机厂生产的汽轮机为逆时针；运行方式哈汽采用的定压和滑压运行，而其他三大厂家采用的定-滑-定运行方式；东汽空冷汽轮机的通流级数要明显小于其他三大厂家。

表 5-11　　各主要汽轮机厂家 600MW 等级湿冷机组设备状况

序号	项目	哈汽	上汽	东汽
1	产品编号	CH01	B191	D600E
2	汽轮机型号	CLN600-24.2/566/566	N600-24.2/566/566	N600-24.2/566/566
3	机组形式	超临界、一次中间再热、三缸四排汽、单轴、凝汽式汽轮机	超临界、中间再热、三缸四排汽、凝汽式汽轮机	超临界、中间再热、单轴、三缸四排汽、凝汽式汽轮机
4	THA/VWO/T-MCR 工况功率（MW）	600/666/642	600/671/640	600/659/632
5	额定主蒸汽参数（MPa/℃）	24.2/566	24.2/566	24.2/566
6	额定再热蒸汽温度（℃）	566	566	566
7	主蒸汽额定进汽量（t/h）	1660.75	1678.3	—
8	主蒸汽最大进汽量（t/h）	1900	1913	1903
9	额定排汽压力/背压（kPa）	4.9	5.4	4.9
10	设计冷却水温（℃）	20.5	21.5	20
11	额定给水温度（℃）	275.1	275	282.4
12	额定/调整抽汽压力（MPa）	—	—	—
13	额定抽汽流量（t/h）	—	—	—
14	最大抽汽流量（t/h）	—	—	—
15	额定转速（r/min）	3000	3000	3000
16	旋转方向	顺时针	顺时针	逆时针
17	调节控制系统	DEH	DEH	DEH
18	回热级数（高加+除氧+低加）	8（3+1+4）	8（3+1+4）	8（3+1+4）
19	通流级数（调节+高压+中压+低压）	44（1+9+6+2×2×7）	48（1+11+8+4×7）	42（1+7+6+2×2×7）
20	低压末级叶片长度（mm）	1029	905	1016
21	机组外形尺寸（长×宽×高）（mm×mm×mm）	27200×11400×7200	27500×11500×7930	27850×9840×8548
22	汽轮机本体总重（t）	约 1108	约 950	1260
23	配汽方式	喷嘴调节	喷嘴+节流	复合调节
24	运行方式	定-滑-定	定-滑-定	定-滑-定
25	启动方式	高中压联合启动或高压缸启动	高中压联合启动	中压缸启动或高压缸启动

北重汽轮机厂不生产 600MW 等级的汽轮机。由表 5-11 可以看出，哈汽、上汽、东汽

生产的600MW等级湿冷汽轮机组区别如下：通流级数不同，上汽机组的通流级数为48，大于哈汽的44级和东汽的42级；配汽方式不同，哈汽采用喷嘴调节，上汽采用“喷嘴+节流”调节，东汽采用“复合调节”；启动方式不同，哈汽采用“高中压联合启动或高压缸启动”，上汽采用“高中压联合启动”，东汽采用“中压缸启动或高压缸启动”。

表5-12　各主要汽轮机厂家600MW等级空冷机组设备状况

序号	项目	哈汽	上汽	东汽
1	产品编号	CHK01A	193	D600H
2	汽轮机型号	CLNZK660-24.2/566/566	NZK600-24.2/566/566	NZK600-24.2/566/566
3	机组形式	超临界、一次中间再热、单轴、两缸两排汽、直接空冷、凝汽式汽轮机	超临界、中间再热、两缸两排汽、直接空冷、凝汽式汽轮机	超临界、中间再热、单轴、三缸四排汽、直接空冷、凝汽式汽轮机
4	THA/VWO/T-MCR工况功率（MW）	660/735/702	600/672.1/644.3	600/671/646/
5	额定主蒸汽参数（MPa/℃）	24.2/566	24.2/566	24.2/566
6	额定再热蒸汽温度（℃）	566	566	566
7	主蒸汽额定进汽量（t/h）	1878	1779.8	1823.2
8	主蒸汽最大进汽量（t/h）	2145	2026.9	2080
9	额定排汽压力/背压（kPa）	13	16	16
10	设计冷却水温（℃）	—	—	—
11	额定给水温度（℃）	273	271.8	283.2
12	额定/调整抽汽压力（MPa）	—	—	—
13	额定抽汽流量（t/h）	—	—	—
14	最大抽汽流量（t/h）	—	—	—
15	额定转速（r/min）	3000	3000	3000
16	旋转方向	顺时针	顺时针	逆时针
17	调节控制系统	DEH	DEH	DEH
18	回热级数（高加+除氧+低加）	7（3+1+3）	7（3+1+3）	7（3+1+3）
19	通流级数（调节+高压+中压+低压）	28（1+9+6+2×6）	32（1+11+8+2×6）	38（1+7+6+2×2×6）
20	低压末级叶片长度（mm）	940	910	661
21	机组外形尺寸（长×宽×高）（mm×mm×mm）	21800×12000×7240	20500×11500×7930	27356×9740×8548
22	汽轮机本体总重（t）	680	约750	1134
23	配汽方式	喷嘴调节	喷嘴+节流	喷嘴+节流
24	运行方式	定-滑-定	定-滑-定	定-滑-定
25	启动方式	高中压联合启动	高中压联合启动	中压缸启动

由表5-12可以看出，哈汽、上汽、东汽生产的600MW等级空冷汽轮机组区别如下：通流级数不同，东汽机组的通流级数为38，大于上汽的32级和哈汽的28级；配汽方式不

同，哈汽采用喷嘴调节，上汽采用“喷嘴+节流”调节，东汽采用“喷嘴+节流”调节；启动方式不同，哈汽、上汽采用“高中压联合启动”，东汽采用“中压缸启动”。

表 5-13　　各主要汽轮机厂家 1000MW 等级湿冷机组设备状况

序号	项目	哈汽	上汽	东汽
1	产品编号	CCH02	B196	D1000A
2	汽轮机型号	CCLN1000-25/600/600	C1000-26.25/0.5/600/600	N1000-25.0/600/600
3	机组形式	超超临界、一次中间再热、四缸四排汽、单轴、凝汽式汽轮机	超超临界、中间再热、四缸四排汽、抽汽凝汽式汽轮机	超超临界、中间再热、单轴、四缸四排汽、凝汽式汽轮机
4	THA/VWO/T-MCR 工况功率（MW）	1000/1000/1050	1000/1096/1059	1000/1083/1044
5	额定主蒸汽参数（MPa/℃）	25/600	26.25/600	25.0/600
6	额定再热蒸汽温度（℃）	600	600	600
7	主蒸汽额定进汽量（t/h）	2740	2940	2733.4
8	主蒸汽最大进汽量（t/h）	3110	3102	3033
9	额定排汽压力/背压（kPa）	4.9	5.2	5.1
10	设计冷却水温（℃）	20	21	—
11	额定给水温度（℃）	295～300	295.6	294.8
12	额定/调整抽汽压力（MPa）	—	0.5～0.6	—
13	额定抽汽流量（t/h）	—	600	—
14	最大抽汽流量（t/h）	—	—	—
15	额定转速（r/min）	3000	3000	3000
16	旋转方向	逆时针	顺时针	逆时针
17	调节控制系统	DEH	DEH	DEH
18	回热级数（高加+除氧+低加）	8（3+1+4）	8（3+1+4）	8（3+1+4）
19	通流级数（调节+高压+中压+低压）	49（2+9+2×7+2×2×6）	64（1+13+2×13+4×6）	45（1+8+2×6+2×2×6）
20	低压末级叶片长度（mm）	1219.2	1146	1092.2
21	机组外形尺寸（长×宽×高）（mm×mm×mm）	40000×10100×7500	28000×10400×7750	37838×10610×9491
22	汽轮机本体总重（t）	1482	1400	1920
23	配汽方式	喷嘴调节	全周进汽+补汽阀	复合调节
24	运行方式	定-滑-定	定-滑-定	定-滑-定
25	启动方式	高中压联合启动	高、中压联合启动	中压缸启动

由表 5-13 可以看出，哈汽、上汽、东汽生产的 1000MW 等级湿冷汽轮机组区别如下：主汽压力不同，上汽机组的主汽压力为 26.25MPa，哈汽、东汽的主汽压力为 25MPa；通

流级数不同，上汽机组的通流级数为 64，大于哈汽的 49 级和东汽的 45 级；低压末级叶片长度不同，哈汽低压末级叶片长度大于上汽和东汽；配汽方式不同，哈汽采用喷嘴调节，上汽采用“全周进汽+补汽阀”方式调节，东汽采用“复合调节”方式；启动方式不同，哈汽、上汽采用“高中压联合启动”，东汽采用“中压缸启动”。

表 5-14　　各主要汽轮机厂家 1000MW 等级空冷机组设备状况

序号	项目	哈汽	上汽	东汽
1	产品编号	CCHK02	—	D1000C
2	汽轮机型号	CCLNZK1000-25/566/600	—	NZK1000-25.0/600/600
3	机组形式	超超临界、一次中间再热、四缸四排汽、单轴、直接空冷、凝汽式汽轮机	—	超超临界、中间再热、单轴、四缸四排汽、直接空冷、凝汽式汽轮机
4	THA/VWO/T-MCR 工况功率（MW）	1000/1089/1075	—	1000/1064/1040
5	额定主蒸汽参数（MPa/℃）	25/566	—	25/600
6	额定再热蒸汽温度（℃）	600	—	600
7	主蒸汽额定进汽量（t/h）	2919	—	2872.5
8	主蒸汽最大进汽量（t/h）	3313	—	3100
9	额定排汽压力/背压（kPa）	15	—	13
10	设计冷却水温（℃）		—	—
11	额定给水温度（℃）	292	—	298.2
12	额定/调整抽汽压力（MPa）	—	—	—
13	额定抽汽流量（t/h）	—	—	—
14	最大抽汽流量（t/h）	—	—	—
15	额定转速（r/min）	3000	—	3000
16	旋转方向	逆时针	—	逆时针
17	调节控制系统	DEH	—	DEH
18	回热级数（高加+除氧+低加）	7（3+1+3）	—	7（3+1+3）
19	通流级数（调节+高压+中压+低压）	49（2+9+2×7+2×2×6）	—	42（1+8+2×6+2×2×5）
20	低压末级叶片长度（mm）	940	—	770
21	机组外形尺寸（长×宽×高）（mm×mm×mm）	38000×101000×75000	—	37168×12246×10311
22	汽轮机本体总重（t）	1280	—	1920
23	配汽方式	喷嘴调节	—	喷嘴+节流
24	运行方式	定压或滑压	—	定-滑-定
25	启动方式	高中压联合启动	—	高压缸启动

由表 5-14 可以看出，上海汽轮机厂不产 1000MW 超超临界空冷机组。哈汽、东汽生产的 1000MW 等级空冷汽轮机组主要区别如下：通流级数不同，哈汽机组的通流级数为

49，大于东汽的42级；低压末级叶片长度不同，哈汽低压末级叶片长度为940mm大于东汽的770mm；配汽方式不同，哈汽采用喷嘴调节，东汽采用“喷嘴+节流”调节；运行方式不同，哈汽采用“定压或滑压”运行方式，东汽采用“定-滑-定”运行方式；启动方式不同，哈汽采用“高中压联合启动”，东汽采用“高压缸启动”。

5.1.5 汽轮机辅机状况

汽轮机辅机系统主要包括真空系统、凝结水系统、给水系统、循环水系统、汽轮机油系统、发电机冷却和密封油系统等。

其中，真空系统的主要作用是建立和维持汽轮机机组的低背压和凝汽器的高真空。正常运行时不断地抽出汽轮机及凝汽器的不凝结气体。凝结水系统的主要作用是通过凝结水泵从凝汽器热井向除氧器及给水系统提供凝结水，并完成凝结水的低压段加热、除氧、除杂质和化学处理，同时为一些设备提供减温水以及为某些辅助设备提供密封水、闭冷水补水等用水。给水系统的主要作用是将除氧器中的凝结水通过给水泵提高压力，经过高压加热器进一步加热后达到锅炉给水的要求，输送到锅炉省煤器入口，作为锅炉的给水；循环水系统的主要作用是在电厂各种工况下连续地向凝汽器供给冷却水，同时也向部分辅机及闭式水冷却器提供冷却水，以带走所传出的热量。汽轮机油系统的主要作用是向机组各轴承供油，以便润滑和冷却轴承，以及供给调节系统和保护装置稳定充足的压力油，使它们正常工作等。发电机冷却和密封油系统的主要作用是对发电机在运行过程中由于发生能量损耗所产生的热量进行冷却，包括铁芯和绕组的发热、转子转动时气体与转子之间的鼓风摩擦发热，以及励磁损耗、轴承摩擦损耗等。

辅机系统的正常运行对机组热力系统的安全、经济运行起着至关重要的作用。为此，分别对国内常用的相关设备进行系统介绍。

1. 真空系统

在机组启动过程中，除氧器加热凝结水后，就会有热水进入凝汽器，待到锅炉点火、汽轮机进汽暖机时，将会有更多的蒸汽进入凝汽器。如果凝汽器内没有一定的真空，汽水进入凝汽器就会使凝汽器内形成正压，而损坏设备。凝汽器内建立真空更是汽轮机冲转比不可少的条件。凝汽器及一些低压设备（如凝结水泵、疏水泵及部分低压加热器等）在正常运行时，内部处于真空状态，若管道和壳体不严密，空气就会漏入而破坏凝汽器真空，危及汽轮机的安全经济运行。同时，空气在凝汽器中的分压力增加，致使凝结水溶氧量增加，从而加剧对热力设备及管道的腐蚀。空气的存在还会增大凝汽器中传热热阻，影响循环冷却水对汽轮机排汽的冷却，增加厂用电消耗。因此，凝汽器运行时，必须不断地抽出其中的空气。

真空系统也称为凝汽器抽气系统，其作用就是建立和维持汽轮机机组的低背压和凝汽器的高真空；正常运行时不断地抽出由不同途径漏入汽轮机及凝汽器的不凝结气体；在汽轮机脱扣后，从真空破坏门引空气进凝汽器中，以破坏真空使汽轮机降低转速的进程加快。

凝汽器抽真空设备主要有抽气器和真空泵。

真空泵抽真空系统具有以下优点：

（1）运行经济。在启动工况下，低真空的抽吸能力远远大于射水抽气器在同样吸入压力的抽吸能力，大大缩短了机组的启动时间。在持续运行工况下，真空泵的功耗仅为射水抽气器的23%～33%。

（2）汽水损失较小。

（3）泵组运行自动化程度高，操作安全、简便。

（4）噪声小，结构紧凑等。

真空泵抽真空系统的缺点是一次性投资较大，但由于其明显的优越性，因此在大容量机组普遍应用。

真空泵抽真空系统主要包括汽轮机排汽的抽真空装置、真空泵及相应的阀门、管道等设备和部件。

某660MW机组真空泵介绍见表5-15。

表5-15　　某660MW机组真空泵设备状况

序号	项　目	单位	数　据
泵体设备参数			
1	设备名称		水环式真空泵组
2	制造商		佶缔纳士机械有限公司
3	产地		中国
4	型号		2BW4 403 0MK4
5	型式		单级水环式真空泵
6	真空泵额定容量（抽干空气量/蒸汽量）	kg/h	147/140
7	吸入口压力	kPa	4.337
8	吸入口温度	℃	21.87
9	冷却水温度	℃	15
10	机组启动抽气时间及背压（三台泵同时运行）	min/kPa	48/35
11	真空泵级数		单级
12	一级压缩比		1:10.5（VWO工况条件）
13	泵转速	r/min	472
14	轴功率	kW	160（最大）
15	极限吸入口压力及其冷却水温度	kPa（绝对压力）/℃	3.4、15
16	轴承寿命	h	＞50000
17	平衡等级	mm/s	≤6.3
18	轴承振动	mm/s	≤7.1
电动机设备参数			
19	制造商		上海上电电机
20	型式		三相异步电动机
21	型号		YX3 315L-4
22	额定功率	kW	185kW

续表

序号	项　　目	单位	数　　据
电动机设备参数			
23	额定电压	V	380
24	转速	r/min	1487
25	保护等级		IP54
26	电动机冷却方式		IC411
27	效率		95%
28	绝缘等级/温升（IEC 34-1）		F/B
29	每小时允许启动次数		4
30	是否设置防冷凝加热器		设置
31	电动机质量	kg	1180
32	泵组最大噪声值	dB（A）	85
33	设备外形尺寸（长宽高）	mm	6000×2300×2800
34	轴套材质	—	X120Cr29
35	分离器材质	—	Q235
36	冷却水换热器换热片材料	—	SS316L
37	冷凝器面积	m^2	约 60
38	冷凝器冷却水量及其温升	t/h，℃	165/ 7
39	冷凝器冷却水流动阻力	MPa	0.03
40	冷凝器换热管材料		SS316L

2. 凝结水系统

凝结水系统的主要功能是通过凝结水泵从凝汽器热井向除氧器及给水系统提供凝结水，并完成凝结水的低压段加热、除氧、除杂质和化学处理，同时为低压缸排汽、三级减温减压器、备用汽、低压旁路等提供减温水以及为给水泵提供密封水、闭冷水补水等用水。为了保证系统安全可靠运行、提高循环热效率和保证水质，在输送过程中，对凝结水系统进行流量控制及除盐、加热等一系列处理。

常见的凝结水系统采用单元制中压凝结水精处理系统，每台机组设置 1 台凝结水储水箱、2 台 100%容量凝结水泵、2 台凝结水补水泵、1 台轴封加热器、1 台疏水冷却器、4 台低压加热器。

凝汽器一般采用双壳体、表面式凝汽器，凝汽器热井水位通过凝汽器补水阀调节。2 台 100%容量凝结水泵布置在机房 0m 层湿式泵坑内，正常运行期间，一用一备。

（1）NLT 系列凝结水泵。NLT 系列凝结水泵为筒袋形立式多级离心泵，具有较高的效率和运行可靠性，适于在火力发电机组中作凝结水泵或凝结水升压泵，亦可用于输送类似于凝结水的其他液体，输送介质的温度不超过 100℃。

1）结构特点：

a. 为使泵具有良好的抗汽蚀性能，首级叶轮进行特殊设计，并与诱导轮联合使用或用双吸结构。

b．在满足泵性能和刚度的前提下，采用轴向导叶，减少泵的径向尺寸。

c．泵的基础以下部分采用抽芯式结构，使泵的拆装及检修方便。

d. 泵的轴向力主要由每级叶轮上的平衡孔和平衡腔平衡，剩余轴向力则由推力轴承部件承受。

e. 在泵上设置推力轴承，泵与电动机采用弹性联轴器，使泵调心及现场安装大为方便。

f. 根据用户的不同要求，泵的轴密封可采用机械密封、填料密封或浮动密封。

2）技术水平和优势：NLT 系列凝结水泵具有性能稳定、效率高、振动噪声低等特点，节能效果明显。

NLT500-570×4S 型凝结水泵性能参数汇总见表 5-16。

表 5-16　　NLT500-570×4S 型凝结水泵性能参数

配供电动机技术参数	
项　　目	参数值
型号	YLKS630-4
额定功率（kW）	2000
额定电压（kV）	6
额定转速（r/min）	1500
频率（Hz）	50
效率（%）	95
功率因数	0.915
绝缘等级	F
质量（kg）	9800
冷却方式	空冷-水冷
旋转方向	从水泵朝电动机看为顺时针
泵体技术参数	
项　　目	铭牌工况参数
流量（t/h）	1610
扬程（m）	338
效率（%）	84.3
必须汽蚀余量（m）	5.5
转速（r/min）	1490
出水压力（MPa）	3.3
轴功率	1749
旋转方向	从电动机朝泵看为逆时针

（2）SBNL 系列凝结水泵。SBNL 系列凝结水泵为筒袋形立式多级离心泵，适用于 300～600MW 发电机组凝结水系统，可用作凝结水泵或凝结水升压泵，亦可用于输送类似于凝结水的其他液体。

1）结构特点：

a．良好的水力设计保证了泵有高的效率和宽的高效率运行范围。

b．为使泵具有良好的抗汽蚀能力、满足长期在低 NPSH 工况条件下运行，泵首级组，叶轮作了特殊设计，如采用双吸式叶轮或加装前置诱导轮，采用美国 ASTM 标准材料 CA-6NM，抗汽蚀性能和铸造性能良好，保证了凝结水泵有高的抗汽蚀性能，在变负荷工况下可稳定运行。

c．在满足性能要求和保证足够刚度的前提下，采用轴向导叶，减少了泵的横向（径向）尺寸，从而减小了泵机组的安装宽度。

d．泵的基础以下部分采用抽芯式结构，使泵的拆装及检修更加方便。在泵的进水流道最高点设有脱气孔，保证了泵启动与运行的可靠性。

e．根据凝汽器运行的最低水位及安装标高，泵进口的位置可根据具体工程的需要进行布置，并且泵具有足够的刚性和强度。

f．泵的轴向力主要由每级叶轮上的平衡孔、平衡腔平衡，剩余轴向力则由推力轴承部件承受，具有较高的运行可靠性，提高了泵在启动和变负荷运行时的稳定性。

g．泵的轴封采用机械密封，也可根据客户的需要采用浮动密封和填料密封。

h．泵的轴承部件采用推力轴承与径向滚动轴承组合或采用滑动轴承结构（叶轮级数多。

2）技术水平和优势：SBNL 型系列凝结水泵为筒袋形立式多级离心泵，是由英国 WEIR 泵公司引进的技术，并结合国内电站技术要求进行改进设计和提高了汽蚀性能的标准系列产品，具有良好的运行效率和运行可靠性。泵结构设计的基点是满足电站用泵的可靠性要求，因此，除了注重在结构强度和刚度方面的细节设计以及水导轴承的选材与设计外，电动机和泵之间采用挠性联轴器，主推力轴承布置在泵的上部，与采用刚性联轴器、主推力轴承布置在电动机顶部的结构设计相比，该结构设计具有十分明显的优点。

电动机和凝结水泵是采用不同制造工艺和标准生产的产品。采用挠性联轴器作为一个相容性很强的两者之间的技术接口，对于凝结水泵这种尺寸细长比很大的立式单基础泵是至关重要的。

挠性联轴器降低了电动机与泵连接精度的要求，简化了泵机组的安装与维护，最大限度地避免了因刚性联轴器的连接定值精度偏差而引起的立式泵横向振动，避免了电动机和泵的轴向尺寸积累误差与轴向推力的相互干扰而引起的主推力轴承超负荷而烧瓦的停机事件（这种事件在采用刚性联轴器的凝结水泵机组上时有发生），如果机组产生振动，也较容易确定振动原因，分清技术责任，特别是较为隐蔽的振动源，如电动机定子电磁振动等。此外，机组的安装、拆卸和维护方便。

凝结水泵的主推力轴承采用的是按照德国 RENK 公司技术生产的油润滑可倾瓦块式轴承，特殊的冷却水盘形管保证了轴承具有高的可靠性。

350/600SBNL 系列凝结水泵主要技术参数见表 5-17。

表 5-17　　350/600SBNL 系列凝结水泵主要技术参数

配供电动机技术参数	
项　　目	参数值
额定功率（kW）	1100
额定电压（kV）	6
额定转速（r/min）	1480
频率（Hz）	50
防护及结构	IP44，防潮、全封闭、配有加热器
泵体技术参数	
项　　目	铭牌工况参数
水泵入口水温（℃）	34.5
介质比重	0.994
水泵入口压力（kPa）	5.4
水泵出口流量（t/h）	970
水泵出口压力（MPa）	2.95
水泵转速（r/min）	1480
效率（%）	80.2
必须汽蚀余量（m）	3.4
旋转方向	从电动机朝泵看为逆时针

3. 给水系统

给水系统是指从除氧器出口到锅炉省煤器入口的全部设备及其管道系统。给水系统的主要功能是将除氧器水箱中的凝结水通过给水泵提高压力，经过高压加热器进一步加热后达到锅炉给水的要求，输送到锅炉省煤器入口，作为锅炉的给水；直流锅炉给水系统通过设计不同的控制任务，可以利用给水流量控制锅炉负荷和过热器的中间温度点。此外，给水系统还向锅炉过热器的一、二级减温器及再热器和汽轮机高压旁路装置的减温器提供高压减温水，用于调节上述设备的出口蒸汽温度。给水系统的最初注水来源于凝结水系统。

给水泵是汽轮机的重要辅助设备，它将旋转机械能转变为给水的压力能和动能，向锅炉提供所要求压力下的给水。随着机组向大容量、高参数方向发展，对给水泵的工作性能和调节性能提出了越来越高的要求。为了适应机组滑压运行、提高机组运行的经济性，大型机组的给水调节采用变速方式，从而避免了因调节阀增加的节流损失。因此，大型机组的给水泵多采用转速可变的给水泵汽轮机来驱动。通常配置两台汽动给水泵（简称汽泵），作为正常运行时供给锅炉额定出力要求的给水，另配一台电动给水泵（简称电泵），作为机组启动泵或者正常运行备用泵。

为提高除氧器在滑压运行时的经济性，同时又确保给水泵的运行安全，通常在给水泵前加设一台低速前置泵，与给水泵串联运行。由于前置泵的工作转速较低，所需的泵进口倒灌高度（即汽蚀裕量）较小，从而降低了除氧器的安装高度，节省了主厂房的建设费用；同时给水经前置泵升压后，其出水压头高于给水泵必需汽蚀裕量和在小流量下的附加汽化压头，因此有效的防止了给水泵的汽蚀。

机组给水系统主要包括两台50%容量的汽动给水泵及其前置泵，驱动给水泵的汽轮机及其前置泵的驱动电机，30%容量的电动给水泵、液力耦合器，1～3号高压加热器、阀门、滤网等设备以及管道。

（1）前置泵设备介绍。国内常用的前置泵包括QG系列、FA系列、HZB系列、BQ01型前置泵、GSB系列前置泵等。

QG系列前置泵主要配套于300MW汽轮发电机组，为30%容量。

FA系列前置泵主要产品有FA1D67（A）型、FA1D63型、FA1D56（A）型和FA1D53（A）型前置泵等。其中，FA1D67（A）型前置泵配套于600MW机组50%容量的汽动、电动给水泵组；FA1D63型前置泵配套于600MW机组50%容量的汽动给水泵组；FA1D56（A）型前置泵配套于300MW机组50%容量的汽动、电动给水泵组或600MW机组30%容量的电动给水泵组；FA1D53（A）型前置泵配套于300MW机组50%容量的汽动、电动给水泵组。

HZB系列前置泵主要有HZB303-720型、HZB253-640型和HZB200-430型前置泵等。其中，HZB303-720型前置泵配套于1000MW机组50%容量的汽动给水泵组；HZB253-640型前置泵配套于1000MW机组30%容量的电动给水泵组和600MW机组50%容量的电动、汽动给水泵组；HZB200-430型前置泵配套于300MW机组50%容量的汽动给水泵组和300MW机组30%容量的电动给水泵组。

BQ01型前置泵主要用作电厂除氧器至给水泵入口的增压泵，以保证锅炉给水泵的进口压力，使其达到足够的汽蚀余量，从而降低除氧器的安装高度。

GSQ系列前置泵主要配套于300、600MW火电机组锅炉给水泵，亦可满足不同容量机组的选型配套。

典型前置泵设备参数见表5-18。

表5-18　GSQ系列前置泵设备参数

项目	参数值	项目	参数值
进口流量（m^3/h）	610～1240	公称直径（mm）	350～400
扬程（m）	147～94	公称压力（MPa）	2.5
温度（℃）	≤210		

（2）给水泵设备介绍。我国常用的给水泵包括HPT系列给水泵、FK系列给水泵、HPTmk200-320-6s型给水泵、FT系列给水泵等。

HPT系列给水泵具有适用范围广、效率高、结构合理、运行可靠和检修方便等优点，可配套于1000、600MW和300MW汽轮发电机组。

FK系列给水泵主要配套于火电厂600、300MW汽轮发电机组，亦可配套于燃气轮机发电机组。

HPTmk200-320-6s型给水泵按SULZER公司转让的设计图纸、工艺文件、质量标准进行制造和考核，可根据变化进行调速运行，满足机组定压和滑压运行的需要，适用于带基本负荷的发电机组和调峰机组，配套于火电站300～350MW汽轮发电机组，为30%、50%

容量。

FT 系列给水泵主要配套于600MW 汽轮发电机组，作启动泵用，亦可配套于燃气轮机组。

典型给水泵技术参数见表 5-19。

表 5-19　　HPTmk200-320-6s 型给水泵技术参数

项　目	参　数	
机组容量	300	350
满足机组容量	50	50
转速（r/min）	5152	5340
介质温度（℃）	170	170
密度（kg/m^3）	897.3	897.3
进口流量（m^3/h）	636.7	757
抽头流量（m^3/h）	36.7	43.1
出口流量（m^3/h）	600	713.9
扬程（m）	2297	2242
必须汽蚀余量（m）	47.7	62
抽头压力（MPa）	8.2	8.36
效率（%）	83.7	83.6
泵轴功率（kW）	4070	4962
最小流量（m^3/h）	180	180

（3）调速型液力耦合器设备介绍。常见的液力耦合器包括增速系列液力耦合器、非增速系列液力耦合器、YOCQ-X51 型液力耦合器等。

增速系列液力耦合器有 YOT46-550 型、YOT51 型、YOT51A 型、YOT46 型和 YOT46-508 型液力耦合器等，一般配套于火力发电厂 600MW 机组 30%容量、50%容量，300MW 机组 30%容量、50%容量的电动调速给水泵组。

非增速系列液力耦合器有 YT 系列液力耦合器和 YOTC 系列液力耦合器两种，一般配套于相应工况条件的电动调速给水泵组。

YOCQ-X51 型液力耦合器主要用于 300MW（50%）容量及 600MW（30%）容量机组锅炉给水泵组的调速运行。

典型液力耦合器设备参数见表 5-20。

表 5-20　　YOCQ-X51 型液力耦合器设备参数

项　目	参数值
液力耦合器	
输入转速（r/min）	1493
滑差率（%）	≤3
调速范围（%）	25～100

续表

项　　目	参数值
液力耦合器	
油箱容量（L）	1300
质量（kg）	6000
从输入端看的旋转方向	逆时针
辅助油泵电动机	
型号	Y132M-4
功率（kW）	7.5
转速（r/min）	1440

（4）小型工业汽轮机设备介绍。TGD 系列小型工业汽轮机为国内常用的小汽轮机，一般用作原动机，配套于电站锅炉给水泵。结构形式为单缸、双汽源、内切换、变转速变功率、冲动凝汽式。

典型小汽轮机设备参数见表 5-21。

表 5-21　　TGD06/7-1 小型工业汽轮机主要设备参数

项　　目	参数值
型号	TGQ06/7-1
型式	单缸、双汽源、内切换、变转速变功率、冲动凝汽式
低压汽源压力（MPa）	0.68～1.2
低压汽源温度（℃）	300～400
高压（冷再）汽源压力（MPa）	13～17.5（3.2～4.5）
高压（冷再）汽源温度（℃）	525～545（280～350）
排汽压力（kPa）	4.7～13.1（47.7 空冷）
内效率（%）	80～82.5
内功率（kW）	3700～6000
汽耗率（kg/kWh）	5.0～5.6
旋转方向	从机头侧沿汽流方向看为顺时针
转子临界转速（r/min）	一阶：2550；二阶：12200
连续运行转速范围（r/min）	3000～6300
汽源切换	约 40%主机额定负荷（定压运行）
配汽方式	低压汽源：喷嘴配汽；高压（冷在）汽源：节流（喷嘴）配汽
汽轮机级数	单列调节级+6 个压力级
本体质量（kg）	29000
外形尺寸（mm）	3900×3570×3080

（5）除氧器设备介绍。除氧器主要分为单筒式除氧器和压力式双体式除氧器，除氧器

的主要作用是除去锅炉给水中溶解的氧气和其他气体，以防止热力设备的腐蚀和传热的恶化，保证热力设备能安全、经济的运行；用汽轮机低压侧抽汽及相关系统的疏水、余汽等加热锅炉给水至除氧器运行压力下的饱和温度，以提高机组热效率。

单筒式除氧器是汽轮机发电机组多级回热系统中的一个重要辅机设备，属混合式加热分离设备，其将新型高效的除氧元件内置于给水箱汽侧空间，实现除氧器和贮水箱的一体化。

典型单筒式除氧器主要技术参数见表5-22。

表5-22　　典型单筒式除氧器主要技术参数

项目	300MW 机组	600MW 机组	1000MW 机组
额定出力（t/h）	1080	1995	3185
有效容积（m^3）	150	235	310
设备材料	16MnR	16MnR	16MnR
出水含氧量（ng/mL）	≤5	≤5	≤5
排汽损失（‰）	1～2	1～2	1～2

压力式双体式除氧设备是汽轮发电机组的一个重要辅机设备。它由两个连通的卧式容器组成，上部容器为热力除氧器（除氧头），下部容器为贮水箱，两者采用连通管和支座连接。

典型双体式除氧器主要技术参数见表5-23。

表5-23　　典型双体式除氧器主要技术参数

项目	300MW 机组		600MW 机组		1000MW 机组	
	除氧头	水箱	除氧头	水箱	除氧头	水箱
额定出力（t/h）	1080		1995		3185	
有效容积（m^3）	—	150	—	235	—	310
设备材料	16MnR+0Cr18Ni10Ti	16MnR	16MnR+0Cr18Ni10Ti	16MnR	16MnR+0Cr18Ni10Ti	16MnR
出水含氧量（ng/mL）	≤5		≤5		≤5	
排汽损失（‰）	2～3		2～3		2～3	

4. 循环水系统

（1）主机循环水系统。循环水系统是在电厂各种工况下连续地向凝汽器供给冷却水，以带走主机及给水泵汽轮机所排放的热量；同时也向部分辅机及闭式水冷却器提供冷却水，以带走所传出的热量。在凝汽器进、出口管道上均设有电动蝶阀。凝汽器可单侧运行，并可带75%TMCR左右负荷运行。循环水系统一般设有胶球清洗装置，并在凝汽器总进水管上接出一根管子向开式循环冷却水系统供水。循环水系统采用的循环水根据电厂地理条件差异而不同。

循环水系统一般流程为：循环水经冷却塔冷却后流至循环水泵房，经循环水泵升压送入汽机房内的凝汽器、闭式水热交换器、真空泵冷却器等用户，吸收热量后再通过回水管道进入冷却塔进行冷却，循环利用。补水一般由外接水源经化学处理后补入冷却塔，电厂几台机组之间也可互相补水。

常见的660MW机组循环水系统，主要设备包括2台循环水泵以及相应的液控止回蝶阀、平板滤网、拦污栅、平面钢闸门，还包括循环水管道伸缩节、取排水构筑物、水管沟、虹吸井等。

（2）开式循环冷却水系统。开式循环冷却水系统（简称开式冷却水系统）的作用是输送循环水到闭式循环冷却水热交换器、凝汽器真空泵等设备，经各设备吸热后排至循环水回水母管。每台机组设置1台电动旋转滤网、2台100%容量开式循环冷却水泵、2台100%容量闭式循环冷却水热交换器及连接管道阀门等设备。

开式循环冷却水系统水源取自循环水进水母管，进入电动旋转滤网过滤，经开式循环冷却水泵升压后分别供给2台闭式循环冷却水热交换器、3台真空泵冷却器，冷却水回水接入循环水出水母管。开式循环冷却水泵和电动旋转滤网设有旁路。

（3）闭式循环冷却水系统。闭式循环冷却水系统是为机组辅助设备提供冷却水源，以保证汽轮机、锅炉、发电机的辅助设备及其系统的正常运行。闭式循环冷却水系统是一个闭式回路，用开式循环冷却水进行冷却。闭式循环冷却水系统采用除盐水作为冷却工质，可减少对设备的污染和腐蚀，使设备具有较高的传热效率。每台机组设置一套闭式循环冷却水系统，该系统包括2台100%容量的闭式循环冷却水泵、2台100%容量的闭式循环冷却水热交换器、1只10m^{3}闭式循环冷却水膨胀水箱、连接管道阀门的辅助设备及补水系统等。

闭式循环冷却水为除盐水，取自闭式循环冷却水膨胀水箱。闭式循环冷却水经过闭式循环冷却水泵升压后，进入闭式循环冷却水热交换器冷却，然后从闭式循环冷却水母管进入各设备的热交换器吸热，再返回闭式循环冷却水泵入口，形成闭式循环冷却水系统。来自凝结水泵的凝结水作为闭式循环冷却水膨胀水箱的补水。系统正常运行时，由闭式循环冷却水膨胀水箱内设有的液位控制开关，控制液位调节阀的开度，维持闭式循环冷却水膨胀水箱的正常运行水位。闭式循环冷却水母管与闭式循环冷却水回水母管之间设有再循环阀，可用于闭式循环冷却水母管减压。系统基本流程为：除盐水→闭式循环冷却水箱→闭式循环冷却水泵→闭式循环冷却水用户→闭式循环冷却水热交换器→闭式循环冷却水泵进口。

（4）循环水泵设备介绍。国内常见的循环水泵主要包含SEZ/PHZ/PNZ系列循环水泵和SBHL（C）系列循环水泵。

SEZ/PHZ/PNZ系列循环水泵在额定负荷发电厂和调峰发电厂中用于输送循环冷却水，可采用并联或循环集水系统给水。泵的配置通常为1×100%～6×16%，配套于国内电厂300MW级和600MW级机组，并逐步应用于1000MW级机组。其结构形式可分为抽芯式和不抽芯式结构，目前电厂多采用抽芯式结构。

SEZ/PHZ/PNZ系列循环水泵主要技术参数见表5-24。

表5-24　　SEZ/PHZ/PNZ系列循环水泵主要技术参数

序号	泵型号	叶轮形式	流量（m^3/s）	扬程（m）
1	SEZ	半开式混流叶轮	约18	7～33

续表

序号	泵型号	叶轮形式	流量（m^3/s）	扬程（m）
2	PHZ	开式可调混流叶轮	约 18	12～25
3	PNZ	开式可调轴流叶轮	约 18	7～15

SBHL（C）系列循环水泵适用于电厂循环水等多种场合，具有效率高、汽蚀性能好、机组占地面积小、安装使用方便等特点。SBHL（C）型立式抽芯混流泵的进水部分为吸入喇叭或进水弯管，出水管路可任意选择在基础上方或下方。泵采用进口的耐磨陶瓷轴承或赛龙导轴承。泵的转子为可抽芯式和不可抽芯式。

SBHL（C）系列循环水泵主要技术参数见表 5-25。

表 5-25　　SBHL（C）系列循环水泵主要技术参数

项目	参数	项目	参数
出口直径（mm）	500～2000	最高温度（℃）	40
最大流量（m^3/s）	18.62	功率（kW）	55～4200
最大扬程（m）	50.96	转速（r/min）	247、270、297、330、370、424、495、594、740、990

5. 汽轮机油系统

根据油系统的作用，一般将汽轮机油系统分为润滑油系统和调节（保护）油系统两个部分。汽轮发电机组的供油系统对保证机组安全稳定运行至关重要。大型汽轮发电机组的供油系统既有采用汽轮机油作为润滑油和氢密封油，采用抗燃油作为调节用油的系统，也有所有用油都采用汽轮机油的系统。前者的汽轮机油和抗燃油是两个完全独立的油系统，而后者的油系统为一个。

汽轮机油系统供油必须安全可靠，为此应满足如下基本要求：

a．设计、安装合理，容量和强度足够，支吊牢靠，表计齐全以及运行中管路不振动。

b．系统中不许采用暗杆阀门，且阀门应采用细牙阀杆，止回阀动作灵活，关闭要严密。阀门水平安装或倒装，防止阀芯掉下断油。

c．管路应尽量少用法兰连接，必须采用法兰连接时，法兰垫应选用耐油、耐高温垫料，且法兰应装铁皮盒罩；油管应尽量远离热体，热体上应有坚固完整的保温层，且外包铁皮。

d．油系统必须设置事故油箱，事故油箱应在主厂房外，事故排油阀应装在远离主油箱便于操作的地方。

e．整个系统的管路、设备、部件、仪表等应保证清洁无杂物，并有防止进汽、进水及进灰尘的装置。

f．各轴承的油量分配与油压控制应合理，保证轴承的润滑。

（1）润滑/顶轴油系统。汽轮发电机组润滑油系统为汽轮机和发电机的轴承、联轴器及盘车系统提供润滑、冷却用油，保证机组的正常启动、停机和运行。该系统随技术的进步而不断完善和改进，发展到现在主要有两种形式，即汽轮机主轴驱动主油泵系统和电驱动主油泵系统。

润滑油系统的主要作用有：首先，在轴承中要形成稳定的油膜，以维持转子的良好旋转；其次，转子的热传导、表面摩擦及油涡流会产生相当大的热量，为了始终保持油温合适，就需要一部分油量来进行换热。另外，润滑油还为主机盘车系统、顶轴油系统、发电机密封油系统提供稳定可靠的油源。

汽轮机的润滑油是用来润滑轴承、冷却轴瓦及各滑动部分。根据转子的重量、转速、轴瓦的构造及润滑油的黏度等，在设计时采用一定的润滑油压，以保证转子在运行中轴瓦能形成良好的油膜，并有足够的油量冷却。若油压过高，可能造成油挡漏油，轴承振动；若油压过低，会使油膜建立不良，易发生断油而损坏轴瓦。

润滑油系统的正常工作对于保证汽轮机的安全运行具有重要意义，如果润滑系统突然中断流油，即使只是很短时间的中断，也将引起轴瓦烧损，从而引发严重事故。此外，油流中断的同时将使低油压保护动作，使机组故障停机，因此必须给予足够的重视。

由于不同制造厂的汽轮发电机组整体布置各不相同，因此相应润滑油系统的具体设置也有所不同；但从必不可少的要求来看，润滑油系统主要由润滑油箱（及其回油滤网、排烟风机、加热装置、测温元件、油位计）、2 台互为备用的交流润滑油泵、直流润滑油泵、冷油器、油温调节装置（或油温调节阀）、轴承进油调节阀（或可调节流孔板）、滤油装置（或滤网）、油温/油压监测装置及管道、阀门等部件组成。

设置汽轮发电机组的顶轴油系统，是为了避免盘车时发生干摩擦，防止轴颈与轴瓦相互损伤。目前，大型汽轮机组多数设有顶轴油系统，但有的机组不设顶轴油系统。在汽轮机组由静止状态准备启动时，轴颈底部尚未建立油膜，此时投入顶轴油系统，是为了使机组各轴颈底部建立油膜，将轴颈托起，以减小轴颈与轴瓦的摩擦；同时也使盘车装置能够顺利地盘动汽轮发电机转子。

目前，大型汽轮机组多数在油管道的布置和结构上采用套管式和油箱低位布置方案。油系统管道采用套管式一般是在回油管内套装数根高压油管，所有管道（包括压力油管和回油管）除留个别供拆开检查用的法兰之外，其余全部通过短管采用角焊的方式连接。因此，回油管就相当于一个密封的防爆箱。这种管路结构一般由前轴承箱垂直向下穿过基础大梁，直到与油箱油面相近的高度再水平引入油箱。在一般情况下，高压油管法兰是个薄弱环节，这种结构大大减少了法兰的使用量，使法兰破裂或其垫料损坏的可能性大大减小；同时因压力油管套装在回油管内，即使油管破裂而漏油也不会外溢，这样不但解决了普通油系统管道的渗油、漏油问题，对油系统防火极为有利，而且油管道的布置极为紧凑，厂房美观整洁。但油管道采用套管式结构也带来了安装、检修和寻找内部压力油管漏油不便的缺点。油箱低位布置是将油箱布置在接近 0m 或 0m 稍上的标高。这样一方面降低了回油管的标高，因而有可能使油管处于热力管道下方而远离热体，对防止火灾和火灾事故的蔓延是有利的；另一方面也使油箱、高压油泵和冷油器之间的管路系统大为简化，系统和设备的布置更加紧凑，而且基本解决了油泵和阀门的漏油问题。

某 660MW 汽轮机润滑油系统设备简介见表 5-26。

表 5-26　某 660MW 汽轮机润滑油系统设备简介

序号	项　目	单位	数　值
主油泵			
1	型式		主轴拖动离心泵
2	制造厂		哈尔滨电气集团
3	采用的油牌号、油质标准		32L-TSA/GB1112 0-89 NAS7 级
4	油系统需油量	kg	45000
5	轴承油循环率	%	8
6	轴承油压	MPa（表压力）	0.118±0.0098
7	容量	kg/h	310
8	出口压力	MPa（表压力）	2.352
9	入口压力	MPa（表压力）	0.1764
10	冷却水入口设计温度	℃	38
11	冷却器出口油温	℃	45
辅助交流润滑油泵			
12	型式		立式离心泵
13	制造厂		哈汽外购
14	容量	m^3/h	264
15	出口压力	MPa（表压力）	0.37
16	转速	r/min	1480
辅助交流油泵电动机			
17	型式		三相异步电动机
18	容量	kW	55
19	电压	V	380
20	转速	r/min	1480
21	总重	kg	1094
直流事故油泵			
22	型式		立式离心泵
23	制造厂		卖方外购
24	容量	m^3/h	264
25	出口压力	MPa（表压力）	0.37
26	转速	r/min	1500
直流事故油泵电动机			
27	型式		直流电动机
28	容量	kW	220

续表

序号	项　　目	单位	数　　值
直流事故油泵电动机			
29	电压	V	1500
30	转速	r/min	1085
顶轴油泵			
31	型式		柱塞泵
32	容量	m^3/h	5.6
33	出口压力	MPa（表压力）	25
34	转速	r/min	1470
顶轴油泵电动机			
35	型式		三相交流防爆电动机
36	容量	kW	55
37	电压	V	380
38	转速	r/min	1470

（2）润滑油净化系统。润滑油系统除了合理地配置设备和系统的流程连接之外，还有一个非常重要的任务，就是确保系统中润滑油的理化性能和清洁度，能够符合使用要求（包括系统注油和运行期间）。润滑油的理化性能在设计时就应当注意并予以妥善安排。润滑油的清洁度，则应当在安装、注油、运行、管理中十分重视。为了保证系统中润滑油的清洁度，必须认真做好如下工作：

1）安装时，各种设备、管道、阀门及通油的所有腔室，都必须清理干净，直到露出金属本色，不允许有落尘、积水（湿露）、污染物、锈皮、焊渣或其他任何异物。

2）对系统中所有的容器进行油冲洗，直到冲洗油的油质合格为业。

3）对注入系统的润滑油进行严格检查。

4）清理干净和注油后的系统应保持全封闭状态，防止异物落入或水分渗入。

5）设置润滑油净化系统，在运行中保持润滑油的清洁度。

设置润滑油净化系统的目的，是将汽轮机主油箱、给水泵汽轮机油箱、润滑油储油箱脏油箱）内以及来自油罐车的润滑油进行过滤、净化处理，以使润滑油的油质达到使用要求，并将经净化处理后的润滑油再送回汽轮机主油箱、给水泵汽轮机油箱、润滑油储油箱（脏油箱）

（3）液压油系统。汽轮机液压油系统用于向汽轮机调节系统的液力控制机构提供动力油源，还向汽轮机的保安系统提供安全油源。液压油系统的工质是磷酸酯抗燃油。不同机组，调节系统和安全系统采用的压力也有所不同；不同制造厂，采用的系统布置和选用的工质参数也有所不同。液压油系统主要包括液压油箱、液压油供油系统（去汽轮机调速系统和保安系统）、液压油冷却系统及液压油再生（化学处理）系统。液压油系统也称为控制油系统或调节/安全油系统。

汽轮机的调节系统是用油压来传递信号及推动各错油阀、油动机、开关调节汽阀和主汽阀的。汽轮机的调节系统应当保证调整迅速、灵敏，因此要保证一定的调速油压。汽轮机常用的调速油压有0.39～0.49MPa、1.18～1.37MPa、1.77～1.96MPa等几种。一般来说，油压高能使动作灵活，伺服电动机和错油阀结构尺寸缩小；但油压过高，易漏油着火。

随着机组功率和蒸汽参数的不断提高，调节系统的调节汽阀提升力越来越大，因此，提高油动机的油压是解决调节汽阀提升力增大的一个途径。但油压的提高容易造成油的泄漏，普通汽轮机油的燃点低，容易造成火灾。抗燃油的自燃点较高，通常大于700℃。这样，即使它落在炽热高温蒸汽管道表面也不会燃烧起来，抗燃油挥发份低、不传播火焰或着火后很快熄灭，从而大大减小了火灾对电厂的威胁。因此，超高压大功率机组以抗燃油代替普通汽轮机油已成为汽轮机发展的必然趋热。

抗燃油的最大特点是抗燃性，但它也有缺点，如有一定的毒性，价格昂贵，黏温特性差（即温度对黏性的影响大）。因此，一般将调节系统与润滑系统分成两个独立的系统，调节系统用高压抗燃油，润滑系统用普通汽轮机油。

某660MW汽轮机抗燃油系统设备简介见表5-27。

表5-27　某660MW汽轮机抗燃油系统设备简介

序号	名　称	单位	数　值
抗燃油箱			
1	抗燃油系统需用油量	kg	1100
2	抗燃油设计压力	MPa（表压力）	14
3	抗燃油储油量	m^3	1.0
4	抗燃油牌号、油质标准		GLCC 46XC/AKZO、NAS 5
抗燃油主油泵			
5	型式		变量柱塞式
6	出力	kg/h	6600
7	入口压力	MPa（表压力）	0.1
8	出口压力	MPa（表压力）	14
抗燃油主油泵电动机			
9	型式		三相异步电动机
10	容量	kW	45
11	电压	V	380
抗燃油循环泵			
12	型式		齿轮泵
13	数量	台	1
14	出力	kg/h	40L/min
15	压力	MPa（表压力）	5～10
抗燃油循环泵电动机			
16	型式		三相异步电动机

续表

序号	名　　称	单位	数　　值
抗燃油循环泵电动机			
17	容量	kW	1.5
18	电压	V	380
19	转速	r/min	1450

6. 发电机冷却和密封油系统

发电机在运行过程中会发生能量损耗，包括铁芯和绕组的发热、转子转动时气体与转子之间的鼓风摩擦发热，以及励磁损耗、轴承摩擦损耗等。这些损耗最终都将转化为热量，致使发电机发热，因此必须及时将这些热量排离发电机。也就是说，发电机在运行过程中，必须配备良好的冷却系统。

发电机定子绕组、铁芯、转子绕组的冷却方式，可采用水、氢、氢的冷却方式，也可采用水、水、氢的冷却方式，近年来还有采用空气冷却的方式。

最常见的冷却方式为水、氢、氢的冷却方式，即发电机定子绕组用水进行冷却，而发电机的铁芯和转子绕组用氢气进行冷却。

（1）氢冷系统。发电机内的氢气在发电机端部风扇的驱动下，以闭式循环方式在发电机内做强制循环流动，使发电机的铁芯和转子绕组得到冷却。期间，氢气流经位于发电机四角处的氢气冷却器（简称氢冷器），经氢冷器冷却后的氢气又重新进入铁芯和转子绕组做反复循环。氢冷器的冷却水来自循环冷却水系统。

常温下的氢气不活跃，但当氢气与氧气或空气混合后，如果被点燃（如发电机内的闪络），则会发生爆炸，后果不堪设想。因此，要求发电机内的氢气纯度不低于 98%，氧气含量不超过 2%，而且在置换气体时，使用惰性气体或二氧化碳气体进行过渡，也可采用真空置换，以避免氢气与空气直接接触、混合，防止发生爆炸。

氢冷系统的作用：

1）提供对发电机安全充、排氢的措施和设备，用二氧化碳作为中间置换介质。

2）维持发电机内正常运行时所需的气体压力。

3）监测补充氢气的流量。

4）在线监测发电机内气体的压力、纯度及湿度。

5）干燥氢气，排去可能从密封油进入发电机内的水汽。

6）监测漏入发电机内的液体（油或水）。

7）监测发电机内的绝缘部件是否过热。

8）在线监测发电机的局部漏氢。

（2）发电机密封油系统。发电机密封油系统的功能是向发电机密封瓦提供压力略高于氢气压力的密封油，以防止发电机内的氢气从发电机轴瓦处向外泄漏。密封油进入密封瓦后，经密封瓦与发电机轴之间的密封间隙，沿轴向从密封瓦两侧流出，即分为氢气侧回油和空气侧回油，并在该密封间隙处形成密封油流，既起密封作用，又润滑和冷却密封瓦

密封油系统也称为氢气密封油系统，它的作用如下：

1）向密封瓦提供压力油源，防止发电机内压力气体沿转轴逸出。

2）保证密封油压始终高于发电机内气体压力某一个规定值，其压差限定在允许变动的范围之内。

3）通过热交换器冷却密封油，带走因密封瓦与轴之间的相对运动而产生的热量，确保瓦温与油温控制在要求的范围之内。

4）系统一般配有真空净油装置，去除密封油中的气体，防止油中的气体污染发电机中的氢气。

5）通过油过滤器，去除油中杂物，保证密封油的清洁度。

6）密封油路设计有多路备用油源，以确保发电机安全、连续运行。

7）排烟风机排出轴承室和密封油储油箱中可能存在的氢气。

8）系统中配置一系列仪器、仪表，监控密封油系统的运行。

9）密封油系统采用集装式，便于运行操作和维修。

（3）发电机定子冷却水系统。定子绕组冷却水系统也称为定子冷却水系统或定冷水系统。发电机定子绕组采用冷却水直接冷却，这将极大地降低最热点的温度，并可降低可能产生导致热膨胀的相邻部件之间的温差，从而能将各部件所受的机械应力减至最小。定子线棒中通水冷却的导管采用不锈钢或铜制导管，其余回路也采用不锈钢或类似的耐腐蚀材料制成。

定子冷却水系统的主要功能如下：

1）采用冷却水通过定子绕组空心导管，将定子绕组损耗产生的热量带出发电机。

2）用水冷却器带走冷却水从定子绕组吸取的热量。

3）系统中设有过滤器，以除去水中的杂质。

4）系统中设有补水离子交换器，以提高补水的质量。

5）使用监测仪表仪器等设备对冷却水的电导率、流量、压力及温度等进行连续地监控。

6）具有定子绕组反冲洗功能，提高定子绕组冲洗效果。发电机定子冷却水系统主要包括一个定子冷却水箱、两台100%容量的冷却水泵、两台100%容量的水一水冷却器、压力调节阀、温度调节阀和水过滤器等设备和部件，以及连接各设备、部件的阀门、管道等。

5.2 燃煤电站的性能指标

5.2.1 锅炉系统性能指标

1. 出力系数

根据调研机组的容量和全年平均负荷，计算得出2017年典型机组的出力系数见表5-28～表5-30。300MW机组的出力系数为65%～80%，平均70.3%；600MW机组的出力系数为54%～83%，平均70.7%；1000MW机组的出力系数为69%～83%，平均76.7%。

表5-28 300MW等级机组的出力系数

机组编号	U30-1	U30-2	U30-3	U30-4	U30-5	U30-6	U30-7
出力系数（%）	72	73	67	73	72	80	56

表 5-29　　600MW 等级机组的出力系数

机组编号	U60-1	U60-2	U60-3	U60-4	U60-5	U60-6	U60-7	U60-8
出力系数（%）	70	69	83	61	78	72	63	69

表 5-30　　1000MW 等级机组的出力系数

机组编号	U100-1	U100-2	U100-3	U100-4	U100-5	U100-6
出力系数（%）	77	71	69	79	81	83

2. 排烟温度

表 5-31～表 5-33 是调研的典型机组锅炉设计排烟温度和运行排烟温度的数据。300MW 机组的排烟温度为 121℃～137℃，平均 132.5℃；600MW 机组排烟温度为 106～134℃，平均 121.1℃；1000MW 机组排烟温度为 112～127℃，平均 121.4℃。

表 5-31　　300MW 等级机组锅炉排烟温度

机组编号	U30-1	U30-2	U30-3	U30-4	U30-5	U30-6	U30-7
设计排烟温度（℃）	135	135	136	138	130	127.2	125
运行排烟温度（℃）	121	127	135	137	136	136	136

表 5-32　　600MW 等级机组锅炉排烟温度

机组编号	U60-1	U60-2	U60-3	U60-4	U60-5	U60-6	U60-7	U60-8
设计排烟温度（℃）	131	130	123	127	128.9	127	126	127
运行排烟温度（℃）	111	125	134	126	130	111	126	106

表 5-33　　1000MW 等级机组锅炉排烟温度

机组编号	U100-1	U100-2	U100-3	U100-4	U100-5	U100-6
设计排烟温度（℃）	129	127	121	127	120	130
运行排烟温度（℃）	114	112	125	127	127	124

3. 空气预热器漏风率

表 5-34～表 5-36 是调研的典型机组锅炉设计空气预热器漏风率和运行空气预热器漏风率的数据。300MW 机组空气预热器漏风率为 4.3%～10.2%，平均 7.26%；600MW 机组空气预热器漏风率为 3.2%～8.4%，平均 5.27%；1000MW 机组空气预热器漏风率为 3.8%～8.1%，平均 5.28%。

表 5-34　　300MW 等级机组空气预热器漏风率

机组编号	U30-1	U30-2	U30-3	U30-4	U30-5	U30-6	U30-7
设计空气预热器漏风率（%）	7	8	8	10.33	7	8	6.3
运行空气预热器漏风率（%）	5.5	9.3	10.2	9.0	5.0	7.5	4.3

表 5-35　　600MW 等级机组空气预热器漏风率

机组编号	U60-1	U60-2	U60-3	U60-4	U60-5	U60-6	U60-7	U60-8
设计空气预热器漏风率（%）	4.6	6.0	6.0	6.0	5.0	5.6	5.3	6.0
运行空气预热器漏风率（%）	5.0	3.7	4.7	8.4	6.7	5.5	3.2	5.0

表 5-36　　1000MW 等级机组空气预热器漏风率

机组编号	U100-1	U100-2	U100-3	U100-4	U100-5	U100-6
设计空气预热器漏风率（%）	6	6	6	6	5.5	4
运行空气预热器漏风率（%）	8.1	4.7	3.8	4.7	6.5	3.9

4. 飞灰含碳量

表 5-37～表 5-39 是调研的典型机组锅炉飞灰含碳量的测试数据。300MW 机组飞灰含碳量为 0.57%～4.66%，平均 2.37%；600MW 机组飞灰含碳量为 0.6%～2.58%，平均 1.49%；1000MW 机组飞灰含碳量为 0.9%～1.8%，平均 1.27%。

表 5-37　　300MW 等级机组飞灰含碳量

机组编号	U30-1	U30-2	U30-3	U30-4	U30-5	U30-6	U30-7
挥发分含量 V_{daf} （%）	29.23	11.83	26.15	11.83	34.39	32.52	37.66
飞灰含碳量（%）	1.70	4.66	2.84	4.62	0.57	0.87	1.32

表 5-38　　600MW 等级机组飞灰含碳量

机组编号	U60-1	U60-2	U60-3	U60-4	U60-5	U60-6	U60-7	U60-8
挥发分含量 V_{daf} （%）	26.27	29.44	18.07	20.31	26.19	23.45	32.65	23.19
飞灰含碳量（%）	1.73	1.00	2.58	1.15	1.49	1.19	0.60	2.17

表 5-39　　1000MW 等级机组飞灰含碳量

机组编号	U100-1	U100-2	U100-3	U100-4	U100-5	U100-6
挥发分含量 V_{daf} （%）	28.02	25.89	29.44	35.42	28.41	24.24
飞灰含碳量（%）	1.1	1.1	0.9	1.0	1.7	1.8

5. 锅炉效率状况

现役 300MW 及以上机组锅炉的设计效率见表 5-40，燃用无烟煤和贫煤的锅炉效率设计值为 91%～93%，燃用烟煤和褐煤的锅炉效率设计值为 93%～95%。表明我国大型燃煤锅炉的热效率已达到较高的水平，这得益于企业对节能的重视和各种锅炉技术的发展。

表 5-40　　300MW 及以上机组锅炉设计热效率

煤种	过量空气系数	排烟温度（℃）	固体未完全燃烧热损失（%）	锅炉热效率（%）
无烟煤、贫煤	1.2～1.3	120～130	1.0～3.0	91～93

续表

煤种	过量空气系数	排烟温度（℃）	固体未完全燃烧热损失（%）	锅炉热效率（%）
烟煤	1.15～1.2	120～130	0.5～1.0	93～95
褐煤	1.15～1.2	＞130	＜0.5	93～95

2000年以前投产的锅炉设计热效率为91%～93%，有些烧贫煤的锅炉设计值为 90%～91%；2000 年以后投产的锅炉设计热效率为 93.0%～95.0%。2000 年以前投产的锅炉，设计排烟温度为 130℃～140℃，2000 年以后投产的锅炉设计排烟温度基本为 120～130℃。300MW 机组，空气预热器的漏风率设计值大多为 6%～10%，600MW 及以上等级的机组漏风率基本上低于 6%，有的甚至低于 4%。

调研的典型机组的实际运行值：300MW 机组的排烟温度平均 132.5℃；600MW 机组排烟温度平均 121.1℃；1000MW 机组排烟温度平均 121.4℃。300MW 机组飞灰含碳量平均 2.37%；600MW 机组飞灰含碳量平均 1.49%；1000MW 机组飞灰含碳量平均 1.27%，按飞灰含碳量折算的燃尽率均在 99%以上。300MW 机组空气预热器漏风率平均 7.26%；600MW 机组空气预热器漏风率 5.27%；1000MW 机组空气预热器漏风率平均 5.28%。上述运行值均达到或优于设计值，因此锅炉实际热效率也达到设计值。

调研的锅炉损失中，最大的一项是排烟损失，占总损失 80%以上，其次是不完全燃烧损失，占 10%左右。

6. 辅机耗电率

表 5-41～表 5-43 是调研的典型机组锅炉辅机耗电率的统计数据。300MW 机组锅炉主要辅机平均耗电率为 2.75%，其中风机耗电率为 1.81%；600MW 机组锅炉主要辅机平均耗电率为 2.14%，其中风机耗电率为 1.56%；1000MW 机组锅炉主要辅机平均耗电率为 2.04%，其中风机耗电率为 1.38%。

300MW 机组一次风机耗电率为 0.19%～1.14%，平均 0.54%；600MW 机组一次风机耗电率为 0.32%～0.58%，平均 0.44%；1000MW 机组一次风机耗电率为 0.33%～0.53%，平均 0.45%。

300MW 机组送风机耗电率为 0.14%～0.25%，平均 0.19%；600MW 机组送风机耗电率为 0.11%～0.23%，平均 0.16%；1000MW 机组送风机耗电率为 0.18%～0.28%，平均 0.21%。

300MW 机组引风机耗电率为 0.95%～1.35%，平均 1.08%；600MW 机组引风机耗电率为 0.6%～1.27%，平均 0.96%；1000MW 机组引风机耗电率为 0.26%～0.99%，平均 0.72%。

300MW 机组磨煤机耗电率为 0.32%～0.75%，平均 0.56%；600MW 机组磨煤机耗电率为 0.29%～0.46%，平均 0.38%；1000MW 机组磨煤机耗电率为 0.29%～0.40%，平均 0.35%。

300MW 电除尘器耗电率为 0.04%～0.27%，平均 0.14%；600MW 机组电除尘器耗电率为 0.07%～0.35%，平均 0.21%；1000MW 机组电除尘器耗电率为 0.07%～0.29%，平均 0.15%。

300MW 机组除灰系统耗电率为 0.1%～0.36%，平均 0.25%；600MW 机组除灰系统耗电率为 0.07%～0.25%，平均 0.15%；1000MW 机组除灰系统耗电率为 0.03%～0.35%，平均 0.16%。

表 5-41　300MW 等级机组锅炉辅机耗电率　%

机组编号	U30-1	U30-2	U30-3	U30-4	U30-5	U30-6	U30-7
送风机耗电率	0.14	0.24	0.15	0.21	0.15	0.25	0.17
引风机耗电率	1.35	1.27	0.89	1.08	0.95	1.04	0.96
一次风机耗电率	0.43	0.19	0.40	0.39	0.58	0.68	1.14
磨煤机耗电率	0.75	0.65	0.32	0.70	0.42	0.63	0.43
电除尘器耗电率	0.16	0.06	0.05	0.04	0.15	0.25	0.27
除灰系统耗电率	0.29	0.11	0.36	0.36	0.30	0.10	0.22

表 5-42　600MW 等级机组锅炉辅机耗电率　%

机组编号	U60-1	U60-2	U60-3	U60-4	U60-5	U60-6	U60-7	U60-8
送风机耗电率	0.19	0.11	0.14	0.16	0.12	0.18	0.15	0.23
引风机耗电率	1.10	0.60	—	1.02	—	1.27	0.83	—
一次风机耗电率	0.32	0.36	0.36	0.56	0.43	0.53	0.58	0.37
磨煤机耗电率	0.34	0.41	0.29	0.36	0.39	0.42	0.46	0.33
电除尘器耗电率	0.10	0.35	0.07	0.10	0.35	0.19	0.26	0.27
除灰系统耗电率	0.25	0.07	0.14	0.22	0.15	—	0.10	0.13

表 5-43　1000MW 等级机组锅炉辅机耗电率　%

机组编号	U100-1	U100-2	U100-3	U100-4	U100-5	U100-6
送风机耗电率	0.19	0.20	0.20	0.18	0.22	0.28
引风机耗电率	—	0.26	0.76	—	0.99	0.85
一次风机耗电率	0.53	0.53	0.46	0.35	0.50	0.33
磨煤机耗电率	0.40	0.34	0.33	0.29	0.38	0.37
电除尘器耗电率	0.20	0.07	0.18	0.06	0.09	0.29
除灰系统耗电率	0.35	0.10	0.03	0.12	0.21	0.13

5.2.2　汽轮机系统性能指标

1. 机组内效率

图 5-1 所示为选取数十台国内在役 300、600MW 和 1000MW 不同等级燃煤发电机组的高压缸设计效率的分布情况。从图 5-1 可以看出，高压缸效率的范围分布较广，处于 83%～90%之间，在额定工况下，300MW 等级燃煤发电机组的高压缸效率为 83%～88%；600MW 等级燃煤发电机组的高压缸效率为 85%～89%；1000MW 等级燃煤发电机组的高压缸效率

为 88%～90%。

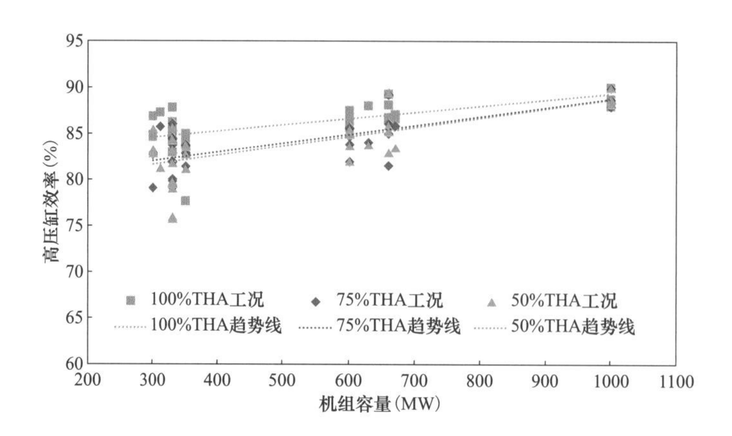

图 5-1　不同等级汽轮机组高压缸效率状况

从图 5-1 可见，随着机组容量的变大（额定负荷的增加），高压缸效率有逐渐增高的趋势。另外，对比不同机组在不同负荷下的高压缸效率可以看出，随着机组从额定负荷下降至 75%额定负荷工况时，高压缸效率有明显的下降。而从 75%额定负荷下降至 50%额定负荷时，高压缸效率则没有明显变化。这主要是由于大部分机组在高负荷区域采用定压运行方式，随着负荷降低，调门逐渐节流，而导致高压缸效率逐渐下降；而在中低负荷区域，则采用滑压运行方式，调门开度保持不变，高压缸效率几乎不受负荷变化影响。因此，对于 1000MW 等级的机组，由于大量采用全周进汽方式，高压缸效率几乎不受负荷的变化影响。

图 5-2 和图 5-3 所示分别为不同等级燃煤发电机组的中压缸效率和低压缸效率的分布情况。从图 5-2 可见，中压缸效率分布相对集中，一般处于 90%～94%之间。中压缸比高压缸效率要明显高很多，且总体上不随机组的大小、负荷率等变化而变化。这主要是因为，中压缸无调门节流，通流部分蒸汽充满度高，且蒸汽都处于干蒸汽区域，运行工况总体稳定。

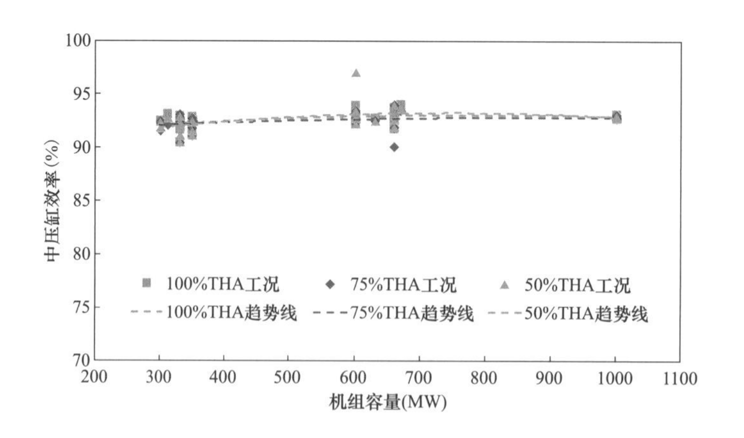

图 5-2　不同等级汽轮机组中压缸效率状况

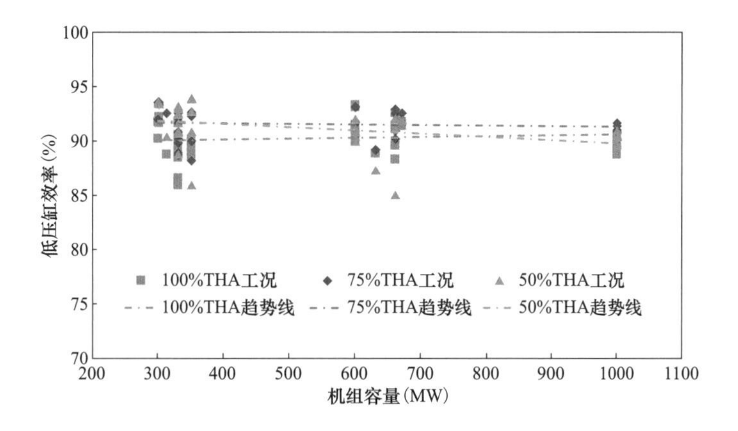

图 5-3 不同等级汽轮机组低压缸效率状况

而从图 5-3 可以看出，300MW 等级机组的低压缸效率相对分散，处于 86%～94%之间；600MW 等级机组的低压缸效率次之，处于 88%～94%之间；而 1000MW 等级机组的低压缸效率相对集中，处于 89%～91%之间。总体来看，随着机组容量的增大，低压缸效率并没有明显的变化趋势。而随着负荷率的降低，低压缸效率则有明显的增加。这是因为，低压缸的末级处于湿蒸汽区域，对低压缸效率的影响最大。随着负荷的降低，进汽压力下降，而进汽温度基本不变，使得机组的排汽干度呈上升趋势，导致低压缸效率在低负荷时呈现明显增加的趋势。

2. 耗水率

表 5-44 所示为 2017 年我国主要燃煤发电机组 2017 年的耗水率统计情况。由表 5-44 可见，湿冷机组的耗水率在 1kg/kWh 左右，且随着机组容量、参数的升高，单位发电量的耗水率呈明显的下降趋势。而空冷机组的耗水量在 0.4kg/kWh 左右，平均为湿冷机组耗水率的 30%～40%。可见，积极发展空冷技术，对于北方干旱地区节水有重大意义。

表 5-44　　600、1000MW 机组耗水率统计

序号	机组类型	机组台数（台）	机组容量（MW）	发电综合耗水率（kg/kWh）
1	1000MW 超超临界湿冷	74	75740	0.72
2	1000MW 超超临界空冷	2	2000	0.34
3	600MW 超超临界湿冷	59	38820	1.08
4	600MW 超临界湿冷	133	91320	1.12
5	600MW 亚临界湿冷	70	43960	1.20
6	600MW 超超临界空冷	7	5280	0.36
7	600MW 超临界空冷	45	29370	0.45
8	600MW 亚临界空冷	44	27000	0.44
9	600MW 俄（东欧）制	6	3820	1.35

表 5-45、表 5-46 所示分别为过去两年五大发电集团部分 600MW 和 1000MW 湿冷机组的耗水率对比情况。从表 5-45 可见，大唐集团、国家电投集团、国家能源集团 600MW 级超超临界湿冷机组 2017 年耗水率小于 2016 年或基本持平，华能集团、华电集团和其他发电集团 600MW 级超超临界湿冷机组 2017 年耗水率较 2016 年微微升高。由表 5-46 可见，各主要发电集团 1000MW 级超超临界湿冷机组 2017 年耗水率比 2016 年略微升高。供水率受运行方式、天气情况等多种因素影响，且统计样本数量总体偏少，波动比较大。总体上，随着各种节水技术的发展，我国燃煤发电机组的耗水率是呈逐渐下降趋势。

从表 5-45、表 5-46 还可以看出，供热机组的耗水率一般情况下都比纯凝机组低。这是因为机组供热后，大幅减少了机组的冷端热负荷。对于采用冷却水塔的湿冷机组，冷却水塔的耗水量是电站水耗的主要组成部分。而冷却水塔的耗水量与其散热负荷成正比例关系。因此，供热机组的耗水率一般情况下都比纯凝机组偏小。

表 5-45　　主要发电集团 600MW 级超超临界湿冷机组耗水率

集团名称	机组台数（台）	耗水率（kg/kWh）	
		2017 年	2016 年
华能集团	14（含 1 台供热）	1.04（1.00）	0.92
大唐集团	12	0.66	0.76
华电集团	6（含 1 台供热）	1.81（1.85）	1.44
国家能源集团	3	0.97	0.97
国家电投集团	10	1.39	1.46
其他发电集团	14	0.92	0.65

表 5-46　　主要发电集团 1000MW 级超超临界湿冷机组耗水率

集团名称	机组台数（台）	耗水率（kg/kWh）	
		2017 年	2016 年
华能集团	14	0.63	0.59
大唐集团	4	0.77	0.76
华电集团	6	0.52	0.48
国家能源集团	24（含供热 4）	0.82（0.71）	0.62（0.61）
国家电投集团	6（含供热 1）	0.99（0.89）	1.09
其他发电集团	21（含供热 2）	0.84（0.78）	0.66（0.62）

3. 油耗

表 5-47 所示为我国主要 600、1000MW 等级燃煤发电机组 2017 的油耗统计情况。从表 5-47 中的数据分析来看，俄制的老 600MW 机组油耗非常高，竟超过超临界湿冷机组的

15倍以上。其次为1000MW等级的空冷机组，但由于其样本量较小，受单个项目边界条件（如煤质等）影响比较大，难以做出一般性的评估。空冷机组总体上要比湿冷机组油耗偏高，这与大部分空冷机组地处三北区域寒冷、大风等地理因素有一定关系。而无论是600MW等级空冷机组，还是600MW等级湿冷机组，超临界机组的油耗都明显低于亚临界和超超临界机组，即随机组参数的升高，油耗呈先降后增的趋势。同时，随着机组容量的进一步增加，1000MW等级超超临界湿冷机组的年单台油耗比600MW等级超超临界湿冷机组的要高，但若按发电量或装机容量折算，则油耗率明显下降。

表5-47　600、1000MW机组油耗统计

序号	机组类型	机组台数（台）	机组容量（MW）	油耗（t/年）	平均油耗[t/（年·台）]
1	1000MW超超临界湿冷	74	75740	130.24	1.76
2	1000MW超超临界空冷	2	2000	13.75	6.88
3	600MW超超临界湿冷	59	38820	88.42	1.50
4	600MW超临界湿冷	133	91320	106.30	0.80
5	600MW亚临界湿冷	70	43960	178.74	2.55
6	600MW超超临界空冷	7	5280	25.51	3.64
7	600MW超临界空冷	45	29370	88.88	1.98
8	600MW亚临界空冷	44	27000	104.77	2.38
9	600MW俄（东欧）制	6	3820	82.62	13.77

表5-48、表5-49分别为我国五大发电集团及其他主要企业近两年内600MW等级和1000MW等级燃煤发电机组的油耗情况。表5-48所示，华能集团、华电集团、大唐集团、600MW级超超临界湿冷机组2017年油耗小于2016年，国家能源集团、国家电投集团和其他发电集团600MW级超超临界湿冷机组2017年油耗较2016年略微升高。由表5-49可见，除了国家电投以外，其他主要发电集团公司的1000MW等级超超临界湿冷机组2017年油耗都比2016年略微升高。

表5-48　主要发电集团600MW级超超临界湿冷机组油耗

集团名称	机组台数（台）	油耗（t/年）	
		2017年	2016年
华能集团	14（含供热1）	44.45（44.80）	87.28
大唐集团	12	68.70	73.01
华电集团	6（含供热1）	23.45（28.71）	36.25
国家能源集团	3	107.33	42.42
国家电投集团	10	81.54	41.81
其他发电集团	14	175.4	161.63

表 5-49　　主要发电集团 1000MW 级超超临界湿冷机组油耗

集团名称	机组台数（台）	油耗（t/年）	
		2017 年	2016 年
华能集团	14	56.09	55.96
大唐集团	4	—	—
华电集团	6	96.21	76.97
国家能源集团	24（含供热 4）	171.62（150.32）	138.27（133.48）
国家电投集团	6（含供热 1）	103.28（100.54）	115.66
其他发电集团	21（含供热 2）	211.95（199.73）	178.28（170.26）

油耗的变化一方面反映我国燃煤发电机组的运行管理水平、负荷率等，另外在很大程度上还反映了发电机组的燃料品质情况。考察最近两年的机组运行情况，负荷率总体稳中有升，而近两年我国燃煤发电机组油耗的总体升高，推测可能受我国电煤总体质量下降影响。

4. 厂用电率

表 5-50 所示为我国主要发电公司 600、1000MW 等级燃煤发电机组 2017 年的厂用电率数据统计情况。从表 5-50 可以看出，当前 1000MW 等级先进超超临界湿冷机组的平均厂用电率已下降至 4%以下，1000MW 等级空冷机组也下降至 6%以下。从表 5-50 中空冷机组和湿冷机组的对比清晰可见，同等条件下空冷机组比湿冷机组的厂用电率一般平均高出 2%左右，这主要是由于空冷机组普遍采用电动给水泵所致。根据 600MW 等级机组的数据来看，无论是空冷机制还是湿冷机组，随着机组参数的逐渐升高，厂用电率有明显的下降趋势。同等冷却类型的机组，超超临界机组的厂用电率一般比亚临界机组的厂用电率低 1.5%～2%。俄制的 600MW 等级超临界湿冷机组厂用电率总体比常规同等类型机组高 1%以上。

表 5-50　　600、1000MW 机组厂用电率统计

序号	机组类型	机组台数（台）	机组容量（MW）	厂用电率（%）
1	1000MW 超超临界湿冷	74	75740	3.90
2	1000MW 超超临界空冷	2	2000	5.88
3	600MW 超超临界湿冷	59	38820	4.15
4	600MW 超临界湿冷	133	91320	4.76
5	600MW 亚临界湿冷	70	43960	5.56
6	600MW 超超临界空冷	7	5280	5.10
7	600MW 超临界空冷	45	29370	6.48
8	600MW 亚临界空冷	44	27000	7.48
9	600MW 俄（东欧）制	6	3820	5.59

表5-51、表5-52分别为国内主要发电企业600、1000MW等级超超临界湿冷机组过去两年的厂用电率统计情况。由表5-51可见，除了华能集团和其他发电集团600MW级超超临界湿冷机组2017年的厂用电率略低于2016年外，大部分600MW级超超临界湿冷机组2017年的厂用电率都略高于2016年。由表5-52可见，大唐集团、华电集团、国家能源集团、其他发电集团2017年1000MW等级超超临界湿冷机组厂用电率低于2016年，呈下降趋势。华能集团、国家电投集团2017年1000MW等级超超临界湿冷机组厂用电率则略高于2016年。但是总体变化幅度都不大。

横向比较来看，华能集团和国家能源集团无论在600MW等级超超临界湿冷机组，还是1000MW等级超超临界湿冷机组，其平均厂用电都明显低于国内其他发电集团的同类型机组。不同集团之间同类型机组的厂用电率差异达0.6%以上。可见，电站设备优化、运行精细化管理等，对于降低电站厂用电率，提高机组效益，有较大的影响。

表5-51　　主要发电集团600MW级超超临界湿冷机组厂用电率

集团名称	机组台数（台）	厂用电率（%）	
		2017年	2016年
华能集团	14（含供热1）	3.78（3.80）	3.88
大唐集团	12	4.33	4.25
华电集团	6（含供热1）	4.35	4.73
国家能源集团	3	3.66	3.58
国家电投集团	10	4.12	4.07
其他发电集团	14	4.39	4.43

表5-52　　主要发电集团1000MW级超超临界湿冷机组厂用电率

集团名称	机组台数（台）	厂用电率（%）	
		2017	2016
华能集团	14	3.46	3.38
大唐集团	4	4.08	4.41
华电集团	6	4.24	4.43
国家能源集团	24（含供热4）	3.84（3.71）	4.07（4.02）
国家电投集团	6（含供热1）	4.16（4.15）	4.10
其他发电集团	21（含供热2）	4.16（4.20）	4.29（4.32）

5.2.3 机组效率状况

1. 热耗率

选取了国内二十余台不同燃煤发电机组的设计数据，分别对其热耗进行统计分析。为了便于直接对比，将不同机组的热耗进行背压修正。其中，湿冷机组的背压统一修正到4.5kPa，而空冷机组的背压则修正统一修正到11kPa。图5-4所示为不同容量等级的湿冷机组在不同负荷率下的热耗率分布情况。从图5-4可以看出，300MW等级湿冷机组额定负荷下的热耗为 7600～7900kJ/kWh，其中热耗为 7600～7700kJ/kWh 的主要为 350MW 超临界机组。600MW 等级机组额定负荷下的热耗为 7450～7800kJ/kWh，其中个别机组热耗接近 7800kJ/kWh 的为 600MW 等级的亚临界机组。1000MW 等级机组在额定负荷下的热耗为 7000～7300kJ/kWh。从图 5-4 可以看出，随着机组负荷的降低，热耗率加速上升。75%额定负荷下湿冷机组的热耗与额定负荷相比平均上升约 130kJ/kWh，而 50%额定负荷下湿冷机组的热耗比 75%额定负荷下的热耗平均上升约 280kJ/kWh。

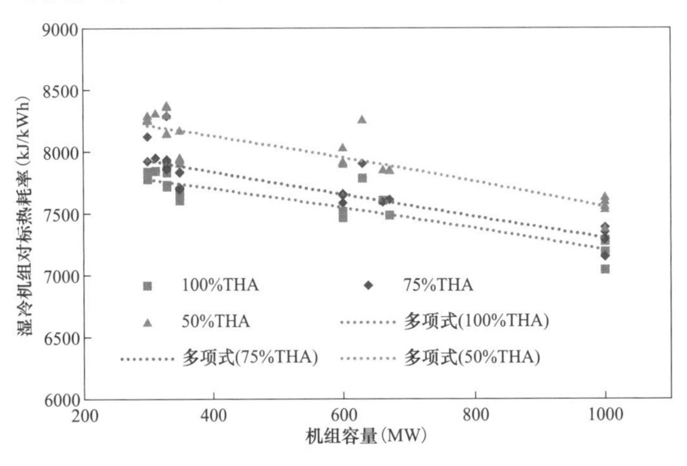

图 5-4　不同湿冷机组的热耗率情况

图 5-5 所示为不同容量等级空冷机组在不同负荷率下的热耗分布情况。从图 5-5 可以看出，300MW 等级空冷机组额定负荷下的热耗率为 8050～8350kJ/kWh，比 300MW 等级湿冷机组平均高 450kJ/kWh。600MW 等级空冷机组额定负荷下的热耗率为 7600～8000kJ/kWh，比 600MW 等级湿冷机组平均高约 200kJ/kWh。从图 5-5 还可以看出，随着负荷率的降低，空冷机组的热耗率也成加速增长的趋势。75%额定负荷下空冷机组的热耗与额定负荷相比平均上升约 150kJ/kWh，而 50%额定负荷下空冷机组的热耗比 75%额定负荷下的热耗平均上升约 350kJ/kWh。可见，负荷率对空冷机组热耗的影响比湿冷机组更大。

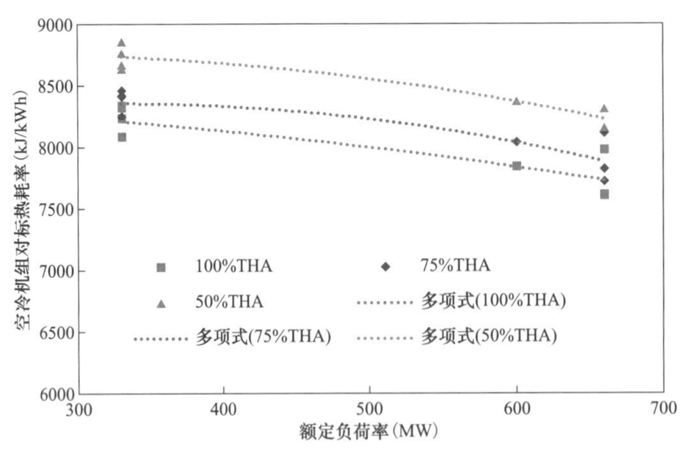

图 5-5　不同空冷机组的热耗率情况

2. 辅机电耗情况

图 5-6 所示为典型中储式 300MW 机组、电动给水泵 300MW 机组、典型 600MW 机组（直吹磨、汽动给水泵）和典型 1000MW 机组的厂用电分布情况。从图 5-6 可见，对于配置电动给水泵的机组，电泵的厂用电率高达 2.5%以上，是全厂电耗最高的辅机。此外，脱硫系统、循环水泵/空冷风机、引风机、一次风机和磨煤机则为电厂的五大主要耗电设备，其厂用电率平均分别约 1%、0.9%、0.9%、0.6%、0.5%。中储式磨煤系统虽然一次风机的厂用电率较低，约 0.3%；但其需单独配备排粉风机，厂用电率约 0.4%；同时磨煤机的厂用电率也比直吹式磨煤机高 0.2%以上；综合来看，中储式制粉系统的厂用电率比直吹式制粉系统平均还要高 0.3%左右。

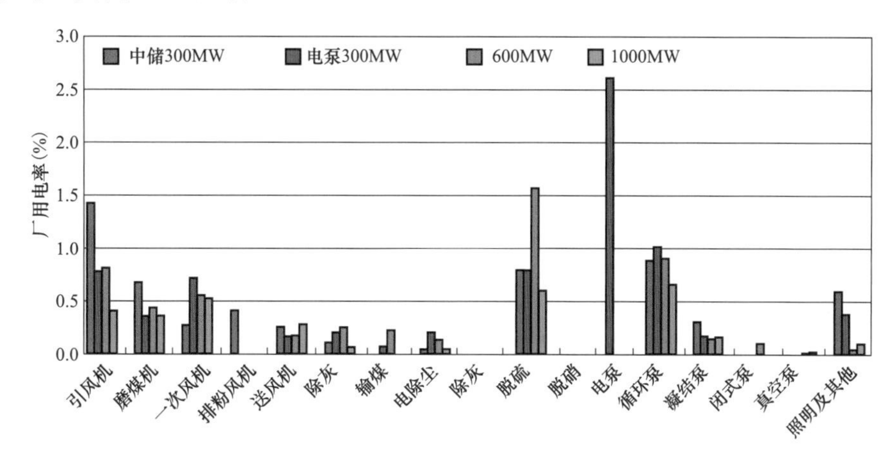

图 5-6　不同机组厂用电率的分布情况

从图 5-6 还可以看出，不同电厂的脱硫系统、引风机等存在明显的差异，其脱硫用电最大差异接近 1%左右。其他不同电厂相同设备的厂用电率也有一定的差异。这些差异除了由于煤质等客观原因引起，其他无论是设备选型的原因，还是运行方式的原因，都说明燃煤发电机组的主要辅机厂用电率存在较大的优化空间。

3. 供电煤耗

2017 年，电力行业积极推进煤电节能升级改造、落后产能淘汰、电能替代等工作，供电煤耗、发电水耗、发电油耗、厂用电率等主要能耗指标较上一年均有所下降。2017 年，全国 6000kW 及以上火电厂平均供电标准煤耗为 309g/kWh，比上年降低了 3g/kWh，煤电机组供电煤耗水平持续处于世界先进水平。全国 6000kW 及以上电厂厂用电率 4.8%，比上年提高了 0.03%左右。随着火电结构的进一步优化和节水技术水平进一步提高，火电厂发电水耗持续下降。2017 年，全国火电厂单位发电量耗水量为 1.25kg/kWh，比上年降低 0.05kg/kWh。2017 年部分火电机组能效指标统计见表 5-53。

表 5-53　　600MW 级（含 1000MW 级）火电机组能效指标

序号	机组类型	机组台数（台）	机组容量（MW）	供电煤耗（g/kWh）
1	1000MW 超超临界湿冷	74	75740	282.39
2	1000MW 超超临界空冷	2	2000	298.43

续表

序号	机组类型	机组台数（台）	机组容量（MW）	供电煤耗（g/kWh）
3	600MW 超超临界湿冷	59	38820	287.72
4	600MW 超临界湿冷	133	91320	301.89
5	600MW 亚临界湿冷	70	43960	313.41
6	600MW 超超临界空冷	7	5280	301.25
7	600MW 超临界空冷	45	29370	315.78
8	600MW 亚临界空冷	44	27000	328.73
9	600MW 俄（东欧）制	6	3820	314.06

由表 5-53 可见，大容量、高参数的火电机组供电煤耗明显较低，且我国国产 600MW 及以上机组供电煤耗已经达到国际先进水平。

2016、2017 年主要发电集团 600MW 超超临界湿冷机组能效指标见表 5-54。

表 5-54　　主要发电集团 600MW 级超超临界湿冷机组能效指标

集团名称	机组台数（台）		供电煤耗（g/kWh）	
			2017 年	2016 年
华能集团	14	纯凝 13	283.83	287.31
		含供热 1	283.58	—
大唐集团	12		288.16	289.42
华电集团	6	纯凝 5	—	287.33
		含供热 1	283.24	—
国家能源集团	3		284.96	285.59
国家电投集团	10		292.46	293.36
其他发电集团	14		290.61	291.76

由表 5-54 可见，各主要发电集团 600MW 级超超临界湿冷机组 2017 年供电煤耗均小于 2016 年，呈下降趋势。

2016、2017 年主要发电集团 1000MW 超超临界湿冷机组能效指标见表 5-55。

表 5-55　　主要发电集团 1000MW 级超超临界湿冷机组能效指标

集团名称	机组台数（台）		供电煤耗（g/kWh）	
			2017	2016
华能集团	14		280.56	281.24
大唐集团	4		280.18	285.28
华电集团	6		278.70	284.68
国家能源集团	24	纯凝 20	285.85	285.78
		含供热 4	283.56	285.42

续表

集团名称	机组台数（台）		供电煤耗（g/kWh）	
			2017	2016
国家电投集团	6	纯凝 5	280.88	285.00
		含供热 1	280.30	—
其他发电集团	21	纯凝 19	285.09	288.24
		含供热 2	284.36	287.52

由表 5-55 可见，各主要发电集团 1000MW 级超超临界湿冷机组 2017 年供电煤耗基本全部小于 2016 年，整体呈下降趋势。

第 6 章　燃煤发电的能效评价方法

6.1　燃煤电站热平衡分析方法

6.1.1　锅炉热平衡计算方法

根据基于热力学第一定律的热平衡方法可知，燃煤发电过程的能量转化基本流程如图 6-1 所示。煤炭的化学能经锅炉燃烧并向工质传递过程中，因锅炉散热、不完全燃烧、灰渣显热、排烟等产生一定的锅炉效率损失。由锅炉产生的过热蒸汽和再热蒸汽，经主/再热蒸汽管道传输至汽轮机的过程，又因管道散热等产生一定的管道损失，但占比较小。

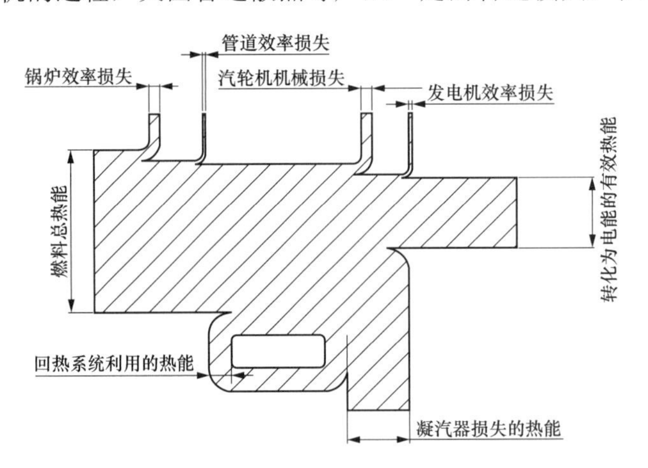

图 6-1　燃煤发电机组能量流转图

进入汽轮机的蒸汽在冲转汽轮机做功过程中又因漏汽（特指向外部漏汽）、动静之间机械摩擦等产生一定的漏汽与摩擦损失，这部分损失与机组状况关系较大，但一般占比非常小，可以忽略不计。汽轮机的排汽经过凝汽器等冷端系统将乏汽还剩余的大量无法利用的汽化潜热散发掉，从而产生大量冷端散热损失，是燃煤电站的主要热损失。汽轮机产生的转动功在通过发电机发电过程中因线圈发热及转子机械损失等产生一定的发电机效率损失。

锅炉的热平衡是指在稳定运行状态下，输入锅炉系统的热量与输出锅炉系统的热量之间的平衡关系。锅炉的热平衡分析方法简便易懂，涉及的概念和机理均被大家所熟知，本文重点介绍锅炉热效率和热损失的计算方法。锅炉的热效率和热损失的计算国内常用的有两个标准，一个是美国机械工程师协会颁布的《电站性能试验规程》（ASME PTC），一个是中国国家质量监督检验检疫总局和国家标准化委员会共同颁布的《电站锅炉性能试验规程》（GB/T 10184—2015）。依据不同的计算标准，计算结果会有一定的差异。以下在进行锅炉热平衡和的锅炉㶲平衡中用到的锅炉热损失和热效率相关计算中统一采用 GB/T

10184—2015中的计算方法。

1. 热平衡方程

表示锅炉热平衡的数学关系式，称为锅炉热平衡方程。以1kg燃料对应的热量为基础，锅炉热平衡方程式用式（6-1）表示

$$Q_{in}=Q_{out}+Q_2+Q_3+Q_4+Q_5+Q_6+Q_{oth} \tag{6-1}$$

式中 Q_{in}——输入锅炉系统热量总和，kJ/kg；

Q_{out}——输出锅炉系统有效热量，kJ/kg；

Q_2——排烟损失的热量，kJ/kg；

Q_3——气体不完全燃烧损失热量，kJ/kg；

Q_4——固体不完全燃烧损失热量，kJ/kg；

Q_5——锅炉散热损失的热量，kJ/kg；

Q_6——灰、渣物理显热损失热量，kJ/kg；

Q_{oth}——其他损失热量，kJ/kg。

2. 锅炉热效率

锅炉热效率是输出锅炉的有效热量占输入锅炉系统总热量的百分数。有两种计算方法，即输入-输出热量法和热损失法，也称正平衡法和反平衡法。

输入-输出热量法计算锅炉热效率见式（6-2），热损失法计算锅炉热效率见式（6-3）。

$$\eta_{B,t}=\frac{Q_{out}}{Q_{in}}\times 100 \tag{6-2}$$

$$\eta_{B,t}=\left(1-\frac{Q_2+Q_3+Q_4+Q_5+Q_6+Q_{oth}}{Q_{in}}\right)\times 100 \tag{6-3}$$

式中 $\eta_{B,t}$——锅炉热效率，%。

3. 锅炉燃料效率

锅炉燃料效率是指输出锅炉的有效热量占输入锅炉燃料发热量的百分数。后面如无特殊说明，锅炉效率均指锅炉燃料效率。采用输入-输出热量法计算锅炉燃料效率见式（6-4），采用热损失法计算锅炉燃料效率见式（6-5）。

$$\eta_{B}=\frac{Q_{out}}{Q_{ar,net}}\times 100 \tag{6-4}$$

$$\eta_{B}=\left(1-\frac{Q_2+Q_3+Q_4+Q_5+Q_6+Q_{oth}-Q_{ex}}{Q_{ar,net}}\right)\times 100 \tag{6-5}$$

式中 η_{B}——锅炉燃料效率，%；

Q_{ex}——输入锅炉系统的外来热量，也就是除入炉燃料发热量以外所有输入的热量，kJ/kg。

4. 输入锅炉的热量

输入锅炉的总热量是指随1kg燃料进入锅炉的热量，燃煤锅炉总热量通常包括：燃料的化学能、燃料的物理显热、进入系统空气携带的热量和系统内辅助设备带入的热量。

燃煤锅炉的输入热量按式（6-6）计算

$$Q_{in}=Q_{ar,net}+Q_{f}+Q_{a}+Q_{aux} \tag{6-6}$$

式中 $Q_{ar,net}$——燃料的收到基低位发热量，kJ/kg；

Q_f——燃料物理显热，kJ/kg；

Q_a——进入系统空气携带的热量，kJ/kg；

Q_{aux}——系统内辅助设备带入的热量，kJ/kg。

（1）燃料的物理显热。燃料煤的物理显热按式（6-7）计算

$$Q_f = c_f(t_f - t_0) \tag{6-7}$$

式中 c_f——燃料的比热，kJ/（kg・K）；

t_f——燃料的温度，℃；

t_0——基准温度，℃。

煤的比热按式（6-8）计算

$$c_f = c_{d,f}\frac{100 - M_{ar}}{100} + 4.1868\frac{M_{ar}}{100} \tag{6-8}$$

式中 $c_{d,f}$——煤的干燥基比热，kJ/（kg・K）；

M_{ar}——煤的收到基水分，%。

煤的干燥基比热按式（6-9）计算

$$c_{d,f} = 0.01[c_{ash}A_d + c_c(100 - A_d)] \tag{6-9}$$

式中 c_{ash}——灰（渣）的比热，kJ/（kg・K）；

c_c——煤中可燃物的比热，kJ/（kg・K）；

A_d——煤的干燥基灰分含量，%。

灰（渣）的比热按式（6-10）计算

$$c_{ash} = 0.71 + 5.02\times10^{-4}t_f \tag{6-10}$$

煤中可燃物的比热按式（6-11）计算

$$c_c = 0.84 + 37.68\times10^{-6}(13 + V_{daf})(130 + t_f) \tag{6-11}$$

式中 V_{daf}——煤的干燥无灰基灰分，%。

（2）进入系统空气携带的热量。进入系统空气携带的热量按式（6-12）计算

$$Q_a = Q_{a,d} + Q_{wv} \tag{6-12}$$

式中 $Q_{a,d}$——干空气带入的热量，kJ/kg；

Q_{wv}——空气中水蒸气带入的热量，%。

干空气带入的热量按式（6-13）计算

$$Q_{a,d} = \alpha_{cr}V_{0,cr}c_{p,a.d}(t_a - t_0) \tag{6-13}$$

式中 α_{cr}——修正过的过量空气系数；

$V_{0,cr}$——修正过的理论干空气量，m^3/kg；

$c_{p,a,d}$——干空气的平均定压比热，kJ/（m^3・K）；

t_a——空气的平均温度，℃。

空气中水蒸气带入的热量按式（6-14）计算

$$Q_{wv}=1.293\alpha_{cr}V_{0,cr}h_{a,ab}c_{p,wv}(t_a-t_0) \tag{6-14}$$

式中 $h_{a,ad}$——空气的绝对湿度，kg/kg；

$c_{p,wv}$——水蒸气的平均定压比热，kJ/（m^3·K）。

（3）系统内辅助设备带入的热量。系统内辅助设备包括磨煤机、烟气再循环风机、热一次风机、炉水循环泵等，系统内辅助设备带入的热量按式（6-15）计算

$$Q_{aux}=\frac{3600}{q_{mf}}\Sigma(P_{aux}\eta_{tr,aux}) \tag{6-15}$$

式中 q_{mf}——锅炉的燃料消耗量，kg/s；

P_{aux}——系统内辅助设备的功率，kW；

$\eta_{tr,aux}$——系统内辅助设备的传动效率，%。

（4）外来热量。输入系统的外来热量按式（6-16）计算

$$Q_{ex}=Q_f+Q_a+Q_{aux} \tag{6-16}$$

5. 输出锅炉的有效热量

输出锅炉的有效热量指水和蒸汽流经各受热面时吸收的热量。空气在空气预热器吸收热量后又回到炉膛，这部分热量属于锅炉内部热量循环，不计入有效利用热。

锅炉有效利用热按（6-17）计算

$$Q_{out}=Q_{st,SH}+Q_{st,RH}+Q_{bd}+Q_{st,aux} \tag{6-17}$$

式中 $Q_{st,SH}$——过热蒸汽带走的热量，kJ/kg；

$Q_{st,RH}$——再热蒸汽带走的热量，kJ/kg；

Q_{bd}——排污水带走的热量，kJ/kg；

$Q_{st,aux}$——辅助蒸汽带走的热量，kJ/kg。

过热蒸气带走的热量按式（6-18）计算

$$Q_{st,SH}=\frac{1}{q_{m,f}}(q_{m,st,SH,lv}H_{st,SH,lv}-q_{m,fw,ECO,en}H_{fw,ECO,en}-\Sigma q_{m,sp,dSH}H_{sp,dSH}) \tag{6-18}$$

式中 $q_{m,st,SH,lv}$——过热蒸汽流量，kg/s；

$q_{m,fw,ECO,en}$——给水流量，kg/s；

$q_{m,sp,dSH}$——过热蒸汽减温水流量，kg/s；

$H_{st,SH,lv}$——过热器出口蒸汽焓，kJ/kg；

$H_{fw,ECO,en}$——省煤器进口给水焓，kJ/kg；

$H_{sp,dSH}$——过热蒸汽减温水焓，kJ/kg。

再热蒸汽带走的热量按式（6-19）计算

$$Q_{st,RH}=\frac{1}{q_{m,f}}(q_{m,st,RH,lv}H_{st,RH,lv}-q_{m,st,RH,en}H_{st,RH,en}-\Sigma q_{m,sp,dRH}H_{sp,dRH}) \tag{6-19}$$

式中 $q_{m,st,RH,lv}$——再热器出口蒸汽流量，kg/s；

$q_{m,st,RH,en}$——再热器入口蒸汽流量，kg/s；

$q_{m,sp,dRH}$——再热蒸汽减温水量，kg/s；

$H_{st,RH,lv}$——再热器出口蒸汽焓，kJ/kg；

$H_{st,RH,en}$——再热器进口蒸汽焓，kJ/kg；

$H_{sp,dRH}$——再热蒸汽减温水焓，kJ/kg。

排污水带走热量按式（6-20）计算

$$Q_{bd}=\frac{q_{m,bd}}{q_{m,f}}(H_{w,sat}-H_{fw,ECO,en}) \tag{6-20}$$

式中 $q_{m,bd}$——排污水量，kg/s；

$H_{w,sat}$——饱和水焓，kJ/kg。

辅助蒸气带走的热量按式（6-21）计算

$$Q_{st,aux}=\frac{q_{m,st,aux}}{q_{m,f}}(H_{st,aux}-H_{fw,ECO,en}) \tag{6-21}$$

式中 $q_{m,st,aux}$——辅助蒸汽流量，kg/s；

$H_{st,aux}$——辅助蒸汽焓，kJ/kg。

6. 排烟损失

排烟损失是由于排烟温度高于环境温度而产生的热损失。排烟损失的热量为离开锅炉系统边界的烟气带走的物理显热，按式（6-22）计算

$$Q_2=Q_{2,fg,d}+Q_{2,wv,fg} \tag{6-22}$$

式中 $Q_{2,fg,d}$——干烟气带走的热量，kJ/kg；

$Q_{2,wv,fg}$——烟气所含水蒸气带走的热量，kJ/kg。

干烟气带走的热量按式（6-23）计算

$$Q_{2,fg,d}=V_{fg,d,AH,lv}c_{p,fg,d}(t_{fg,AH,lv}-t_0) \tag{6-23}$$

式中 $V_{fg,d,AH,lv}$——1kg 煤燃烧生成的空气预热器出口处的干烟气体积，m^3/kg；

$c_{p,fg,d}$——干烟气从 t_0 至 $t_{fg,AH,d}$ 的平均定压比热，kJ/（m^3·K）；

$t_{fg,AH,lv}$——空气预热器出口烟气温度，℃。

烟气中所含水蒸气带走的热量按式（6-24）计算

$$Q_{2,wv}=V_{wv,fg,AH,lv}c_{p,wv}(t_{fg,AH,lv}-t_0) \tag{6-24}$$

式中 $V_{wv,fg,AH,lv}$——空气预热器出口烟气中所含水蒸气的体积，m^3/kg；

$c_{p,wv}$——水蒸气从 t_0 至 $t_{fg,AH,d}$ 的平均定压比热，kJ/（m^3·K）。

排烟热损失 q_2 按式（6-25）计算

$$q_2=\frac{Q_2}{Q_{ar,net}}\times 100 \tag{6-25}$$

7. 气体未完全燃烧损失

造成气体未完全燃烧损失的原因是由于排烟中含有未完全燃烧产物 CO、H_2、CH_4 和 C_mH_n 等可燃气体。

气体未完全燃烧损失热量按式（6-26）计算

$$Q_3=V_{fg,d,AH,lv}(126.36\varphi_{CO,fg,d}+107.98\varphi_{H_2,fg,d}+358.18\varphi_{CH_4,fg,d}+590.79\varphi_{C_mH_n,fg,d}) \tag{6-26}$$

式中 $\varphi_{CO,fg,d}$——干烟气中一氧化碳的体积分数，%；

$\varphi_{H_2,fg,d}$——干烟气中氢气的体积分数，%；

$\varphi_{CH_4,fg,d}$——干烟气中甲烷的体积分数，%；

$\varphi_{C_mH_n,fg,d}$——干烟气中其他碳氢化合物体积分数，%。

气体未完全燃烧损失 q_3 按式（6-27）计算

$$q_3 = \frac{Q_3}{Q_{ar,net}} \times 100 \quad (6\text{-}27)$$

8. 固体未完全燃烧损失

固体未完全燃烧损失是燃料中未燃烧或未燃尽的碳造成的热损失。固体不完全燃烧损失的热量按式（6-28）计算

$$Q_4 = 3.3727 A_{ar} w_{c,rs,m} \quad (6\text{-}28)$$

式中 A_{ar}——煤中收到基灰分，%；

$w_{c,rs,m}$——灰渣平均可燃物的质量分数，%。

灰、渣中平均含碳量按式（6-29）计算

$$w_{c,rs,m} = \frac{w_s w_{c,s}}{100 - w_{c,s}} + \frac{w_{pd} w_{c,pd}}{100 - w_{c,pd}} + \frac{w_{as} w_{c,as}}{100 - w_{c,as}} \quad (6\text{-}29)$$

式中 $w_{c,s}$——炉渣中可燃物的质量分数，%；

$w_{c,pd}$——沉降灰中可燃物的质量分数，%；

$w_{c,as}$——飞灰中可燃物的质量分数，%；

w_s——炉渣占燃料总灰量的质量分数，%；

w_{pd}——沉降灰占燃料总灰量的质量分数，%；

w_{as}——飞灰占燃料总灰量的质量分数。

固体未完全燃烧热损失 q_4 按式（6-30）计算

$$q_4 = \frac{Q_4}{Q_{ar,net}} \times 100 \quad (6\text{-}30)$$

9. 散热损失

锅炉散热损失热量 Q_5 系指锅炉系统边界内炉墙、辅机及管道向四周环境中散失的热量。散热损失大小与锅炉机组的热负荷、外表面温度、风速有关。锅炉散热损失 q_5 可采用以《电站锅炉性能试验规程》（GB/T 10184—2015）中的方法确定：

（1）当全部被测区域表面平均温度符合以下规定时，可取用锅炉设计的散热损失值：

1）环境温度低于 27℃时，保温结构的外表面温度小于或等于 50℃；

2）环境温度超过 27℃时，保温结构的外表面温度小于或等于环境温度与 25℃之和。

（2）根据 GB/T 10184—2015 中附录 I 查取。

（3）按《设备及管道绝热效果的测试与评价》（GB/T 8174—2008）和《设备及管道绝热层表面热损失现场测定热流计法和表面温度法》（GB/T 17357—2008）实际测量。

10. 灰、渣物理显热损失

灰、渣物理损失热量等于炉渣、沉降灰和飞灰排出锅炉设备时所带走的显热，按式

（6-31）计算

$$Q_6=\frac{A_{ar}}{100}\left[\frac{w_s(t_s-t_0)c_s}{100-w_{cs}}+\frac{w_{as}(t_{as}-t_0)c_{as}}{100-w_{c,as}}+\frac{w_{pd}(t_{pd}-t_0)c_{pd}}{100-w_{c,pd}}\right] \tag{6-31}$$

在理论燃烧温度计算时，会用到炉渣带走的显热，炉渣带走的显热按式（6-32）

$$Q_{6,s}=\frac{A_{ar}}{100}\cdot\frac{w_s(t_s-t_0)c_s}{100-w_{cs}} \tag{6-32}$$

式中　c_{as}，c_s，c_{pd} ——分别为飞灰、炉渣、沉降灰的比热，kJ/（kg·K）；

　　t_{as}，t_s，t_{pd} ——分别为飞灰、炉渣、沉降灰的温度，℃。

沉降灰温度、飞灰温度分别取其相应位置处的烟气温度。空冷固态排渣锅炉需实测排渣温度。

当不易直接测量炉渣温度时，火床锅炉排渣温度可取 600℃，水冷固态排渣锅炉可取800℃，液态排渣锅炉可取灰流动温度（FT）再加 100℃，同时冷渣水所带走热量不再计及。

灰渣物理热损失 q_6 按式（6-33）计算

$$q_6=\frac{Q_6}{Q_{ar,net}}\times 100 \tag{6-33}$$

炉渣物理热损失 $q_{6,s}$ 按式（6-34）计算

$$q_{6,s}=\frac{Q_{6,s}}{Q_{ar,net}}\times 100 \tag{6-34}$$

11. 其他热损失

其他热损失包括中速磨煤机排出的石子煤带走的热损失和锅炉边界内内设备冷却水带走的热量。

其他损失热量按式（6-35）计算

$$Q_{oth}=Q_{pr}+Q_{cw} \tag{6-35}$$

式中　Q_{pr}——石子煤带走的热量，kJ/kg；

　　Q_{cw} ——冷却水带走的热量，kJ/kg。

中速磨煤机排出的石子煤的热量按式（6-36）计算

$$Q_{pr}=\frac{q_{m,pr}Q_{net,pr}}{q_{m,f}} \tag{6-36}$$

式中　$q_{m,pr}$——中速磨排出石子煤的质量流量，kg/s；

　　$Q_{net,pr}$——石子煤的低温发热量，kJ/kg。

如果存在进入锅炉边界的冷却水（如循环水泵电动机冷却水等），吸收的热量未被利用，其带走的热量 Q_{cw} 按式（6-37）计算

$$Q_{cw}=\frac{q_{m,cw}}{q_{m,f}}(H_{cw,lv}-H_{cw,en}) \tag{6-37}$$

式中　$q_{m,cw}$——冷却水质量流量，kg/s；

　　$H_{cw,lv}$ ——冷却设备出口冷却水焓，kJ/kg；

　　$H_{cw,en}$ ——冷却设备进口冷却水焓，kJ/kg。

其他热损失 q_{oth} 按式（6-38）计算

$$q_{oth}=\frac{Q_{oth}}{Q_{ar,net}}\times 100 \tag{6-38}$$

6.1.2 汽轮机热平衡

1. 汽轮机的相对内效率

在汽轮机中，由于能量转换存在损失，只有蒸汽的有效比焓降 Δh_i^{mac} 转换成有用功，而有效比焓降 Δh_i^{mac} 小于理想比焓降 Δh_t^{mac}，两者之比称为汽轮机的相对内效率 η_{ri}，表达式为

$$\eta_{ri}=\frac{\Delta h_i^{mac}}{\Delta h_t^{mac}} \tag{6-39}$$

相应的，汽轮机内功率 P_i 为

$$P_i=\frac{D_0 \cdot \Delta h_t^{mac} \cdot \eta_{ri}}{3.6}=G_0 \cdot \Delta h_t^{mac} \cdot \eta_{ri} \tag{6-40}$$

式中 D_0 和 G_0——分别以 t/h 和 kg/s 为单位的汽轮机进汽量。

2. 汽轮机的冷源损失与汽轮机绝对内效率

在汽轮机中，冷源损失包括两部分，即理想情况下（汽轮机无内部损失）汽轮机排汽在凝汽器中的放热量；蒸汽在汽轮机中实际膨胀过程中存在着进汽节流、排汽及内部（包括漏汽、摩擦、湿气等）损失，使蒸汽做功减少而导致的冷源损失。

汽轮机的绝对内效率 η_i 表示汽轮机实际内功率与汽轮机热耗之比（即单位时间所做的实际内功与耗用的热量之比），其表达式为

$$\eta_i=\frac{W_i}{Q_0}=\frac{1-\Delta Q_c}{Q_0}=\frac{W_i}{W_a} \cdot \frac{W_a}{Q_0}=\eta_{ri}\eta_t \tag{6-41}$$

其中

$$\eta_{ri}=\frac{W_i}{W_a}$$

$$\eta_t=\frac{W_a}{Q_0}$$

式中 Q_0——汽轮机汽耗为 G_0 时的热耗，kJ/s；
W_i——汽轮机汽耗为 G_0 时的实际内功率，kJ/s；
W_a——汽轮机汽耗为 G_0 时的理想内功率，kJ/s；
ΔQ_c——汽轮机冷源热损失，kJ /s；
η_t——循环的理想热效率；
η_{ri}——汽轮机的相对内效率。

汽轮机冷源热损失率 ζ_c 表达式为

$$\zeta_c=\frac{\Delta Q_c}{Q_{ar.net}}=\frac{\Delta Q_c}{Q_0} \cdot \frac{Q_0}{Q_B} \cdot \frac{Q_B}{Q_{ar.net}}=\frac{Q_B}{Q_{ar.net}} \cdot \frac{Q_0}{Q_B}\left(1-\frac{W_i}{Q_0}\right)=\eta_B\eta_p(1-\eta_i) \tag{6-42}$$

式中 η_p——管道效率。

式（6-40）是相对新蒸汽 G_0 时的表达式。当新蒸汽为 1kg 时用汽轮机实际比内功和汽

轮机比热耗表示，则汽轮机的绝对内效率表达式为

$$\eta_{\mathrm{i}}=\frac{\omega_{\mathrm{i}}}{q_0}1-\frac{\Delta q_{\mathrm{c}}}{q_0} \tag{6-43}$$

其中

$$\omega_{\mathrm{i}}=\frac{W_{\mathrm{i}}}{D_0},q_0=\frac{Q_0}{D_0},\Delta q_c=\frac{\Delta Q_c}{D_0}$$

另外，η_{i} 表达式常用汽轮机汽水参数来表示上面表达式中的 Q_0、W_{i}、q_0、ω_{i}。η_{i} 表达式不计系统中工质的损失，新蒸汽流量 D_0 与给水流量 D_{fw} 相等。以汽轮机的汽水参数所表示的 Q_0、W_{i}、q_0 及 η_{i} 如下所述。

（1）汽轮机汽耗为 G_0 时的实际内功。汽轮机实际做功 W_{i} 有三种表示法：

1）W_{i} 以实际汽轮机凝汽流和各级回热汽流的内功之和表示，则实际内功为

$$\begin{aligned}W_{\mathrm{i}}&=G_1(h_0-h_1)+G_2(h_0-h_2)+G_3(h_0-h_3+q_{\mathrm{rh}})+\cdots+G_z(h_0-h_z+q_{\mathrm{rh}})\\&\quad+G_{\mathrm{c}}(h_0-h_z+q_{\mathrm{rh}})=\sum_{j=1}^{z}G_j\Delta h_j+D_{\mathrm{c}}\Delta h_{\mathrm{c}}\end{aligned} \tag{6-44}$$

式中 G_{c}——汽轮机凝汽量，kg/s；

q_{rh}——每千克再热蒸汽吸热量，kJ/kg；

Δh_j——抽汽在汽轮机中的实际焓降，再热前其值为 $\Delta h_j=h_0-h_j$，再热后其值为 $\Delta h_j=h_0-h_j+q_{\mathrm{rh}}$，kJ/kg；

Δh_{c}——凝汽在汽轮机中的实际焓降，kJ/kg；

下角 z——汽轮机回热级数。

2）W_{i} 以输入、输出汽轮机的能量之差来表示，则实际内功为

$$W_{\mathrm{i}}=G_0h_0+G_{\mathrm{rh}}h_{\mathrm{rh}}-\sum_{j=1}^{z}G_jh_j-G_{\mathrm{c}}h_{\mathrm{c}} \tag{6-45}$$

其中

$$G_0=G_1+G_2+\cdots+G_z+G_{\mathrm{c}}=\sum_{j=1}^{z}G_j+G_{\mathrm{c}}$$

$$G_{\mathrm{rh}}=G_0-G_1-G_2=\sum_{j=1}^{z}G_j+G_{\mathrm{c}}$$

整理得

$$\begin{aligned}W_{\mathrm{i}}&=G_1(h_0-h_1)+G_2(h_0-h_2)+G_3(h_0-h_3+q_{\mathrm{rh}})+\cdots+G_z(h_0-h_z+q_{\mathrm{rh}})\\&\quad+G_{\mathrm{c}}(h_0-h_{\mathrm{c}}+q_{\mathrm{rh}})=\sum_{j=1}^{z}G_j\Delta h_j+G_{\mathrm{c}}\Delta h_{\mathrm{c}}\end{aligned} \tag{6-46}$$

汽轮机组的实际比内功表达式为

$$\omega_{\mathrm{i}}=\frac{W_{\mathrm{i}}}{G_0}=h_0+\alpha_{\mathrm{rh}}q_{\mathrm{rh}}-\sum_{j=1}^{z}\alpha_jh_j-\alpha_{\mathrm{c}}\Delta h_{\mathrm{c}}=\sum_{j=1}^{z}\alpha_j\Delta h_j+\alpha_{\mathrm{c}}\Delta h_{\mathrm{c}} \tag{6-47}$$

其中

$$\alpha_j=\frac{G_j}{G_0}$$

3）用反平衡法求 ω_{i}，表达式为

$$\omega_{\mathrm{i}} = q_0 - \Delta q_{\mathrm{c}} \tag{6-48}$$

其中

$$\Delta q_{\mathrm{c}} = \alpha_{\mathrm{c}}(h_{\mathrm{c}} - h_{\mathrm{c}}')$$

（2）汽轮机汽耗为 G_0 时机组热耗（循环吸热量）。汽轮机汽耗为 G_0 时机组热耗表达式为

$$Q_0 = G_0 h_0 + G_{\mathrm{rh}} q_{\mathrm{rh}} - G_{\mathrm{fw}} h_{\mathrm{fw}} \tag{6-49}$$

无工质损失时，表达式为

$$G_0 = G_{\mathrm{fw}}, Q_0 = G_0(h_0 - h_{\mathrm{fw}}) + G_{\mathrm{rh}} Q_{\mathrm{rh}} \tag{6-50}$$

1kg 新蒸汽的热耗（比热耗）为

$$q_0 = h_0 + \alpha_{\mathrm{rh}} q_{\mathrm{rh}} - h_{\mathrm{fw}} = (h_0 - h_{\mathrm{fw}}) + \alpha_{\mathrm{rh}} q_{\mathrm{rh}} \tag{6-51}$$

其中

$$h_{\mathrm{fw}} = \alpha_{\mathrm{c}} h_{\mathrm{c}}' + \sum_{j=1}^{z} \alpha_j h_j$$

机组的热耗可写成

$$Q_0 = G_0(h_0 - \alpha_{\mathrm{c}} h_{\mathrm{c}}' - \sum_{j=1}^{z} \alpha_j h_j) + G_{\mathrm{rh}} q_{\mathrm{rh}} = G_0 \sum_{j=1}^{z} \alpha_j \Delta h_j + G_{\mathrm{c}}(h_0 - h_{\mathrm{c}}' + q_{\mathrm{rh}}) \tag{6-52}$$

比热耗 q_0 可写成

$$q_0 = h_0 + \alpha_{\mathrm{rh}} q_{\mathrm{rh}} - h_{\mathrm{fw}} = h_0 + \alpha_{\mathrm{rh}} q_{\mathrm{rh}} - (\alpha_{\mathrm{c}} h_{\mathrm{c}}' - \sum_{j=1}^{z} \alpha_j h_j) = \sum_{j=1}^{z} \alpha_j \Delta h_j + \alpha_{\mathrm{c}}(h_0 - h_{\mathrm{c}}' + q_{\mathrm{rh}}) \tag{6-53}$$

以上各式中 G_0、G_j、G_{c}、G_{fw}——汽轮机新蒸汽、各级抽汽、排汽、锅炉给水的流量，kg/s；

h_0、h_j、h_{c}、h_{fw}、h_{c}'——新蒸汽、抽汽、实际排汽、锅炉给水、凝结水的比焓，kJ/kg；

α_j、α_{rh}、α_{c}——汽轮机进汽为 1kg 时抽汽、再热蒸汽、凝汽的份额；

G_{rh}——再热蒸汽量，kg/s；

q_{rh}——1kg 再热蒸汽的吸热量，kJ/kg；

Δq_{c}——1kg 新蒸汽热功转换时的冷源损失，kJ/kg。

（3）凝汽式汽轮机的绝对内效率。凝汽式汽轮机的绝对内效率表达式为

$$\eta_{\mathrm{i}} = \frac{W_{\mathrm{i}}}{Q_0} = \frac{\sum_1^{z} G_j \Delta h_j + G_{\mathrm{c}} \Delta h_{\mathrm{c}}}{G_0(h_0 - h_{\mathrm{fw}}) + G_{\mathrm{rh}} q_{\mathrm{rh}}} = \frac{\sum_{j=1}^{z} G_j \Delta h_j + G_{\mathrm{c}} \Delta h_{\mathrm{c}}}{\sum_{j=1}^{z} G_j \Delta h_j + G_{\mathrm{c}}(h_0 - h_{\mathrm{c}}' + q_{\mathrm{rh}})} \tag{6-54}$$

用比内功和比热量来表示时，η_{i} 表达式为

$$\eta_{\mathrm{i}} = \frac{\omega_{\mathrm{i}}}{q_0} = \frac{\sum_1^{z} \alpha_j \Delta h_j + \alpha_{\mathrm{c}} \Delta h_{\mathrm{c}}}{h_0 - h_{\mathrm{fw}} + \alpha_{\mathrm{rh}} q_{\mathrm{rh}}} = \frac{\sum_{j=1}^{z} \alpha_j \Delta h_j + \alpha_{\mathrm{c}} \Delta h_{\mathrm{c}}}{\sum_{j=1}^{z} \alpha_j \Delta h_j + \alpha_{\mathrm{c}}(h_0 - h_{\mathrm{c}}' + q_{\mathrm{rh}})} \tag{6-55}$$

若无再热蒸汽，则 $q_{\mathrm{rh}} = 0$，该式即为回热循环汽轮机绝对内效率；若 $q_{\mathrm{rh}} = 0$，$\sum \alpha_j = 0$，

即无回热，那么，该式即为朗肯循环汽轮机的绝对内效率。

现代大型汽轮机组的绝对内效率一般可达到0.45～0.47。

扣去给水泵消耗的功率 W_{pu}（kJ/s），可得汽轮机的净内效率 η_i^n，其表达式为

$$\eta_i^n = \frac{W_i - W_{pu}}{Q_0} \tag{6-56}$$

3．汽轮机的机械损失及机械效率

汽轮机输出给发电机轴端的功率与汽轮机内功率之比称之为机械效率 η_m，其表达式为

$$\eta_m = \frac{P_{ax}}{W_i} = 1 - \frac{\Delta Q_m}{W_i} \tag{6-57}$$

式中 P_{ax} ——发电机的输入功率，kW；

ΔQ_m ——机械损失，kJ/s。

汽轮机机械损失热损失率 ζ_m 为

$$\zeta_m = \frac{\Delta Q_m}{Q_{ar.net}} = \eta_B \eta_p \eta_i (1 - \eta_m) \tag{6-58}$$

汽轮机机械效率反映了汽轮机支持轴承、推力轴承与轴和推力盘之间的机械摩擦耗功，以及拖动主油泵、调速系统耗功量的大小。机械效率一般为0.965～0.990。

4．汽轮发电机组的汽耗量和汽耗率

（1）汽轮发电机组的汽耗量 D_0（t/h）。在汽轮发电机组中，热能转变为电能的热平衡方程式为

$$D_0 \omega_i \eta_m \eta_g = 3.6 P_e \tag{6-59}$$

其中

$$\omega_i = \sum_{j=1}^{z} \alpha_j \Delta h_j + \alpha_c \Delta h_c$$

$$\alpha_c = 1 - \sum_{j=1}^{z} \alpha_j$$

代入式（6-59）得

$$D_0 = \frac{3.6 P_e}{(h_0 - h_c' + q_{rh})(1 - \sum_{j=1}^{z} \alpha_j Y_j) \eta_m \eta_g} = D_{c0} \beta \tag{6-60}$$

$$D_{c0} = \frac{3.6 P_e}{\omega_{ic} \eta_m \eta_g}$$

式中 Y_j ——抽汽做功不足系数 $\Delta h_j / \Delta h_c$，它表示因回热抽汽而做功不足部分占应做功量的份额；

D_{c0} ——纯凝汽循环汽耗量，t/h；

ω_{ic} ——凝汽汽流内功，$\omega_{ic} = h_0 - h_c + q_{rh}$；

β ——回热抽汽做功不足汽耗增加系数，$\beta = 1/(1 - \sum_{j=1}^{z} \alpha_j Y_j)$。

抽汽再热前

$$Y_j = \frac{h_j - h_c + q_{rh}}{h_0 - h_c + q_{rh}}$$

抽汽再热后

$$Y_j = \frac{h_j - h_c}{h_0 - h_c + q_{rh}}$$

（2）汽轮发电机组的汽耗率 d。汽轮发电机组每生产 1kWh 的电能所需要的蒸汽量，称为汽轮发电机组的汽耗率，用符号 d（kg/kWh）表示其表达式为

$$d = \frac{1000D_0}{P_e} = \frac{3600}{\omega_i \eta_m \eta_g} = \frac{3600}{(h_0 - h_c + q_{rh})(1 - \sum_{j=1}^{z} \alpha_j Y_j)} \tag{6-61}$$

5. 汽轮发电机组的热耗量和热耗率

（1）热耗量 Q_0（kJ/s）

轮发电机组的热耗量 Q_0 表达式为

$$Q_0 = \frac{D_0(h_0 - h_{fw}) + D_{rh} q_{rh}}{3.6} \tag{6-62}$$

（2）热耗率 q（kJ/kWh）

轮发电机组的热耗率 q 表达式为

$$q = \frac{3600 Q_0}{P_e} = d[(h_0 - h_{fw}) + \alpha_{rh} q_{rh}] \tag{6-63}$$

根据汽轮发电机组能量平衡

$$Q_0 \eta_i \eta_m \eta_g = W_i \eta_m \eta_g = P_e$$

代入式（6-63）得

$$q = \frac{3600}{\eta_i \eta_m \eta_g} = \frac{3600}{\eta_e} \tag{6-64}$$

式中　q——汽轮发电机组每生产 1kWh 电能所需要的热量，即热耗率；

η_e——汽轮发电机绝对电效率。

热耗率的大小与 η_i、η_m、η_g 有关，在此 η_m、η_g 的数值在 0.93～0.99 范围内，且变化不大，因此热耗率 q 的大小主要取决于 η_i，或者说 η_i 的大小主要决定于 q。所以热耗率 q 反映了发电厂的热经济性，是发电厂重要的热经济性指标之一。

6.2　燃煤电站㶲平衡计算方法

冷端损失虽然数量庞大，但是因为品质低下，难以利用，节能潜力非常有限。节能潜力与能量损失关系并不直接，相反却与损失能量的品质存在莫大的内在联系。为了表征燃煤发电系统中能量的品质，从而挖掘系统节能潜力，早在 18 世纪 70 年代，Gibbs 就基于热力学第二定律提出了㶲的基本思想，并于 19 世纪 50 年代被 Rant 进一步完善形成㶲的概念，即，系统达到与环境平衡过程中可以释放出的最大有用功。朱明善在 19 世纪 80 年

代对㶲的理论进行了系统介绍，随后项新耀又详细讨论了物理㶲、化学㶲和电㶲等㶲的不同形式，并对比分析了㶲的不同计算方法。

基于㶲的概念，国内外诸多学者分别对 210、600、660MW 和 1000MW 燃煤发电机组热力系统的㶲损失进行了系统研究和深入分析，普遍认为燃煤发电过程中的㶲损失主要在锅炉内。为此，也有学者通过对某 410、1900t/h（600MW）的锅炉开展了㶲效率的分析研究，指出了燃烧㶲损失和传热㶲损失是锅炉㶲损失的主要部分。然而，基于对相关研究的总结分析，发现㶲损失也不等价于系统的节能潜力。如燃烧㶲损失几乎不可避免；烟气与汽水之间巨大传热㶲损失，也因钢材的温度限制而难以降低。国内外相关学者提出了如提高蒸汽参数、给水温度、负荷率，降低背压、改变吹风加热方式等一系列方案建议，但都难以根本上大幅提升系统效率。

为此，本节将基于对典型大型燃煤发电系统热损失与㶲损失的对比研究，提出大型燃煤电站能效评价方法。通过对燃煤电站热损失与㶲损失的分布情况的对比分析，确定燃煤电站的理论节能潜力与可实现节能潜力。进而提出当前技术条件下可开发的节能技术方案，并揭示相应的节能效果。

6.2.1 㶲的基本概念

在大气环境 p_0、T_0 条件下，稳定流动物系（物理“㶲”为零）经过化学过程与环境达到组元与浓度的平衡时所能提供的最大可用功称为化学“㶲”。燃料的化学“㶲”的计算通常取 p_0=101.325kPa，T_0=298.15K 的饱和湿空气为环境空气。㶲平衡方法，即在稳定运行时，输入系统的总㶲等于系统输出的有效能量㶲与㶲损失之和。以 1kg 燃料输入为基础，㶲平衡方程见式（6-65）所示

$$E_{x,in} = E_{x,out} + E_{x,loss} \tag{6-65}$$

式中 $E_{x,in}$——输入锅炉系统的㶲量，kJ/kg；

$E_{x,out}$——锅炉的有效利用㶲量，kJ/kg；

$E_{x,loss}$——锅炉损失的总㶲量，kJ/kg。

㶲效率定义为有效利用㶲量占输入系统㶲量的百分数。㶲效率计算有两种方法，即输入-输出㶲量法和㶲损失法，又称正平衡法和反平衡法。正平衡法㶲效率按式（6-66）计算，反平衡法㶲效率按式（6-67）计算

$$\eta_{ex} = \frac{E_{x,out}}{E_{x,in}} \times 100 \tag{6-66}$$

$$\eta_{ex} = \left(1 - \frac{E_{x,loss}}{E_{x,in}}\right) \times 100 \tag{6-67}$$

式中 η_{ex}——锅炉㶲效率，%。

1. 工质的焓㶲

在稳定运行情况下，锅炉及其内部所有换热过程都可看做稳定流动的开口系统。由于进、出锅炉系统的工质流的位差很小、速度不高，因此，工质流的㶲通常指其能量的焓㶲。1kg（或标况下 1m^3）工质的焓㶲按式（6-68）计算

$$e_{x,H} = h - h_0 - T_0(s - s_0) \tag{6-68}$$

式中 $e_{x,H}$——1kg（或标况下 1m^3）工质的焓㶲，kJ/kg（或标况下 kJ/m^3）；

h——某给定状态 1kg（或标况下 1m^3）工质的焓，kJ/kg（或标况下 kJ/m^3）；

h_0——环境状态 1kg（或标况下 1m^3）工质的焓，kJ/kg（或标况下 kJ/m^3）；

s——某给定状态 1kg（或标况下 1m^3）工质的熵，kJ/（kg·K）（或标况下［kJ/（m^3·K）］；

s_0——环境状态 1kg（或标况下 1m^3）工质的熵，kJ/（kg·K）（或标况下［kJ/（m^3·K）］；

T_0——环境热力学温度，K。

对于理想气体，单位体积的熵变按式（6-69）计算

$$s-s_0=c_{p,av}\ln\left(\frac{T}{T_0}\right)-R\ln\left(\frac{p}{p_0}\right) \tag{6-69}$$

式中 $c_{p,av}$——标况下气体温度从 T_0 至 T 的平均定压比热，kJ/（m^3·K）；

T——给定状态气体的热力学温度，K；

p——给定状态气体的压力，kPa；

p_0——环境状态的压力，kPa；

R——标况下 1m^3 气体的气体常数，R=0.371kJ/（m^3·K）。

将式（6-68）代入式（6-69），得

$$e_{x,H}=h-h_0-T_0c_{p,av}\ln\left(\frac{T}{T_0}\right)+RT_0\ln\left(\frac{p}{p_0}\right) \tag{6-70}$$

令

$$e_{x,T}=h-h_0-T_0c_{p,av}\ln\left(\frac{T}{T_0}\right) \tag{6-71}$$

$$e_{x,P}=RT_0\ln\left(\frac{p}{p_0}\right) \tag{6-72}$$

式（6-71）右侧仅与温度有关，将其称为温度㶲，式（6-72）右侧仅与压力有关，将其称为压力㶲。因此，理想气体的焓㶲等于温度㶲与压力㶲之和。在锅炉的计算中，通常都将烟气和空气均按理想气体处理，因此式（6-70）～式（6-72）适用于烟气和空气焓㶲的计算。

对于固体，单位质量的熵变按式（6-73）计算

$$s-s_0=c_{av}\ln\left(\frac{T}{T_0}\right) \tag{6-73}$$

式中 c_{av}——固体温度从 T_0 至 T 的平均比热，kJ/（kg·K）。

将式（6-73）代入式（6-68），得 1kg 固体的焓㶲

$$e_{x,H}=h-h_0-T_0c_{av}\ln\left(\frac{T}{T_0}\right) \tag{6-74}$$

上式适用于飞灰、炉渣、燃料物理显焓㶲的计算。

2. *燃料的化学㶲*

化学㶲是处于环境状态的物质由于与环境之间存在化学势差而具有的最大理论做功

能力的量度。处于环境状态的燃料，尽管与环境处于热力学平衡，但仍然存在化学不平衡，因而可与空气中的氧气进行反应，释放出燃料的化学能。燃料的化学“㶲”等于环境条件下反应的最大可用功与燃烧产物的化学“㶲”之和。如不考虑燃烧产物的化学㶲，则燃料的化学“㶲”等于环境条件下反应的最大可用功。由此可见，燃料的化学“㶲”只取决于燃料和环境空气模型，与在什么样的设备中燃烧是没有关系的。朱明善认为燃料的化学能数量上等于燃料的高位热值，工程上固体燃料的化学㶲近似等于燃料的低位热值加上水（10^5Pa，25℃）的汽化潜热与燃料中水分重量的乘积。考虑到我国在计算锅炉效率时通常采用燃料的低位发热量，因此本文将燃料的化学㶲近似等于燃料的低位热值，按式（6-75）计算

$$E_{x,f,c} = Q_{ar,net} \tag{6-75}$$

式中　$E_{x,f,c}$——燃料的化学㶲，kJ/kg。

3. 电能㶲

由于电能能够全部转变为有用功，因此电能㶲数值上等于电能转换的热量。即，1kWh电能的㶲=3600kJ。

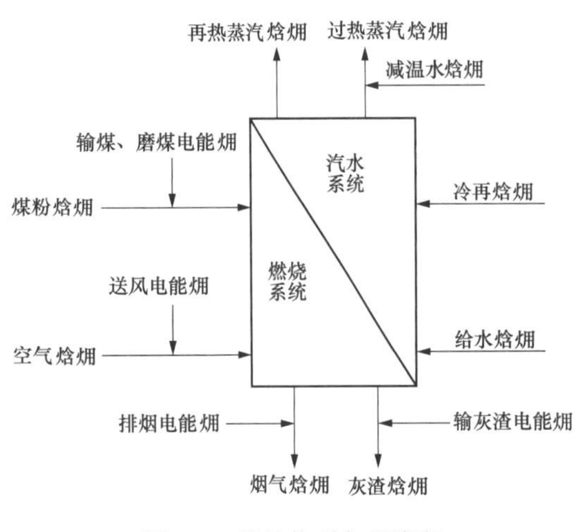

图 6-2　锅炉物质与㶲流程

6.2.2　锅炉㶲平衡计算方法

对于锅炉岛系统的㶲平衡计算应用较少，没有成熟的方法可供借鉴。文本在总结以往研究成果的基础上，改进和完善了锅炉㶲平衡的计算方法。其中输入锅炉岛系统的㶲包括燃料的化学㶲和锅炉厂用电的电能㶲。锅炉通过燃烧将燃料的化学能转变为高温烟气的热量㶲，通过传热将高温烟气的部分焓㶲传给工质，进而转变为蒸气的焓㶲，其物质与㶲流如图 6-2 所示。而辅机运转等输入的厂用电主要是为工质的流动或燃料的破碎提供动力。锅炉输出㶲则主要指通过将给水和冷再热蒸汽分别加热为主蒸汽和再热蒸汽所产生的㶲增量。

1. 输入锅炉㶲量

输入锅炉的总㶲量等于燃料的化学㶲、燃料的物理㶲、空气带入焓㶲和进入锅炉系统的电能㶲之和。按式（6-76）计算

$$E_{x,in} = E_{x,f,c} + e_{x,H,f} + E_{x,a} + E_{x,e} \tag{6-76}$$

式中　$e_{x,H,f}$——1kg 燃料的物理显焓㶲，kJ/kg；

$E_{x,a}$——空气带入的㶲，kJ/kg；

$E_{x,e}$——进入锅炉系统的电能㶲，kJ/kg。

（1）空气带入的㶲。当利用外热源加热空气时，空气带入锅炉的㶲按式（6-77）计算

$$E_{x,a} = E_{x,a,d} + E_{x,wv} \tag{6-77}$$

式中　$E_{x,a,d}$——干空气带入的㶲，kJ/kg；

$E_{x,wv}$——干空气携带水蒸气的㶲，kJ/kg；

将干空气及空气中携带的水蒸气均视为理想气体，干空气带入的㶲按式（6-78）计算

$$E_{x,a,d}=\alpha_{cr}V_{a,d,th,cr}e_{x,H,a,d} \tag{6-78}$$

式中　$e_{x,H,a,d}$——标况下，1m^{3}干空气的焓㶲，kJ/m^3；

$V_{a,d,th,cr}$——修正后的理论空气量，即标况下按实际燃烧的碳替代燃料收到基碳含量计算的理论空气量，m^3/kg；

α_{cr}——修正后的过量空气系数，即，按修正后的理论空气量计算的过量空气系数。

干空气携带水蒸气的焓㶲，按式（6-79）计算

$$E_{x,wv}=1.293\alpha_{cr}V_{a,d,th,cr}h_{a,ab}e_{x,H,wv} \tag{6-79}$$

式中　$e_{x,H,wv}$——标况下，1m^{3}水蒸气的焓㶲，kJ/m^3；

$h_{a,ab}$——空气的绝对湿度，kg/kg。

（2）进入锅炉的电能㶲。进入锅炉的电能除通过磨煤机将煤磨制成煤粉提供破碎动力外，其余均为工质流动提供动力。电能㶲数值上等于电能转换的热量，进入锅炉的电能㶲按式（6-80）计算

$$E_{x,e}=\frac{\Sigma P_i}{q_{mf}} \tag{6-80}$$

式中　ΣP_i——输入给煤机、磨煤机、一次风机、送风机、引风机等设备驱动电动机功率之和，kW；

q_{mf}——锅炉燃料消耗量，kg/s。

2. 锅炉输出㶲量

（1）过热蒸汽带走的㶲量。过热蒸汽带走的㶲量等于对应1kg燃料的过热蒸汽焓㶲减去给水的焓㶲和减温水的焓㶲，按式（6-81）计算

$$E_{x,st,SH}=\frac{1}{q_{m,f}}(q_{m,st,SH,lv}e_{x,st,SH,lv}-q_{m,fw}e_{x,fw}-\Sigma q_{m,sp,dSH}e_{x,sp,dSH}) \tag{6-81}$$

式中　$E_{x,st,SH}$——过热蒸汽带走的㶲量，kJ/kg；

$e_{x,st,SH,lv}$——过热器出口蒸汽的焓㶲，kJ/kg；

$e_{x,fw}$——给水的焓㶲，kJ/kg；

$e_{x,sp,dSH}$——过热蒸汽减温水的焓㶲，kJ/kg；

$q_{m,st,SH,lv}$——过热器出口蒸汽的流量，kg/s；

$q_{m,fw}$——给水流量，kg/s；

$q_{m,sp,dSH}$——过热蒸汽减温水流量，kg/s。

（2）再热蒸汽带走的㶲量。再热蒸汽带走的㶲量等于对应1kg燃料的再热器出口蒸汽的焓㶲减去入口的焓㶲和减温水的焓㶲，按式（6-82）计算

$$E_{x,st,RH}=\frac{1}{q_{m,f}}(q_{m,st,RH,lv}e_{x,st,RH,lv}-q_{m,st,RH,en}e_{x,st,RH,en}-\Sigma q_{m,sp,dRH}e_{x,sp,dRH}) \tag{6-82}$$

式中　$E_{x,st,RH}$——再热蒸汽带走的㶲量，kJ/kg；

$e_{x,st,RH,lv}$——再热器出口蒸汽的焓㶲，kJ/kg；

$e_{x,st,RH,en}$ ——再热器进口蒸汽的焓㶲，kJ/kg；

$e_{x,sp,dRH}$ ——再热蒸汽减温水的焓㶲，kJ/kg；

$q_{m,st,RH,lv}$ ——再热器出口蒸汽的流量，kg/s；

$q_{m,st,RH,en}$ ——再热器进口蒸汽的流量，kg/s；

$q_{m,sp,dRH}$ ——再热蒸汽减温水的流量，kg/s。

（3）排污水带走的㶲量。排污水带走的㶲量等于对应1kg燃料的排污水的焓㶲减去补给水的焓㶲，按式（6-83）计算

$$E_{x,bd}=\frac{q_{m,bd}}{q_{m,f}}(e_{x,w,bd}-e_{x,c,c}) \tag{6-83}$$

式中　$E_{x,bd}$ ——排污水带走的㶲量，kJ/kg；

$e_{x,w,bd}$ ——排污水的焓㶲，kJ/kg；

$q_{m,bd}$ ——排污水的质量流量，kg/s；

$e_{x,c,c}$ ——凝汽器补水焓㶲，kJ/kg。

锅炉输出㶲量等于过热蒸汽带走的㶲量、再热蒸汽带走的㶲量和排污水带走的㶲量三者之和。锅炉的输出㶲量按式（6-84）计算

$$E_{x,out}=E_{x,st,SH}+E_{x,st,RH}+E_{x,bd} \tag{6-84}$$

锅炉岛系统的㶲损失包括：燃烧㶲损失、不完全燃烧㶲损失、传热㶲损失、锅炉散热㶲损失、灰渣物理㶲损失、排烟㶲损失和辅机厂用电㶲损失等，如图6-3所示。其中传热㶲损失包括烟气通过受热面与工质之间的传热㶲损失和烟气通过空气预热器与空气之间的传热㶲损失，前者称为锅炉传热㶲损失，后者称为空气预热器传热㶲损失。锅炉辅机消耗的厂用电产生的㶲损失主要包括风烟系统的流动损失、输煤、磨煤、辅机效率等㶲损失。其中流动损失如风机等将厂用电转化为风烟系统流动㶲的部分先输入锅炉系统，然后又经过锅炉烟道、受热面等流动过程被消耗掉。

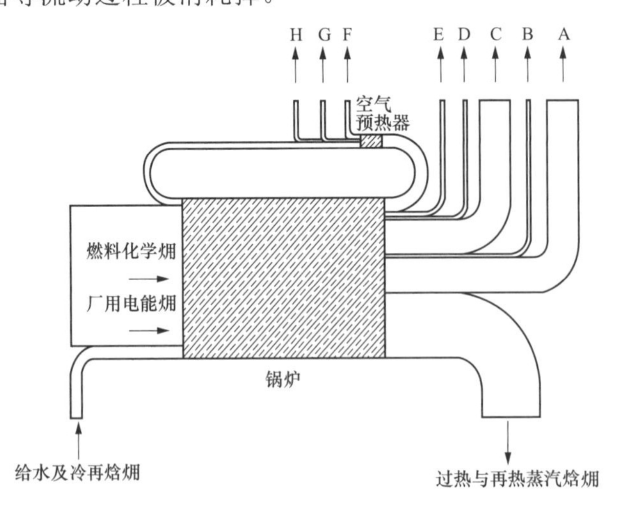

图6-3　锅炉㶲流图

A—燃烧㶲损失；B—不完全燃烧㶲损失；C—锅炉传热㶲损失；D—锅炉流动及散热㶲损失；

E—灰渣物理㶲损失；F—空气预热器传热㶲损失；G—排烟㶲损失；H—锅炉辅机厂用电㶲损失

而因辅机效率损失和磨煤、输煤等过程消耗的电㶲大部分转化成热能散失到环境中，仅有一小部分能量被工质吸收，使工质温度升高，㶲值有所提高。由于厂用电㶲转化为有效内能，进而转化为工质焓㶲的㶲值很小，例如空气经过风机时温度升高3～6℃，空气的焓㶲增加量仅占燃料化学㶲的$1/10^5$～$2/10^5$，本文在计算过程中将厂用电㶲转化利用的焓㶲忽略。因此，可以认为锅炉岛系统厂用电消耗的电㶲在锅炉系统中全部在风烟系统流动、原煤输送、磨煤等过程中消耗掉，因而，在图6-3的锅炉㶲流图中仅统一列出，没有逐个表征。锅炉岛系统的㶲损失如式（6-85）所示

$$E_{x,B,loss}=E_{x,l,fc}+E_{x,l,bht}+E_{x,l,ap,ht}+E_{x,l,fg}+E_{x,l,as}+E_{x,l,he}+E_{x,l,oth} \tag{6-85}$$

式中 $E_{x,l,fc}$——燃烧损失㶲量及不完全燃烧损失㶲量，kJ/kg；

$E_{x,l,bht}$——锅炉传热损失㶲量，kJ/kg；

$E_{x,l,ap,ht}$——空气预热器传热损失㶲量，kJ/kg；

$E_{x,l,fg}$——排烟损失㶲量，kJ/kg；

$E_{x,l,as}$——排灰、渣损失㶲量，kJ/kg；

$E_{x,l,as}$——流动及散热损失㶲量，kJ/kg；

$E_{x,l,oth}$——其他损失㶲量，主要指锅炉厂用电损失㶲量，kJ/kg。

3. 燃烧过程㶲损失

燃烧过程㶲损失是由于过程中的不可逆因素造成的㶲损失。燃料的燃烧过程分为三个阶段：燃烧前的准备阶段、燃烧反应阶段和生成高温烟气阶段。每个阶段都存在不可逆因素而产生㶲损失。

在燃烧前准备阶段，燃料和助燃空气进入燃烧系统，吸收周围高温烟气的热量，使燃料和助燃空气温度升高，直至着火燃烧。这一阶段由于高温烟气向燃料和空气混合物的不等温传热引起㶲损失。

在燃烧反应阶段，燃料中的可燃物与助燃空气中的氧进行燃烧反应，释放出热量，将燃料的化学㶲转变为热量㶲。该阶段㶲损失包括两部分：一是不完全燃烧产生的㶲损失，二是燃烧反应本身的不可逆产生的㶲损失。

在生成高温烟气阶段，燃烧反应产生的热量一部分加热后期进入的燃料和助燃空气，使其达到着火温度；一部分被布置在炉膛内的受热面吸收，传给受热面内的工质；剩余热量加热燃烧产物（助燃空气中未参加反应部分和反应生成物），使之成为高温烟气。这一阶段存在燃料、空气、烟气等热交换而产生的燃烧㶲损失，和因不等温传热引起的传热㶲损失。

此外，在燃烧过程中，还存在物质的扩散、混合等不可逆过程，也会引起㶲损失，这部分损失归结到流动㶲损失中。

上述分析表明，燃烧过程存在着多种㶲损失。由于燃烧过程复杂，且中间转换过程参数难以确定，逐一计算每种㶲损失非常困难。在稳定燃烧的情况下，根据能量平衡，燃料在燃烧前准备阶段中从周围烟气吸收的热量应等于其燃烧后加热后续进入的燃料和助燃空气的热量。对于特定燃烧单元的燃烧过程而言，由于两部分热量相等，可以理解为自身在燃烧阶段升温所需的热量由燃烧后产生的热量供应。因此，可以认为燃烧反应释放的全部

热量除传给炉膛内的受热面外，其余全部用来加热过量空气和燃烧产物。

炉内燃烧过程和传热过程实际上是同时耦合进行的，这给燃烧过程与传热过程㶲损失的单独计算带来了困难。由于难以确定燃烧过程中的实际温度，为便于计算，假想燃料和空气进入炉膛后，首先在绝热的条件下完成燃烧，燃烧释放的全部热量都用于加热燃烧产物，使其达到理论燃烧温度。然后该燃烧产物再向炉内受热面和过量空气传热，恢复到实际状况。这样，燃料的燃烧过程和炉内的传热过程就分开了。把燃烧产物向炉内受热面和过量空气传热过程产生的㶲损失归结到传热㶲损失中。则燃烧过程的㶲传递就是进入炉膛的燃烧反应物的㶲转变为燃烧产物（高温烟气）的㶲。两者之差就是燃烧过程损失的㶲。

然而，由于实际燃烧温度不可能达到理想燃烧温度，因此实际上的燃烧损失要比计算值大。而实际传热温差为实际烟气温度与工质温度的差别，比理想燃烧温度与工质温度的差要小，因此，实际的传热损失要比计算值小。

根据前面的分析，燃烧过程的㶲损失等于燃烧反应物的㶲减去燃烧产物的㶲。当无外热源加热燃料时，燃烧过程损失的㶲量按式（6-86）计算

$$E_{x,l,fc} = E_{x,f,ch} + E_{x,a} - E_{x,cp} \tag{6-86}$$

式中 $E_{x,cp}$——燃烧产物的焓㶲，kJ/kg；

$E_{x,f,ch}$——燃料化学㶲，kJ/kg；

$E_{x,a}$——空气焓㶲，kJ/kg。

将燃烧产物的㶲占燃料化学㶲的百分比称为燃烧㶲效率，用来评价燃烧过程的㶲传递完善程度。燃烧㶲效率按式（6-87）计算

$$\eta_{e,fc} = \frac{E_{x,cp}}{E_{x,f,ch}} \times 100 \tag{6-87}$$

在绝热条件下，进入炉膛的热量全部用来加热燃烧产物时燃烧产物所能达到的温度，称为绝热燃烧温度或理论燃烧温度。

根据热平衡原理，得到理论燃烧温度

$$t_{ac} = \frac{Q_{Fur}}{(Vc)_{cp}} \tag{6-88}$$

式中 t_{ac}——理论燃烧温度，℃；

Q_{Fur}——输入炉膛的有效热量，kJ/kg；

$(Vc)_{cp}$——燃烧产物的平均热容，kJ/（kg·K）。

输入炉膛的有效热量按式（6-89）计算

$$Q_{Fur} = Q_{ar,net} \frac{100 - q_3 - q_4 - q_6}{100} + Q_{air} + i_f + rI_{cir} \tag{6-89}$$

式中 Q_{air}——空气带入炉膛的热量，kJ/kg；

i_f——燃料的物理显热，kJ/kg；

r——烟气再循环的份额；

I_{cir}——再循环烟气的焓，kJ/kg，按烟气抽出点的焓计算。

燃烧产物的㶲等于干烟气的焓㶲、烟气中水蒸气的焓㶲和烟气中飞灰的焓㶲之和，按式（6-90）计算

$$E_{x,cp}=E_{x,fg,d,cp}+E_{x,wv,cp}+E_{x,as,cp} \tag{6-90}$$

式中 $E_{x,fg,d,cp}$——干烟气的焓㶲，kJ/kg；

$E_{x,wv,cp}$——烟气中水蒸气的焓㶲，kJ/kg；

$E_{x,as,cp}$——烟气中飞灰的焓㶲，kJ/kg。

燃烧产物中干烟气的焓㶲按式（6-91）计算

$$E_{x,fg,d,cp}=V_{fg,d,cp}e_{x,H,fg,d,cp} \tag{6-91}$$

式中 $V_{fg,d,cp}$——标况下，干烟气的体积，m^3/kg；

$e_{x,H,fg,d,cp}$——标况下，燃烧产物中 $1m^3$ 干烟气的焓㶲，kJ/m^3。

燃烧产物中水蒸气的焓㶲按式（6-92）计算

$$E_{x,wv.cp}=V_{wv,cp}e_{x,H,wv,cp} \tag{6-92}$$

式中 $V_{wv,cp}$——标况下，燃烧产物中水蒸气的体积，m^3/kg；

$e_{x,H,wv,cp}$——标况下，燃烧产物中 $1Nm^3$ 水蒸气的焓㶲，kJ/m^3。

烟气中飞灰的焓㶲按式（6-93）计算

$$E_{x,cp,as}=m_{as,cp}e_{x,H,cp,as} \tag{6-93}$$

式中 $m_{as,cp}$——燃烧产物中灰分的质量，kg/kg；

$e_{x,H,cp,as}$——燃烧产物中 1kg 灰的焓㶲，kJ/kg。

燃烧过程㶲损失等于燃烧过程损失的㶲量占燃料化学㶲的百分数，按式（6-94）计算

$$e_{x,l,fc}=\frac{E_{x,l,fc}}{E_{x,f,ch}}\times 100 \tag{6-94}$$

式中 $e_{x,l,fc}$——燃烧过程㶲损失，%。

4. 排烟㶲损失

排烟㶲损失是由于烟气直接排入环境产生的㶲损失。排烟损失㶲量等于排烟的焓㶲，按式（6-95）计算

$$E_{x,l,fg}=E_{x,l,fg,d}+E_{x,l,wv,fg} \tag{6-95}$$

式中 $E_{x,l,fg,d}$——干烟气损失㶲量，kJ/kg；

$E_{x,l,wv,fg}$——水蒸气损失用量，kJ/kg。

干烟气损失㶲量等于排烟中干烟气的焓㶲，按式（6-96）计算

$$E_{x,l,fg,d}=V_{fg,ap,lv}e_{x,H,fg,d} \tag{6-96}$$

式中 $V_{fg,ap,lv}$——标况下，空气预热器出口干烟气的体积，m^3/kg；

$e_{x,H,fg,d}$——标况下，空气预热器出口 $1m^3$ 干烟气的焓㶲，kJ/m^3。

水蒸气损失㶲量等于排烟中水蒸气的焓㶲，按式（6-97）计算

$$E_{x,l,wv,fg}=V_{wv,fg,ap,lv}e_{x,H,wv,fg} \tag{6-97}$$

式中 $V_{wv,fg,ap,lv}$ ——标况下，空气预热器出口烟气中水蒸气的体积，m^3/kg；

$e_{x,H,wv,fg}$ ——标况下，空气预热器出口 $1Nm^3$ 水蒸气的焓㶲，kJ/m^3。

排烟㶲损失等于排烟损失㶲量占燃料化学㶲的百分数，按（6-98）计算

$$e_{x,l,fg}=\frac{E_{x,l,fg}}{E_{x,f,ch}}\times 100 \tag{6-98}$$

式中 $e_{x,l,fg}$ ——排烟㶲损失，%。

5. 灰、渣物理㶲损失

灰渣物理损失㶲量等于炉渣、沉降灰和飞灰排出时的显焓㶲，按式（6-99）计算

$$E_{x,l,as}=E_{x,l,s}+E_{x,l,pd}+E_{x,l,fa} \tag{6-99}$$

式中 $E_{x,l,s}$ ——炉渣损失的㶲量，kJ/kg；

$E_{x,l,pd}$ ——沉降灰损失的㶲量，kJ/kg；

$E_{x,l,fa}$ ——飞灰损失的㶲量，kJ/kg。

炉渣损失的㶲量等于炉渣的焓㶲，按式（6-100）计算

$$E_{x,l,s}=\frac{0.01A_{ar}w_s}{100-w_{c,s}}e_{x,H,s} \tag{6-100}$$

式中 w_s ——炉渣占燃料总灰量的质量分数，%；

$w_{c,s}$ ——炉渣中可燃物的质量分数，%；

$e_{x,H,s}$ ——1kg 炉渣的焓㶲，kJ/kg。

沉降灰损失的㶲量等于沉降灰的焓㶲，按式（6-101）计算

$$E_{x,l,pd}=\frac{0.01A_{ar}w_{pd}}{100-w_{c,pd}}e_{x,H,pd} \tag{6-101}$$

式中 w_{pd} ——沉降灰占燃料总灰量的质量分数，%；

$w_{c,pd}$ ——沉降灰中可燃物的质量分数，%；

$e_{x,H,pd}$ ——1kg 沉降灰的焓㶲，kJ/kg。

飞灰损失的㶲量等于飞灰的焓㶲，按式（6-102）计算

$$E_{x,l,fa}=\frac{0.01A_{ar}w_{fa}}{100-w_{c,fa}}e_{x,H,fa} \tag{6-102}$$

式中 w_{fa} ——飞灰占燃料总灰量的质量分数，%；

$w_{c,fa}$ ——飞灰中可燃物的质量分数，%；

$e_{x,H,fa}$ ——1kg 飞灰的焓㶲，kJ/kg。

灰渣物理㶲损失等于灰渣物理损失㶲量占燃料化学㶲的百分数，按（6-103）计算

$$e_{x,l,as}=\frac{E_{x,l,as}}{E_{x,f,ch}}\times 100 \tag{6-103}$$

式中 $e_{x,l,as}$ ——灰、渣物理㶲损失，%。

6. 散热㶲损失

散热损失的㶲量等于散热的热量㶲，按式（6-104）计算

$$E_{x,l,he}=Q_5\left(1-\frac{T_0}{T_{fg,av}}\right) \tag{6-104}$$

式中　$T_{fg,av}$——烟气的平均热力学温度，K。

忽略烟气流动的阻力损失，烟气的平均热力学温度按式（6-105）计算

$$T_{fg,av}=\frac{T_{ac}-T_{fg,AH,lv}}{\ln\dfrac{T_{ac}}{T_{fg,AH,lv}}} \tag{6-105}$$

式中　$T_{fg,AH,lv}$——空气预热器出口烟气的热力学温度，K。

散热㶲损失等于散热损失㶲量占燃料化学㶲的百分数，按式（6-106）计算

$$e_{x,l,he}=\frac{E_{x,l,he}}{E_{x,f,ch}}\times 100 \tag{6-106}$$

式中　$e_{x,l,he}$——散热㶲损失，%。

7. 锅炉传热㶲损失

锅炉传热㶲损失是由于烟气与工质之间的传热温差引起。传热损失㶲量按式（6-107）计算

$$E_{x,l,ht}=E_{x,cp}-E_{x,fg,EC,lv}-E_{x,out}-E_{x,l,he} \tag{6-107}$$

式中　$E_{x,fg,EC,lv}$——省煤器出口烟气的焓㶲，kJ/kg。

工质传热㶲损失等于传热过程损失的㶲量占燃料化学㶲的百分数，按式（6-108）计算

$$e_{x,l,ht}=\frac{E_{x,l,ht}}{E_{x,f,ch}}\times 100 \tag{6-108}$$

8. 空气预热器传热㶲损失

空气预热传热㶲损失是由于烟气加热空气时，由于两者之间的传热温差引起的㶲损失，它属于锅炉内部㶲损失。空气预热器传热损失㶲量按式（6-109）计算

$$E_{x,l,ap,ht}=E_{x,fg,ap,en}-E_{x,fg,ap,lv}-E_{x,a,ap} \tag{6-109}$$

空气从空气预热获得的㶲量等于离开空气预热器的空气焓㶲减去进入空气预热器空气的空焓㶲，按式（6-110）计算

$$E_{x,a,ap}=V_{a,ap,lv}e_{x,H,a,ap,lv}-V_{a,ap,en}e_{x,H,a,ap,en} \tag{6-110}$$

式中　$V_{a,ap,lv}$——标况下，离开空气预热器的干空气的体积，m^3/kg；

$V_{a,ap,en}$——标况下，进入空气预热器的干空气的体积，m^3/kg；

$e_{x,H,a,ap,lv}$——标况下，离开空气预热器 $1m^3$ 湿空气的焓㶲，kJ/m^3；

$e_{x,H,a,ap,en}$——标况下，进入空气预热器 $1m^3$ 湿空气的焓㶲，kJ/m^3。

空气预热器传热㶲损失等于空气预热器传热损失㶲量占燃料化学㶲的百分数，按式（6-111）计算

$$e_{x,l,ap,ht}=\frac{E_{x,l,ap,ht}}{E_{x,f,ch}}\times 100 \tag{6-111}$$

式中　$e_{x,l,ap,ht}$——空气预热器传热㶲损失，%。

6.2.3 汽轮机㶲平衡计算

汽轮机岛系统所涉及的㶲主要包括工质焓㶲和厂用电㶲两部分。其中输入汽轮机岛系统的工质焓㶲为锅炉岛输出的工质焓㶲减去相应的管道㶲损失。输入汽轮机的厂用电㶲主要包括凝结水泵、给水泵（包括给水泵前置泵）、空冷风机、循环水泵等汽轮机辅机设备消耗的厂用电㶲。汽轮机的输出㶲则主要指汽轮机输出的轴功。冷端系统消耗的厂用电㶲只帮助冷端系统完成冷却过程，与汽轮机热力系统的工质没有交叉，因此把这部分厂用电㶲当作就地消耗的辅机厂用电㶲损失。为了方便比较，本文采用的㶲平衡计算，统一以锅炉的燃料输入作为基准。汽轮机岛的㶲损失如式（6-112）所示

$$E_{x,T,loss}=E_{x,l,ie}+E_{x,l,reg}+E_{x,l,ae}+E_{x,l,con}+E_{x,l,lea}+E_{x,l,fpe} \tag{6-112}$$

式中 $E_{x,T,loss}$——汽轮机岛系统损失㶲量，kJ/kg；

$E_{x,l,ie}$——汽轮机相对内效率损失㶲量，kJ/kg；

$E_{x,l,reg}$——回热系统损失㶲量，kJ/kg；

$E_{x,l,ae}$——辅机厂用电损失㶲量，kJ/kg；

$E_{x,l,con}$——冷端损失㶲量，kJ/kg；

$E_{x,l,lea}$——漏汽及散热损失㶲量，kJ/kg；

$E_{x,l,fpe}$——汽动给水泵组㶲损失，kJ/kg。

1．汽轮机和回热加热器组的㶲分析计算

汽轮机相对内效率㶲损失是1kg燃料对应的工质进入与流出的㶲差，产品为对外输出的机械功。汽轮机㶲损失

$$E_{x,l,ie}=(G_0e_0-\sum_{j=1}^{n}G_je_j-W_T-G_ce_c)+G_{rh}(e_{rh,out}-e_{rh,in}) \tag{6-113}$$

式中 G_0——主蒸汽的流量，kg/s；

G_j——各级抽汽流量，kg/s；

G_c——低压缸排汽量，kg/s；

e_0——进入汽轮机的主蒸汽比㶲，kg/s；

e_j——各级抽汽比㶲，kJ/kg；

e_c——低压缸排汽比㶲，kJ/kg；

n——加热器级数。

2．凝汽器㶲损失

$$E_{x,l,con}=G_ce_c+e_{n,dw}\sum_{j=1}^{z}G_j+G_{gsh,dw}e_{gsh,dw}-G_{cw}e_c' \tag{6-114}$$

式中 $G_{gsh,dw}$——轴封加热器疏水质量流量，kg/s；

G_{cw}——凝结水质量流量，kg/s；

$e_{n,dw}$——末级加热器疏水比㶲，kJ/kg；

$e_{gsh,dw}$——轴封加热器疏水比㶲，kJ/kg；

e_c'——凝汽器热井中的凝结水比㶲，kJ/kg；

z ——除氧器抽汽级数。

3. 回热系统㶲损失

$$E_{x,l,reg}=E_{x,l,hh}+E_{x,l,dr}+E_{x,l,lh}$$

高压加热器㶲损失

式中 $E_{x,l,hh}$ ——高压加热器系统损失㶲量，kJ/kg；

$E_{x,l,dr}$ ——除氧器损失㶲量，kJ/kg；

$E_{x,l,lh}$ ——低压加热器系统损失㶲量，kg/kg。

$$E_{x,l,hh}=\sum_{j=1}^{x-1}G_je_j-G_{fw}(e_{fw}-e_{x-1,h,in})-e_{x-1,h,dw}\sum_{j=1}^{x-1}G_j \tag{6-115}$$

式中 x ——除尘器抽汽段数；

$e_{x-1,h,in}$ ——第 x–1 号加热器入口给水比㶲，kJ/kg；

$e_{x-1,h,dw}$ ——x–1 号加热器疏水比㶲，kJ/kg。

除氧器㶲损失

$$E_{x,l,dr}=G_{dr,st}e_{dr,st}+(G_{fw}-\sum_{j=1}^{x}G_j)e_{x+1,h,out}+e_{x-1,h,dw}\sum_{j=1}^{x-1}G_j-G_{fw}e_{dr,out} \tag{6-116}$$

式中 $G_{dr,st}$ ——除氧器加热蒸汽质量流量，kg/s；

$e_{dr,st}$ ——除氧器进口蒸汽比㶲，kJ/kg；

$e_{dr,out}$ ——除氧器出口水比㶲，kJ/kg；

$e_{x+1,h,out}$ ——低压加热器出口水比㶲，kJ/kg。

低压加热器㶲损失

$$E_{x,l,lh}=\sum_{j=x+1}^{n}G_je_j'-G_{cw}(e_{cw}-e_{n,h,in})-e_{n,h,dw}\sum_{j=x+1}^{n}G_j \tag{6-117}$$

式中 e_{cw} ——主凝结水比㶲，即低压加热器最终出口凝水比㶲，kJ/kg；

$e_{n,h,in}$ ——n 号加热器进口比㶲，kJ/kg；

$e_{n,h,dw}$ ——n 号加热器疏水比㶲，kJ/kg。

4. 给水泵与给水泵汽轮机的㶲分析计算

由于低压抽汽的比容大，给水泵汽轮机成本较低，容易制造，效率较高。采用凝汽式给水泵汽轮机对整个蒸汽的做功能力利用较好，热经济性高。

由于给水泵是电厂中耗能最大的辅机，应对给水泵的性能进行较为深入的分析，建立较为客观的数学模型，因此给水泵和给水泵汽轮机的㶲损失不能忽略。

给水泵汽轮机的㶲损失

$$E_{x,1,fpt}=G_{fpt}T_0(S_k-S_{fpt,in}) \tag{6-118}$$

式中 G_{fpt} ——给水泵汽轮机进汽总量，kg/s；

S_k ——给水泵汽轮机排汽熵，kJ/（kg・K）；

$S_{fpt,in}$ ——给水泵汽轮机进汽熵，kJ/（kg・K）。

给水泵㶲损失

$$E_{x,1,fp}=G_{fw}T_0(S_{fp,out}-S_{fp,in}) \tag{6-119}$$

式中 G_{fw}——给水泵中给水的流量，kg/s；

$S_{fp,out}$——给水泵出口水熵，kJ/（kg·K）；

$S_{fp,in}$——给水泵进口水熵，kJ/（kg·K）。

汽动给水泵组的㶲损失

$$E_{1,fpe}=E_{1,fpt}+E_{1,fp}$$

5. 辅机厂用电㶲损失（不包括冷端辅机）

辅机厂用电㶲损失主要包括电动给水泵和凝结水泵等消耗厂用电引起的损失㶲量。

$$E_{x,l,ae}=E_{x,l,efp}+E_{x,l,cp} \tag{6-120}$$

式中 $E_{x,l,efp}$——电动给水泵消耗厂用电引起的损失㶲量，kJ/kg；

$E_{x,l,cp}$——凝结水泵消耗厂用电以前你的损失㶲量，kJ/kg。

电动给水泵㶲损失

$$E_{x,1,efp}=G_{fw}T_0(S_{fp,out}-S_{fp,in}) \tag{6-121}$$

式中 G_{fw}——给水流量，kg/s；

T_0——环境热力学温度，K；

$S_{fp,out}$——给水泵出口给水的比熵，kJ/（kg·K）；

$S_{fp,in}$——给水泵进口给水的比熵，kJ/（kg·K）。

凝结水泵㶲损失

$$E_{x,1,cp}=G_{cw}T_0(S_{cp,out}-S_{cp,in}) \tag{6-122}$$

式中 G_{cw}——凝结水流量，kg/s；

$S_{cp,out}$——凝结水泵出口凝结水的比熵，kJ/（kg·K）；

$S_{fp,in}$——凝结水泵进口凝结水的比熵，kJ/（kg·K）。

6. 冷端损失㶲量

冷端损失㶲量主要指冷端排汽损失的㶲，以及冷端辅机消耗的厂用电㶲。冷端辅机厂用电㶲损失即为消耗的所有厂用电。

冷端排汽损失的㶲

$$E_{x,1,con,ex}=G_{ex}(e_{x,H,ex}-e_{x,H,cw}) \tag{6-123}$$

式中 G_{ex}——低压缸排汽流量，kg/s；

$e_{x,H,ex}$——排汽比㶲，kJ/kg；

$e_{x,H,cw}$——凝结水比㶲，kJ/kg。

第 7 章　燃煤发电的能量转化

7.1　燃煤发电能量损失分布

燃煤发电是将燃料的化学能通过燃烧转变为热能，再将热能转变为机械能，最后将机械能转变为电能。燃煤发电机组按系统结构大体可分为锅炉岛、汽轮机岛和发电机岛等三大部分。其中锅炉岛包括锅炉、锅炉辅机、污染物控制系统等，主要负责将煤炭中的化学能通过燃烧转化为热能，并加热工质，进而提高工质的焓。汽轮机岛包括汽轮机主机、回热系统、冷端系统及汽轮机辅机等，主要负责将工质中的焓通过一定的热力过程转化为机械能。而以发发电机为主体的发电机岛则主要负责将汽轮机传递出的机械能转化为电能，一部分供辅机设备利用，剩余部分则通过变压器送入电网。

对燃煤电站的能量转化过程分析通常可采用基于热力学第一定律的热平衡计算和基于热力学第二定律的㶲平衡计算两种方法。热力学第一定律仅表征能量数量转化情况，不考虑能量品质，即能量的质量，因而难以反映燃煤发电过程中存在化学能、热能、机械能与电能之间的复杂转变情况，更无法直观反映能量的可利用潜力。针对热力学第一定律的不足，热力学第二定律从㶲的角度对能量的品质进行表征，进而可以表征燃煤发电过程中能量的可利用潜力。然而由于基于热力学第一定律的热平衡计算简单易操作，容易被工程人员理解接受，因而广泛应用于燃煤电站的效率计算过程。而基于热力学第二定律的㶲平衡计算过程相对复杂，普通工程人员难以执行，因而主要应用于学术研究过程。

本文同时采用热平衡和㶲平衡两种方法分别对某 300MW 亚临界机组（U1）、600MW 超临界空冷机组（U2）、1000MW 超超临界机组（U3）和 1000MW 超超临界二次再热机组（U4）进行能量转化分析。四台机组的主要参数及燃料分析见表 7-1。

表 7-1　典型机组的主要参数及燃料分析

项目名称	U1	U2	U3	U4
容量等级（MW）	300	600	1000	1000
主蒸汽压力（MPa）	17.28	25.2	27.18	31.14
主蒸汽温度（℃）	541	571	605	605
再热次数（次）	1	1	1	2
燃料收到基灰分（%）	19.77	12.61	9.1	8.8
燃料干燥机挥发分（%）	32.31	32.59	34.08	34.73
燃料低位发热量（kJ/kg）	22440	19250	23470	23440
炉膛出口过量空气系数	1.25	1.2	1.25	1.15
排烟温度（℃）	125.6	124	123	117

7.1.1 燃煤发电热损失分布

基于热平衡方法，对该四台现役燃煤机组的能耗转化过程进行计算，得到其热平衡分布图谱如图 7-1～图 7-4 所示。从图 7-1～图 7-4 可见，通过凝汽器进行冷端排放的热量损失占燃料能量总输入的 45%～51%，是燃煤电站最主要的热量损失。其中，41%～51%的冷端排放损失来自于汽轮机低压缸的排汽经冷端释放；其余不到5%来自于给水泵汽轮机的排汽经冷端释放，还有少量如轴封加热器、低压加热器疏水等经冷端释放的少量热量。

通过锅炉本体损失的热量仅占燃料能量总输入的 6.5%～7.5%，是燃煤电站的重要热量损失。锅炉损失的热量主要包括排烟损失、未完全燃烧损失、散热损失和灰渣物理显热等，分别占燃料能量总输入的 5%～7%、0.5%～1%、0.2%和 0.05%左右。可见，锅炉本体的热损失主要来自于排烟损失。

通过锅炉与汽轮机之间的管道散热的损失占燃料总能量输入的 0.3%～0.8%，相对较小。在发电机将汽轮机输出的轴功转化为电能的发电过程，因发电机线圈损耗等产生的损失占 0.2%～0.4%，也是相对很小的损失。此外，还有电站辅机消耗厂用电因效率损失而直接转化的热量损失，占燃料总能量输入的 1%～2%。其中，锅炉辅机消耗的厂用电直接转化的热损失占 0.3%～0.6%；环保辅机消耗的厂用电直接转化的热损失占 0.3%～0.8%；汽动给水泵机组汽轮机辅机消耗的厂用电直接转化的热损失占 0.2%～0.4%，电动给水泵机组汽轮机辅机消耗的厂用电直接转化的热损失占 0.7%～0.8%。

根据图 7-1～图 7-4 中四台燃煤发电机组的热损失分布情况，将燃煤发电机组的主要热损失整理见表 7-2。

表 7-2　燃煤发电机组的主要热损失

项目名称	U1	U2	U3	U4
排烟损失（%）	5.87	5.80	5.46	5.11
未完全燃烧损失（%）	1.07	1.03	0.82	0.48
灰渣散热损失（%）	0.28	0.26	0.24	0.22
锅炉辅机损失（%）	1.47	1.06	0.68	1.18
管道损失（%）	0.32	0.62	0.46	0.73
冷端总损失（%）	49.67	50.65	47.02	45.72
热力系统总损失（%）	0.39	0.04	0.12	0.03
汽轮机辅机损失（%）	0.34	0.76	0.21	0.35
发电损失（%）	0.40	0.32	0.24	0.22
供电效率（%）	40.19	39.45	44.76	45.95

7.1.2 燃煤发电㶲损失分布

基于㶲平衡方法，对该同样四台现役燃煤机组的能耗转化过程进行计算，得到其㶲平衡分布图谱如图 7-5～图 7-8 所示。从图 7-5～图 7-8 可见，通过锅炉系统损失的㶲（包括锅炉厂用电损失㶲）占燃料化学㶲总输入的 45%～51%，占燃煤电站总㶲损失的 85%

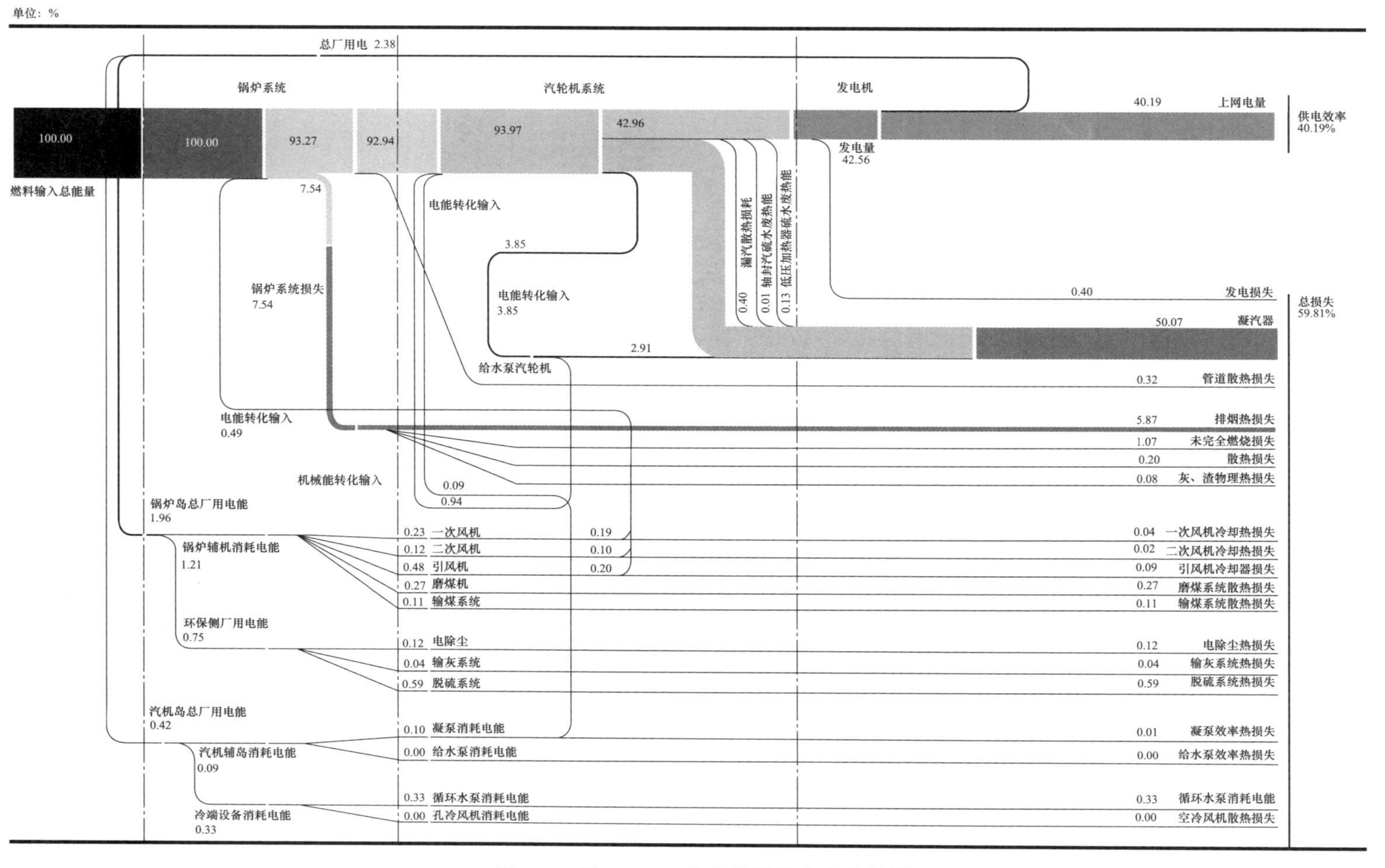

图 7-1 某 300MW 机组热平衡分布桑基图

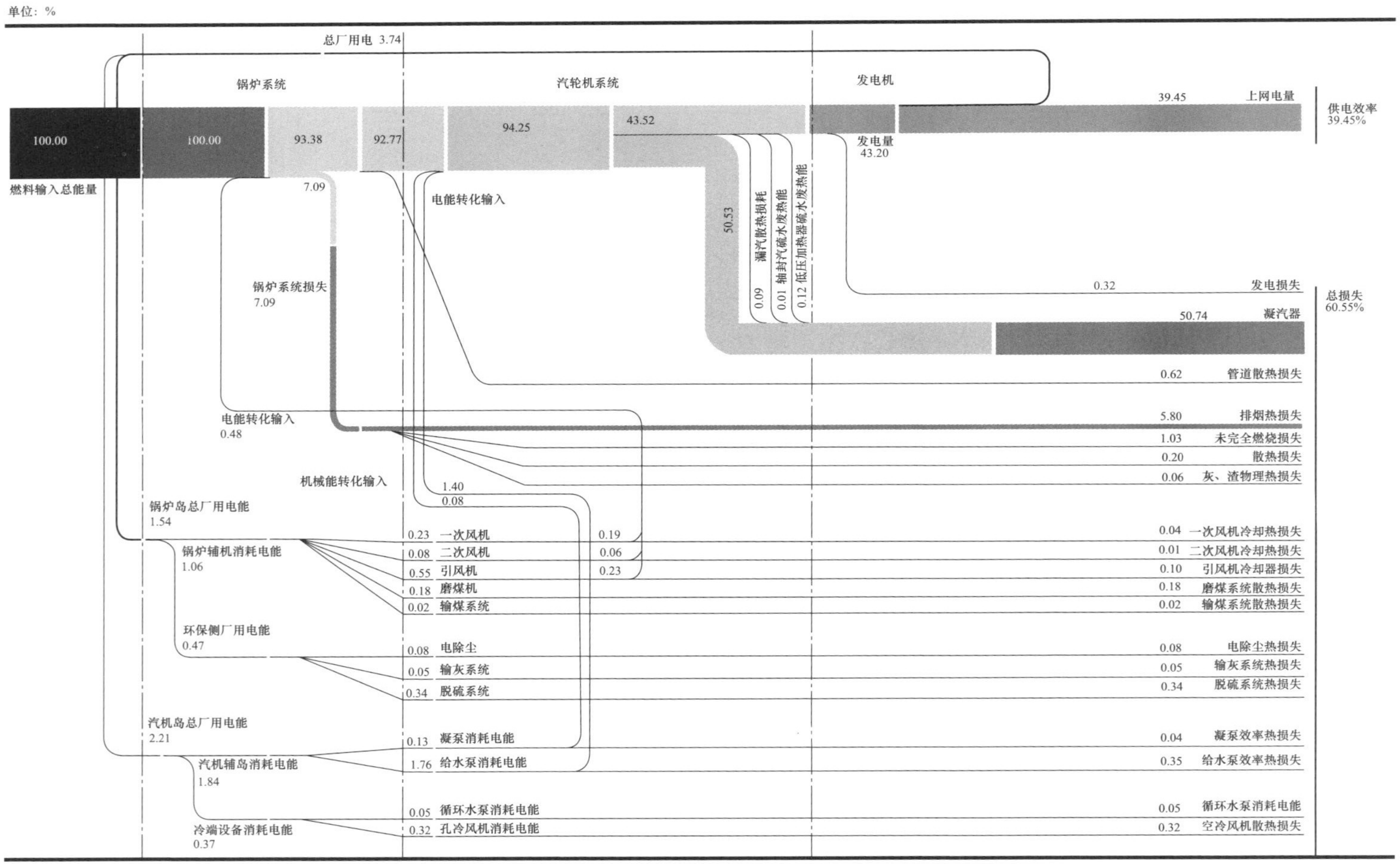

单位：%

总厂用电 3.74

锅炉系统

汽轮机系统

发电机

100.00

燃料输入总能量

100.00

93.38

92.77

94.25

43.52

7.09

电能转化输入

50.53

漏汽散热损耗

轴封汽疏水废热能

低压加热器疏水废热能

0.09

0.01

0.12

发电量
43.20

39.45 上网电量

供电效率
39.45%

0.32 发电损失

50.74 凝汽器

总损失
60.55%

锅炉系统损失
7.09

0.62 管道散热损失

电能转化输入
0.48

5.80 排烟热损失

1.03 未完全燃烧损失

0.20 散热损失

机械能转化输入

0.06 灰、渣物理热损失

1.40

0.08

锅炉岛总厂用电能
1.54

锅炉辅机消耗电能
1.06

0.23 一次风机

0.08 二次风机

0.55 引风机

0.18 磨煤机

0.02 输煤系统

0.19

0.06

0.23

0.04 一次风机冷却热损失

0.01 二次风机冷却热损失

0.10 引风机冷却器损失

0.18 磨煤系统散热损失

0.02 输煤系统散热损失

环保侧厂用电能
0.47

0.08 电除尘

0.05 输灰系统

0.34 脱硫系统

0.08 电除尘热损失

0.05 输灰系统热损失

0.34 脱硫系统热损失

汽机岛总厂用电能
2.21

汽机辅岛消耗电能
1.84

0.13 凝泵消耗电能

1.76 给水泵消耗电能

0.04 凝泵效率热损失

0.35 给水泵效率热损失

冷端设备消耗电能
0.37

0.05 循环水泵消耗电能

0.32 孔冷风机消耗电能

0.05 循环水泵消耗电能

0.32 空冷风机散热损失

图 7-2 某 600MW 机组热平衡分布桑基图

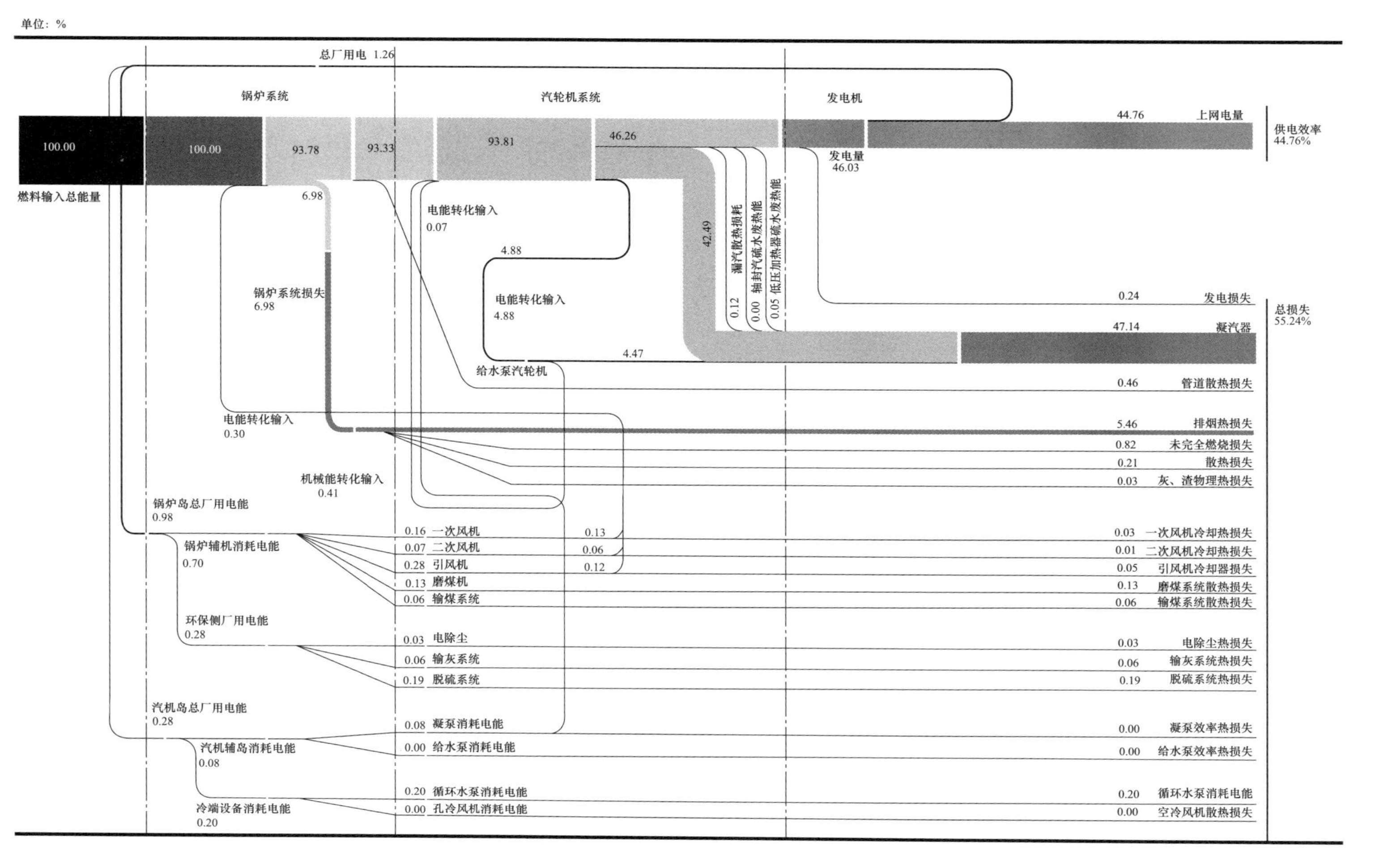

图 7-3　某 1000MW 机组热平衡分布桑基图

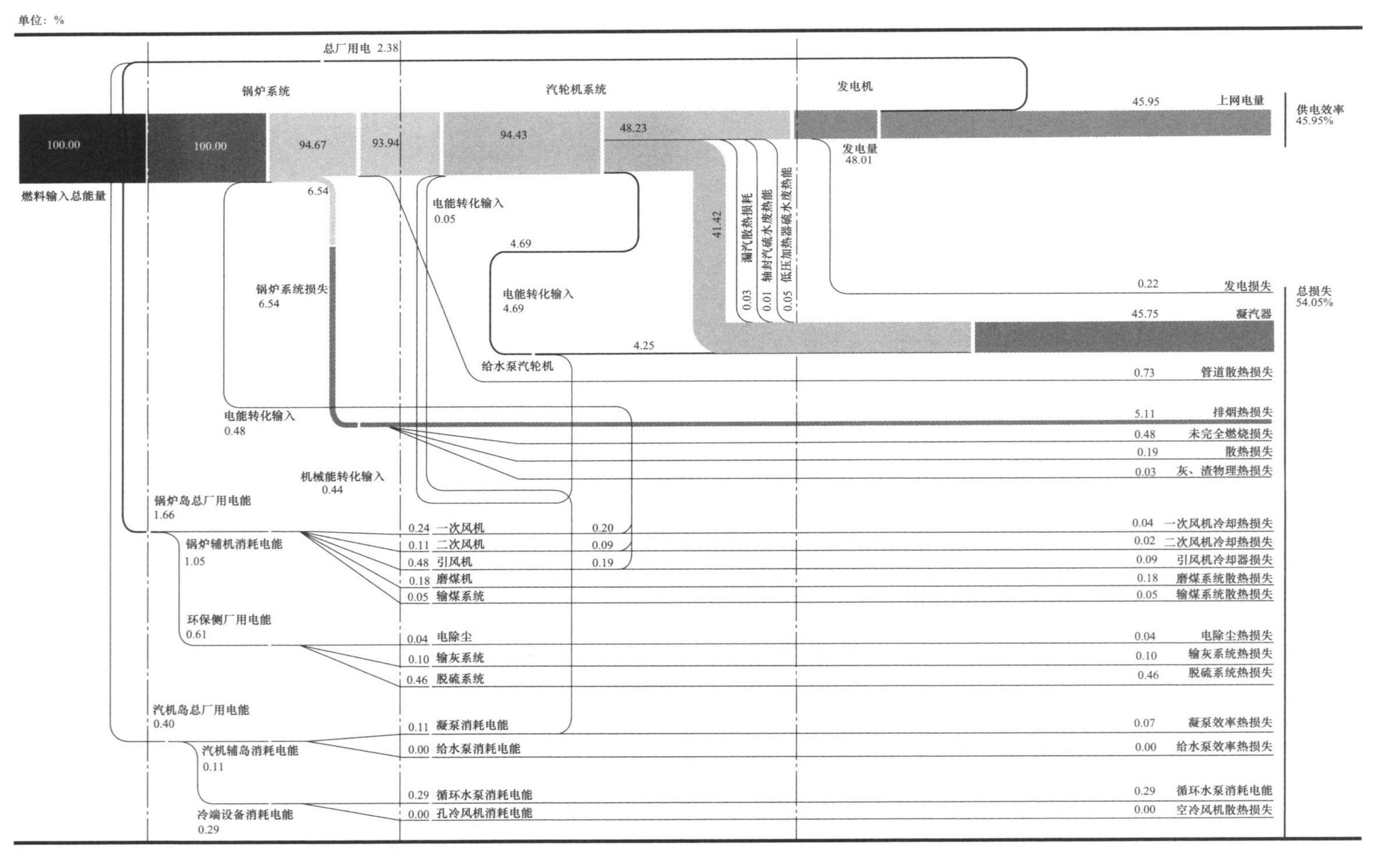

图 7-4　某 1000MW 二次再热机组热平衡分布桑基图

左右（空冷机组占 80%左右）。锅炉岛中最主要的㶲损失包括燃烧㶲损失和锅炉传热㶲损失，分别占燃料化学㶲总输入的 26%～28%和 16%～20%。此外，锅炉㶲损失还包括空气预热器传热㶲损失、风烟流动㶲损失、排烟㶲损失（包括未完全燃烧㶲损失）、散热㶲损失和灰渣物理显热㶲损失等，分别占燃料化学㶲总输入的 1%～1.4%、0.4%～0.7%、0.6%～0.8%、0.15%、0.02%～0.05%。其中，风烟流动㶲损失是指风烟在流动过程中，因克服系统阻力而消耗一定的机械能，进而产生的物理㶲损失。

从上述数据可见，燃烧㶲损失和工质传热㶲损失两项之和，就占锅炉所有㶲损失的 90%左右，是锅炉㶲损失的绝对主体。给水、主蒸汽和再热蒸汽等通过锅炉与汽轮机之间的管道时，因压力损耗和散热等也会产生一定的㶲损失，称为管道㶲损失。从图 7-5～图 7-8 可见，管道㶲损失占燃料化学㶲总输入的 1.36%～1.5%。空气预热器传热㶲损失是锅炉除燃烧和锅炉传热㶲损失之外较大的㶲损失。与辅机㶲损失、管道㶲损失相当。随后才是排烟㶲损失、风烟流动㶲损失、以及散热和灰渣物理显热㶲损失等。排烟㶲损失在锅炉㶲损失中占据相对较小的地位，仅与风烟流动㶲损失等处于同样一个量级。

当主蒸汽和再热蒸汽进入汽轮机后，在汽轮机本体内做功过程中会因效率损耗而产生一定的汽轮机内效率㶲损失。从图 7-5～图 7-8 可见，汽轮机内效率㶲损失占燃料化学㶲总输入的 3.5%～4%。在排汽等冷凝过程中，会因冷端放热产生一定的冷端㶲损失。常规湿冷机组的冷端㶲损失占燃料化学㶲总输入的 1%～1.4%，而空冷冷端损失则约占燃料化学㶲总输入的 4.5%以上。在回热系统抽汽对凝结水/给水加热过程中，会因抽汽压力损耗、加热器传热端差等产生一定的回热㶲损失。回热㶲损失占燃料化学㶲总输入的 1%～1.5%。综上可见，除了锅炉㶲损失之外，热力系统的主要㶲损失包括内效率㶲损失、冷端㶲损失、回热㶲损失和管道㶲损失等，但总体与锅炉㶲损失小一个量级。

在发电机将汽轮机输出的轴功转化为电能的发电过程，因发电机线圈消耗等产生的㶲损失占燃料化学㶲总输入的 0.1%～0.5%，也是相对很小的损失。此外，还有电站辅机消耗厂用电损耗的电㶲，占燃料化学㶲总输入的 1%～2%。其中，锅炉辅机的厂用电㶲损失（除去环保部分）占燃料化学㶲总输入的 0.3%～0.6%；环保辅机的厂用电㶲损失占燃料化学㶲总输入的 0.2%～0.7%；汽动给水泵机组汽轮机辅机的厂用电㶲损失占燃料化学㶲总输入的 0.3%～0.4%，电动给水泵机组汽轮机辅机的厂用电㶲损失约占燃料化学㶲总输入的 1.2%。

根据图 7-5～图 7-8 中四台燃煤发电机组的㶲损失分布情况，将燃煤发电机组的主要㶲损失整理见表 7-3。

表 7-3　　燃煤发电机组的主要㶲损失

项目名称	U1	U2	U3	U4
燃烧㶲损失（%）	27.60	27.56	26.83	26.14
工质传热㶲损失（%）	19.70	17.76	17.67	16.51
空气预热器传热㶲损失　（%）	1.11	1.29	1.01	1.12
排烟㶲损失（%）	0.79	0.77	0.73	0.63

续表

项目名称	U1	U2	U3	U4
灰渣散热㶲损失（%）	0.20	0.18	0.17	0.16
锅炉辅机㶲损失（%）	1.28	0.84	0.56	0.99
流动及散热㶲损失（%）	0.84	0.58	0.60	0.32
管道㶲损失（%）	1.36	1.48	1.44	1.50
汽轮机内效率㶲损失（%）	3.73	3.35	3.44	3.52
冷端㶲损失（%）	1.63	4.88	1.44	1.25
回热系统㶲损失（%）	1.16	1.06	1.17	1.45
汽轮机辅机㶲损失（%）	0.42	1.13	0.36	0.28
发电机㶲损失（%）	0.18	0.48	0.12	0.18
发电效率（%）	40.18	39.45	44.76	45.95

7.1.3 燃煤发电能耗损失机理

对比热平衡与㶲平衡计算的数据，由于将燃料的㶲近似等于燃料的低位发热量加上水分的汽化潜热，即系统的总输入量有轻微差别，导致热平衡的供电效率与㶲平衡的供电效率有轻微差别（约 0.2%），总体可以认为吻合。然而，从图 7-1～图 7-4 的热平衡与图 7-5～图 7-8 的㶲平衡能量损耗过程的对比来看，基于管道热平衡和㶲平衡计算得到的损失分布情况则差别很大。以 300MW 机组为例，热平衡分析得出凝汽器产生的冷端热损失占比近 50%，是燃煤电站的主要热量损失，锅炉热损失累计仅占 9%左右。而基于㶲平衡分析，锅炉燃烧和传热过程引起的㶲损失达 47%左右，是燃煤电站的主要㶲损失；凝汽器的冷端㶲损失仅占 1.3%左右。

㶲平衡和热平衡中间损失差异巨大，而最终效率非常吻合，其“殊途同归”的表象，暗示着其两种损耗之间必然存在特定的内在联系。为此，通过将热平衡与㶲平衡计算得到的热损失和㶲损失按燃煤发电过程能量转化和传递的流程方向进行统计分析，发现若将各㶲损失随着能量传递和工质流动过程逐渐汇集，最终在凝汽器等终端进行累计，其数量与相应的热损失非常吻合。据此可以认为：㶲损失反映了燃煤发电过程中能量损失的具体过程，而热损失则反映了燃煤发电过程中能量损失离开系统的最终渠道。因此，对燃煤发电过程节能潜力的分析必需借助于㶲损失分布和热损失分布的联合分析。

7.2 燃煤发电节能潜力讨论

根据上一节的分析可知，燃煤电站的㶲损失主要分布在锅炉部分，热损失则主要分布在汽轮机部分。而燃煤发电能量损失的具体过程主要由㶲损失体现。为此，本节将以燃煤发电过程的㶲损失情况为主线，结合其与热损失的关系作进一步分析，讨论燃煤发电过程的节能潜力。

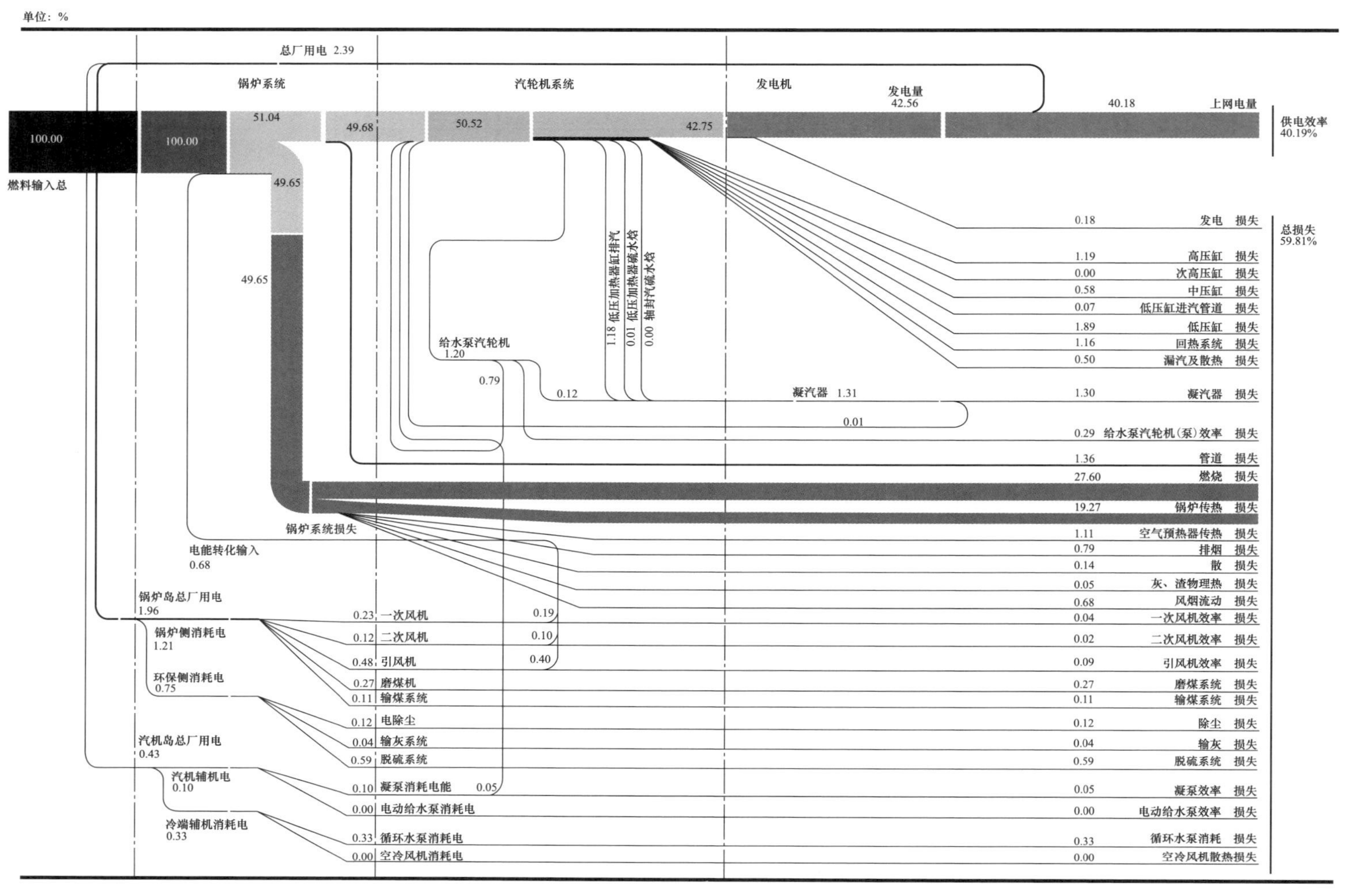

图 7-5 某 300MW 机组㶲平衡分部桑基图

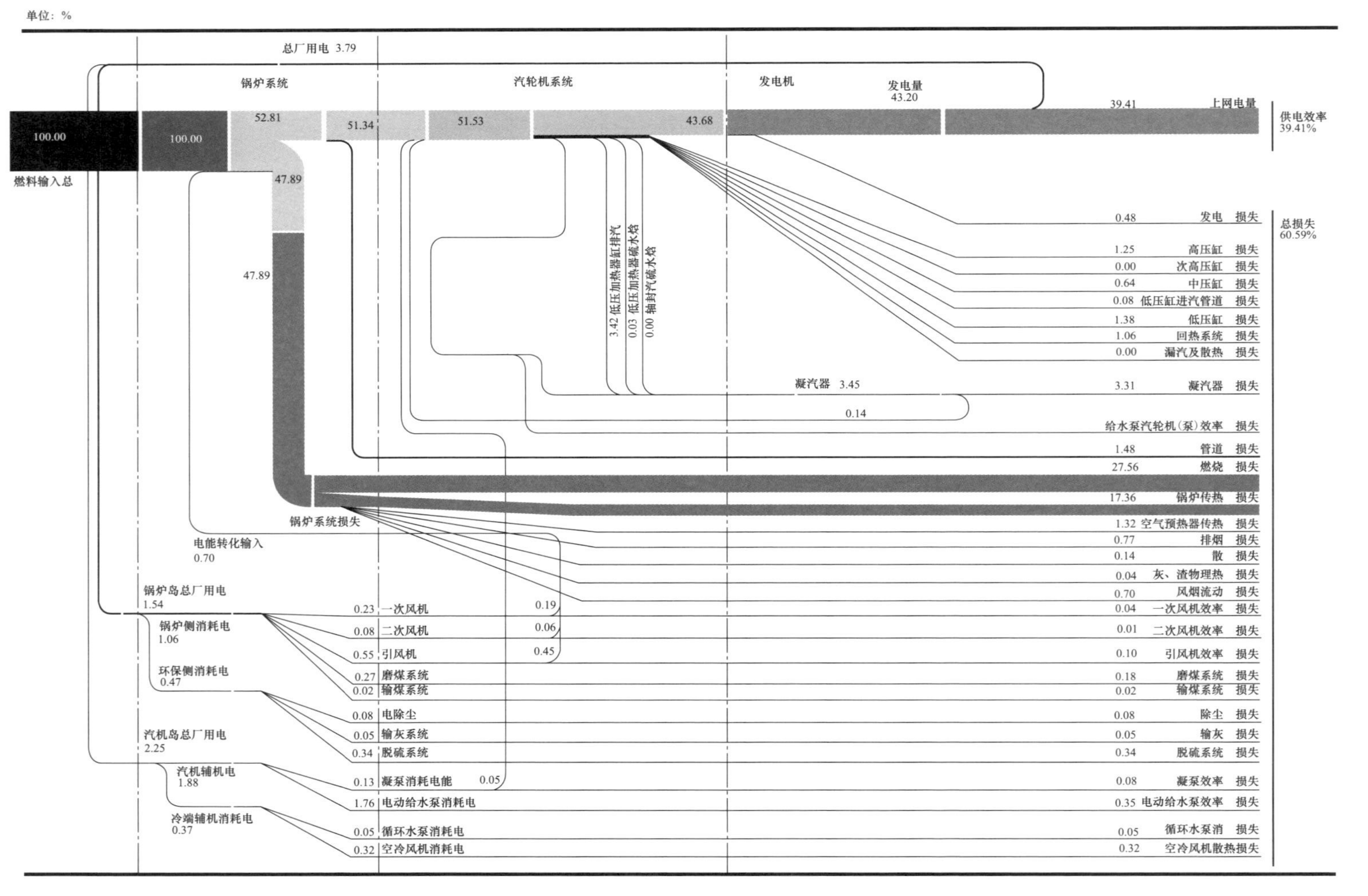

图 7-6 某 600MW 机组㶲平衡分布桑基图

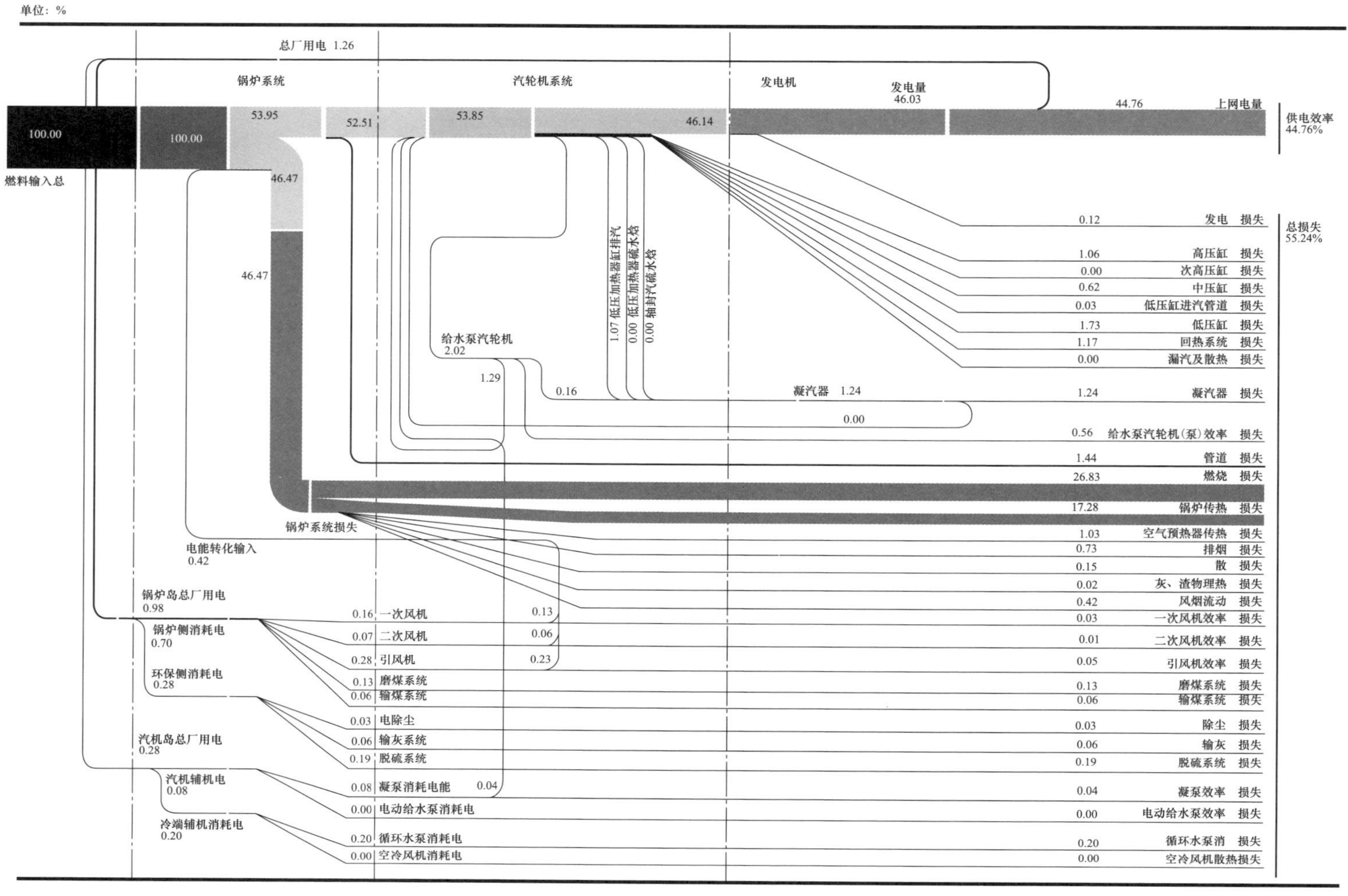

图 7-7 某 1000MW 机组烟平衡分布桑基图

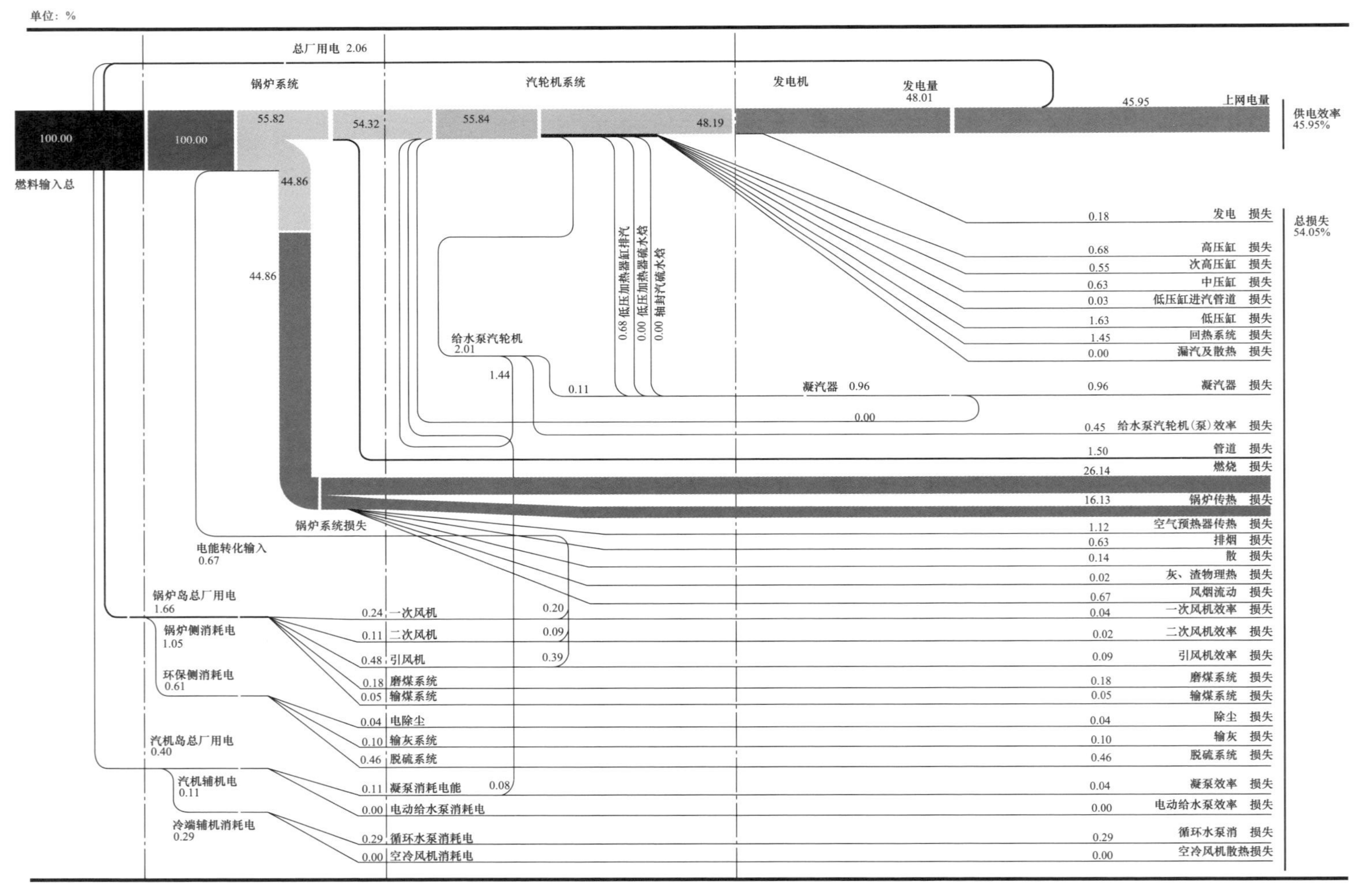

图 7-8　某二次再热 1000MW 机组㶲平衡分布桑基图

7.2.1 锅炉岛节能潜力

通过热平衡和㶲平衡数据的对比已知，锅炉系统损失的㶲占燃料化学㶲总输入的45%～51%，而损失的热量，仅占燃料总输入热量的 6%～8%。其两者之间约 40%以上的差值，可以理解为锅炉的隐性㶲损失。即其能量品质已消耗掉，但其热量则随能量转换/传递过程，转移到其他的位置进行最终释放。反之，与热量同步损失的㶲量，可以称之为显性㶲损失，通过锅炉排烟、散热等终端以热量形式释放。可见，锅炉系统内除了与热量形式同步损失的部分显性㶲损失外，还存在大量的隐性㶲损失。

通过对比表 7-2 和表 7-3，及图 7-1～图 7-4 和图 7-5～图 7-8 可知，锅炉燃烧㶲损失、锅炉传热㶲损失、空气预热器传热㶲损失和流动㶲损失为典型的隐性㶲损失。此外，如锅炉辅机㶲损失，并未完全包含在相应热量损失的部分，即为存在部分隐性㶲损失。而如排烟㶲损失、灰渣散热㶲损失等，则为典型的显性㶲损失。

1. 降低燃烧㶲损失

由前述分析可知，锅炉㶲损失中最大的部分为燃烧㶲损失，且属于隐性㶲损失，占燃料化学㶲总输入的 26%～28%。燃烧反应本身是不可逆过程，即使燃料完全燃烧，燃料的化学能完全转变为烟气的热能，燃烧过程的㶲损失仍然存在。也就是说，燃料的化学㶲不能完全转变为烟气的热量㶲而无㶲损失。而在绝热的条件下，燃料与当量空气按理想方式完全燃烧生成烟气的过程，是正常空气燃烧方式下将化学㶲转化为热量㶲所能实现的最小损耗，将其最小损耗记为燃烧㶲损失。则，燃烧㶲损失即为绝热理想燃烧情况下燃烧产物热量㶲与燃料化学㶲的差值。燃烧㶲转化率即为绝热理想燃烧情况下燃烧产物热量㶲与燃料化学㶲的比值，可按下式计算

$$\eta_c = \frac{Q_{ar,net} + Q_{air}}{Q_{ar,net}}\left[1 - \frac{T_0}{T_{ac} - T_0}\ln\left(\frac{T_{ac}}{T_0}\right)\right] \tag{7-1}$$

式中 Q_{air}——空气预热器的吸热量，kJ/kg；

T_{ac}——理论燃烧温度，K；

T_0——环境温度，K。

从式（7-1）直观来看，燃烧㶲效率取决于环境温度、理论燃烧温度、锅炉吸热量和空气预热器吸热量。然而，当环境温度升高时，环境下空气带入炉膛的热量也增多，理论燃烧温度也会升高，两者综合的结果，环境温度影响对 $\eta_{c,0}$ 很小，可忽略不计。由此可知，在特定的燃料放热量前提下，提高理论燃烧温度，增加空气预热器的吸热量，可以提高燃烧㶲效率，降低燃烧过程㶲损失。

理论燃烧温度主要与入炉热量和燃烧产物的热容有关。入炉热量越大，燃烧产物热容越小，理论燃烧温度越高。入炉热量包括燃料燃烧放热量、空气带入热量和燃料的物理显热。燃料燃烧放热量取决于燃料的低位发热量和燃烧效率。空气带入热量近似等于空气预热器吸热量。通常燃料不加热，其物理显热很小，可忽略其影响。燃烧产物的热容主要由燃料成分、理论空气量和过量空气系数决定。煤的低位发热量由煤质决定。综合以上分析，燃烧㶲效率主要由燃料品质、空气预热器吸热量和过量空气系数决定。

空气预热器回收热量的增加，可直接增加锅炉的吸热量，提高了理论燃烧温度。若不

考虑空气预热器吸热量和过量空气系数的变化，在空气中燃烧的燃料，其理论燃烧温度仅与燃料本身有关，所以 $\eta_{c,0}$ 仅取决于燃料本身，它反映燃料在空气中燃烧的不可逆程度。不同产地不同煤种在燃料和空气不预热时的理论燃烧温度和燃烧㶲效率见表 7-4。从表 7-4 可以看出，煤的燃烧㶲效率仅为 70%左右。这说明燃烧过程是严重的不可逆过程。不同煤质的燃烧㶲效率不同，煤质越差，其值越低，褐煤的燃烧㶲效率要明显低于其他的煤种。

表 7-4　　理论燃烧温度和燃烧㶲效率（t_k=t_0=25℃）

产地与煤种	C_{ar}（%）	H_{ar}（%）	O_{ar}（%）	N_{ar}（%）	S_{ar}（%）	M_{ar}（%）	A_{ar}（%）	$Q_{ar,net}$（kJ/kg）	t_{ac}（℃）	η_1（%）
京西无烟煤	67.9	1.7	2	0.4	0.2	5	22.8	23040	1978	69.2
焦作无烟煤	66.1	2.2	2	1	0.4	7	21.3	22880	1965	69.1
西山贫煤	67.6	2.7	1.8	0.9	1.3	6	19.7	24720	2029	69.6
淄博贫煤	64.8	3.1	1.6	1	2.6	4.3	22.6	26670	2184	70.9
抚顺烟煤	56.9	4.4	9.1	1.2	0.6	13	14.8	22415	2017	69.5
大同烟煤	70.8	4.5	7.1	0.7	2.2	3	11.7	27800	2093	70.2
元宝山褐煤	39.3	2.7	11.2	0.6	0.9	24	21.3	14580	1890	68.4
丰广褐煤	35.2	3.2	12.6	1.1	0.2	22	25.7	13410	1831	67.8

然而，理论燃烧温度的提高，必然会引起工质传热温差的增加，增大传热㶲损失，同时，锅炉的排烟㶲损失、空气预热器传热㶲损失等也会受到一定的影响。为此，提高燃烧㶲效率，降低燃烧㶲损失的具体效果，需同步考虑锅炉相关㶲损失的综合情况。

2. 降低传热㶲损失

传热㶲损失是由锅炉内燃烧产生烟气的热量㶲在向汽水工质进行传递时，因存在的传热温差而产生的㶲损失，属于隐性㶲损失。传热㶲损失是㶲损失中的第二大损失，占燃料化学㶲总输入的 16%～20%。传热㶲损失是锅炉内㶲损失过程中紧随燃烧㶲损失的下一个过程。由于燃烧㶲损失的计算是以理想燃烧温度下的烟气作为燃烧过程的最终状态，这就意味着传热过程的初始状态为理想燃烧温度下的理想烟气。为此，假定燃料与当量空气进行绝热理想燃烧后产生的烟气所携带的热量㶲因向汽水工质传热，传热后汽水工质热量㶲的增加与烟气热量㶲的减少之间的差值，即为工质传热㶲损失。

若不考虑烟气放热后最终状态的变化，也不考虑汽水工质的变化，则降低传热㶲损失则须降低理想燃烧温度，从而降低绝热理想燃烧后烟气的焓㶲。而降低理想燃烧温度，降低绝热理想燃烧后烟气的焓㶲后，燃烧㶲损失必然增加，反之亦然。可知，理想燃烧温度的变化虽然可以明显改变燃烧㶲损失和传热㶲损失，但由于对两者的改变方向相反。由此可见，考察改变理想燃烧温度对锅炉㶲损失产生的影响，必须结合燃烧㶲损失、传热㶲损失以及其他㶲损失综合变化效果进行分析。

对于锅炉工质传热而言，省煤器出口烟气即为烟气对工质放热后的最终状态。一般省煤器出口烟温受后面空气预热器设计的影响，且需保留与给水温度一定的传热温差，其可调整的空间不大。那么，降低传热㶲损失的主要途径，则依赖于提高汽水工质的平均吸热温度。提高汽水工质平均吸热温度的办法有提高主蒸汽温度、提高再热蒸汽温度、提高给水温度、提高主蒸汽压力和优化再热蒸汽压力等几个办法。其中，提高主蒸汽、再热蒸汽和给水等温度很直观，无需更多解释。提高主蒸汽的压力同样可以提高汽水工质的平均吸热温度。这是因为，随着汽水工质压力的提高，汽化潜热逐渐降低，蒸汽和水的比热逐渐提高，导致工质侧的热负荷由饱和点位置向上下扩散。而由于水侧比热的增加的幅度没有蒸汽侧相应增加的幅度大，且一般情况下饱和点以上温度范围要比饱和点以下温度范围大很多，导致工质侧的吸热负荷总体向高温区域逐渐转移，从而提高了平均吸热温度。

再热蒸汽压力越高，高压缸排汽（即冷再热蒸汽）的温度越高，从而导致再热蒸汽的平均吸热温度越高。然而，冷再热蒸汽温度越高，又意味着再热蒸汽的吸热温升越小，导致再热蒸汽吸热量下降。由于再热蒸汽的平均吸热温度比给水加热到主蒸汽过程中的平均吸热温度高，其吸热量的逐渐下降则又可能会反过来引起热力系统总体平均吸热温度的下降。因此，需要对再热蒸汽的压力点进行系统优化。

给水温度的设定一般需要考虑空气预热器的设计、回热系统的投资及省煤器欠焓等因素，可提高的空间有限。冷再热蒸汽参数的优化选取一般在汽轮机设计中都会考虑，本文也不作讨论。下面重点讨论主蒸汽压力、主蒸汽温度和再热蒸汽温度对传热㶲损失及机组煤耗的影响。

受材料选择的影响，一般机组再热蒸汽都选用与主蒸汽相同或接近的温度，本文将主蒸汽和再热蒸汽的温度作同步变化处理，不单独讨论。汽水侧主蒸汽/再热蒸汽参数变化除了对锅炉传热㶲损失有影响之外，对锅炉其他㶲损失基本没有影响。图 7-9 所示为在不同主蒸汽压力下主蒸汽/再热蒸汽温度分别从 540℃逐渐提高至 800℃，锅炉传热㶲损失的变化情况。从图 7-9 可以看出，传热㶲损失随主蒸汽/再热蒸汽温度的上升，呈线性下降的趋势。主蒸汽/再热蒸汽平均每升高 100℃，传热㶲损失下降 1.8%左右，引起机组供电煤耗下降约 11g/kWh。

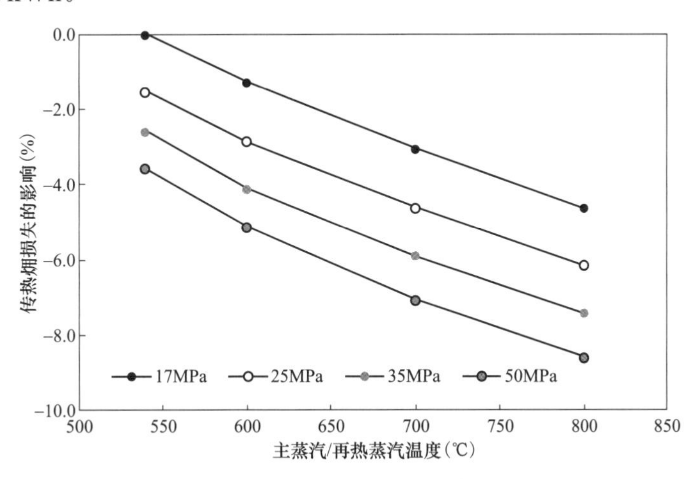

图 7-9　主蒸汽温度/压力对传热㶲损的影响

从图 7-9 中还可以看出，随着主蒸汽压力的增加，传热㶲损失也呈单调下降的趋势，但下降幅度则越来越趋缓。在 17～25MPa 区间，主蒸汽压力每增加 10MPa，引起传热㶲损失下降约 2%，折合机组供电煤耗下降约 12g/kWh；而在 35～50MPa 区间，主蒸汽压力每增加 10MPa，传热㶲损失平均下降仅 0.7%左右，折合机组供电煤耗下降约 5g/kWh。

3. 降低空气预热器传热㶲损失

空气预热器㶲损失是由省煤器出口的烟气在对入炉空气进行预热过程中，因存在一定的传热温差而产生的㶲损失，也属于锅炉内的隐性㶲损失，约占燃料化学㶲总输入的1%～1.3%。一般而言，空气预热器的上端差大都根据工业设计传热温压的要求进行设计，可降低的空间非常有限。而由于空气比热低于烟气比热，通过省煤器出口烟气将常规空气加热到设定温度的热空气过程中，排烟温度存在传热最低极限。由此，导致空气预热器的下端差也难以调整。

若不考虑烟道尾部腐蚀等方面的约束，可仅采用分流部分烟气对空气预热的办法来降低空气预热器的下端差，从而可以明显传热㶲损失。然而，被分流出来的烟气需另找更合适的用途，以保证㶲损失的总体下降。

4. 降低锅炉辅机㶲损失

锅炉辅机㶲损失是指锅炉辅机在工作过程中消耗厂用电而并没有转化为风烟系统㶲的那部分损失。如送风机、一次风机、引风机等设备消耗的厂用电部分转化为机械能㶲进入风烟系统，剩余部分因效率不足而引起的㶲损失才为该辅机设备的㶲损失。而如磨煤、除灰/输灰、除尘、脱硫、脱硝等相关设备所消耗的厂用电㶲，全部都没有进入风烟系统。因此，将其所有厂用电㶲的消耗都当作了该辅机的厂用电㶲损失。辅机㶲损失中如风机等部分厂用电㶲损失发生后，以热量形式继续进入风烟系统，虽然存在㶲损失，但并不存在热量损失，因此，这部分㶲损失可理解为隐性㶲损失。而如磨煤、除灰/输灰、除尘、脱硫、脱销等系统设备消耗厂用电㶲损失发生后，并未产生相应的热量进入风烟系统（虽然如磨煤等产生少量热量进入风烟系统，但其非主要部分，可忽略）。因此，这部分㶲损失可以理解为显性㶲损失。

锅炉辅机㶲损失占燃料化学㶲总输入的 0.6%～1.3%。从上述分析可知，对于风机等因效率不足才产生辅机㶲损失的设备，减少其辅机㶲损失的办法就是通过对设备进行高效化研制、改进设备设计及生产工艺等，设法提高该设备的效率。而对于磨煤、输灰、除尘、脱硫、脱销等设备所引起的辅机㶲损失，除了设法提高该类设备效率，降低其厂用电消耗之外，还可以改进系统方案。如通过采用低能耗低排放技术方案，降低环保系统的厂用电消耗。

5. 降低排烟㶲损失

锅炉的排烟温度与环境温度还存在一定的温差，其直接携带的热量中还有一定的热量㶲。排烟㶲损失即为排烟所携带热量㶲的直接损失，是锅炉的显性㶲损失，占燃料化学㶲总输入的 0.6%～0.8%。降低排烟㶲损失的办法显而易见就是降低锅炉排烟温度。如前述讨论降低空气预热器传热㶲损失时所述，排烟温度的下降受空气预热器传热上温差的限制，难以大幅下降。但由于都受排烟温度的直接制约，降低排烟㶲损失可以与降低空气预热器传热㶲损失进行同步考虑。

6. 降低灰渣物理㶲损失

灰渣物理㶲损失是指锅炉飞灰、沉降灰和大渣等因携带一定了的物理显热而引起的㶲损失，属于锅炉的显性㶲损失。对于一般的煤粉锅炉而言，灰渣物理㶲损失的量非常小，占燃料化学㶲总输入的 0.02%～0.05%。因而一般不做特别处理。而对于循环流化床等锅炉，由于排渣量特别大，需专门设置冷渣器，以降低灰渣的物理㶲损失。

7.2.2 汽轮机岛节能潜力

基于热平衡和㶲平衡数据的对比，常规湿冷机组汽轮机及其热力系统损失的㶲仅占燃料化学㶲总输入的 6.5%左右，空冷机组汽轮机及其热力系统损失的㶲占燃料化学㶲总输入的 9%左右；而他们相应损失的热量则占燃料总输入热量的 46%～51%。这说明，大量的热量损失是由于在锅炉中隐性损失的㶲经能量传递过程累计而至。考察汽轮机㶲损失的分布情况可知，除了通过凝汽器放热损失的㶲及少量漏汽及散热损失的㶲为显性㶲损失之外，大部分的汽轮机㶲损失都是隐性㶲损失，如汽轮机内效率损失和回热系统㶲损失。汽/水工质流经锅炉与汽轮机之间的管道产生的管道㶲损失，有部分属于显性损失，部分属于隐性损失。因其处于锅炉岛与汽轮机岛之间，本文将其列入汽轮机岛一并讨论。

1. 降低汽轮机内效率㶲损失

汽轮机内效率㶲损失是指蒸汽在汽轮机内做功过程中，由于汽轮机内效率损失而引起的㶲损失，其损失的㶲继续以热量的形式伴随蒸汽工质，估其属于隐性㶲损失。由表 7-3 可以看出，除了锅炉㶲损失之外，汽轮机内效率㶲损失相对较高，占系统总输入化学㶲的 3.3%～3.8%。一般机组的汽轮机内效率㶲损失主要包括高压缸㶲损失、中压缸㶲损失、低压缸进汽㶲损失和低压缸㶲损失，二次再热机组还包括次高压缸㶲损失。通常情况下，低压缸㶲损失相对较大，占汽轮机内效率㶲损失的 50%左右；高压缸㶲损失次之，占汽轮机内效率㶲损失的 30%以上。而空冷机组的低压缸㶲损失占的比例相对较低，40%左右；二次再热机组的高压缸和次高压缸累计占汽轮机内效率㶲损失的 35%左右。

为进一步分析影响汽轮机内效率㶲损失的原因，将所选机组的缸（级组）效率沿通流方向分布展示如图 7-10 所示。从图 7-10 可以看出，除空冷机组 U2 的末级组效率较高之外，U1、U3 和 U4 机组的最后一个级组的效率相对较低，都不到 80%。这主要是由于常规湿冷机组的末级组都处于湿蒸汽区域。末级组的效率损失对低压缸整体效率损失的贡献近 30%。可见，若消除湿蒸汽的影响，则可降低低压缸㶲损失约 0.6%，折合供电煤耗下降约 4g/kWh。然而，湿蒸汽对机组效率的影响在不改变运行方式的情况下，在可预见的时期内难以根本消除。

由于高压缸、中压缸的影响相对较小，且抽汽极数较少，本文将高压缸、中压缸都作为单级处理，如图 7-10 中的 1、2 两级。低压缸则根据抽汽级数分别分为 4～5 级。

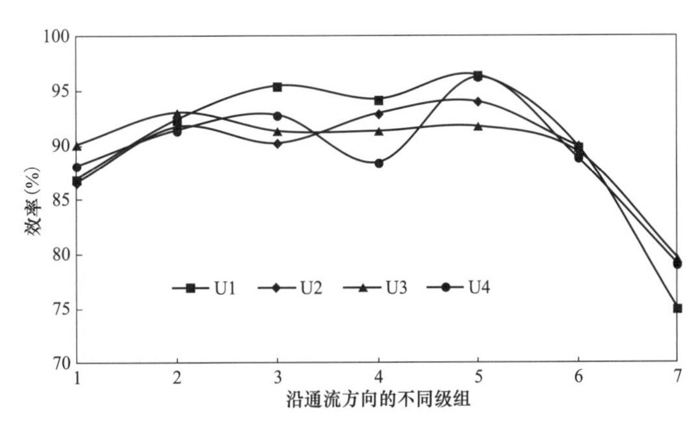

图 7-10　汽轮机缸/级组效率分布情况

上述所选的 U1 机组为 2003 年投产的机组，而 U4 机组为 2014 年投产的机组。将图

7-10 中 U1～U4 不同机组的缸（机组）效率进行对比可见，虽然经过十年的技术发展，汽轮机内效率整体上并没有明显提高。U3 机组由于采用了全周进汽的高压缸进汽方式，使得高压缸的级效率明显提高，引起高压缸㶲损失下降约 0.16%，折合供电煤耗下降约 1g/kWh，但在一定程度上又会影响机组低负荷滑压运行的经济性。可见，降低汽轮机内效率㶲损失的根本还在于提高汽轮机的通流效率，但在可预见时间内难以有较大的突破。

2. 降低冷端㶲损失

冷端㶲损失是指低压缸排汽等通过凝汽器冷凝过程中因释放出的热量还带有一定的热量㶲而产生的㶲损失，是典型的显性㶲损失。从表 7-3 可以看出，对于常规湿冷机组，冷端㶲损失是汽轮机部分仅次于汽轮机内效率㶲损失的第二大㶲损失，其在设计工况下占 1.2%左右。而对于空冷机组，冷端㶲损失则明显高于汽轮机内效率㶲损失，其在设计工况下都达 4.5%左右。为了分析机组背压对热力系统㶲损失的影响情况，以典型循环效率 45%为基础，5kPa 作为基准背压，将机组背压在 1～35kPa 之间变化对热力系统㶲损失的影响展现如图 7-11 所示。其中，箭头所示位置为环境温度 25℃下机组的极限背压。

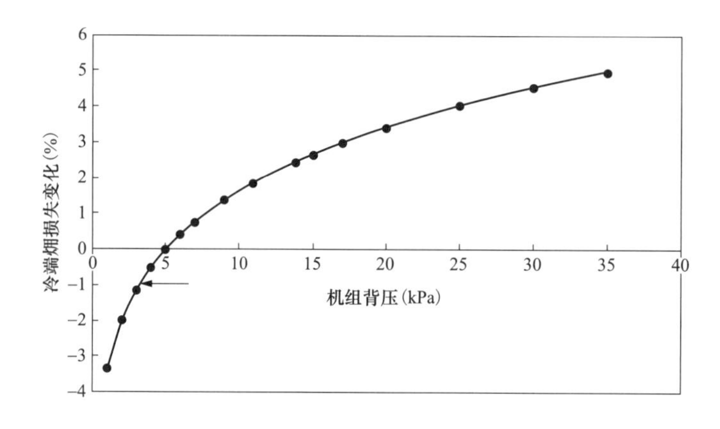

图 7-11　机组背压对系统㶲损失的影响

从图 7-11 可以看出，机组背压对热力系统的㶲损失影响非常大。且随着机组背压的降低，背压下降使得热力系统㶲损失加速下降。如当机组背压由 5kPa 下降到 4kPa 后，热力系统㶲损失下降 0.5%左右；当机组背压由 2kPa 下降到 1kPa 后，热力系统㶲损失则下降竟达 1.35%左右；而当机组背压由 35kPa 下降到 34kPa 时，热力系统㶲损失仅下降约 0.05%。

一般情况下，受环境温度限制，以及换热器设计必须考虑的传热温差，机组背压难以大幅下降。然而，随着天气变化，如冬季环境温度较低，且负荷也较低的情况（主要考虑阻塞背压的影响），机组背压则具有较大下降空间。对于常规湿冷机组，若机组背压由 5kPa 下降至 2kPa，则可降低热力系统㶲损失 1.9%左右，折合供电煤耗下降约 12g/kWh。而对于空冷机组，若机组背压由 15kPa 下降至 4kPa，则可降低热力系统㶲损失 3%左右，折合供电煤耗下降约 15g/kWh。

然而，对于实际运行的机组，降低机组背压，对汽轮机相对内效率不利。随着排汽压力的降低，汽轮机低压部分蒸汽湿度增大，影响叶片的寿命，同时湿气损失增大，汽轮机相对内效率下降。当背压降至某一数值时，即带来的理想比内功的增加等于余速损失增加时，机组背压达到临界背压。当机组背压小于临界压力后，再降低机组背压会使机组热经济性下降。因此，在临界背压以上，随着机组背压的降低热经济性是提高的。

实际情况下，汽轮机背压对应的饱和温度，必然大于以下两个极限：①理论极限——排汽饱和温度必须等于或大于自然水温，绝不可能低于这个温度；②技术极限——冷却水在凝汽器内冷却汽轮机排汽的过程中，由于冷却蒸汽的凝汽器冷却面积不可能无穷大的缘故，排汽的饱和温度应在自然水（冷却水）温的基础上加上冷却水温升和传热端差。汽轮机的排汽压力对应于排汽饱和温度所对应的压力，在运行中它的大小取决于冷却水进口温度，冷却水量的大小和铜管的清洁度。

3. 降低回热㶲损失

给水回热是指在汽轮机某些中间级抽出部分蒸汽，送入回热加热器，对凝结水和锅炉给水进行加热的过程。与之相应的热力循环叫回热循环。图 7-12 和图 7-13 所示分别为单级回热热力系统图和循环的 *T-S* 图。图 7-13 中 1-7-8-9-5-6-1 称为回热循环。

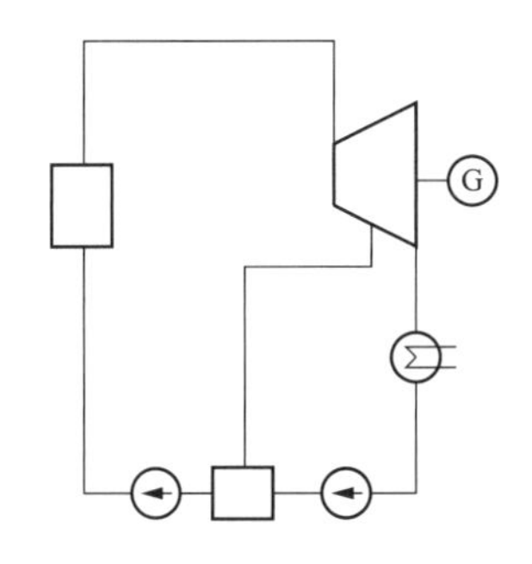

图 7-12　单级回热热力系统图

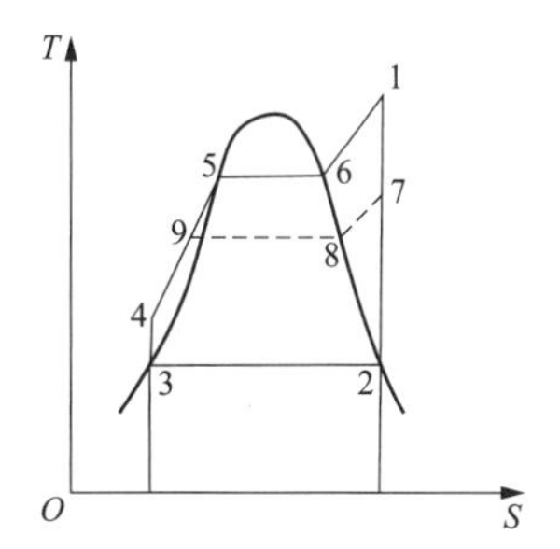

图 7-13　单级回热循环 *T-S* 图

给水回热加热的意义在于采用给水回热以后，一方面，回热使汽轮机进入凝汽器的凝汽量减少了，由热量法可知，汽轮机冷源损失降低了；另一方面，回热提高了锅炉给水温度，使工质在锅炉内的平均吸热温度提高，使锅炉的传热温差降低，传热㶲损失大幅下降。同时，汽轮机抽汽加热给水的传热温差比水在锅炉中利用烟气所进行加热时温差小得多，因而由㶲平衡分析法可知，传热㶲损失相比于锅炉内减小很多。

汽轮机回热系统是火力发电厂热力系统中的最基本和最核心部分之一。根据 20 世纪 90 年代德国发起的高效洁净燃用褐煤发电（简称 BoA）计划的研究成果，超超临界机组实际热效率与当时普通的亚临界 600MW 机组相比提高了 7.7%，其中初参数提高的贡献占 1/6 左右，而 10 级回热系统优化带来的效益也占到了 1/7 左右。由此可见，在重视提高机组容量和参数的同时，还应注重对汽轮机回热系统的优化。且优化汽轮机的热力系统与提高机组参数相比，具有投资小、技术风险小、实现相对容易等优点。

回热㶲损失是指在回热系统抽汽对凝结水/给水加热过程中，因抽汽压力损耗、加热器传热端差等所产生的㶲损失。由于回热系统㶲损失后转化为相应的热量进一步随工质在热力系统中循环，因而回热㶲损失也属于隐性㶲损失。根据表 7-3 所示，回热㶲损失一般占燃料化学㶲总输入的 1%～1.5%，是汽轮机部分仅次于汽轮机内效率㶲损失和冷端㶲损失之后的第三大㶲损失。

抽汽管道压损受管道布置和加工工艺的影响，一般都会在系统结构设计中尽量优化。

因不同机组在结构设计上有不同的特殊性，这里不做量化讨论。回热加热器的传热温差则主要受回热加热器的换热面积和回热级数的影响。回热加热器传热面积越大，传热效果越好，则端差越小。然而当前加热器的设计非常成熟，经过无数次优化，当前的技术经济性可探索空间也相对较小。回热级数越大，抽取蒸汽与被加热的给水（凝结水）的匹配度越高，相应传热温差（主要体现在下端差）越小。随着机组主蒸汽参数的快速发展，回热机组需要不断的优化设计。为此，本文研究了回热级数对热力系统㶲损失的综合影响。

图 7-14 所示，参照典型 8 级回热加热系统，并同样以循环效率 45%为基础，针对 U1～U4 不同典型机组，分析了热力系统㶲损失受回热级数变化的影响情况。从图 7-14 可以看出，随着回热级数的增加，系统㶲损失逐渐减小，但其减小趋势呈现逐渐趋缓的趋势。如当回热级数从 5 级增加到 7 级的时候，回热级数每增加 1 级的㶲损失影响平均达 0.2%左右。然而，当回热系统级数增加 8 级以后，每增加 1 级的㶲损失影响下降至 0.1%左右；当回热级数继续增加至 10 级以后，每增加 1 级的㶲损失影响下降至 0.05%以下，且越来越小。可见在 10 级以后回热级数增加的投入产出比越来越小。

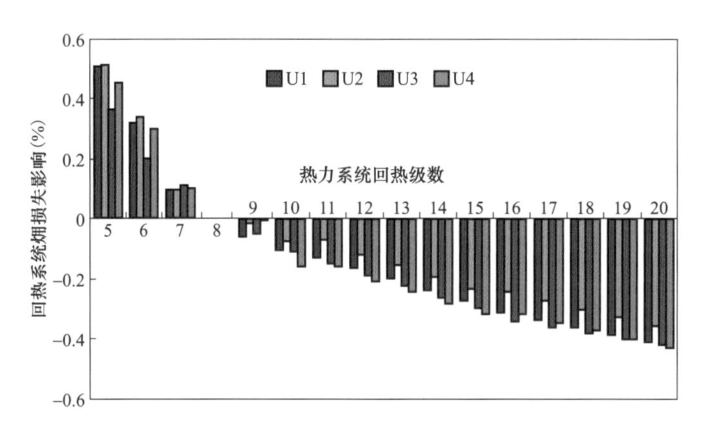

图 7-14　回热机组对系统㶲损失的影响

4. 降低管道㶲损失

管道㶲损失仅特指汽/水工质经过锅炉与汽轮机之间的给水管道、主蒸汽管道、冷再热蒸汽管道和热再热蒸汽管道时发生的㶲损失。管道㶲损失主要包括两部分，其一是常规理解的因管道散热而产生的热量㶲损失，属于显性㶲损失；其二是汽/水工质因克服管道阻力产生一定压力损失而引起的㶲损失，由于其损失的㶲继续以热量的形式扩散到工质中去，因此，其属于隐性㶲损失。对于当前主流的机组，管道㶲损失一般占燃料化学㶲总输入的 0.6%～0.9%。

管道散热引起的热量㶲损失主要受管道表面积，以及管道保温的影响，可以通过减小管道长度，加强管道表面保温，来降低散热㶲损失。管道压力损失引起的㶲损失，则主要受管道结构布置、管道长度等影响。因此，管道压力㶲损失可以通过优化管道结构，减少弯头，以及降低管道长度等办法来降低。

根据电力行业标准，管道损失通常指经主蒸汽管道、再热蒸汽管道、给水管道等散热、漏汽等引起的热损失。若不考虑辅汽用汽等消耗，管道热效率通常仅占 0.5%左右，仅影响机组供电煤耗 1.5g/kWh 左右。然而，管道损失不只会因为引起散热、漏汽等影响机组的热耗，更会因导致主蒸汽/再热蒸汽压力下降而引起热力系统的做功能力下降。从表 7-3 可以看出，管道㶲损失占系统总输入化学㶲损失的 0.65%～0.84%，是热力系统的重要㶲损失之一，影响机组供电煤耗 4～5g/kWh。可见管道热损失的影响只占管道压力损失影响的 1/3 左右，降低管道压损才是降低管道损失的最主要途径。

受热力系统自身结构限制，锅炉的过热器、再热器等与汽轮机的距离较远，管道压损不可避免。一般而言，主蒸汽和再热蒸汽管道的压损分别可达 3%～5%、6%～12%。根据对 U1～U4 等四台机组的㶲平衡计算，主蒸汽和再热蒸汽管道压损每下降 1%，可分别降低热力系统㶲损失 0.065%和 0.043%左右。

第8章 高效燃煤发电技术

从中国燃煤发电机组能耗逐渐下降的历程来看，兴建大容量、高参数的燃煤发电机组是拉动全国燃煤发电机组平均供电能耗下降的主要原因。对于燃煤发电机组而言，大容量往往意味着更高的设备内效率；高参数则必然意味着更高的热力循环效率。根据上一章中基于㶲损失的节能潜力讨论，大容量机组通过提高锅炉效率，降低锅炉的显性㶲损失；通过提高汽轮机的内效率，降低汽轮机的内效率㶲损失；通过提高辅机设备效率，降低锅炉/汽轮机的辅机㶲损失。高参数的机组通过提高主蒸汽/再热蒸汽的温度和主蒸汽的压力，降低锅炉的传热㶲损失。同时，随着机组参数的提高和容量的增大，系统会得到进一步优化，其他的㶲损失也会得到进一步降低。

基于7.2.1节的讨论可知，从燃烧㶲损失的角度，无法单独通过提高理想燃烧温度等方式降低燃烧㶲损失来实现系统㶲损失的下降。而必须同步考虑传热㶲损失和其他㶲损失的综合影响。也就是说锅炉内的不同㶲损失之间往往存在着相互影响的关系，可能牵一发而动全身。为此，本章将基于第7章对燃煤发电能量损失分布和节能潜力的讨论，以技术方案为主线，讨论不同技术方案对不同㶲损失的影响，进而讨论其节能潜力或效果，以及相关节能技术的发展方向。

8.1 燃煤电站锅炉系统节能技术

根据第7章对锅炉㶲损失分布情况的分析可知，锅炉的燃烧㶲损失最大，锅炉传热㶲损失次之，再次是空气预热器传热㶲损失，此三者都属于隐性㶲损失。而随后的锅炉辅机㶲损失、排烟㶲损失、流动及散热㶲损失和灰渣物理㶲损失等都相对较小。提高锅炉㶲效率的首先应考虑如何降低隐性㶲损失，即，降低燃烧㶲损失、工质传热㶲损失，以及空气预热器传热㶲损失。此外，排烟㶲损失是其余显性㶲损失中相对较高的，也应作为重要的考察方向。为此，针对降低以上不同的锅炉㶲损失，提出了一系列锅炉节能技术。

8.1.1 提高主蒸汽参数

表7-2和表7-3可以看出，蒸汽压力由亚临界到超超临界，蒸汽温度由540℃提高到605℃，锅炉㶲效率由51.05%提高至55.82%，可使发电效率由42.56%提高至48.04%，表明提高蒸汽参数可以有效地提高锅炉㶲效率。目前，我国现役机组的最高的蒸汽参数是31MPa，605℃/620℃，而燃料的理论燃烧温度2000℃左右，实际炉膛内燃烧温度也在1300℃以上，因此，提高蒸汽参数从锅炉本身而言还有很大的空间，开发研制新型耐热钢材成为提高蒸汽参数的关键。

日本、美国及欧洲等工业发达国家制订了一系列关于超超临界火电技术的中长期发展计划，积极开发34～40MPa/650～700℃的新钢种系列，使超超临界机组朝着更高参数的技术方向发展。日本A-USC计划的目标是在600℃等级超超临界技术的基础上将燃煤电站的参数提高到 35MPa、700℃/720℃/720℃等级（二次再热），将机组热效率提高到 46%～48%（HHV）。2001 年美国能源部（DOE）和俄亥俄煤炭发展办公室（OCDO）联合主要电站设备制造商、美国电力研究院（EPRI）等单位启动先进超超临界燃煤发电机组 USDOE/OCDO A-USC 研究项目，并成立 USDOE/OCDO A-USC 联盟。该项目的最终目标是开发蒸汽参数达到 35MPa、760℃/760℃的火电机组，效率达到 45%（HHV）以上。欧盟于 1998 年 1 月启动“AD700”先进超超临界发电计划，其主要目标是研制适用于 700℃锅炉高温段、主蒸汽管道和汽轮机的奥氏体钢及镍基合金材料，设计先进的 700℃超超临界锅炉及汽轮机，降低 700℃机组的建造成本。最终建成 35MPa、705℃/720℃等级的示范电站，结合烟气余热利用、降低背压、降低管道阻力、提高综合给水温度等技术措施，使机组效率达到 50%（LHV）以上。2011 年 6 月 24 日中国国家能源局在北京组织召开了国家 700℃超超临界燃煤发电技术创新联盟第一次理事会议和技术委员会会议，正式启动 700℃超超临界燃煤发电技术研发计划的工作。我国 700℃计划示范机组容量采用 600MW 等级，压力和温度参数为 35MPa、700℃/720℃，机组采用紧凑型布置，再热方式按照一次再热和二次再热两种方案开展研究。

目前国内外 700℃材料都不太成熟，而且价格极其昂贵。从主机设备、系统布置等方面进行设计创新，努力减少高温材料的使用，降低工程投资，是目前全世界共同研究的方向之一。

为了定量了解通过新材料提高蒸汽参数的效果。本书对世界各国的目标参数及未来提升至 1000℃等级机组的性能进行预测，预测结果见表 8-1。可以看出蒸汽温度从 600～700℃发电效率可以提升 2 个百分点。从 700℃提高到 1000℃，还可以提升 5 个百分点。

表 8-1　提高蒸汽参数机组性能预测结果

锅炉编号	B0	B1	B2	B3	B4	B5
蒸汽压力（MPa）	31	35.00	35.00	35.00	38.50	50.00
蒸汽温度（℃）	605/613/613	610/630/630	700/720	700/720/720	760/760	1000/1000
锅炉㶲效率（%）	54.97	55.68	56.76	57.48	57.88	62.90
燃烧过程㶲损失（%）	25.67	25.67	25.67	25.67	25.67	25.67
锅炉传热㶲损失（%）	17.28	16.56	15.48	14.77	14.37	9.35
烟气平均温度（℃）	1059	1059	1059	1059	1059	1059
工质平均温度（℃）	441	561	475	489	497	620
发电效率（%）	47.17	47.88	48.96	49.68	50.08	55.10

8.1.2　改善煤质

根据 7.2.1 分析可知，通过洗煤、干燥等办法来改善煤质，提高燃料热值，并降低燃烧产物的平均热容，可直接提高理论燃烧温度，降低锅炉燃烧㶲损失，进而在相同排烟温度下可降低排烟㶲损失。同时，由于排烟热容的下降，与空气热容的差值变小，基于空气预热器传热温差的约束性准则，可为进一步降低排烟温度提供了可能。

表 8-2 是典型煤种在收到基、干燥基和干燥无灰基三种状态时的理论燃烧温度。可以

看出，不同煤种的干燥无灰基理论燃烧温度差别不大，由于水分和灰分的含量不同，干燥无灰基和收到基理论燃烧温度差别很大。这说明煤中水分和灰分含量是影响其燃料理论燃烧温度的主要因素，降低煤中灰分和灰分含量可以提高理论燃烧温度。

表 8-2　　典型煤种的理论燃烧温度（t_k=t_0=25℃）

产地与煤种	理论燃烧温度（℃）		
	收到基	干燥基	干燥无灰基
京西无烟煤	1978	2022	2066
焦作无烟煤	1965	2014	2055
西山贫煤	2029	2069	2106
淄博贫煤	2184	2217	2269
抚顺烟煤	2017	2082	2113
大同烟煤	2093	2105	2126
元宝山褐煤	1890	2025	2106
丰广褐煤	1831	2068	2136

理论燃烧温度随水分含量的变化曲线见图 8-1。随着水分的增加，理论燃烧温度逐渐降低；水分含量越高，增加单位水分引起的理论燃烧温度降低幅度越大，不同煤种降低的幅度也不一样，见表 8-3，灰分（A）越大，水分含量变化引起理论燃烧温度的变化越明显。

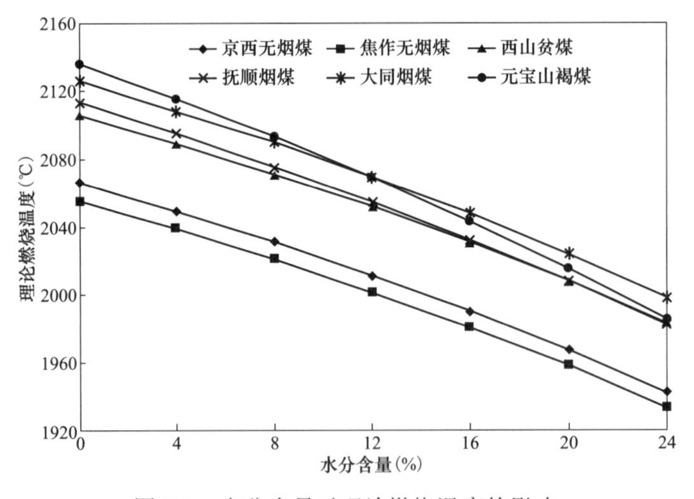

图 8-1　水分含量对理论燃烧温度的影响

表 8-3　　水分含量变化 1%引起理论燃烧温度的变化　　℃

煤种	$A\leqslant8\%$	$8\%<A\leqslant16\%$	$16\%<A\leqslant24\%$
无烟煤和贫煤	5.45	6.27	7.30
烟煤	5.39	6.21	7.23
褐煤	6.99	7.97	9.19

理论燃烧温度随灰分变化曲线见图 8-2。随着灰分的增加，理论燃烧温度降低；灰分含量越高，增加单位灰分引起理论燃烧温度降低的幅度越大。不同煤种降低的幅度也不一样，见表 8-4。

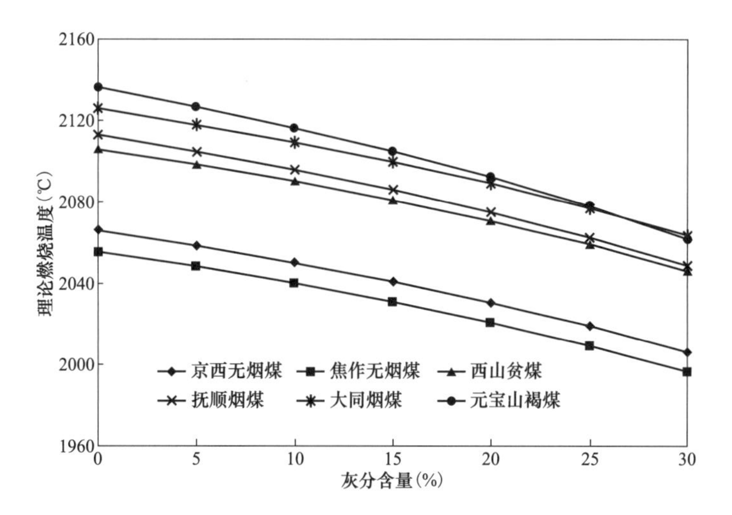

图 8-2　灰分含量对理论燃烧温度的影响

表 8-4　　灰分含量变化 1%引起理论燃烧温度的变化

煤种	$A≤10\%$	$10\%<A≤20\%$	$20\%<A≤30\%$
无烟煤和贫煤	1.68	2.05	2.56
烟煤	1.75	2.14	2.67
褐煤	2.33	2.82	3.49

煤的洗选可以降低煤种的灰分含量。电厂设置干煤棚可以降低入炉煤的水分，对水分含量非常高的褐煤进行干燥提质。这些措施都可以提高理论燃烧温度，提高燃烧㶲效率，减少锅炉燃烧㶲损失和排烟㶲损失。

8.1.3　富氧燃烧

采用空气分离技术，提高空气中的含氧量，进行富氧燃烧，可降低燃烧产物的热容，直接提高理论燃烧温度，从而降低燃烧㶲损失。同时，由于富氧燃烧，降低了燃烧产物中氮气的组分，降低燃烧产物的热容，在同样排烟温度的条件下，可以降低排烟㶲损失。但又会因理论燃烧温度的提高，锅炉传热㶲损失也同步增加。

图 8-3 所示为将空气氧浓度分别提高至 40%、60%、80%和 100%等情况下，锅炉绝热燃烧温度 $\Delta T_{\_ad,f}$、燃烧㶲损失 $\Delta E_{x,l,fc}$、锅炉传热㶲损失 $\Delta E_{x,l,b,ht}$、空气预热器传热㶲损失 $\Delta E_{x,l,ap,ht}$、排烟㶲损失 $\Delta E_{x,l,fg}$ 和锅炉总㶲损失 $\Delta E_{x,B,loss}$ 的变化情况。

从图 8-3 可以看出，随着空气含氧量的提高，煤粉绝热燃烧温度同步大幅提升，最高可提高 1800℃左右，导致锅炉燃烧㶲损失大幅下降。同时，传热㶲损失也同步上升，但其上升幅度小于燃烧㶲损失下降幅度；空气预热器传热㶲损失也有少量增加，其量级仅为 0.1%左右；排烟㶲损失缓慢下降，其幅度约为空气预热器传热㶲损失增量幅度的两倍多。

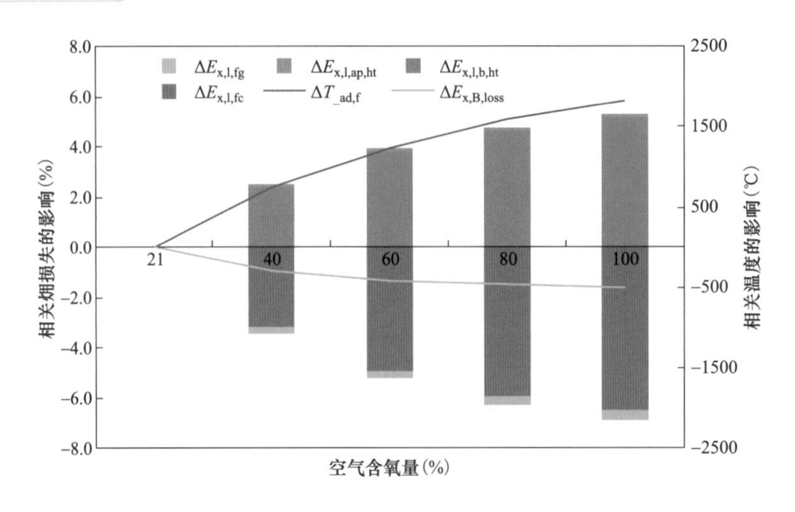

图 8-3　空气含氧量对相关㶲损失的影响

总体来看，随着空气含氧量的提高，绝热燃烧温度、燃烧㶲损失和传热㶲损失等的变化经历相对较快到逐渐趋缓的过程。锅炉总的㶲损失开始明显下降，然后逐渐趋缓。当空气含氧量从 21%提升至 40%时，锅炉总㶲损失下降达 1%左右，引起供电煤耗下降 6g/kWh 以上。而当空气含氧量进一步提高至 100%时，锅炉总㶲损失下降至 1.6%左右，引起供电煤耗下降约 10g/kWh。

8.1.4　空气分级预热

预热空气是大型锅炉普遍采用的方法。提高空气的温度，一方面有利于燃料的着火和燃尽，另一方面可以进一步降低排烟温度，提高锅炉效率。尤其是大容量高参数的锅炉，给水温度高达 300℃，省煤器出口烟温在 350℃以上，预热空气降低排烟温度就更加关键。从热平衡分析来看，预热空气最直接的收益是降低了排烟热损失。如果不预热空气，排烟温度等于省煤器出口烟温，可能高达 350℃，通过预热空气，可将排烟温度降低至 130℃左右，可回收 10%左右的燃料热量，大大降低了排烟热损失。从㶲分析来看，预热空气一方面可以降低排烟㶲损失，其降低的数量等于省煤器出口烟气的㶲减去空气预热器出口烟气的㶲。同时，由于其提高了锅炉的理想燃烧温度，燃烧㶲损失降低；又会引起锅炉工质传热温差的增加，导致传热㶲损失相应增加。可见，主要的收益还来自于降低锅炉排烟㶲损失，其量级相当于燃料化学㶲总输入的 5%左右。由于烟气比热比空气的大，以锅炉烟气加热相应入炉空气的过程中，必然导致随着空气温度的升高，端差越来越小，直至达到空气预热器的加热极限。一般来说，空气预热器的上端差是根据工业设计传热温压的要求进行设计，可降低的空间非常有限。

为了定量了解预热空气对提高燃烧㶲效率的效果，对不同煤种不同热空气温度下的理论燃烧温度、燃烧㶲效率和燃烧过程㶲损失进行了计算，计算结果见表 8-5。可以看出，提高预热空气温度可以明显地降低燃烧过程㶲损失，提高理论燃烧温度和燃烧㶲效率。比如：燃用京西无烟煤时，空气从不预热到预热到 250℃，燃烧㶲效率从 69.2%提高到 76.4%，提高了 7.2 个百分点，空气从不预热到预热到 350℃，燃烧㶲效率从 69.2%提高到 79.7%，提高了 10.5 个百分点。

表 8-5　　热空气温度与理论燃烧温度和燃烧㶲效率（t_0=25℃）

产地与煤种	$t_k=t_0$		t_k=250℃		t_k=350℃	
	t_{ac}（℃）	$\eta_{e,c}$（%）	t_{ac}（℃）	$\eta_{e,c}$（%）	t_{ac}（℃）	$\eta_{e,c}$（%）
京西无烟煤	1977	69.2	2126	76.4	2193	79.7
焦作无烟煤	1965	69.1	2113	76.3	2180	79.6
西山贫煤	2028	69.6	2176	76.6	2244	79.9
淄博贫煤	2183	70.9	2330	77.4	2397	80.4
抚顺烟煤	2016	69.5	2161	76.4	2227	79.5
大同烟煤	2092	70.2	2240	77.0	2308	80.1
元宝山褐煤	1889	68.4	2024	75.2	2085	78.3
丰广褐煤	1831	67.8	1959	74.6	2019	77.7

如图 8-4 所示，燃料的初始理论燃烧温度为 T_{ac}，烟气加热工质和空气后温度降至 T_{py}。假定提高了预热空气温度，空气吸热量增加了 Q_{py}，使排烟温度从 T_{py} 降低至 T_{py1}。忽略空气预热器及热风管道的散热，热量 Q_{py} 被空气全部带入炉膛，使理论燃烧温度从 T_{ac} 升高至 T_{ac1}，高温烟气焓增加了 Q_{ac}。根据热量平衡，Q_{ac} 等于 Q_{py}，即，高温烟气增加的焓等于低温烟气降低的焓，且均等于图中阴影的面积 Q。用 $T_{ac,pj}$ 表示烟气温度从 T_{ac} 至 T_{ac1} 的之间的平均温度，用 $T_{py,pj}$ 表示烟气温度从 T_{py} 至 T_{py1} 之间的平均温度。则有

$$Q_{ac}=T_{ac,pj}(S_{ac}-S_{ac1})=Q_{py}=T_{py,pj}(S_{py1}-S_{py}) \tag{8-1}$$

高温烟气增加的焓㶲

$$E_{x,ac}=Q-T_0(S_{ac}-S_{ac1}) \tag{8-2}$$

低温烟气降低的焓㶲

$$E_{x,py}=Q-T_0(S_{py1}-S_{py}) \tag{8-3}$$

根据式（8-1），由于 $T_{ac,pj}>T_{py,pj}$，所以（$S_{ac}-S_{ac1}$）<（$S_{py1}-S_{py}$），因此，$E_{x,ac}>E_{x,py}$。

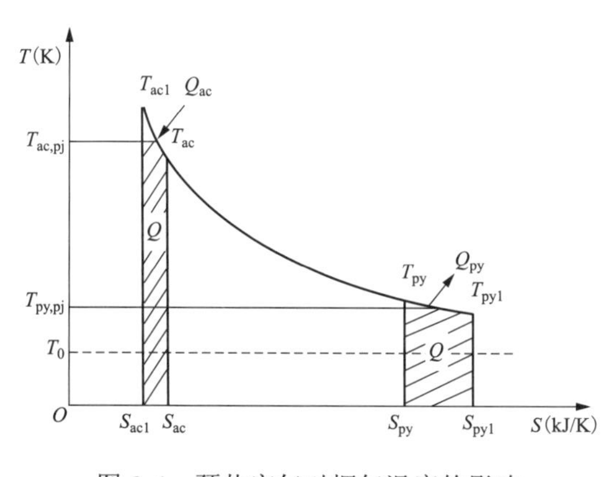

图 8-4　预热空气对烟气温度的影响

燃料和空气混合物进入炉膛后，先吸收周围高温烟气的热量，达到着火点后开始燃烧放热，将燃料的化学能转变为热能，加热燃烧产物，使之成为高温烟气。预热空气吸收的热量提高了燃料和空气混合物的初始温度，减少了从周围高温烟气吸收相同数量的热量，而这部分热量本质上是来源于燃料的化学能，燃料的化学能是能级接近 1 的高品位能量。说明通过烟气余热对冷空气进行回热预热，减少了采用高品质的燃料化学㶲直接加热冷空气所带来的㶲损失，从而大幅降低了燃烧㶲损失。

㶲分析表明，预热空气不仅可以降低排烟㶲损失，而且可以提高燃烧温度，减小燃烧过程㶲损失，提高燃烧㶲效率，扩大了提升燃煤发电的能效空间，特别是对发热量很低的

劣质煤的高效利用提供了有效途径。

从减小燃烧过程㶲损失的角度，在炉膛不超温、不结焦的范围内提高预热空气温度总是有利的，因为预热空气的热量无论是来自烟气预热还是来自抽取的高温烟气，其能级总是小于燃料化学能的能级。目前，大型锅炉普遍采用回转式空气预热器，且布置在省煤器之后，因此，预热空气的温度受到省煤器出口烟温的限制，一、二次风的平均温度在300～350℃之间，回收烟气余热占燃料放热量的10%～15%。为了进一步提高预热空气温度，本文介绍一种采用抽取不同烟温分级加热的方法。

采用空气分级预热技术，将空气预热器与省煤器交错布置，如图8-5所示，可提高空气预热器出口热风温度，进而提高煤粉的绝热燃烧温度，降低燃烧损失。然而，提高绝热燃烧温度的同时，烟气与汽水工质的传热温差增加，锅炉传热㶲损失相应增加。同时，提高热风温度的同时会相应降低排烟温度，并减少烟气/空气平均传热温差，导致排烟㶲损失和空气预热器传热㶲损失也会同步降低。图8-6所示为在U3标准工况基础上，将热风温度分别提高20、40℃和60℃后，理想绝热燃烧温度（$T_{\_ad,f}$）、燃烧㶲损失$\Delta E_{x,l,fc}$、锅炉传热㶲损失$\Delta E_{x,l,b,ht}$、锅炉排烟温度（$T_{\_fg}$）、排烟㶲损失$\Delta E_{x,l,fg}$、空气预热器传热㶲损失$\Delta E_{x,l,ap,ht}$和锅炉总㶲损失$\Delta E_{x,B,loss}$的变化情况。

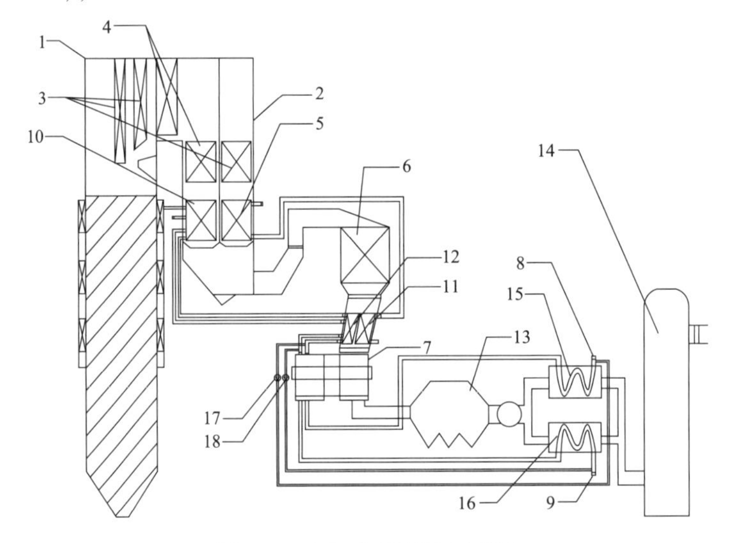

图8-5　空气分级预热系统图

1—锅炉本体；2—尾部烟道；3—过热器；4—再热器；5—省煤器；6—脱硝装置；7—空气预热器；8—送风机出口管道；9—一次风机出口管道；10—高温空气预热器；11—初级省煤器；12—中温空气预热器；13—除尘器装置；14—脱硫塔；15—二次风前置空气预热器；16—一次风前置空气预热器；17—二次风抽气风机；18—一次风抽气风机

从图8-6可以看出，随着热风温度的增加，绝热燃烧温度呈线性增长趋势，增长速率约为热风温度增长速率的60%；燃烧㶲损失也同步下降。然而，锅炉传热㶲损失几乎同步增加，其增加幅度与燃烧㶲损失下降幅度非常接近。排烟温度以热风温度增长速率的80%左右呈线性下降的趋势。随着排烟温度的逐渐下降，空气预热器传热㶲损失和排烟㶲损失也逐渐下降，最大降幅分别达0.94%和0.46%。

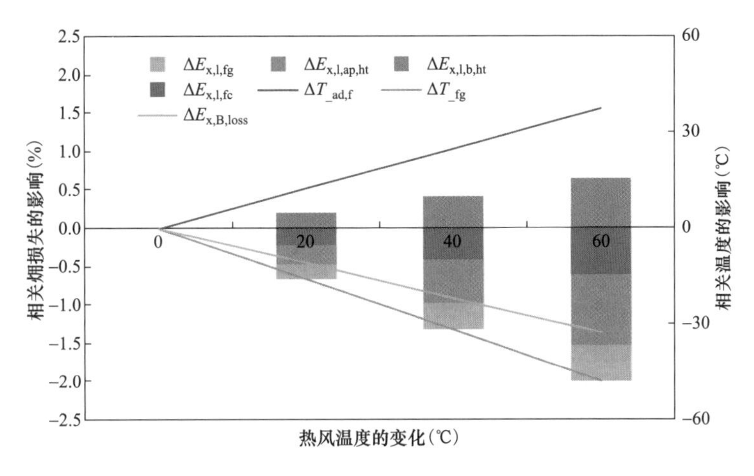

图 8-6　提高热风温度的影响

可见提高热风温度，其最终效果体现在降低了空气预热器的传热㶲损失和锅炉的排烟㶲损失。在热风温度升高 40～60℃的情况下，锅炉总㶲损失减少共计 0.91%～1.37%，引起供电煤耗下降 6～9g/kWh（供电效率按 45%计，下同）。

8.1.5　降低空气预热器漏风率

根据第 7 章㶲损失分布的分析，得知排烟㶲损失是锅炉㶲损失的重要组成部分。而排烟㶲损失与排烟的温度和排烟体积（或质量）直接相关。当空气含湿量取 0.01kg/kg 时，标况下，排烟体积按式（8-4）计算

$$V_{py} = V_{y,0} + 1.0161(\alpha_{py} - 1)V_{k,0} \tag{8-4}$$

式中　V_{py}——排烟体积 m^3；

$V_{y,0}$——理论烟气量 m^3；

$V_{k,0}$——理论空气量 m^3；

α_{py}——过量空气系数。

理论烟气量取决于燃料的元素成分。对于给定的燃料，排烟体积的大小由排烟处的过量空气系数决定。

排烟处的过量空气系数等于炉膛出口过量空气系数 α_l'' 与炉膛出口至空气预热器入口段漏风系数$\Sigma\Delta\alpha$ 和空气预热器的漏风系数 $\Delta\alpha_{ky}$ 之和。按式（8-5）计算

$$\alpha_{py} = \alpha_l'' + \Sigma\Delta\alpha + \Delta\alpha_{ky} \tag{8-5}$$

目前，烟道的密封条件很好，炉膛出口至空气预热器入口段的漏风系数几乎为 0。炉膛出口过量空气系数取决于燃料的燃烧特性和燃烧器的性能，通常在 1.15～1.25 之间，高挥发分、易燃尽的煤种取低值，低挥发分、难燃尽的煤种取高值。空气预热器的漏风系数取决于回转式空气预热器入口的过量空气系数 α_{ky}' 和空气预热器的漏风率 A_L，其关系参见式

$$\Delta\alpha_{ky} = \alpha_{ky}' \frac{A_L}{90} \tag{8-6}$$

当前大型燃煤发电机组的空气预热器都采用回转式空气预热器。由于回转式空气预热

器的结构特点，空气和烟气通道之间的间隙不可能完全密封，必然导致高压的空气向烟气泄漏的现象。300MW 机组空气预热器的漏风率大多在 6%～10%之间；600MW 及以上等级机组的漏风率基本上低于 6%，有的甚至低于 4%。以上表明：排烟体积受炉膛过量空气系数和空气预热器漏风率的制约。

针对空气预热器漏风问题，本书提出了一种抽气可控式回转空气预热器，如图 8-7 所示。通过抽气系统，可以对密封板开口处的压力适度调整，从而降低甚至消除烟气侧与抽气口处的压差，达到降低乃至消除漏风的效果。理论上如果将抽气口的压力调整至与烟气侧压力相当水平，则空气预热器的漏风率为零。通过控制系统，可依据密封处与烟气侧的压差对抽气风机进行自动控制，从而保证空气预热器漏风率在运行状态下时刻维持在接近零的工况。通过控制系统，可依据冷空气的温度与排烟温度调整抽气向空气利用的热风管道与空气利用的冷风管道的流量分配，可实现寒冷天气尾部烟道防腐与能量转化高效化的自动控制。

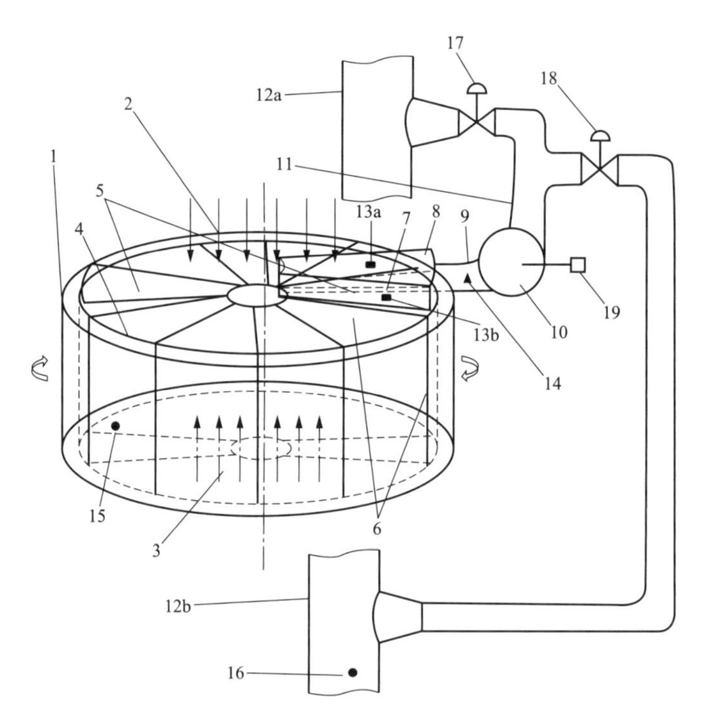

图 8-7　一种抽气可控式回转空气预热器

1—外壳；2—烟气通道；3—空气通道；4—转子；5—密封板；6—密封片；7—抽气口；8—收风箱；9—抽气管道；10—抽气风机；11—出风管道；12a—空气利用的热风管道；12b—空气利用的冷风管道；13a—烟气侧压力测点；13b—密封处压力测点；14—氧量测量装置；15—排烟温度测点；16—冷空气温度测点；17—出风管道第一流量调节阀；18—出风管道第二流量调节阀；19—抽气风机的流量调整机构

通过分级预热系统和抽气可控式回转空气预热器，①可弹性调整夏季、冬季的排烟温度，使其始终维持在一个经济安全的合理水平，从而同时解决夏季排烟温度过高而降低锅炉效率，冬季/低负荷排烟温度过低引起低温腐蚀、脱硝效率下降等问题；②可大幅提高二次风热风温度，提高锅炉燃烧稳定性，从而可进一步降低过量空气系数；③可几乎消除空气预热器漏风问题。

为了验证上述方案的效果，选取国内运行水平较先进的安庆电厂 2×1000MW 超超临界机组为案例进行分析。该机组配东锅 DG2910/29.15-Ⅱ3 型直流、一次再热、单炉膛、平衡通风、固态排渣、露天布置锅炉；采用Π型布置，前后墙对冲燃烧方式。设计煤种为布连塔煤，校核煤种为布尔台媒。两台机组同步建设烟气脱硫和 SCR 脱硝装置。通过系统设计，可将排烟温度从 120℃降低到 90℃，热风温度从 334.8℃提高到 377.8℃，从而将锅炉效率提高 1.5%左右，降低煤耗近 4g/kWh 以上；空气预热器漏风率可以降低至接近 0 的水平，同时可保持脱硝装置始终在 340～360℃之间高效运行。燃烧稳定性和过量空气系数可降低的空间还需实际应用后继续检验。

8.1.6 降低过量空气系数

在煤粉燃烧过程中，空气中的氧向燃料表面扩散存在一定阻力，需要增加一定的空气供给，以提高燃烧效率。过量空气系数为实际空气量与理论空气量之比，大型燃煤锅炉的过量空气系数通常为 1.2 左右。考虑到燃烧方式和煤粉品质的不同，选定过量空气系数的范围为 1～1.3。不考虑燃烧效率的变化，如 7.2.1 节分析，降低过量空气系数会提高绝热燃烧温度 $T_{\_ad,f}$，降低燃烧烟损失 $E_{x,l,fc}$；同时，锅炉传热烟损失 $E_{x,l,b,ht}$ 也会增加。过量空气系数下降，还会导致排烟流量的下降，从而导致排烟烟损失 $E_{x,l,b,fg}$ 和空气预热器传热烟损失 $E_{x,l,ap,ht}$ 也相应下降。

图 8-8 展示了在不考虑燃烧效率变化的情况下，过量空气系数从 1.3 逐渐降低至 1 的过程中，锅炉绝热燃烧温度、燃烧烟损失、锅炉传热烟损失、空气预热器传热烟损失、排烟烟损失和锅炉总烟损失的变化情况。从图 8-8 可以看出，随着过量空气系数逐渐下降，绝热燃烧温度逐渐加速上升。同时，燃烧烟损失、空气预热器传热烟损失和排烟烟损失近乎线性下降，而传热烟损失则近乎线性增加。其结果是，锅炉总烟损失呈线性下降趋势。过量空气系数平均每下降 0.1，引起锅炉总烟损失下降 0.2%左右，折合机组供电煤耗下降约 1.3g/kWh。

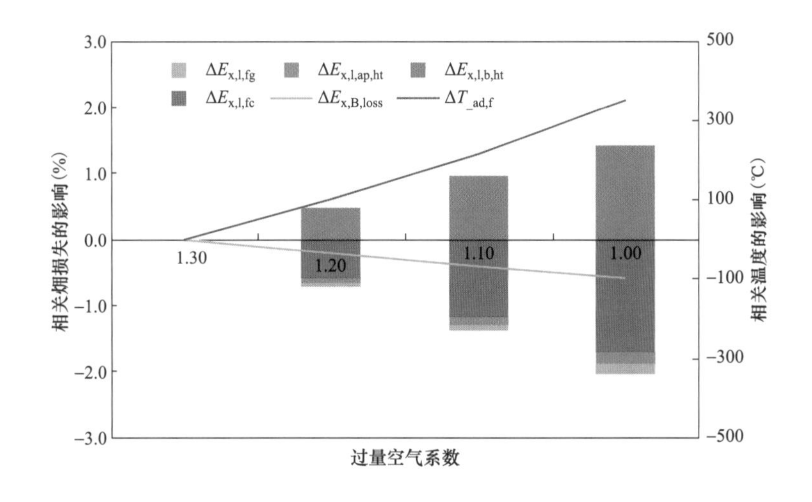

图 8-8 过量空气系数的影响

8.1.7 降低排烟温度

从锅炉的热量损失分布来看，减小排烟热损失和不完全燃烧热损失是提高锅炉热效率的主要途径。

排烟热损失大小由排烟体积和排烟温度决定。降低排烟温度，减小排烟体积是降低排烟热损失的两个途径。

1. 排烟温度对排烟热损失的影响

在其他参数不变的情况下，将表7-1中的锅炉排烟温度降低10℃，通过热平衡计算，得到排烟温度降低后的新排烟热损失。表8-6是排烟温度降低前后的排烟热损失变化。可以看出降低排烟温度，排烟热损失随之降低，排烟温度每降低10℃，排烟热损失降低约0.5%。

表8-6　排烟温度降低10℃引起排烟热损失的变化

机组编号	U1	U2	U3	U4	U5
原排烟热损失（%）	5.38	5.33	5.26	5.16	4.63
新排烟热损失（%）	4.89	4.82	4.77	4.67	4.15
排烟热损失增量（%）	−0.51	−0.51	−0.49	−0.51	−0.48

2. 排烟温度的制约因素

大型燃煤锅炉，都在省煤器后布置空气预热器来进一步降低排烟温度。根据热平衡，空气预热器的吸热量按式（8-7）计算

$$Q_{ky}=V_y c_y(\theta'_{ky}-\theta_{py})=V_k c_k(t_{rk}-t_{lk}) \tag{8-7}$$

式中　Q_{ky}——空气预热器吸热量，kJ/kg；

$V_y c_y$——烟气的热容量，kJ/（kg·K）；

$V_k c_k$——空气的热容量，kJ/（kg·K）；

θ'_{ky}——空气预热器入口烟温，℃；

θ_{py}——排烟温度，℃；

t_{rk}——热空气温度，℃；

t_{lk}——冷空气温度，℃。

当省煤器与空气预热器之间无其他换热设备时，空气预热器入口烟气温度等于省煤器出口烟气温度，可用式（8-8）计算

$$\theta'_{ky}=t_{gs}+\Delta t_{sm,x} \tag{8-8}$$

式中　t_{gs}——给水温度，℃；

$\Delta t_{sm,x}$——省煤器下端差，指省煤器出口烟气温度与给水温度之差，℃。

热空气温度可由式（8-9）计算

$$t_{rk}=t_{gs}+\Delta t_{sm,x}-\Delta t_{ky,s} \tag{8-9}$$

式中　$\Delta t_{ky,s}$——空气预热器上端差，指空气预热器入口烟温与热空气温度之差，℃。

将式（8-8）和式（8-9）带入式（8-7）得

$$\theta_{py} = (t_{gs} + \Delta t_{sm,x})\left(1 - \frac{V_k c_k}{V_y c_y}\right) + (t_{lk} + \Delta t_{ky,s})\frac{V_k c_k}{V_y c_y} \tag{8-10}$$

式（8-10）给出了排烟温度与给水温度、省煤器下端差、空气预热器上端差及空气与烟气热容量之比的关系，即，排烟温度受这些因素制约。在空气预热器中，烟气的流量大于空气的流量，而且烟气中有热容量较大的二氧化碳及水蒸气等成分，所以，烟气的热容量总是大于空气的热容量，即，空气与烟气的热容量之比小于 1。因此，排烟温度随着给水温度、冷空气温度、省煤器下端差、空预器上端差的升高而升高。

给水温度由第一级抽汽回热参数决定，一般与主蒸汽参数相关，随着主蒸汽参数的提高，给水温度一般也相应提高。在无外来热源加热时，冷空气温度由环境温度决定，无法改变。省煤器的下端差与空气预热器的上端差由设计时的取值决定。其大小决定着省煤器与空气预热器的传热温差，进而决定了省煤器与空气预热器的受热面积。如果取值过大，会使排烟温度过高，排烟热损失过大。如果两者取值过小，会使省煤器和空气预热器的受热面积过大而使制造成本大幅上升。同时，过大的受热面积也可能会加大工质的流动阻力，使运行成本过大。因此，综合考虑，省煤器的下端差$\Delta t_{sm,x}$不宜低于 50℃，空气预热器上端差$\Delta t_{ky,s}$不宜低于 25℃。

以上分析表明：一定的蒸汽参数和环境温度下，省煤器和空气预热器的小温差决定了排烟温度的下限值。

为了获得排烟温度下限的定量值，选取省煤器小温差$\Delta t_{sm,x}$=50℃，空气预热器上端差$\Delta t_{ky,s}$=25℃，对表 7-1 中 4 台典型机组进行了计算，得到了锅炉的计算排烟温度，见表 8-7。

表 8-7　　计算排烟温度

机组编号	U1	U2	U3	U4
名牌容量（MW）	300	660	1000	1000
主蒸汽出口压力[MPa（表压）]	17.28	25.2	27.18	31.14
主蒸汽出口温度（℃）	541	571	605	605
给水温度（℃）	289	287	314	324
冷空气温度（℃）	25	25	25	25
省煤器下端差$\Delta t_{sm,x}$	50	50	50	50
空气预热器上端差$\Delta t_{ky,s}$	25	25	25	25
烟气中水蒸气份额	0.08	0.10	0.09	0.08
空气热容量/烟气热容量	0.85	0.83	0.84	0.85
计算排烟温度（℃）	94	99	101	98

计算结果表明：通过预热自身燃烧所需的空气，选取较小的省煤器和空气预热器传热端差，排烟温度可降低至 90～100℃。如果继续降低排烟温度，需考虑采用其他的介质冷却，比如采用低温凝结水冷却的低温省煤器的方法。

实际上排烟温度的选取还需考虑运行安全的问题，为了防止空气预热器发生低温腐蚀、堵灰等问题，设计排烟温度一般都高于 120℃。对于水分多、硫分多的燃料还要采取更高的排烟温度。

上述分析可知，降低排烟温度受到给水温度、传热温差、受热面腐蚀等限制。目前现役机组的排烟温度设计值一般为120～130℃，排烟热损失为5%～6%。如果不考虑腐蚀的限制，仅采用加热空气的方法降低排烟温度，亚临界以上机组排烟温度可降低至90～100℃，排烟热损耗可降至3.5%～4.5%，锅炉热效率提高1.5%。

8.1.8 提高燃尽率

煤粉炉的不完全燃烧热损失主要是固体不完全燃烧热损失，该项热损失的直接体现就是飞灰含碳量的大小。提高燃料的燃尽率，降低飞灰含碳量是降低不完全燃烧热损失的主要途径。

煤的燃尽率取决于煤的燃烧特性和燃烧条件，前者是内因，后者是外因。

1. 影响煤燃烧特性的因素

影响煤燃烧的关键因素是挥发分和灰分，水分对煤的燃烧也有一定的影响。

挥发分在煤的着火过程中起着十分重要的作用。它随煤粒被加热而析出，并当环境温度达到着火温度，并与空气混合至一定比例后，所含的气态烃就会首先达到着火条件而燃烧起来，从而迅速提高煤粒周围的气体温度，引燃焦炭燃烧，并使煤粒内的剩余挥发物继续析出。碳化程度浅的褐煤和烟煤等煤种由于挥发分含量比碳化程度深的贫煤和无烟煤高，易于着火。挥发分本身的燃烧是煤燃烧的一部分，不仅为焦炭的着火和燃烧创造了有利条件，而且它的析出还使煤粒膨胀，增大内部空隙及外部反应表面积，也有利于提高焦炭和整个煤粒的燃烧速率。

煤的灰分不是煤中原有成分，而是煤中所有可燃物质完全燃烧以及煤中矿物质在一定温度下产生一系列分解、化合等复杂反应后剩下的残渣。它的组成和质量与煤中矿物质含量直接相关。煤中的矿物质来源有三种，第一种是原生矿物质，即成煤物质所含的无机元素均匀分布在煤的可燃质中，占总灰量的极小部分。第二种矿物质是煤在碳化期间渗入的矿物质，数量变化范围很大，表现为可燃质的残渣或间隔可燃质的内部夹层，其分布也比较均匀。这两种灰分数量不是很多，是在煤矿形成过程中伴生而来的，故称“内在矿物质”。第三种矿物质是在采煤过程中混入的杂质，又叫“外来矿物质”。它颗粒大，占灰分的大部分，可以用洗选加以清除。在煤磨细以后，大部分外来矿物质及夹层状矿物质会与可燃质分开，对煤的可燃质燃烧过程没有直接的影响。

内在矿物质是影响焦炭燃烧的重要因素。当燃烧温度低于灰的软化温度时，焦炭颗粒从外向里逐层燃烧时，燃尽的外表灰形成一层灰壳，并随燃烧过程的深入而增厚。灰壳增加了氧气向内层焦炭扩散的阻力，从而妨碍焦炭的燃尽。主要表现在延长了焦炭的燃尽时间。当燃烧温度高于灰熔点时，灰层会熔融成液态从焦炭表面剥离坠落，而不断暴露出焦炭反应表面，有利于焦炭燃烧。

水分对煤的燃烧过程也有一定的影响。首先，水分推迟了煤的着火。煤在着火前，先经历加热干燥过程，水分在这一过程中被加热并汽化，吸收一部分着火热，延长了煤被加热到着火温度需要的时间，使着火推迟，缩短了煤的有效燃烧时间。其次，水分降低燃烧温度。水分增大了燃烧产物的热容量，使燃烧温度降低，对煤的燃烧不利。

2. 促进煤粉完全燃烧的条件

（1）供应充足而又适量的空气量。这是燃料完全燃烧的必要条件。空气量供应不足，会使可燃物得不到充足氧而不能完全燃烧；空气量供应过多，会降低炉温，使燃料不能完全燃烧。空气量常用炉膛出口过量空气系数表示，适量值为1.15～1.25。

（2）保持适当的炉膛温度。炉温高，燃料着火快，燃烧速度也快，利于燃烧完全。但过高的炉温不仅会引起炉内结渣，也会引起水冷壁模态沸腾，还会加快燃烧反应的逆反应（还原反应）的速度，这意味着有较多的燃烧产物还原成为燃烧反应物，也相当于燃烧不完全。试验证明，锅炉的炉温在中温区域（1000～2000℃）内比较适宜。

（3）加强空气和煤粉的良好混合和扰动。煤粉的燃烧主要在煤粉表面进行，煤粉和空气接触才能反映。要做到这一点，就要求燃烧器的结构特性优良，一、二次风配合良好，并有良好的炉内空气动力场，使煤粉和空气在着火、燃烧阶段充分混合。在燃尽阶段还要加强扰动，破坏焦炭颗粒表面的灰壳层，减小氧气向内层焦炭的扩散阻力，有利于燃烧完全。

（4）保证煤粉在炉内有足够的停留时间。为使煤粉完全燃烧，必须保证有足够的火焰长度，即，使煤粉在高温的炉内有足够的停留时间。煤粉气流一般在喷入炉膛0.3～0.5m处开始着火，到1～2m处大部分挥发分已析出燃尽。余下的焦炭要到10～20m处才燃烧完全或接近完全。到炉膛出口还没有燃尽的焦炭颗粒，离开炉膛进入对流受热面后烟气温度迅速降低，氧的浓度已很低，未燃尽的焦炭粒就不再继续燃烧，产生不完全燃烧热损失。实践表明：不同煤种在一半的火焰长度上燃尽率已高达94%以上，烟煤和褐煤更是高达98%以上，但后期的燃尽已变得很慢。

此外，煤粉的细度对煤粉燃尽也很大影响。煤粉越细对提高燃烧效率有利，但煤粉磨得过细会耗电过多，得不偿失。

3. 提高煤粉燃尽率的瓶颈

目前，煤粉炉燃烧技术已达到相当高的水平。煤粉炉炉膛为煤粉的燃尽创造了非常优越的条件，使煤粉的燃尽率达到了很高的水平。但进一步提高煤粉燃尽率，降低不完全燃烧热损失还面临一些瓶颈。

煤粉的“内在矿物质”是焦炭无法燃尽的根本原因。焦炭颗粒从外向里逐层燃烧时，燃尽的外表灰形成一层灰壳，并随燃烧过程的深入而增厚。灰壳增加了氧气向内层焦炭扩散的阻力，从而妨碍焦炭的燃尽。

挥发分含量对焦炭的燃尽率起决定性作用。焦炭的燃烧分为快速燃烧阶段和剩余焦炭的缓慢燃烧阶段，快速燃烧阶段在1～2s的时间，焦炭的燃尽率可达94%～99.5%，而剩余部分焦炭被灰层包裹，进入缓慢燃烧阶段。挥发分析出时会使煤粒膨胀，增大内部空隙及外部反应表面积，有利于提高焦炭和整个煤粒的燃烧速率。因此，灰中剩余焦炭的含量与挥发分的含量有关。挥发分含量越高，焦炭的最终燃尽率就越高，灰中剩余焦炭的含量就越低。煤中挥发分的含量与煤的碳化程度有关，碳化程度越浅，挥发分含量就越高。因此，在相同的燃烧条件下，碳化程度浅的褐煤和烟煤由于挥发分含量比碳化程度深的贫煤和无烟煤高，因而燃尽率就高。

灰中剩余焦炭的燃尽需要相当长的时间。在测量灰中可燃物含量时，需要将灰样在马沸炉中灼烧1～2h，才能将灰中可燃物完全燃尽。虽然煤粉炉的炉膛温度高、混合和扰动条件比马沸炉好，但要把灰中剩余焦炭燃尽仍需相当长的时间。而燃料在炉膛中数秒的停留时间根本无法实现完全燃尽。

实践表明，烟煤、褐煤的不完全燃烧损失为 0.5%～1.0%，贫煤、无烟煤的不完全燃烧损失为 1.0%～3.0%。

8.1.9 低温省煤器

前面已分析，仅通过预热空气降低排烟温度受到给水温度、传热温差、受热面腐蚀等限制。现役大型燃煤锅炉的排烟温度为 120～130℃，排烟热损失为 5%～6%。以某机组为例，其排烟温度为 125℃，排烟热损失为 5.04%，如将排烟温度降低至 85℃，其排烟热损失降低至 2.74%，锅炉效率提高 2.3%，相应锅炉㶲效率可以提高 1.31%。可见，深度降低排烟温度，还有一定的提效空间。

关于深度降低排烟温度的研究与利用主要集中在低温省煤器，及基于低温省煤器的烟气综合利用等方面。通过在空气预热器之后的烟道加装低温省煤器，一方面可以利用回收的余热加热凝结水，减少抽汽，从而有效提高机组做功能力，同时还可以降低进入脱硫塔前的烟气温度，减少脱硫塔的喷淋用水。对于布置在除尘器前的低温省煤器还可以通过降低排烟温度而使烟气中的粉尘比电阻降低、烟气的体积流量减少，从而提高了电除尘的效率，降低了粉尘的排放。针对低温省煤器，及基于低温省煤器的烟气余热综合利用技术最早应用于德国燃煤电厂，后来逐步在不同的电厂得到改进和提升，本项目系统调研了相关技术应用的案例，并进行对比分析。

1. 直接加热低温凝结水的低温省煤器技术

首先介绍最基本的低温省煤器技术，该技术早期应用于德国黑泵（Schwarze Pumpe）电厂的 800MW 褐煤锅炉，如图 8-9 所示。由于褐煤水分较高，尾部烟道烟气焓值高，空气预热器难以大幅度降低烟温，导致排烟温度较高，额定工况下设计排烟温度为 170℃，实际运行为 187℃。通过在电除尘器和脱硫塔之间的烟道上布置低温省煤器，将烟气温度从 187℃降低到 138℃后进入脱硫塔。水侧通过冷却水二级换热，将热量传递给低压凝结水，并将凝结水温度从 87℃提高到 131℃。由于低温省煤器利用排烟低温热源将凝结水加热，从而排挤汽轮机的低压回热抽汽，让其继续回汽轮机做功。但由于被排挤回汽轮机的低压抽汽做功能力较差，大部分热量又通过低压缸排汽释放到凝汽器，导致锅炉排烟回收热的利用效率非常低。由于该系统排烟温度较高，据计算其能量利用效率约 40%。而对于国内常规机组，由于排烟温度本身就 120℃左右，其能量利用效率仅 20%左右。

但由于利用的烟气余热并非直接进入炉膛，以提高锅炉效率，其能量利用效率根据不同系统方案分别有不同程度的折扣。

2. 前置空气预热器的低温省煤器技术

被低温省煤器利用的烟气余热温度等级直接决定了系统可排挤凝结水回热系统的抽汽等级，从而决定了系统的能量利用效率。德国梅隆（Mehrum）电厂 712MW 烟煤锅炉，利用布置在电除尘器与脱硫塔之间的水媒换热器先对空气预热器的进口空气进行预热（相当于前置空气预热器），抬高空气预热器的入口空气温度，如图 8-10 所示。从而使得烟气经过空气预热器后的散热量降低，空气预热器出口烟温得以抬升，进而利用温度抬升后的空气预热器排烟进行加热低温省煤器，最终提高锅炉排烟损失的利用效率。通过前置空气预热器的烟温抬升技术方案，将原 120℃左右的排烟温度抬升至 150℃左右，使得系统余热利用效率从 20%左右抬高至 35%左右。国电某电厂 2×600MW 机组也开展了类似的技术改造，通过核算，排烟温度最终下降 50℃，节约煤耗 3g/kWh 左右。

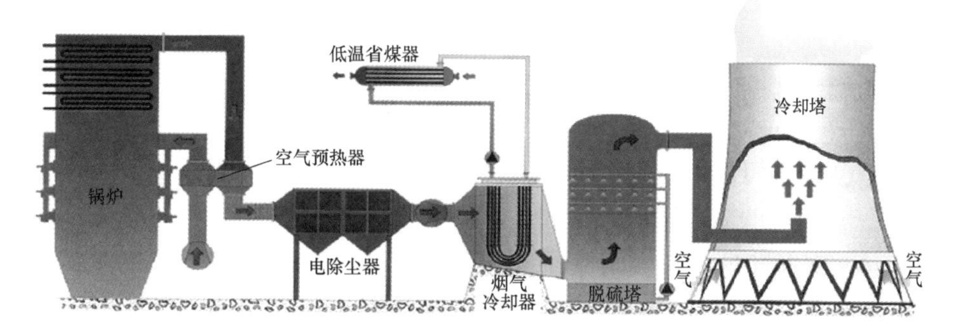

图 8-9 德国 Schwarze Pumpe（黑泵）电厂低温省煤器系统图

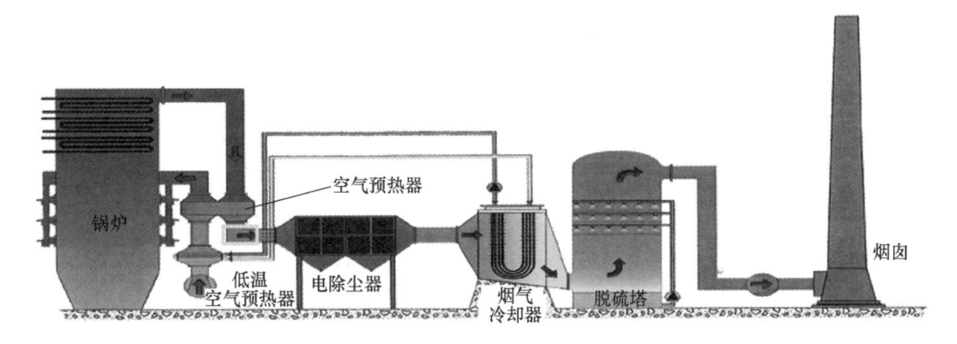

图 8-10 德国梅隆（Mehrum）电厂前置空气预热器+低温省煤器系统图

3. 烟气旁路高、低温省煤器技术

德国科隆（Nideraussem）电厂 950MW 锅炉在梅隆电厂的技术方案基础上，采用汽/水相变换热器布置在电除尘与脱硫塔之间，提取烟气热量对冷空气进行预热，如图 8-11 所示，从而减少空气预热器中空气的吸热量。多余的烟气热量通过与空气预热器并联设置的旁路，分别对高压给水和低压凝结水进行加热，以替代相应压力等级的汽轮机抽汽。通过烟气旁路和汽/水相变换热技术，可实现将给/凝水的温度从 53℃逐渐升高至 124℃，从而将烟气余热利用效率提高至 45%～50%。

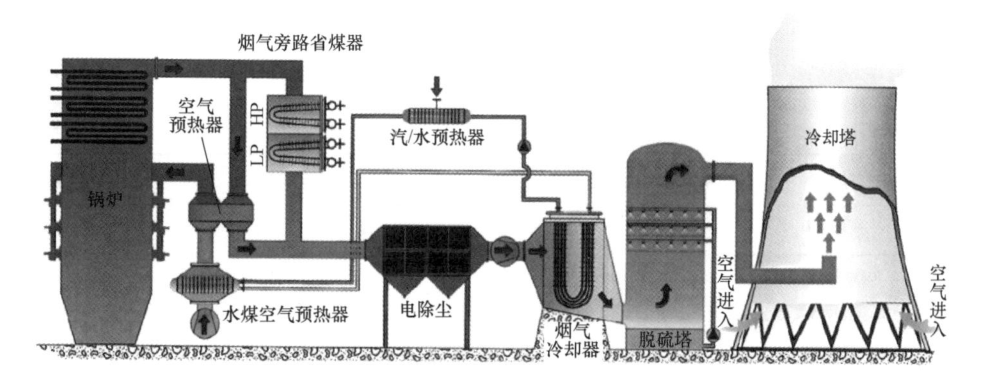

图 8-11 德国科隆（Niederaussem）电厂高温省煤器和低温省煤器系统

尽管上述方法在回收烟气余热方面有一定的效果，但从运行效果来看，该技术也存在一些不足之处，主要有以下三个方面：①加装低温省煤器后，不仅增加了一定的设备投资，还使得烟气阻力有所上升，引风机电耗增加，从而增加了厂用电量；②通过低温省煤器降低排烟温度后，烟气温度接近露点温度，存在发生低温腐蚀的风险；③加装烟气回热装置将增加设备的检修维护量及机组事故率。

8.2 电站汽轮机节能技术讨论

根据第 7 章对汽轮机㶲损失分布情况的分析可知，汽轮机的㶲损失主要包括内效率㶲损失、回热系统㶲损失、冷端㶲损失以及漏汽与散热㶲损失。内效率㶲损失和回热系统㶲损失都属于隐性㶲损失。冷端㶲损失和漏汽与散热㶲损失属于显性㶲损失。下面将针对上述汽轮机不同的㶲损失，并基于 7.2.2 对汽轮机岛节能潜力的分析，讨论汽轮机相关节能技术。

8.2.1 汽轮机通流改造技术

在理想情况下，汽轮机级内热能转换为机械功的最大能量等于蒸汽在级内的理想比焓降。实际上由于级内存在各种各样的效率损失，蒸汽工质经历熵增过程，从而引起相应的㶲损失，导致蒸汽的理想比焓降不可能全部转变为机械功。凡是级内与蒸汽流动时能量转换有直接联系的损失，称之为汽轮机级内损失。级内损失引起内效率的下降，以及内效率㶲损失的增加。引起汽轮机内效率下降的损失主要包括叶高损失、扇形损失、叶栅损失、余速损失、叶轮摩擦损失、撞击损失、部分进汽损失、湿汽损失、漏汽损失、喷嘴损失和动叶损失等级内损失，进汽机构的节流损失、排汽管的压力损失等内部损失，还有外部漏汽损失和机械损失等。这些损失中，一般而言，叶高损失、扇形损失和漏汽损失等占级内总损失约 90%，是提高汽轮机级效率的关键。因此，通流改造往往着眼于采用新型高效叶片和减少漏汽损失两方面，以提高通流部分的级效率，降低机组的内效率㶲损失。

目前通常采用的通流改造技术主要包括：①采用高效新叶型；②采用分流叶珊（宽窄组合叶栅）；③采用三元流场设计（弯扭联合成型技术、斜置静叶技术、可控涡技术、子午通道优化技术和高效率、高可靠性的末级长叶片技术）；④新型汽封（可调汽封、多齿汽封、椭圆汽封）；⑤高效进汽室和排汽缸（蜗壳进汽、蜗壳—径向导叶进汽、高效排汽缸）等。

表 8-8 列出了各项技术措施的综合比价相对比较。表 8-9 列出了国内汽轮机通流部分改造的现状。表 8-10 列出了国外汽轮机通流改造的现状。

表 8-8　各项技术措施的综合比价相对比较

项目	优先序号	项目	优先序号
新叶型	7	静叶弯扭联合成型	10
斜置静叶	2	分流叶珊	4
可控涡设计	8	光滑子午通道	3
调节级喷嘴子午型线	6	末级静叶根部端壁子午型线	11

续表

项目	优先序号	项目	优先序号
新型汽封	1	减少拉筋	9
加围带	5	去湿	13
防固体粒子冲蚀	12	蜗壳进汽	14
新叶型+弯扭静叶+（光滑子午+加围带）	3	新叶型+斜置静叶+（光滑子午+加围带）	3
新叶型+可控涡设计+(光滑子午+加围带)	3		

8.2.2 主蒸汽压力优化

由于工业生产用电、民用电等在不同季节、不同时刻差异非常明显，发电机组长期、频繁处于低负荷工况运行。低负荷工况下我国燃煤电站的主蒸汽压力普遍采用“定-滑-定”运行方式进行调整，以在一定程度上减少机组因负荷率降低而带来的煤耗增加。在 7.2.1 节已讨论过主蒸汽压力对机组传热㶲损失的影响情况。定-滑-定主蒸汽压力曲线的合理与否对机组效率的影响很大。在低负荷下，提高主蒸汽压力降低传热㶲损失，和降低主蒸汽压力以降低汽轮机高压缸的内效率㶲损失，两者是一对矛盾。为此，国内各大高校、电科院、生产单位等往往采用对单台机组进行试验优化的办法，来寻求相对合理的定-滑-定曲线。但效果受试验水平、机组特性、设备老化等影响非常大。

针对上述问题，本书在原定-滑-定滑压运行理念的基础上，结合考虑管道、阀门、调门、级组等各单元流量特性，对各种典型汽轮机开展大量理论与试验研究，提出切合机组物理特性的“波浪型”滑压运行理念，如图 8-12 所示。并提出采用冗余数据校正技术、参数定态归一化技术等进行机理建模，通过对大量运行数据的采集、处理、分析，建立汽轮机全工况压力运行特性模型，对汽轮机滑压运行方式进行实时闭环指导，以达到节能减排的目的。

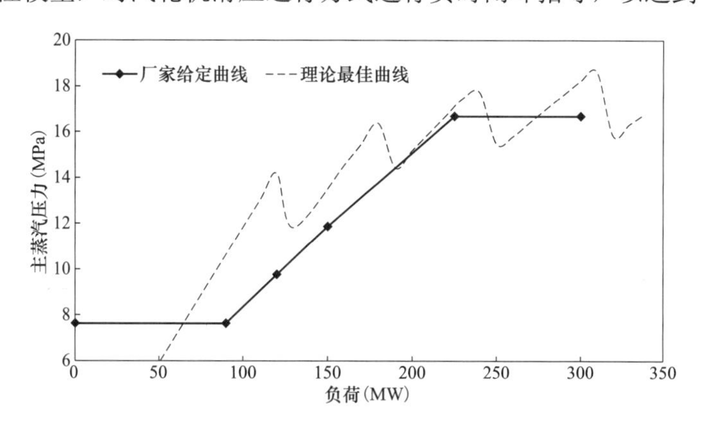

图 8-12 “波浪型”汽轮机滑压运行曲线

具体优化工作包括如下内容：

（1）DCS 实时数据采集。根据机组特性建模需求，配置 DCS 数据采集点（100～200 个点），根据 DCS 设备通信协议，编制数据接口软件，将汽轮机滑后运行节能优化控制系统所需的 DCS 实时运行数据采集到实时数据接口计算机。通过硬件防火墙将实时数据接口计算机上的实时数据传输到数据中心站。

表 8-9　国内汽轮机通流部分改造情况

改造单位	电厂	容量等级（MW）	改造范围	技术措施	效果
北京石景山发电总厂	高井电厂 1 号机组	100	LP	新叶型、子午面流线、末两级隔板重新设计	机组热耗率降低 133.96kJ/kWh，低压缸效率提高 5.15%～7.55%（对应于背压 8.8～14.5kPa）
上海汽轮机厂	滁州发电厂 1～3 号机组	125	HP	调整通流面积、光滑流道、调整汽封间隙	1、2、3 号汽轮机高压缸内效率分别提高了 2.72%、5.55%和 2.52%，热耗率分别降低了 238.1、220.6、256.9kJ/kWh
哈尔滨汽轮机厂	沙角 A 电厂 1 号机组	200	LP	新型动叶、动叶自带围带、汽道做成斜面、汽封齿数增加、三元流可控涡设计	低压缸效率提高 8.2%，热耗降低 365.65kJ/kWh，机组出力增加
东方汽轮机厂	徐州发电厂 6 号机组	200	HP、IP、LP	新叶型、分流叶栅、静叶斜置、扭曲动叶、光滑的子午通道、叶顶多齿汽封、大刚度叉型叶根、围带汽封	机组热耗减低，效率提高，高压缸效率在 85%以上

表 8-10　国外汽轮机通流改造情况汇总

制造厂	容量等级（MW）	改造范围	技术措施	效果
GE		LP	SCHILICT 叶型、可调汽封、新末级叶片、调节级喷嘴子午端壁型线	整机效率提高 2%～2.5%
		584mm 末级		整机效率提高 0.5%
		1092mm 末级		整机效率提高 2%～2.5%
WH	584.5	LP	新叶型、可调汽封、新末级叶片	出力增加 7783kW
	609.4	LP		热耗降低 100.8 kJ/kWh
Hitachi	250	LP	SCHILICT 叶型、可调汽封、多齿汽封、椭圆汽封、弯扭静叶、斜置静叶、可控涡、新叶片	整机效率提高 2%～2.6%
	350	LP		整机效率提高 2.3%
	600	LP		整机效率提高 1.7%
Toshiba	125	HP、IP	新叶型、弯扭静叶、斜置静叶、可调汽封、新末级长叶片	整机效率提高 3.3%
	220	LP		整机效率提高 2.6%
	350	LP		整机效率提高 2.1%
MHI	325	LP	弯扭叶片、可控涡、新叶片	热耗降低 1.55%
	350	末级 851 叶片		整机效率提高 1%
ABB	200	HP 用 8000 叶型	新叶型、新末级长叶片、弯扭静叶、涡壳进汽、光滑子午通道	整机效率提高 4.9%
	250	LP 换转子		低压缸效率提高 2%
Siemens	720	HP	新叶型、弯扭静叶、多齿汽封	高压缸效率提高 4.8%

（2）建立优化控制规则的寻优与数据挖掘分析系统。以 DCS 实时运行数据为支撑，并通过数据校正技术和参数归一化定态处理对数据进行有效性判断和预处理工作，形成完整的汽轮机实时/历史数据库。基于运行数据、试验数据进行寻优和数据挖掘，建立汽轮机安全稳定高效运行专家知识库。

读取机组运行的历史数据，建立数据库，搭建运行优化环境。利用主导因素法建立数据特性模型，从汽轮机历史运行过程中发现和抽取出最佳的操作控制模式，评估其是否达到了可接收的优化水平范围。从多维的、海量的历史运行数据中提取最优运行模式并建立最优运行模式规则库，结合运行调试试验，寻找优化运行模式。优化控制知识最终以规则的方式表达，易于理解和使用，领域专家还可直接根据专家经验修改或输入控制规则。建立优化规则的基本思路是：首先，利用主导因素法建立汽轮机工况模型。汽轮机的历史运行数据可以归纳为控制参数、状态参数、性能参数。这三类参数的整体是一个汽轮机运行的模式，反映当时的运行状态。其次，在海量的、耦合的参数中对汽轮机的运行数据进行分析和聚类，分工况提取出汽轮机运行的模式规则库。再次，评估模式规则反映的汽轮机运行水平，根据优化目标、专家知识库、热力试验选择运行水平最高的模式规则推荐给最优模式规则库。数据平台逻辑关系见图 8-13。

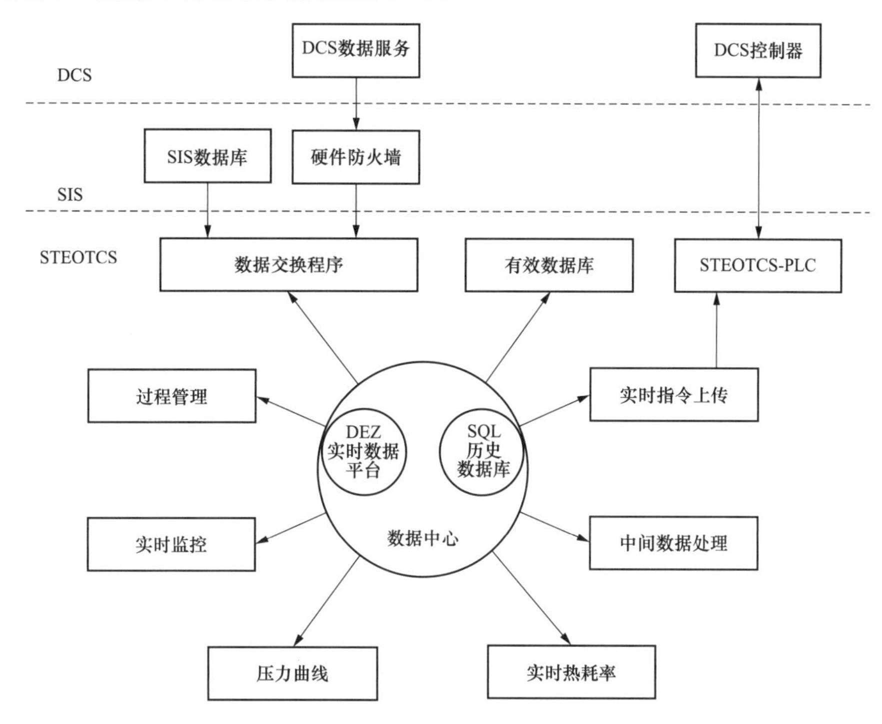

图 8-13　汽轮机运行优化平台逻辑关系图

采用运行模式规则的方式描述汽轮机被控对象的输入与输出之间的关系。对于汽轮机所有的属性可分为设备特性、工况变量、操作变量、状态变量、性能变量这几类。设备特性是指汽轮机在设计、生产、制造、安装过程中形成的固有属性。例如汽轮机类型、设计参数、设备的几何结构、汽封类型和间隙、调门重叠度、设备性能情况等。设备特性会随机组大、小修、汽轮机服役的年限增长发生变化，汽轮机专家在线节能优化系统可跟踪设备的变化特性进行实时调整。工况变量是指汽轮机在运行过程中的外部约束参数，这些参数是客观的、不能人为调整的运行条件。例如负荷需求、蒸汽品质、大气环境等因素均属于工况变量。操作变量是指汽轮机可调整的控制量输入参数，用于调整和改变汽轮机运行状态，例如调门开度等。状态变量是指反映汽轮机运行状态的参数，是操作变量作用后产生的结果性的参数。主蒸汽压力、过热减温水流量、高排温度等均属于状态变量。性能变量是指体现汽轮机运行性能的评价参数，例如汽轮机内效率、系统循环效率、调节级效率等。对于特定的热力系统来说，状态变量确定则性能变量也就确定了。

在外部工况条件（负荷、蒸汽品质、环境）变化的情况下，确定汽轮机运行操作控制参数集合的最优取值，实现最佳的循环效率是优化的关键。数据挖掘通过五个步骤完成整个数据挖掘过程。依次包括：数据过滤、稳态搜索、工况映射、聚类分析、规则提取。每个步骤均完成挖掘过程中特定的数据处理分析，并且这些数据处理分析均有其明确的含义。挖掘的步骤之间有严格的顺序，前一步数据处理的结果会成为下一步数据分析的基础。

数据过滤是按照设定的数据质量参数对数据进行过滤，剔除不满足要求的数据，获得高质量的过程数据，该数据为原始数据的一个子集。之所以要进行数据过滤是因为在生产过程中会产生不满足数据挖掘要求的低质量数据。

稳态判断：在数据过滤所得到的高质量过程数据中，搜索各变量均满足稳态搜索约束和波动阈值的所有时间段，这些时间段我们称之为稳态记录，并对各稳态记录中的过程数据进行特征分析。

工况映射：运行工况是指负荷、主蒸汽温度、环境温度等机组外界因素组成的运行状态。在实际应用中对运行工况参数进行离散化，得到工况运行参数离散区间对应代号的组合即为工况代码。每一个工况代码对应负荷、主蒸汽温度、环境温度等参数稳定运行在某区间内，即一种运行工况。工况映射的分析对象是稳态记录，根据每一条稳态记录的运行特征对其进行工况归类。将稳态搜索得到的所有稳态记录进行工况归类，使每一个稳态记录分属到唯一工况内。

聚类分析将数据划分成有意义或有用的组。其目标是组内的数据相互之间是相似的，而不同组的对象是不同的。以类内差异最小化，类间差异最大化为原则，对以上步骤得到的含有工况信息的稳态记录进行聚类分析。首先根据变量的物理属性对变量预先分组，对每个稳态记录下的每个变量的特征数据值进行离散化，将单组变量离散化值均相同的稳态记录记为该单组变量下的同一类别编号。类别编号相同的稳态记录聚为该分组变量下的一个类别。由此将得到各个稳态记录下各组变量聚类编号，每个稳态记录对应各组变量均有其一个聚类编号。

规则提取是发现隐藏在数据集中的有意义的联系，所发现的联系用关联规则的形式表示。在特征数据聚类结果的基础上，根据预先设定要搜索的规则链条所涉及的聚类后的各变量分组，依次取得每个稳态下相关变量分组的聚类编号。具有相同聚类编号组合的稳态记录共同构成一条规则，稳态记录的个数即为该条规则的权重。对得到的各条规则进行数据归并，得到该规则相关变量的具体数值。该数值反应历史经验的总结值，这些规则各个变量的数值构成运行模式知识库。评估模式规则反应的汽轮机运行水平，根据优化目标、专家知识、热力试验等方式选择运行水平最高的模式规则推荐给最优模式规则库。

（3）实现机组综合优化控制。汽轮机滑压运行节能优化控制系统与现有 DCS 控制系统配合，将汽轮机循环效率作为控制系统的性能指标纳入到压力优化控制中。根据不同的负荷与主蒸汽品质等工况条件，基于运行模式规则库，输出压力控制指令，实现闭环控制，提高优化跟踪和负荷响应性能。控制指令通过通信或硬接线的方式送入 DCS 执行。

采用模式规则闭环控制结合现有逻辑控制。控制过程根据机组负荷、主蒸汽品质等参数与最优模式规则进行匹配。匹配的过程中考虑当前机组的再热蒸汽参数、减温水参数的约束，推荐最优值。

优化控制系统执行的流程是：

1）首先进行工况识别，在线识别当前主蒸汽温度、负荷等的变化情况，确定汽轮机运行在哪个工况区域；

2）在线计算和监测汽轮机热效率；

3）根据工况识别和性能监测结果，以运行模式规则库为基础进行规则推理，获得当前工况区域内的最佳的控制参数模式；

4）经过决策判断后输出相应的控制信号。

优化控制系统与 DCS 系统切换方式：由于汽轮机滑压运行节能优化控制系统主要控制汽轮机主蒸汽压力，优化方案采用将控制指令送给 DCS 系统，通过在 DCS 系统的切换，实现优化方案控制或 DCS 控制。在实现优化功能的同时对原来系统改变不大，在控制切换过程中，优化控制系统（PLC）控制值通过基于 DCS 系统当前值进行有速率变动，使整个系统在切换过程没有扰动。

控制系统的保护措施：当优化控制系统出现故障时，如通信故障，方案中将优化系统的控制权转回到 DCS 系统手动控制；同时方案控制值在 DCS 侧对最优信号的输出做了限制；当 PLC 系统切除控制时，自动将 DCS 侧的优化切除，同时在 DCS 侧给出声光报警，从而保证在各类工况下系统都能保证系统的稳定运行。

（4）实现机组效果定量评价及运行优化管理。建立定量评估与决策系统，实现优化效果的定量计算和统计。以“认知-决策-执行-评估考核”四大环节为主线的精细化运行闭环管理模式，充分促进运行控制规则知识的实际应用，从而达到每个工况的优化操作，可为电厂运行水平的持续改善提供管理手段的支撑。

根据国内几十台 300、600MW 机组的优化效果预测，通过本方案的实施，一般可降低汽轮机热耗达 50kJ/kWh 以上，降低热力系统㶲损失（包括机组内效率㶲损失和锅炉传热㶲损失）0.3%左右，折合机组供电煤耗达 2g/kWh 以上。

通过主蒸汽压力的调整，可以改变工质在蒸发区、过热区等的热量分布，尤其是在低负荷区域，可以显著降低过热减温水流量，提高机组综合效益。同时，通过汽轮机全工况滑压优化节能改造，提高高压缸做功能力，从而使得高压缸排汽温度有所下降。进而可以通过提高再热蒸汽吸热量，降低排烟温度，提高锅炉效率。

汽轮机全工况滑压优化节能改造，给运行人员日常操作提供了“傻瓜式”指导，降低机组运行效果对运行人员操作水平的依赖。同时，也有助于电厂进行操作规范和小指标考核管理。通过人机交互窗口，可以将日常运行效果显示出来，以方便对机组运行状况的了解，以及对机组特性的掌握。

8.2.3 热力系统结构优化

1. 增加回热级数

理论上，给水回热的级数越多，汽轮机的热循环过程就越接近卡诺循环，机组的循环热效率就越高。根据 7.2.2 对回热级数的讨论，如当回热级数从 5 级增加到 7 级的时候，回热级数每增加 1 级的㶲损失影响平均达 0.2%左右。然而，当回热系统级数增加至 8 级以后，每增加 1 级的㶲损失影响下降至 0.1%左右；当回热级数继续增加至 10 级以后，每增加 1 级的㶲损失影响下降至 0.05%以下，且越来越小。可见在 10 级以后回热级数增加的投入产出比越来越小。当前 300～600MW 容量等级的机组一般都采用 8 级回热，1000MW 容量等级的机组部分采用 10 级回热。基于 8 级回热机组，若将回热级数增加到 10 级回热，可降低热力系统㶲损失约 0.2%，折合机组供电煤耗约 1.3g/kWh。而在 10 级回热以上再继续增加，㶲损失下降越来越不明显。同时，考虑到设备投资、基础设施、运行安全稳定性、抽汽损耗等问题，回热级数并不是越多越好。推荐 300MW 以上汽轮机回热级数一般考虑在 7～10 级。

超超临界发电技术是满足我国电力可持续发展的重要发电技术，而目前我国投运的超超临界 1000MW 机组汽轮机，普遍采用的是从 300MW 等级亚临界机组沿用至今的 8 级回热系统。只有在近些年新建的 1000MW 机组中，汽轮机热力系统才有采用 9、10 级回热的趋势。三大主机厂对回热系统进行了配置优化，主要成果如下：

东方汽轮机厂：低压缸增加一级，相应最后一级低加疏水采用疏水泵打入凝结水系统，汽机厂估算热耗可以降低 15kJ/kWh，神华万州电厂即采用此方案。

哈尔滨汽轮机厂：在中压缸增加一级抽汽，作为除氧器加热用汽，原中压缸排汽作为新增的低压抽汽，机组由常规的八级回热改变为九级回热，热耗降低约 30kJ/kWh。大唐雷州项目即采用此方案。

上海汽轮机厂：低压缸增加一级，相应最后一级低加疏水采用疏水泵打入凝结水系统，汽机厂估算热耗可以降低 15kJ/kWh。

国内采用 10 级回热的机组较少，主要只应用于超超临界二次再热火力发电机组。神华国华永州发电厂一期工程作为 2×1000MW 超超临界一次再热燃煤机组，首次采用带可调节级的 10 级回热系统技术。

2 台机组设置 10 级回热系统，需增加 1530 万元的投资费用，但该方案的煤耗收益可观，2 台机组年节省标煤 5496t，20 年综合折现收益高达约 5308 万元，约 3 年即可收回投资成本，具有很高的经济性。

2. 蒸汽加热器

随着大容量超超临界机组的进一步发展与广泛应用，二次再热技术重新受到了更多关注。而二次再热技术的投产应用，导致回热系统特别是再热后相应级抽汽的过热度过高，带来较大的回热系统传热㶲损失。本书从对回热系统抽汽过热热利用的角度，以国内近期投产的泰州电厂二次再热百万机组作为案例，进行了系统分析。

图 8-14 为泰州二期 N1000-31/600/610/610 型超超临界二次再热机组热力系统图。该机组额定出力为 1000MW，主蒸汽参数为 31MPa/600℃，且两次再热蒸汽的设计温度都为 610℃，是中国最早投产，也是迄今为止全世界最大的二次再热机组。机组本体包括一个超高压缸、

一个对称布置的高压缸、一个对称布置的中压缸和两个对称布置的低压缸。回热系统包括十级抽汽，分别加热四个高压加热器、五个低压加热器和一个除氧器，其中二级抽汽和四级抽汽先分别经过两个并联布置于 1 号高加前给水管道上的外置蒸汽换热器，以利用其抽汽的过热热分别将给水温度从 304℃提高到 320℃和 310℃。

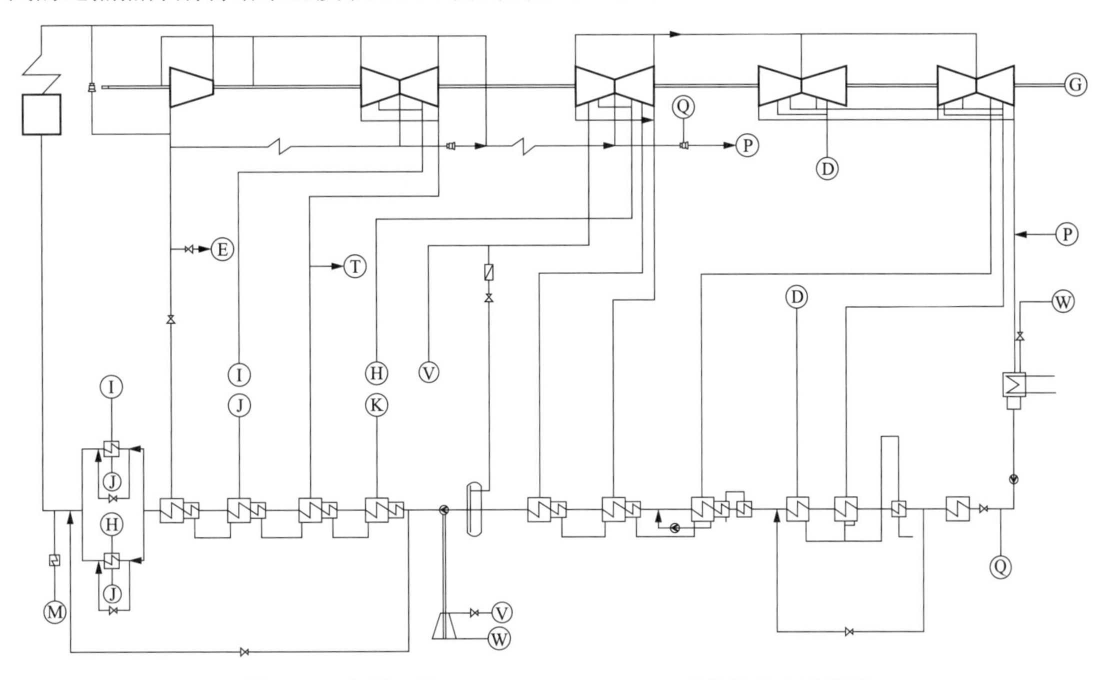

图 8-14　泰州二期 N1000-31/600/610/610 型机组热力系统图

为了考察对其他抽汽过热热的利用效果，本书研究了如表 8-11 所示的 11 中利用不同抽汽过热热给给水加热的情景。其中情景 8 是泰州电厂实际选用的情景。情景 1 是没有利用任何抽汽过热热的情景，情景 2～6 是分别利用外置换热器对二抽至六抽的过热热对给水加热的情景，情景 7～11 是不同种外置换热器的组合利用方案。

表 8-11　　利用抽汽过热热进行外置加热给水的不同情景

情景序号	带二抽外置换热	带三抽外置换热	带四抽外置换热	带五抽外置换热	带六抽外置换热
情景 1	—	—	—	—	—
情景 2	√	—	—	—	—
情景 3	—	√	—	—	—
情景 4	—	—	√	—	—
情景 5	—	—	—	√	—
情景 6	—	—	—	—	√
情景 7	√	√	—	—	—
情景 8	√	—	√	—	—
情景 9	√	√	√	—	—
情景 10	√	√	√	√	—
情景 11	√	√	√	√	√

通过对表 8-11 不同情景下的热力系统进行校核计算，得到以情景 1 为参考基准下不同情景下机组热效率的增加情况，如图 8-15 所示。从图中可以看出，将二抽的过热热通过外置换热器加热给水进行利用后可取得近 0.15%系统效率收益，三抽次之，四抽与三抽效果接近。如果考虑两种方案的组合，情景 7 中二抽与三抽的组合方案最佳，比泰州采用的二抽与四抽组合的方案效果略好。另外，随着更多抽汽过热热被利用后，系统效率得到进一步提升，最多效率可提高近 0.35%。

通过将机组效率增加折合成煤耗下降，并结合增加外置换热器的成本（以每台1000 万元计，低压等级相应按 70%～90%的比例折算），采用三个外置蒸汽换热器对二、三、四抽的过热热利用的方案最为合算，即采用情景 9 方案。通过估算，相比于基准工况情景 1，每年可增加 300 万元的收益（刨去初投资分摊），相比于实际采用工况情景 7，每年可增加 50 万元左右的收益。

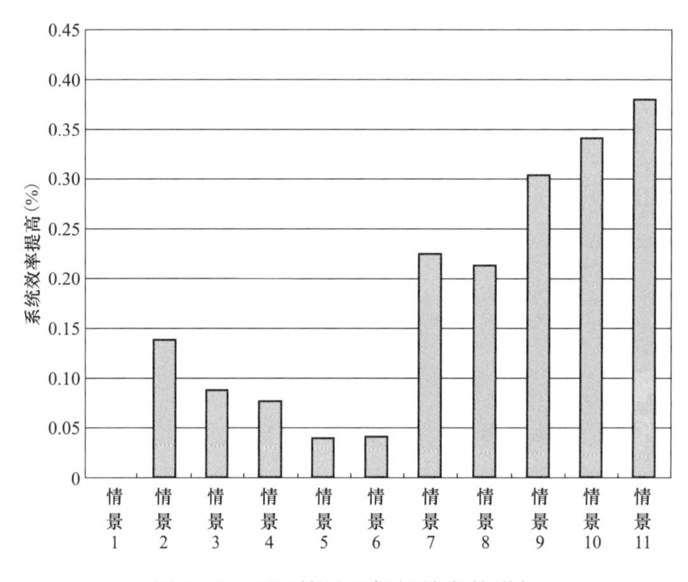

图 8-15　不同情景下机组效率的增加

3. 降低系统内漏

电厂是一个大的热力系统。根据热力学的理论分析可知，机组的系统泄漏和加热器的运行端差都会造成电厂㶲效率的下降。机组的系统泄漏主要包括外漏和内漏。外漏一般是管道发生破裂或管道与阀门焊接处发生破坏。外漏对外表现为漏水或漏汽，这种情况在电厂的日常维护下通常基本可以得到解决。内漏是指阀门两端直接的泄漏。由于长时间的运行导致阀门接触面长期磨损或密封圈的老化，阀门在全部关闭的情况下，阀门两端依然有介质流过阀门。电厂热力系统的内漏常见的包括蒸汽管道启动疏水、各种旁路系统、加热器事故疏水等。内漏造成热力系统内高参数的蒸汽泄漏至凝汽器，从而产生直接㶲损失，导致系统做功能力下降；同时由于蒸汽漏至凝汽器后，增加了凝汽器的冷却负荷，影响凝汽器的真空度，同时也会导致循环冷却水系统电耗增加。300MW 机组系统由于内漏造成㶲损失的增加可达 0.5%～1.5%，影响机组煤耗供电煤耗 3～8g/kWh。表 8-12 给出某 330MW 机组热耗和部分系统泄漏之间的关系。

表 8-12　　热力系统泄漏对机组热耗以及发电煤耗的影响

泄漏部位	1t/h 泄漏量对㶲损失的影响（kJ/kWh）	1t/h 泄漏量对煤耗率的影响（g/kWh）
主蒸汽母管疏水泄漏	0.05	0.32
冷再热蒸汽管疏水泄漏	0.04	0.25
热再热蒸汽管疏水泄漏	0.05	0.32
高压旁路泄漏	0.05	0.32
低压旁路泄漏	0.05	0.32

4. 控制加热器端差

电厂的给水加热的设置一般是根据等焓分配的原则，结合电厂的投资成本，经过综合技术经济性比较优化后确定，因而具有较佳的经济性。加热器的是否投运以及实际的运行状况，将直接影响到机组的经济性。对于常规 300MW 机组，如果将全部高加解列将使得机组热力系统㶲损失增加，热效率增加约 1.5%以上，影响机组供电煤耗达 10g/kWh。并且引起锅炉省煤器进口水温低于设计值，使得锅炉内受热面的运行参数偏离设计值较多，导致设备的故障率上升。

加热器上端差增大，加热器出口的给水温度降低，造成给水在更高一级加热器内的吸热量增加，更高压力抽汽量增大，机组出力降低，热经济性降低。如果加热器抽汽在再热冷段之前（包含）时，加热器的上端差增加不仅会减低机组的出力，还会改变机组的再热蒸汽份额，从而影响机组的平均吸热温度，引起传热㶲损失增加。加热器下端差增大，将会导致本级加热器的抽汽流量增大，疏水焓提高，下一级加热器的抽汽量减少。综合作用之下，机组的回热㶲损失增加，系统供电煤耗增加。

国产大型机组回热系统的设置一般为 3 台高压加热器、4 台低压加热器以及 1 台除氧器。各类机组加热器端差对㶲损失的影响见表 8-13。从表 8-13 可以看出，加热器上端差相比下端差对机组热经济性影响大接近一个量级。机组加热器端差大的原因主要包括加热器内不凝结气体聚集。加热器内汽侧和水侧发生泄漏。加热器运行水位过高、过低甚至无水位运行以及加热器内换热管脏污等。应该控制加热器的运行水位，定期对加热器壳程内空气排放，定期清洗加热器管。

表 8-13　　国产典型机组加热器端差增加 10℃对煤耗的影响　　g/kWh

机组类型	N300-16.7-537/537	N600-16.7-537/537	N600-24.2-566/566
上端差			
1 号高压加热器	0.53	0.57	0.72
2 号高压加热器	0.34	0.34	0.29
3 号高压加热器	0.45	0.42	0.36
5 号低压加热器	0.43	0.43	0.40
6 号低压加热器	0.46	0.44	0.50
7 号低压加热器	0.32	0.31	0.30
8 号低压加热器	0.36	0.37	0.33

续表

机组类型	N300-16.7-537/537	N600-16.7-537/537	N600-24.2-566/566
下端差			
1 号高压加热器	0.03	0.03	0.02
2 号高压加热器	0.09	0.08	0.06
3 号高压加热器	0.11	0.12	0.11
5 号低压加热器	0.03	0.03	0.04
6 号低压加热器	0.03	0.03	0.03
7 号低压加热器	0.05	0.05	0.05
8 号低压加热器	0.09	0.08	0.07

5. 治理疏水内漏

疏水系统作为火力发电厂生产过程中最为重要的附属热力系统之一，对机组的安全、可靠、经济、环保运行，起着举足轻重的作用。长期以来，由于对疏水系统的管理手段落后，不能很好适应当前高参数、大容量机组安全、稳定、经济、环保运行的要求。“常漏常治，常治常漏”是大多数电厂疏水阀治理过程的通病。另一方面，思想上产生麻痹，主观上重视不够，走入疏水阀内漏既然“不可避免”，就是“正常”现象的误区。疏水系统泄漏不仅影响机组的安全性，对经济性的影响也不容忽视。热力系统的内漏在使机组经济性下降的同时，还会给凝汽器带来额外的热负荷。据统计，凝汽器热负荷每增加 10%，低压缸排汽压力将上升约 0.35kPa。疏水系统内漏对经济性的影响见表 8-14。

表 8-14　　1000MW 系统内漏对机组经济性的影响

分类	部位	漏流量（%）	热效率的影响（%）	供电煤耗（g/kWh）
一类阀门（高品位蒸汽）	主蒸汽管道	1	0.450	2.88
	热再热管道	1	0.446	2.85
	冷再热管道	1	0.324	2.07
	一段抽汽管道	1	0.360	2.30
	二段抽汽管道	1	0.320	2.04
	三段抽汽管道	1	0.293	1.87
	四段抽汽管道	1	0.221	1.41
	五段抽汽管道	1	0.135	0.86
	六段抽汽管道	1	0.086	0.55
二类阀门（高品位水）	1 号高加危急疏水	1	0.086	0.55
	2 号高加危急疏水	1	0.054	0.35
	3 号高加危急疏水	1	0.040	0.25
	除氧器溢放水	1	0.035	0.22
三类阀门（水）	5 号低加危急疏水	1	0.014	0.09
	6 号低加危急疏水	1	0.004	0.03

8.2.4 冷却塔改造

1. 湿冷塔改造

由于我国水资源缺乏，燃煤发电厂循环水系统大多采用自然通风湿式冷却塔冷却循环水。湿式冷却塔不但在南方得到普遍的应用，在北方新建的火力发电厂也多被采用，所以冷却塔的节能改造与燃煤发电厂的经济运行有着很重要的关系。

冷却塔的工作过程：循环水从凝汽器中吸收排汽热量，以一定温度送入冷水塔，经由压力管道分流至配水槽。热水通过喷溅装置散成细小均匀的水珠洒落到淋水填料上，沿填料层高度和深度与冷空气通过蒸发、传导和对流等方式完成热交换。空气吸收热量和水分，其温度和湿度逐渐接近饱和状态由塔顶逸出；循环水冷却后返回凝汽器。由此可见，循环水的出塔水温直接影响汽轮机排汽压力和循环热效率。实际运行中，冷却塔经常在偏离设计条件的环境下工作，出塔水温高于设计值，导致凝汽器真空下降，机组经济性降低。

表 8-15 中列出了 5 种型号的机组因为冷却塔的冷却能力降低造成出塔水温升高 1℃时对机组经济性的影响。从表 8-15 中可看出，电厂凝汽器循环水进口温度升高 1℃带来的节能潜力是比较可观的。

表 8-15　　出塔水温升高 1℃时机组经济性的变化

机组容量（MW）	25	50	100	200	300
㶲损失降低（%）	0.454	0.381	0.365	0.328	0.23
煤耗率增加（g/kWh）	1.94	1.52	1.276	1.107	0.798
热耗率增加（kJ/kWh）	56.86	44.84	37.56	32.44	23.39

某电厂机组运行年限较长，冷却塔网格板已老化，表面结垢严重，部分塌陷，热力特性差，阻力大，致使凝汽器运行的进水温度明显偏高，汽轮机循环效率降低。对其开展如下措施的改造：

（1）将循环水清污机滤网更换为不锈钢滤网；

（2）修复清污机板刷，更换为不锈钢链条；

（3）在冷却塔循环水出口加装不锈钢滤网；

（4）对冷却塔布水槽进行清污，及时更换损坏的喷溅盘，并对冷却塔网格板进行翻堆更换；

（5）采用新型高效的 PVC 双斜坡淋水填料。

改造费用 240 万～330 万元，改造后可明显提高冷却塔的综合能力。使冷却水温平均每年降低 2℃，真空度提高 1%，汽轮机效率提高 0.75%，取得经济效益约 300 万元/年。一年左右即可收回改造成本。

2. 空冷塔改造

在北方缺水地区，采用空气冷却塔替代湿式冷却塔的间接空冷系统流逝成为电力行业发展的趋势。间接空冷系统又包括混凝式间接空冷系统（亦称海勒式）和表凝式间接空冷系统（亦称哈蒙式）两种基本型式。比较海勒式间接空冷系统与哈蒙式间接空冷系统，两者在空冷塔塔体结构方面区别较小。在换热器结构方面，海勒式系统采用福哥型铝管换热器，哈蒙式系统采用圆管或椭圆管钢管换热器。在凝汽器侧，由于海勒式系统采用混合式换热方式，优于哈蒙式系统采用的表面式换热方式，一定程度影响凝汽器端差（2～3℃）、机组背压（1～2kPa）和供电煤耗（2～3g/kWh），但两者总体性能差别较小。综合考虑间接空冷系统，其节能潜力主要在于环境风存在时空冷塔通风性能会大大下降，引起换热下降，机组背压升高。而两种间接空冷系统总体性能受环境风的影响相近，因此本课题一并讨论。

为了了解环境风对空冷塔性能具体影响程度，对国内外学者的研究成果进行了系统调研。Moore 通过实验研究发现，当空冷塔的阻力损失超过 1 个出口动能头时，冷却水的温度将升高 1℃。北京大学魏庆鼎等 1991 年对大同电厂的空冷塔进行观测，指出当地面以上 2m 处的自然风速为 5～7m/s 时，塔内气温升高约 7.5℃。东方电气赵旺初和呼和浩特热电厂崔晓博等通过实验研究分别于 1998 年和 2013 年指出，风速大于 4m/s 时会对散热器的冷却效果产生影响明显，风速为 5m/s 时对冷却效果的影响相当于环境温度升高 2.0℃；风速为 15m/s 时对冷却效果的影响相当于环境温度升高 14℃。C. Bourillot 于 1980 年通过实验研究发现：在低风速时，自然风的影响很小；当风速增大到一定程度后，空冷塔阻力系数增加 50%，通风量减小 15%。Cortinovis 于 2009 年通过实验研究指出，空冷塔的热力特性对环境风非常敏感，其可导致空冷塔总体散热能力下降达 40%。水利水电科学研究院赵振国等 1998 年指出，在山西大同电厂一台 200MW 的空冷机组受大风影响，年平均煤耗增加了 3～4g/kWh。国电华北公司田晓于 2011 年指出，在大同地区因大风和防冻使空冷机组年平均煤耗升高分别为 1.2～1.4g/kWh 和 4.3～4.5g/kWh。

水利水电科学院赵顺安 2013 年通过数值模拟研究指出，当风速为 5m/s 时冷却水出口温度增幅为 1℃以上，风速 10m/s 时更是高达 5℃以上。华北电力大学张晓东 1999 年通过对某电厂的海勒式间接空冷系统的数值计算发现：当风速小于 4.0m/s 时，空冷塔散热量的减少不到 5%；当环境风速达到 6.6m/s 时，散热量减少近 10%；当风速达到 8.5m/s 时，散热量减少近 25%。Al-Waked 于 2004 年通过数值模拟研究发现，当环境风速度达到 10m/s 时，空冷塔的传热效率下降 30%以上。Goudarzi 在 2013 年通过数值模拟研究发现，环境风对空冷塔周围的流场影响很大，以至于可降低冷却塔的换热效果达 35%。Salazar 于 2013 年通过数值模拟研究发现，天气变化可以导致一个燃煤电厂一天内的最大出力变化达铭牌容量的 5%～10%。通过对国内外学者研究成果的调研来看，当环境风速度大于 4m/s 时，开始逐渐影响冷却塔冷却性能，风速较高情况下，冷却塔冷却性能下降可达 35%。

为提高空冷系统经济上的竞争力，在 20 世纪七八十年代就有很多研究者进行了不懈的努力，提出了包括干湿联合冷却、改进换热表面、采用塑料塔以及周期干冷塔等先进的概念和设计。美国电力研究所（EPRI）提出的相变空冷系统，作为美国电力工业的重大研究课题，在 20 世纪八十年代进行了为期四年的工业实验，获得了有益的经验和大量的数据。一些专利发明（Holland，1972 年；RuhlandGilbert，1978 年）也对自然对流空冷塔或烟囱的冷风倒流问题提出了改进思路，但这些研究都没有后续工业应用的报道。

直到 1993 年，Du Preez 和 Kroger 年首次提出了挡风墙的概念，希望通过对冷却塔进行一些结构改进，以期提高其冷却性能，但他们没有进一步证实其效果。大同二电厂李和平等于 1995 年提出了提高冷却塔冷却性能方面的一些运行措施来提高机组真空。水利水电科学研究院石金铃和赵政国等于 1998 年提出：在塔进风口加装翅墙、在翅墙上留门洞、在塔内加十字墙、在塔内加带有十字墙的圆锥、在塔背面加装聚风室等一系列方案。实验结果表明：在塔外加装四片翅墙可使塔的运行条件大大改善。清华大学翟志强等1999年提出了在塔内底部中央近2/3的面积上修建挡风设施，以阻挡大风对塔内流场的破坏；在塔外垂直于来流方向的两侧设置导流板（帆墙等），以减轻绕流影响，并诱导风进入塔内。同时，还可以在塔的背风面（尤其在背风120°左右）构筑导流设施，以破坏两侧导流板引起的涡流，进一步减弱绕流作用，引导空气进入塔内。

Al-Waked（2004、2005年）和Zhai（2006年）分别通过数值模拟证明了挡风墙可以提高混凝式空冷塔和表凝式空冷塔在环境风环境下的冷却效果，并在2011年得到Chen的进一步实验证实。Zhai和Fu在2006年提出布置在空冷塔两侧的挡风墙垂直于环境风时可以恢复因环境风恶化的冷却塔传热达50%左右。山东大学戴振会和孙奉忠等于2009年对增加进风导流板的300MW机组湿冷塔研究发现，采用导风板后可提高冷却塔的冷却效率。同年，山东大学王凯进一步研究指出，安装导风板之后冷却塔通风量提高5%～10%，冷却效率提高2%～5%。且采用翼型板的效果较好，矩形板和弧形板比翼型板稍差，梯形板效果最差。同年，山东大学赵元宾、陈友良等研究表明：低风速时，十字隔墙可增大冷却塔总体冷却性能；高风速时，风向与其中隔墙平行时，冷却塔总体冷却性得到提高，风向与其中隔墙夹角为45°时，冷却塔总体冷却性能下降，间隙十字隔墙可有效减小无缝十字隔墙因高速环境风风向变化而产生的不利影响。Goodarzi于2010年提出了一种新的冷却塔坡口型出口结构，以减弱环境风情况下冷却塔的缩喉效应，并通过数值模拟计算发现该结构在特定风向下风速为10m/s时，冷却塔的冷却效果可以提高9%。水利水电科学院黄春花于2011年研究发现在喉部高度一定时，出塔水温随出口直径的增大而降低；在出口直径一定时，出塔水温随喉部高度增大而增大；出口密度弗氏数随着出口直径的增大而减小。Lu在2013年通过数值模拟研究指出，挡风墙只在特定方向上可以提高空冷塔的冷却性能。

综上所述，半个多世纪以来，国内外学者通过实验研究、数值模拟等方法对空冷塔受环境风的影响进行大量研究，对其恶化机理和影响程度都有了一定认识，也提出了一些措施，使环境风的负面影响得到一定抑制。但总体上看，一方面至今还没有文献对环境风下影响空冷塔冷却性能的诸多因素进行解析分析，因而除了笼统的概括性讨论外，对环境风影响空冷塔冷却性能的机理尚不清楚；另一方面，由于缺少对冷却塔性能受环境风影响的机理性认识，虽然很多学者提出了诸多改进措施，仍无法从根本上消除环境风的负面影响。

从影响边界来看，环境风主要通过空冷塔底部入口处、顶部出口处对空冷塔内外流场进行影响。环境风下两处流场具体发生了如何变化？各种变化与空冷塔最终性能之间的定量关系如何？从结构上看，国内外学者主要关注冷却塔入口换热器区域、塔内主体区和出口羽流区等流场，塔外大型圆柱绕流区域似乎很少有人关注。而环境风情况下这几个区域流场都会发生很大变化，相互影响，那么塔体扰流区与冷却塔冷却性能的关系如何？随着未来大容量间接空冷系统的快速发展。对冷却塔流场机理的进一步认识，有必要对冷却塔出入口处受环境风的影响机理、冷却塔四个区域的流场等进行系统定量研究。从前述研究成果来看，进一步研究空冷塔受环境风的影响机理，研发新型空冷塔局部结构，系统组织冷却塔四个区域的流场，有望在改善冷却塔本体运行环境，进一步提高环境风情况下冷却塔的整体性能方面发挥更大作用。冷却塔性能的提高，可进一步降低背压，提高机组安全、经济性。

基于上述认识，作者对通过实验研究和数值模拟对不同环境风情况下空冷塔性能恶化的流动基础、环境风对空冷塔性能恶化/强化的流场解析、以往主要改进方案改进机制、基于空冷塔性能变化与改进机制的流场重构等开展了系统研究。最终提出如图 8-16 所示的迷宫型空冷塔流场重构方案模型。以国电宝鸡第二发电厂 2×600MW 超临界间接空冷机组的空冷塔为案例进行分析，通过数值模拟研究和实验验证，迷宫型空冷塔流场重构方案在全风速范围内使得空冷塔的通风性能有较大提高。在 10m/s 环境风速以下，迷宫型空冷塔流场重构的整体通风量比基准塔的通风量提高 10%～30%，在环境风速为 10～20m/s，迷宫型空冷塔流场重构方案的通风量比基准塔的通风量提高 30%～50%。大风情况下迷宫型空冷塔的通风量比无风工况也提高 10%～20%，总体可使得空冷机组供电煤耗下降 5g/kWh 左右。

图 8-16　迷宫型空冷塔流场重构方案

8.2.5　空冷岛改造

直接空冷系统是指汽轮机的排汽管道直接连接到多组空冷散热器（即空冷凝汽器）中，通过散热器的翅片管将排汽的汽化潜热散入到大气，排汽则凝结成水，并通过水泵送至水处理装置和回热系统，然后进入锅炉。为避免排汽管道过长引起蒸汽流动阻力过大而造成背压升高，直接空冷散热器一般布置在汽机近旁主厂房外。散热器一般成 A 字形布置，下部配备多组轴流鼓风机进行强制冷却。

自 2000 年以来，随着单排管、双排管技术的发展，以及我国空冷技术在引进消化方面的逐渐深入，我国空冷机组一直处于高速发展的状态。同时，根据国家中长期发展规划，未来新建燃煤机组要逐渐向煤炭基地集中，而煤炭基地主要分布于三北地区，地理上与严重缺水的北方五区基本重合，这就意味着未来的新建燃煤机组将大面积采用空冷技术。截至 2015 年底，我国空冷总装机容量达到 2.3 亿 kW 左右，其中直接空冷机组占 2/3 以上。根据中长期规划预测，到 2030 年，我国的空冷总装机容量将达到 6 亿 kW 左右，其中直接空冷机组也将达到 4 亿 kW 左右。而由于空冷机组所处的三北地区四季温差较大，冬季寒冷、夏季炎热，大都面临冬季防冻、夏季迎峰度夏的挑战。而且由于空冷机组背压较高，本身的煤耗水平就比同等级湿冷机组高 15g/kWh 左右，节能减排压力较大。

所有的直接空冷机组由于设计、制造与安装等因素，以及空冷风机运行方式和环境风等原因的影响，空冷系统不同列的蒸汽流量分配并不均匀尤其在冬季供热或低负荷运行等工况下，流量和热负荷的分布偏差会更大，导致个别列所分配的汽量（热负荷）远低于厂家要求的最小热负荷。同时，同一列 A 形架两侧管束。A 形架同一侧不同冷却单元顺流管道、逆流管道之间也存在热负荷分配不均。另外，对于双排管、三排管的空冷凝汽器，由于不同位置的翅片与冷却空气接触顺序不同，也存在管排之间热负荷分配不均等现象。热负荷较小的散热管道内冷凝的凝结水被环境风进一步过度冷却，在冬季环境温度较低情况下出现结冰，导致管道冻裂等现象，影响机组安全运行。

同时，由于空冷凝汽器是负压系统，空冷散热器面积庞大，管道焊缝等任何细小的缝隙都会导致环境空气的渗入。随着蒸汽在空冷凝汽器中不断凝结，不凝结气体的比例越来越大，一方面会阻碍蒸汽的进一步凝结放热，另一方面使得蒸汽的分压下降，饱和温度降低。在环境温度较低的情况下，由于逆流区抽气口水蒸气分压较低，汽气混合物被环境风逐渐冷却而低于零度时，抽气口位置的水蒸气凝结而产生絮状冰，使得抽气阻力增大，进一步导致不凝气体比例增加，形成恶性循环。当不凝气体不能顺利被抽出，而在顺流区产生集聚时，顺流区换热效果急剧变差，引起顺流区管束底部出现结冰、冻裂等严峻问题。另外，由于风机转速调整不当，结合管道内本身蒸汽流量不均匀，也会引起个别管道严重过冷，导致顺流区底部或者逆流区出口出现结冰现象。

在夏季炎热天气，由于空冷系统受环境干球温度直接影响，导致机组夏季背压较高；且由于机组本身运行效率往往比设计效率低，引起机组排汽量增加使得夏季本身出力就不足的空冷凝汽器冷却效果进一步恶化。同时由于夏季环境温度高，抽真空水环泵工作液温度升高，水环泵抽真空极限压力大大升高，引起机组抽真空能力不足，恶化空冷凝汽器传热，进一步引起夏季机组背压的升高。上述因素使得夏季极端炎热天气下工作的空冷机组带负荷能力严重下降，远远达不到设计值的要求。

在春、秋、冬季节，电厂运行人员往往把机组额定背压当作最佳背压运行，殊不知机组最佳背压受机组的负荷、环境温度、空冷散热器脏污程度等影响较大，需进行系统试验测试，运行参数实时监测，背压优化，从而确定机组的实时最佳背压及相应的风机、抽真空系统等运行方式。

为此，国内外学者进行了大量的数值模拟与实验研究，如针对蒸汽分配管道阻力不均等问题，西安交大顾红芳等采用计算流体动力学（CFD）软件对分散式布置与高位和 Y 形布置排汽管道的流动特性进行模拟计算和分析比较，提出了采用分散式布置以降低管道流量分配不均，阻力偏大的问题。针对大型直接空冷机组不凝气体影响系统传热问题，东北电力大学周振起等提出在不同环境温度下确定不同抽真空口过冷度的方案。哈尔滨汽轮机厂董爱华比较了射汽抽气器、射水抽气器和水环真空泵的经济性和效果。莱州电厂韩丽娜等针对湿冷机组真空度不足等问题，采用三级变频罗茨真空泵组对原有水环真空泵系统进行改造。中海油（青岛）重质油加工工程技术研究中心金雷等针对 50 万 t/年高酸原油脱酸装置二段脱酸抽真空系统原采用的三级蒸汽抽真空系统能耗高等问题，采用罗茨加水环泵抽真空系统进行改造。针对空冷凝汽器冬季防冻的问题，山西电科院崔亚明等通过实验研究提出优化顺流逆流单元风机转速的关系，以改善不同管列逆流区抽气口温度不均匀现象。针对空冷凝汽器冬季防冻问题，中电投乌苏热电魏巍提出监视抽真空温度、凝结水温度、环境温度、隔离阀前后温度等，并采用风机转速调整、停止或倒转，盖棉被等方法进行处理。针对空冷机组夏季出力不足、能耗高等问题，吉林电力白城发电公司王春艳等提出采用蒸发式凝汽器尖峰冷却系统的方案，对空冷系统进行改造；西安热工院吕凯等推荐不同电厂应该根据实际情况选取采用尖峰冷却器或者增加空冷散热单元进行扩容的方案。

根据对国内外相关研究的调研来看，对空冷系统的流动阻力、流量分配等问题的研究目前还处于概念设计阶段；在抽取空冷机组不凝结气体提高真空度的方面主要还是射汽抽气器、射水抽气器和水环泵三种方案，当前有湿冷机组和化工行业采用罗茨水环真空泵组的方案，取得较好效果；针对低温天气防冻的问题，目前主要采用手动调整风机转速、盖棉被等传统方案；而对于夏季出力不足，目前主要采用空冷凝汽器扩容或尖峰冷却的办法。总体上技术水平比较落后，解决方案也不够彻底，而且存在头疼医头脚疼医脚的问题，导致如空冷散热器扩容与冬季防冻存在的矛盾。

基于此，本书提出采用系统设备改造、在线监测与在线运行优化相结合的技术路线。即基于理论建模和试验研究，对直接空冷机组整个大冷端系统（包括低压缸末级叶片等）的流动、传热、传质等物理特性进行系统研究，找出影响机组冬季防冻、夏季带负荷与全工况节能降耗的关键问题，通过对空冷散热器、流体管道、抽真空系统等综合改造，消除影响机组安全、高效运行的关键症结。在此基础上，通过实验研究与对海量实时数据的在线分析与数据挖掘，进行机组运行方式实时优化，对机组运行调整提供闭环指导，以确保设备改造与优化运行的效果在全工况范围内能得到实时体现。具体方案如图 8-17 所示。

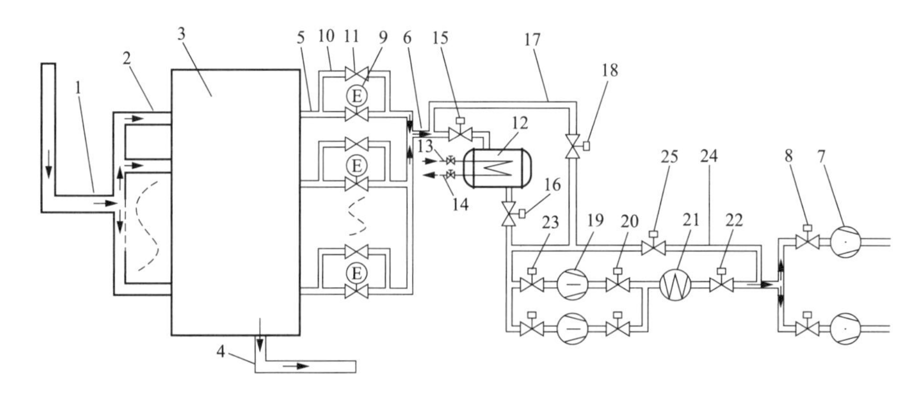

图 8-17　直接空冷系统阻力特性、受热面与抽真空系统综合改造系统图

1—汽轮机排汽管道；2—排汽分配管道；3—空冷散热器；4—凝结水收集管道；5—抽空气支管道；6—抽空气管道母管；7—抽真空设备；8—抽空气设备隔离阀；9—调节阀；10—调节阀旁路；11—调节旁路阀；12—第一补偿冷却器；13—冷却介质供应管道；14—冷却介质排放管道；15—第一补偿冷却器前关断阀门；16—第一补偿冷却器后关断阀门；17—补偿冷却器第一旁路；18—补偿冷却器第一旁路阀；19—罗茨真空泵；20—罗茨真空泵后关断阀；21—第二补偿冷却器；22—第二补偿冷却器后关断阀；23—罗茨真空泵前关断阀；24—补偿冷却器第二旁路；25—补偿冷却器第二旁路阀

以华电忻州广宇电厂二期 2×350MW 热电机组为对象进行了效果分析，通过本方案的实施，在对冷端系统汽水侧温度、压力分布等在线分析的基础上，可消除空冷系统结冰的危险，同时实现冬季平均降低背压 2～5kPa，同时保持逆流区出口温度不低于 40℃；平均降低煤耗 2～4g/kWh；夏季提高机组带负荷能力 3MW 以上。

8.2.6　辅机变频运行改造

火力发电机组都配置有大量辅机设备，如凝结水泵、循环水泵等，这些辅机大多用高压大容量的异步电动机拖动，容量大、耗电多。而配套辅机在设计之初一般根据机组带额定负荷且留有一定量的安全冗余进行考虑，而机组实际运行是根据电网的用电需求进行负荷调节的，导致各辅机经常处于非额定工况下运行，造成辅机设备效率大幅下降，影响电厂的经济性。通过对火力发电机组的辅机电机进行变频改造有较大的节能空间。

1. 循环水泵变频改造案例

对于湿冷机组，由汽轮机的运行原理可知，运行中的凝汽器压力主要取决于蒸汽热负荷、冷却水入口温度和冷却水量。冷却水温一般取决于自然条件，在蒸汽负荷一定的情况下只能靠增加冷却水的流量来提高凝汽器的真空度。凝汽器压力随冷却水流量而改变，而冷却水流量的变化是通过调整循环水泵运行方式进行调节。冷却水流量增加，机组背压减小，机组输出功率增加，但循泵的耗功也同时增加。当冷却水流量增加太大时，循泵的耗功增加将和机组的输出功率的增加值相抵消。因此，循泵的运行方式存在一个最佳工况。

传统的循环水泵为定速泵，运行方式上缺乏灵活性。这类循泵一般采用“台阶式”运行方式，即在循环水温度或负荷低到一定程度时停运 1 台或 2 台循泵，起到一定的节能效果。但节能效果并不明显。

现在，多将定速泵改造成双速泵或者变频泵。双速泵是对电机进行了改造，使循环水泵能够在高低速下运行，增加了循环水泵运行的方式。变频泵则是通过引入可变速的原动机或传动装置来改变泵的转速，进而达到改变流量的目的。

某电厂通过 2 台循泵的变频改造，改变了循泵“台阶式”运行方式，取而代之的是循环水流量的连续调节，不但避免了循泵的频繁启停，还在原先工频运行的基础上进一步挖掘了循泵的节能潜力。根据循环水泵变频改造后的调试数据及运行情况，以上一年度机组的负荷率及运行方式估算，2 台循环水泵变频改造后全年可节电约 6.34×10^6kWh，按 0.53 元/kWh 计算，节省费用约 336 万元，节电率约 22.1%，使厂用电率降至 2.19%，节能效果明显。按照投资 250 万元计算，投资回收期在 10 个月左右，经济效益显著。

2. 凝泵变频改造案例

某电厂 1 号机凝泵变频改造后，凝泵单耗由工频的 0.38%下降至 0.15%。以机组年利用 6600h，负荷率 75%，上网电价 0.3801 元/kWh 计算，直接经济收益约 260 万元/年，约 8 个月收回投资成本。

第三篇

热电联产与节能减排

第9章　高效热电联产技术

9.1　热电联产发展概述

9.1.1　中国热电联产的发展

热电联产是既产电又产热的高效能源利用形式。与热电分产相比具有很多优点：如降低能源消耗、提高空气质量、补充电源、节约城市用地、提高供热质量、便于综合利用、改善城市形象、减少安全事故。热电联产由于具有许多优点，所以世界各国都在大力发展。我国的热电联产始于20世纪50年代初。新中国成立后全国开展大规模经济建设，随着电力工业的发展，我国热电联产也得到了相应发展。从1953～1967年，热电联产主要以工业热负荷为主。而彼时城市建筑密度很低，热网投资大，民用采暖负荷很小。

自2002年电力改革以来，随着我国经济与电力工业的高速发展，热电联产工业进入新的发展时期。2003年，原国家计委发出了《关于进一步做好热电联产项目建设管理工作的通知》，要求各地落实热负荷、加强供热规划以及认真做好热电联产环保等工作。2004年，国家发改委能源局发出了《关于燃煤电站项目规划和建设有关要求的通知》，对涉及热电联产的燃煤电站项目规划和机组选型提出了具体要求。2005 年国家发改委和建设部发布了《关于建立煤热价格联动机制的指导意见的通知》，当煤炭到厂价格变化超过10%后，相应调整热力出厂价格。2006 年国家发展和改革委员会、科技部、财政部等部委公布的《"十一五"十大重点节能工程实施意见》，在区域热电联产工程中提出：燃煤热电厂要发展200MW 以上大型供热机组。2007 年国家发改委、建设部下发了《热电联产和煤矸石综合利用发电项目建设管理暂行规定》，对热点联产提出了具体规定：鼓励有条件的地区采用天然气、煤气和煤层气等资源实施分布式热电联产。以上一系列相关国家政策，为热电联产的快速发展，提供了良好的支撑。

进入"十二五"期间后，我国的电力发展开始进一步加快结构调整，转变增长方式。在热电联产方面，主要表现为：①进一步鼓励发展热电联产火力发电机组，优化煤电结构；②在热冷负荷比较集中或者发展潜力较大的地区，因地制宜的推广热电联产或者热电冷汽多联供技术，加强电力需求侧管理，提高能源效率。2012 年 10 月公布的《重点区域大气污染防治"十二五"规划》强调，加大对纯凝式燃煤发电机组技术改造力度，使纯凝汽式汽轮机组具备纯凝发电和热电联产两用功能。积极推行"一区一热源"，强调现有各类工业园区与工业集中区应实施热电联产或集中供热改造，将工业企业纳入集中供热范围。积极发展热电联产被视为改善大气污染状况的有效措施。

2013 年 9 月发布的《大气污染防治行动计划》指出，京津冀、长三角、珠三角等区域新建项目禁止配套建设自备燃煤电站。耗煤项目要实行煤炭减量替代。除热电联产外，禁止审批新建燃煤发电项目。全面整治燃煤小锅炉，在化工、造纸、印染、制革、制药等产业集聚区，通过集中建设热电联产机组逐步淘汰分散燃煤锅炉。这些都给热电联产的发展带来了契机。

2016年中华人民共和国国家发展和改革委员会发布了《关于印发〈热电联产管理办法〉的通知》（发改能源〔2016〕617 号），指出热电联产发展应遵循“统一规划、以热定电、立足存量、结构优化、提高能效、环保优先”的原则，力争实现北方大中型以上城市热电联产集中供热率达到60%以上，20万人口以上县城热电联产全覆盖。形成规划科学、布局合理、利用高效、供热安全的热电联产产业健康发展格局。从规划建设、机组选型、网源协调、环境保护、监督管理等方面对发展热电联产做出了若干规定。对推进大气污染防治、提高能源利用效率、促进热电产业健康发展具有重要的指导意义。

热电联产集中供热具有能源综合利用效率高、节能环保等优势，是解决城市和工业园区集中供热主要方式之一，也是解决我国城市和工业园区存在供热热源结构不合理、热电供需矛盾突出、供热热源能效低及污染重等问题的主要途径之一。建国初期能源稀缺，提出以秦、淮为界，北方地区采取集中供暖，这种供暖范围已经延续至今。集中供热面积快速增长的区域主要集中在华北地区与东北地区。

在推动集中供热、提升系统能效、加强环境保护等政策的推动下，当前热电联产机组在北方等供暖需求较大的地方发展非常迅速。如东北三省近十年来新增火力发电机组以热电联产机组为主，同时大量纯凝火力发电机组实施了供热改造。供热机组装机快速发展，火力发电机组中供热机组装机比例迅速增加。

据统计，见表9-1，2016年末全国城市供热能力（蒸汽）7.8万t/h，比上年减少3.0%；供热能力（热水）49.3万MW，比上年增长4.4%；供热管道21.4万km，比上年增长4.5%，集中供热面积73.9亿m^2，比上年增长9.9%。集中供热区域包括住宅和商业建筑，其中，住宅供热面积约占总供热面积的 70%，商业建筑占集中供热面积的30%左右。其中热电联产占47%左右，区域锅炉房占51%左右。热电联产和其他集中供热的方式基本上各占一半。

表9-1　　　　中国热电联产的发展情况

年份	供热能力		管道长度（万km）		集中供热面积（亿m^2）
	蒸汽（万t/h）	热水（万MW）	蒸汽	热水	
2011	8.5	33.9	1.3	13.4	47.4
2012	8.6	36.5	1.3	14.7	51.8
2013	8.4	40.4	1.2	16.6	57.2
2014	8.5	44.7	1.2	17.5	61.1
2015	8.1	47.3	1.2	19.3	67.2
2016	7.8	49.3	1.2	20.1	73.9

冬季供暖主要为西北、东北、内蒙古、山西、陕西以及华北等气候比较寒冷的地区，热电联产机组主要分布于以上地区，热电联产除了为居民供热，还为工业企业提供蒸汽，因而在江浙、广东以及沿海一带，具有大型工业企业的地区，也建有热电联产机组。

目前，我国城市和工业园区供热已基本形成“以燃煤热电联产和大型锅炉房集中供热为主、分散燃煤锅炉和其他可再生能源供热为辅”的供热格局。随着城市和工业园区经济发展，热力需求不断增加，热电联产集中供热装机容量持续稳定增长。我国 2009～2014 年热电联产机组的装机容量及占火力发电机组装机比例发展的总体情况如图 9-1 所示。从图 9-1 中可以看出，我国热电联产机组发展较快，且装机容量在火力发电总装机容量中的占比也呈逐年增长趋势。在 2009 年热电装机容量仅有 130GW，占火力发电机组装机比例的 20%。2014 年热电联产机组装机容量达到 287GW，5 年时间实现装机容量翻一番还多。随着各地热电联产项目也纷纷建成投产，热电联产在城市集中供热的总供热量持续增加，装机容量及增速均处于世界领先水平。

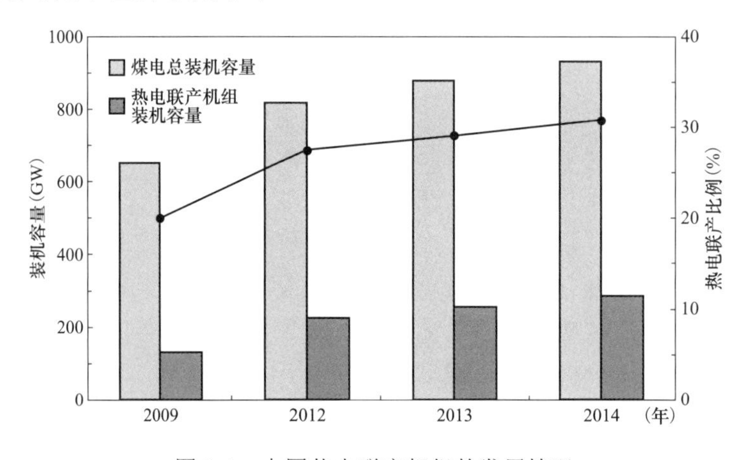

图 9-1　中国热电联产机组的发展情况

然而热电联产也面临以下问题：

（1）由于国家政策对热电比的要求，我国热电联产机组平均容量小，热效率也相对较低。

（2）设计热负荷数据与实际情况出入较大，投入运行后以纯凝工况运行为主。

（3）较低的热价导致热电厂以电补热，而燃料价格的不断提高又压缩了自身的利润空间。

（4）大量热电联产机组的兴建，加上国家当前实行的以热定电政策，致使供热期火力发电调峰能力大幅下降。

9.1.2　国外热电联产发展概况

自 20 世纪 70 年代的石油危机之后，热电联产受到了西方国家的广泛重视。美国热电联产装机容量在 1980～1995 年的 15 年间增加了 2 倍，2000 年已占总装机容量的 7%，计划 2020 年占总装机容量的 29%。欧共体在 90 年代支持了 45 项热电联产工程，2000 年热电联产发电量已占总发电量的 9%。1992 年丹麦热电联产供热已占区域供热的 60%；热电装机容量占总装机容量的 56%，2005 年提高到 66%以上。日本正在研发一种新型的分布式能源系统，即所谓“城市能源系统（urban energy system)”。芬兰在 20 世纪 90 年代已开发出单户微型热电联产机组，分布式热电联产设备装机占总装机容量的 40%。目前，世界主要工业国家的热电联产技术正呈现出推广范围普遍化、节能技术系统化、使用燃料清洁化和能源系统新型化的趋势。

1. 俄罗斯

俄罗斯是世界上领土面积最大的国家，其大部分地区气候严寒，供暖期长达7个月之久。俄罗斯十分重视供热技术的发展，是最早发展集中供热的国家之一，至今已有110余年的历史。俄罗斯集中供热事业基础雄厚，集中供应的热能生产量占全世界的45%，且热网规模、热负荷数量、供热综合技术等方面在国际上都占有非常重要的地位。俄罗斯的供热事业对中国有非常重要的影响，包括集中供热制度的建立、供热模式的形成、相关高等技术人才的培养以及技术发展等诸多方面。截至2011年，俄罗斯需要供暖的居住建筑的集中供热率达到了81%，而64%的居民得到集中热水供应保障。

在俄罗斯，生产热电的由两家主要的大公司（俄罗斯统一电力公司）和（能源股份公司）。俄罗斯国民经济所需的大部分的热量都是由（俄罗斯统一电力公司）的热电厂生产，它所经营的124座热电厂，都是9MPa以上蒸汽压力的热电厂。表9-2给出了俄罗斯统一电力公司下属热电厂的情况。从表中可见，俄罗斯当前的供热机组单机容量主要集中在200～750MW的范围。

表9-2　俄罗斯统一电力公司下属热电厂功率分布情况

热电厂功率（MW）	个数	总功率（MW）
50～100	4	267
101～200	12	1932.2
201～500	78	28647
501～750	18	11299
751～1500	12	2505

2. 北欧地区

北欧地区总面积（含冰岛）达130多万平方千米，位于北极周围的高纬度地区，有着漫长的冬季，冬季气候寒冷，需要很长的供暖期。50年代前后，北欧国家开始认识到热电联产的好处，在一些工厂开发热电技术。到70年代，世界性的石油危机和对环境保护的重视进一步加快了这些国家发展城市热电技术的步伐。目前北欧地区的集中供热普及率居世界之首；丹麦的集中供热普及率为50%，芬兰为43%，瑞典为35%。

丹麦国家高度重视发展热电联产和提高能源利用效率。所有丹麦的大城市都把废物焚烧和热电联产结合起来，为区域供暖提供服务。1979年以来，丹麦投资了数十亿丹麦克朗发展热电联产。在丹麦有超过90%的区域集中供暖采用热电联产，整个国家主要分为8个热电联产集中区域，其中最大的区域集中在哥本哈根附近以及在日德兰半岛上的三个城镇区，该区域所有的热用户都可实现与热电联产热源连接。哥本哈根区域的热电联产机组主要是以煤炭作为燃料，能源利用效率达到了90%。

在芬兰，集中供热是采暖的主要方式，且80%以上的集中供热热源来自于热电联产。早在1933年，芬兰的热电联产机组就占总发电量的28%。当前在芬兰七个大城市中有80%以上的建筑采用热电联产技术供暖，每个城市只有几座热电厂和调峰锅炉房。如赫尔辛热电厂发电能力407MW，供热能力为646MW。这些热电联产设施大幅提高了热能利用效率，减少了对环境的污染。当前所有的供热系统均采用计算机自动监控，操作人员少，不仅提高了劳动生产率，还提高了系统的热效率。

瑞典的供热燃料来源多元化，也在逐渐减少化石燃料的使用。瑞典的供热热源包括电力、生物燃料、煤、泥炭、垃圾、工业余热、天然气等多种类型。其中，部分热源，如工业余热、垃圾、电厂余热等主要用于区域供热，为降低区域供热运行成本奠定了坚实的基础。区域供热在瑞典占有重要地位，它们重点倡导在保持生态平衡的基础上确保能源供应安全，发挥热电联产和区域供热（制冷）的优势，大量利用废热及可再生能源，以有效减少一次能源的使用。

挪威由于拥有丰沛的水力发电资源，水力发电成本低廉。根据政府能源法案规定，集中供热价格不得高于电价，区域供热公司的竞争力较差。全国集中供热面积只占采暖面积的 2%，而主要以家庭和楼宇为单位主要采用分散供热。首都奥斯陆也只有 15%采用集中供热。目前已有的区域供热公司为降低成本，主要以垃圾和再生能源为主要燃料。挪威最大的区域供热公司：威垦公司，拥有 13 个供热站，供热能力 1015GW/h，其中 40%热量来自垃圾，50%热量来自再生能源（木屑等），另 10%由污水水源热泵提供。

3. 美国

美国早期热电联产并不多见，1978 年为加快热电联产发展以节约能源，联邦政府制定了《公用电力公司管理政策法案》，要求电力公司从独立的电力供应商购买电力。独立供应商为了提高利润，大大加速了热电联产和可再生能源的发展。截至 2016 年年底，美国可用的发电装机总容量为 1183.74GW，热电联产总装机为 82.60GW，占比 7%左右。美国热电联产项目总数达 4395 个，以天然气热电联产项目为主，数量为 2913 个，总装机为 58.03GW，占比 70.25%。

9.1.3 热电联产机组的技术现状

热电联产机组主要包括抽汽凝汽式（抽凝式）、背压式和抽背式三种形式。其中，抽凝式热电联产机组以常规的凝汽器冷凝低压缸排汽为主，抽汽供热为辅。锅炉所产蒸汽主要用于发电，在汽轮机相应压力位置抽取做完部分功的蒸汽间接供热。抽凝式机组一般在满足自己的供热需求的同时，主要通过发电盈利。

对于背压式热电联产机组，发完电并且有一定压力的排汽全部进入管道进行供热。背压式热电联产机组以供热为主，发电为辅。汽轮机没有凝汽器，无冷端损失，能最大限度地提高热利用效率。而抽背式热电联产机组，与背压式汽轮机组相比，增加了调整抽汽，比纯背压式汽轮机组更加灵活。

改革开放早期，随着社会用电量快速增长，缺电引起的停电现象十分普遍，全国大规模兴建电厂。由于用热量小，电价高，煤价低，彼时的机组以纯凝机组和抽凝机组为主，既可以多发电盈利，又满足用热需求。近些年来，随着电力建设高速发展，社会用电增长平缓，火力发电利用小时下降，而煤价又居高不下，火力发电企业发电盈利能量逐年下降。同时，随着社会发展，供热需求提高，大量现役火力发电机组进行供热改造，机组供热成了火力发电机组巨大的利用增长点。

我国的热电联产机组以 200～600MW 等级的机组为主，且大多采用抽凝式，占热电联产机组总装机的 95%以上。其中大量的抽凝机组是通过将常规火力发电机组进行抽汽改造，在凝汽式汽轮机中、低压缸联通管上抽取一部分蒸汽作为热网加热器热源加热热网循环水，热网循环水被输运至热用户满足热用户供热需求。该技术发展成熟，系统结构简单，是目前应用最为广泛的供热技术。而背压式热电联产机组主要为25MW以下小型机组。

表9-3给出了某发电集团2017年度热电联产机组工业供汽和集中供暖的情况。从表中可以看出，该集团承担供热的火力发电机组的容量为7226万kW，占该集团总装机容量的70%以上。参与工业供汽的机组数量和采暖机组的数量基本持平，但采暖供热的机组年供热量是工业供汽机组2倍以上。

表9-3　　某发电集团热电联产机组的供汽与供热情况

项　　目	总供热量（万GJ）	机组容量（MW）
采暖供热	14265.69	33238
工业供汽	6891.13	36805
采暖供热+工业供汽	1642.99	2160

图9-2所示为某发电集团热电联产机组的热电比情况。从图中可以看出，该集团约70%热电联产机组的热电比在30%以下。其中，按机组的容量等级来分别分析：对300MW等级的以下机组，有40%的热电比在30%以下，18%的机组热电比达到了50%以上，5%的机组热电比达到了70%以上；而600MW等级的供热机组，只有5%的机组热电比达到30%以上；1000MW供热机组热电比都在30%以下。

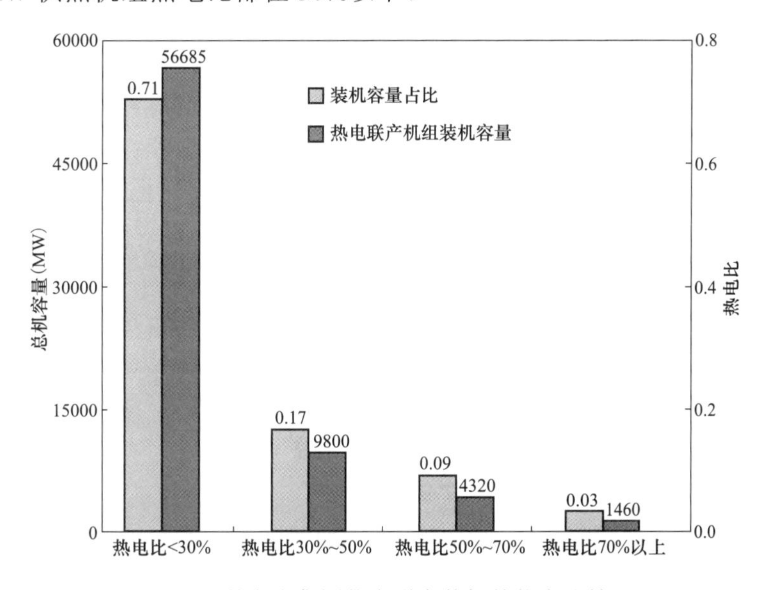

图9-2　某发电集团热电联产装机的热电比情况

现阶段火力发电机组进行热电联产改造主要采用抽凝式热电联产技术方案。对于传统热水锅炉和分散供热来说，锅炉效率一般在70%～80%，每GJ的热量消耗45～50kg标准煤。而凝汽式机组经过抽凝式热电联产改造后，每GJ的热量仅消耗20～25kg标准煤。但是相对于背压机组供热来说，抽凝式机组依然有冷源损失。以发电煤耗来分析，常规火力发电发电煤耗平均在300g/kWh左右，抽凝机组发电煤耗平均在270g/kWh左右，而纯背压机组由于考虑了供热优先的效果，发电端煤耗大都在 200g/kWh 以下是正常水平。另外，同等容量的背压式热电联产机组的供热能力远远超过抽凝式的热电联产机组的供热能力。

总体来看，我国热电联产装机容量发展迅速，但是技术含量低，能源浪费现象普遍。在设计和改造中，由于长期形成的设计规范不科学，只按用户供热参数要求配置热源参数，缺乏系统能量平衡与㶲平衡的优化分析，导致很多系统配置不合理。如我国目前热电联产机组 95%以上都是采用抽汽改造后供热，采暖抽汽压力为 0.3～0.4MPa，温度为 276～340℃，大幅高于 60 年代 0.12MPa、130℃的抽汽参数，且加热方式的落后，经济性差。

9.1.4 热电联产发展的困难与机遇

热电联产集中供热具有能源综合利用效率高、节能环保等优势，是解决城市和工业园区集中供热的主要热源和供热方式之一，是解决我国城市和工业园区存在供热热源结构不合理、热电供需矛盾突出、供热热源能效低及污染重等问题的主要途径之一。但是，当前我国热电联产发展还存在多方面的问题，如热电联产在供热产业中的比例依然较低，热电机组供热能力未充分发挥；用电增长乏力，而用热需求持续增加，大型抽凝热电联产发展方式受限；大型抽凝式热电联产机组比例过大，影响供电供热安全，不利于清洁能源消纳和城市环境进一步改善；背压式热电占比低，运行效益较差，企业投资积极性不高。具体表现为如下几种形式。

1. 热电联产的社会认知度不够

我国的能源政策相关文件中一直提出：“鼓励、支持、发展热电联产”。但是如何支持，没有配套的具体政策，多年来出台优惠政策文件少。甚至有的地方环保局将热电厂视为污染大户严加监视，将机组发电容量大小作为界定热电联产机组与“小火力发电”的标准，进而导致热电联产机组受到了“关停”等多种不公正待遇。在财务成本、环保成本、煤炭成本、设备利用率和电价补贴等方面也与大型凝汽火力发电厂存在着一定差距。有的地方政府主管在制定政策时，不能兼顾热电行业基本利益，有的明明知道有些电厂项目是“假借热电联产之名，行发电之实”，仍开绿灯审批通过等系列问题。

2. 热电联产项目的热网形成滞后

很多热电联产机组隶属央企，由电力系统各大集团公司负责建设，在资金与技术方面有保证。而厂外热网一般由地方政府和热力公司筹建，资金和管理都存在各种参差不齐的现象，导致热网建设严重滞后。很多热电联产机组投产数年内，面临有热供不出去的被动局面，也有长时间达不到设计供热量，造成巨大浪费。

3. 热价与供热成本倒挂导致供热亏损严重

热电联产机组大多由央企和国企经营管理，而热网则由隶属于当地政府的热力公司经营管理。热电联产企业必须将生产的热源和汽源销售给地方热力公司，而非直接面对用户。地方政府主导热价制定权，出于保护本地企业、保民生等方面考虑，往往有意压低热价。

前几年由于煤价高位运行，煤热联动机制执行不到位或未执行，导致热价调整滞后。再加上部分地区热价执行不到位、热费回收率低或不及时等问题，热电联产企业经营十分困难，累计亏损严重。近年来虽然煤价下跌，供热成本下降，但其他成本如环境保护费、水费、材料费、职工薪酬等不断上涨。按照目前的热、电分摊机制，多数热电联产企业的销售热价仍低于供热成本。有的企业热价多年未动，成本严重倒挂，供热亏损严重，影响了热电行业的可持续发展。2013 年，五大发电集团供热业务合计亏损数十亿元，极大地影响了企业发展供热的积极性。

4. 热电比低导致效率低下

部分热电联产企业在设计阶段热负荷落实不到位，项目投产后实际热负荷远小于设计热负荷。供热规模效益未能显现，无法最大限度地摊薄供热固定成本，导致单位供热成本较高。近年来随着国家持续出台对热电联产发展的鼓励政策，热电装机规模迅速增加。局部出现热电装机增速大于供热量增速，说明有些新增加的供热机组，打着热电联产的旗号，以节能减排的名义增加了装机规模，并未有效发挥供热的作用。根据中电联机组竞赛统计数据，2013 年 300MW 级湿冷供热机组的平均供电煤耗为 309g/kWh，空冷机组为 328g/kWh，平均供热负荷率不到 60%，与设计供电煤耗差距显著，无法有效发挥供热降低供电煤耗的作用。

发电行业是能耗大户，也是实施节能减排的重点主体。根据发改委、环保部和能源局共同发布的《煤电节能减排升级改造行动计划（2014～2020 年）》，新建燃煤发电机组平均供电煤耗低于 300g/kWh，大气污染防控重点地区及其他地区地市级以上城市的污染物排放接近燃机排放标准；5 年后通过升级改造使全国在役机组平均供电煤耗达到 310 g/kWh 的水平，大气污染防控重点地区的污染物排放水平接近燃机排放标准。我国的可再生能源结构近些年正在进行深刻的调整，可再生能源的装机容量从规模和比重上都在不断的提升。同时我国要通过实施一系列政策，在 2030 年左右或之前达到碳排放峰值。以上诸多国际国内的新环境，都给进一步发展热电联产提供了新的机遇。为了满足日益严峻的节能降耗要求，必须要严格落实热电联产供热的热负荷，提高机组热电比，有效降低供电煤耗。同时，要通过发挥热电联产自身的调峰优势，为更多消纳可再生能源电量，减少碳排放，做出更大贡献。

9.2 热电联产高效节能技术

我国传统热电联产供热设计规范和加热工艺都是按照基于热力学第一定律的能量平衡进行设计的，即只考虑能量的传递，而没有考虑能量转化过程中有用能的损失。以至于当前大型热电联产机组的抽汽参数往往比热用户需求的蒸汽参数高一定的等级，若直接供热，则存在较多的能源品质浪费，即㶲损失。如考虑将能量分级利用，将高品位的热能先转化为电进行充分利用，然后将合适参数的蒸汽用于供热，则可达到能源梯级利用、综合效率提高的效果。

传统的供热方式，不管是供热机组，还是纯凝机组改造的供热的机组，加热的汽源温度往往比供出的热水温度高 120～200℃，巨大的传热温差造成很大的㶲损失。高效供暖系统，就是要在保证供出的热水参数合格的前提下，先将蒸汽的有用能最大限度的转换为动力能后，再将排汽废热回收供热，基本上可以将加热蒸汽热源的平均温度降低至供出的热水温度。通过供热系统的创新升级，平均每供 1kg 蒸汽的热量，可比传统的供热方式节约有用能 40%～70%，使整个社会用能效率得到很大提高，有效的节约能源、减少污染排放。

9.2.1 热能分级利用热网加热技术

传统的供热方式一般从中压缸排汽抽汽供热，热网的加热过程没有形成能量分级利用，热网加热器的㶲损失很大。把低温热源加热器与高温热源加热器串联起来，通过低温热源加热器回收机组排汽的低位能，并通过高温热源加热器抽取高品位蒸汽来提高供水温度，可实现能量的深度梯级利用，减少机组的冷源损失，提高加热过程的㶲效率。

图 9-3 为传统纯凝机组改造为抽凝式机组的供热、热网系统示意图。热网加热器汽源直接来自中压缸排汽。图 9-4 所示为热能分级利用热网系统示意图。在供热初末期，供水温度需求较低，关闭阀门①，并打开阀门④，只需抽取乏汽②加热，回收全部乏汽余热。供热高峰期，仅用乏汽②处提供热量达不到供热要求，此时还需从中压缸抽汽③作为高温热源，经过高温热源加热器换热后供出，以达到供热需求的水温。

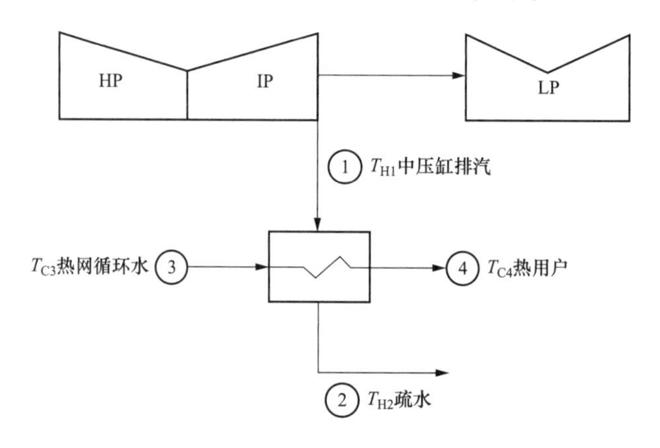

图 9-3 普通中压缸排汽供热系统示意图

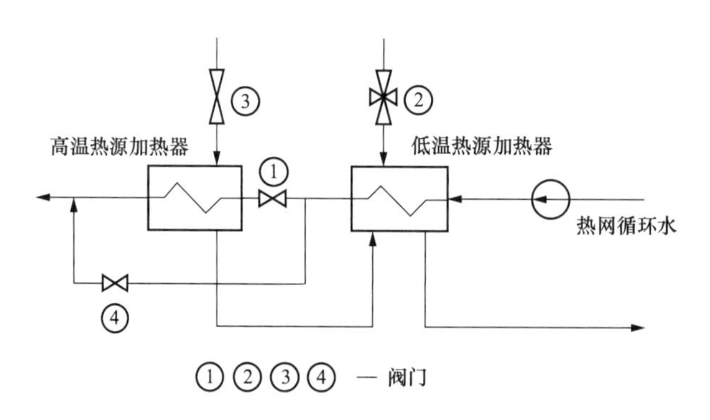

图 9-4 热能分级利用热网系统示意图

热能分级利用热网系统设计的基本原则：

（1）热网系统设计的大原则是在供热条件的约束下（供热量、供热参数）使系统的用能效率达到最高。

（2）系统设计的关键环节是高品位供热蒸汽到低品位供热蒸汽之间的转换方式。可以利用机组本身系统的特点，做方式上改变；也可以是本身系统的再改造；或是增加系统；再或是多种方式的组合等。

（3）在转换过程中最重要问题就是参数的选配和热负荷和分配，遵守“以低换高”的原则。防止因追求少部分蒸汽低位能的利用，而牺牲了大部分蒸汽有用能的情况。

（4）系统配套设计的主要设备可以满足运行的要求。

9.2.2 高效工业供汽技术

现有工业供汽较多采用从汽轮机组直接抽汽，进行直接供汽。为了保证低负荷时的供汽参数，直接抽汽供汽方式一般选取参数较高的蒸汽源，然后进行减温减压供出，导致系统能量损失很大。工业供汽的一般性特点是：供汽参数高，损失大。工业供汽效率提升主要可以从以下几个方面考虑：① 将供热设备的调节和效率特性、电负荷调节规律和热负荷需求变化三者有机的统一在一起；② 保证在全负荷工况下流量均能达到用户要求，同时全负荷况下供热系统都能保持较高的能效；③主动适应机组的滑压运行工况和输出效率要求，工作区间能够覆盖机组负荷调节区间。以下对当前比较成熟的高效供热技术进行分别介绍。

1. 蒸汽压力匹配器技术

蒸汽压力匹配器，又称汽汽引射器，其实物如图 9-5 所示。其工作原理是：当高压蒸汽流过喷嘴时，流速急剧增大，经过喉部以后一般可以达到超音速。随着高压蒸汽流速的逐渐升高，压力逐渐降低。当在喉部位置的汽压低于低压蒸汽压力时，可将低压蒸汽吸入喉部。两股速度不同的蒸汽相遇，发生动量交换，最后经扩压管升压后输出。通过较高压力的蒸汽引射较低压力的蒸汽，可以获得中间某一压力的蒸汽要求，以达到“低品高用”或余热回收利用的目的。

图 9-5 普通蒸汽压力匹配器实物图

压力匹配器的工作原理如图 9-6 所示，其中 p_1 表示驱动蒸汽压力，p_C 表示输出蒸汽压力，p_H 表示吸入蒸汽压力。*A* 点表示驱动蒸汽（高压蒸汽）的状态点。*B* 点表示低压蒸汽被引射后压力从 p_H 降低。采用高效的多喷嘴压力匹配器，与普通减温减压方式相比，单位供热蒸汽可以节省有用焓 150～250kJ/kg。

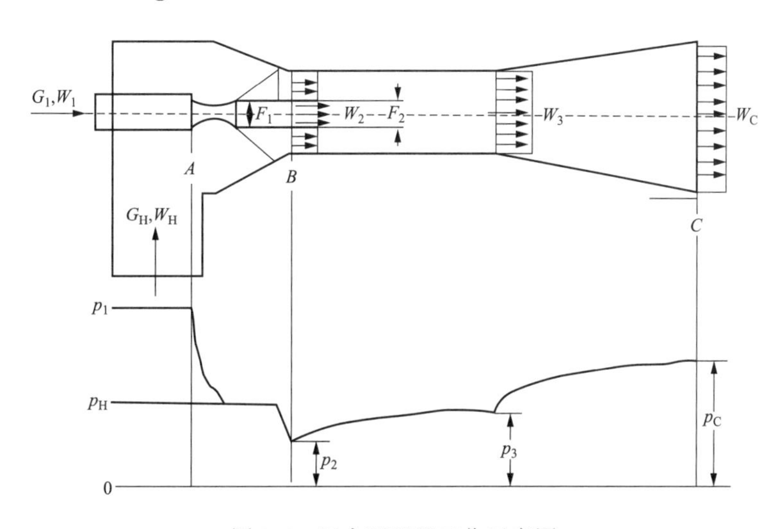

图 9-6 压力匹配器工作示意图

2. 中调门调节供热技术

在常规的汽轮机设计中，中压调节阀门（中调门）仅在较小的开度范围内参与调节，一般不参与供热抽汽调节。在负荷达到较高状态下，中调门开度的增加将对流量不再产生影响，而主要起整流作用。同时达到尽量减小阀门节流损失，提高经济性的目的。

只有当供热抽汽参数略高于再热蒸汽压力，且抽汽量较大时，才考虑用中调门参与调节供热的方式。此时，为了满足抽汽参数要求，通过部分关闭中压调门来憋高再热蒸汽压力，以提高抽汽参数，导致中调们长期处于节流调节状态。而如果供汽流量不大，则因中调门节流调节的节流损失可能会超过供热本身的经济效益，起不到应有的节能效果。

3. 旋转隔板调节供热技术

旋转隔板分为节流调节旋转隔板和喷嘴调节旋转隔板。节流调节方式主要是对全周隔板上喷嘴的进汽面积同步进行调节，而喷嘴调节是分部分组对隔板上喷嘴的通流进行调节（同高压缸调节级喷嘴配汽类似）。其结构和原理大致相同，主要在调节特性和发生的事故状态不一样。

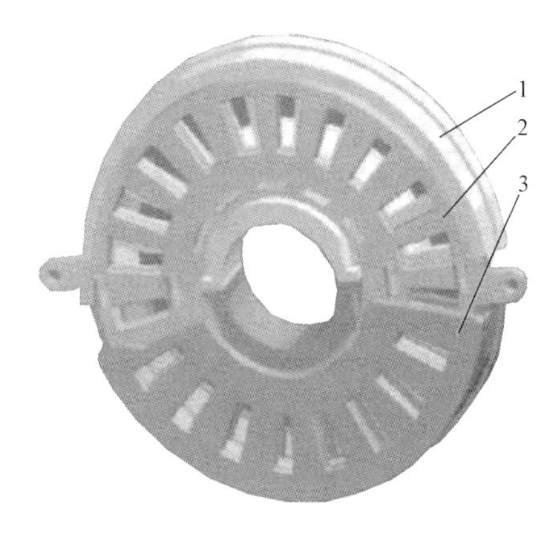

图 9-7 节流调节旋转隔板机构三维图
1—隔板体；2—转动环；3—平衡环

旋转隔板是一种具有流量调节功能的隔板，因此它同时具有类似调节阀门和冲动式隔板两种功能。旋转隔板主要由隔板体、转动环、平衡环组成（结构见图 9-7）。旋转隔板的工作原理：转动环位于平衡环和隔板体之间，转动环可以在一定范围内转动。在转动环和隔板体上分别有相对应的窗口，当转动环和隔板体上窗口完全重合时，旋转隔板处于全开位置。当转动环和隔板体上窗口完全错开时，旋转隔板处于全关位置。正常工作时，旋转隔板在全开和全关位置之间，以确保合格品质的工业抽汽。

4. 多排汽背压式小汽轮机工业供汽

背压式小汽轮机工业供汽是指将机组的抽汽先经过小汽轮机进行做功以拖动相应辅机，而将小汽轮机排汽供应给特定参数要求的热网的方式。小汽轮机汽源的选择主要是由排汽背压（即供汽的压力要求）决定的。当排汽背压在主蒸汽压力和再热蒸汽压力之间，则采用主蒸汽来驱动小汽轮机。若排汽背压在再热蒸汽压力和中排压力之间，则采用再热蒸汽来驱动小汽轮机。运行调节的主要难点在于“多目标的实现”。与常规背压式供热机组以热定电运行方式不同，机组首先需要满足电网供电要求，在此前提下对外供热。常规的背压式小汽轮机驱动引风机技术，将小汽轮机排汽仅排至热网，则背压式小汽轮机排汽量与热网供汽量无法平衡，无法同时满足电网电量调节和热网汽量调节要求，可能出现以下情况：①机组供电负荷高，引风机小汽轮机排汽量大于热网用汽量；②机组启停和低负荷阶段，小汽轮机排汽参数低，不能满足热网要求；③不供热时，小汽轮机停运将导致引风机停运，从而导致机组被迫停运。

考虑上述因素，利用现有系统，将背压机排汽设置为排空管系、热网管系和除氧器管系三路，充分满足了启动、热网供汽参数与背压机排汽匹配的要求：①机组供电负荷高，引风机小汽机排汽量大于热网用汽时量，将多出的排汽引至除氧器；②机组供电负荷低，引风机小汽机排汽量低于热网用汽量，从系统冷段处补蒸汽至热网；③机组启停和低负荷阶段，小汽机排汽参数不能满足热网要求，可将排汽引至除氧器；④热网停运时，引风机小机排汽至除氧器、辅助蒸汽等用户。

5. 蒸汽压缩机工业供汽技术

蒸汽压缩机是通过压缩作用提高蒸汽温度和压力的设备，可以将低压（或低温）的蒸汽加压升温，以满足工艺或者工程所需温度和压力的要求。工业供汽方面应用较多的蒸汽压缩机多为离心式压缩机。离心式蒸汽压缩机可以采用多种形式驱动：如定速电机、变速电机、工业小汽轮机等。工业供汽蒸汽压缩机系统可以根据工业供汽热用户需求进行单独订制。根据应用场景大致可分为两类：汽源端蒸汽压缩机供汽技术和用户端蒸汽压缩机蒸汽提质技术。一般火力发电厂汽轮机组抽汽参数受汽轮机设计限制不能做到抽汽参数匹配热用户参数。而汽源端蒸汽压缩机供汽技术利用蒸汽压缩机将汽源蒸汽参数提质至热用户需求参数，很好的解决上述问题。蒸汽压缩机独立压缩供汽系统如图 9-8 所示。离心式蒸汽压缩机的调节一般通过两种方式：一种是转速调节，一种是入口导叶节流调节。

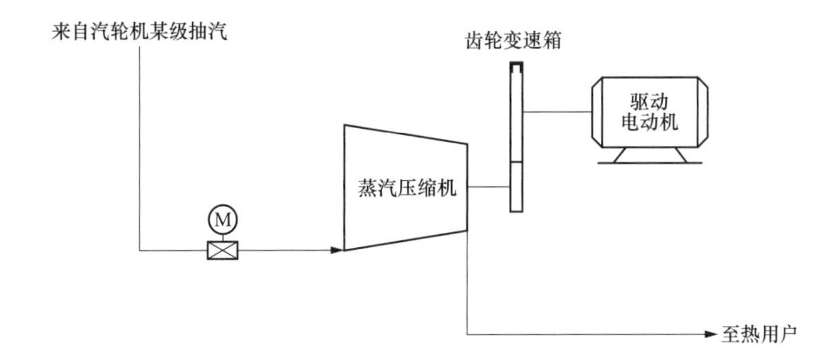

图 9-8　蒸汽压缩机独立压缩供汽系统

9.2.3　集中采暖高效供热技术

常规集中采暖系统采用抽凝式供热机组进行供热。抽凝式供热机组有两股工作蒸汽——凝汽流蒸汽与抽汽流蒸汽。凝汽流蒸汽经机组所有的通流过程做功后，进入凝汽器凝结放热排向环境，产生大量的冷源损失。而抽汽流蒸汽经部分汽轮机通流过程做功发电后在中间某级抽出。大型抽凝两用机组一般是在中-低压蒸汽连通管上开口抽汽，送入热网加热器中凝结放热，以加热热网水进行供热。常规抽凝式供热机组的系统如图 9-9 所示。

抽凝式供热机组对供热抽汽流量和压力的调整，是通过调节抽汽调节阀 V1 和低压缸进汽调节阀 V2 的开度实现的。阀门 V1 设置在抽汽管上，其节流会使阀后压力降低，引起抽汽口节流损失。阀门 V2 设置在中-低压蒸汽连通管上，属于汽轮机内部通流过程，其节流会影响机组发电，引起机组节流损失。抽凝式供热机组的供热原理图如图 9-10 所示。

图 9-10 中，抽汽口节流损失部分是因为中压缸排汽压力高于采暖参数，由于 V1 阀节流而产生的损失；机组节流损失部分是为了保证采暖蒸汽压力的需求，V2 阀进行节流而造成低压缸进汽压力小于中压缸排汽压力，增加了单位抽汽量损失的发电功率。

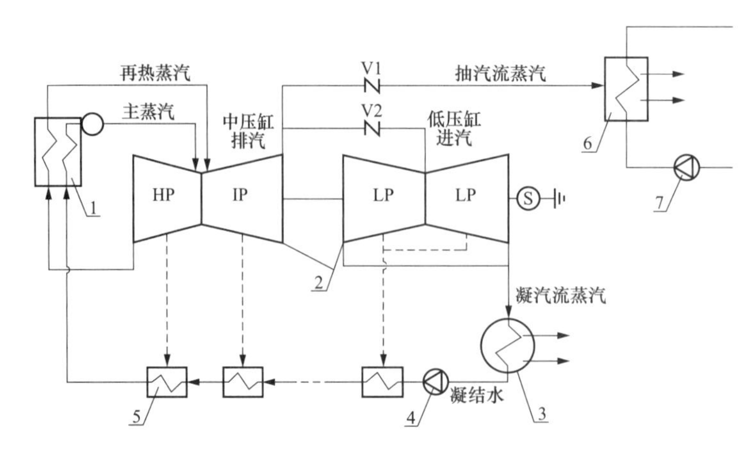

图 9-9　常规抽凝式机组系统图

1—锅炉；2—汽轮机；3—凝汽机；4—凝结水泵；5—回热装置；6—热网加热器；

7—热网循环水泵；V1—抽气调节阀；V2—低压缸进气调节阀

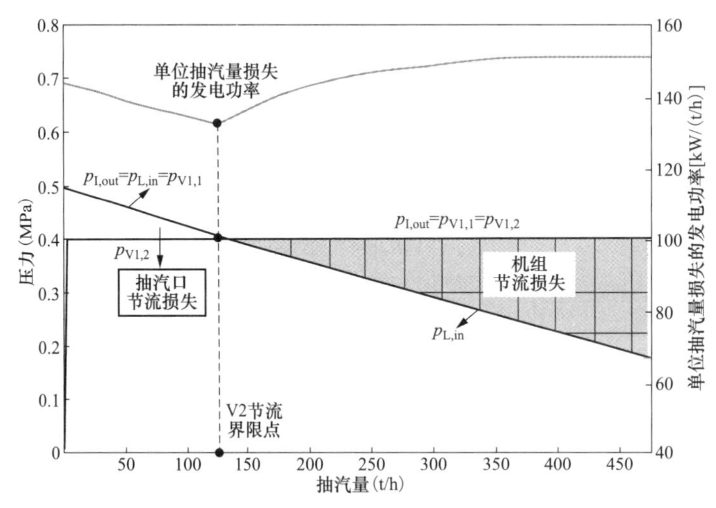

图 9-10　大型抽凝两用机组的工作原理与抽汽调整过程分析

（以基 300MW 机组为例，抽汽压力 0.4MPa）

$p_{I,out}$—中压缸排汽压力；$p_{L,in}$—低压缸进汽压力；$p_{V1,1}$—V1 阀前压力；$p_{V1,2}$—V1 阀后压力

然而，当前抽凝式供热机组进行供热存在一些如平均供热参数高、最大供热能力受限等普遍问题。如常规采用中压缸抽汽供热的机组，抽汽压力一般都在 0.25MPa 以上。经纯凝机组改造的供热机组，抽汽压力更是高达 0.8～1.2MPa，造成了蒸汽有用能的大量损失。同时，由于机组低压缸最小冷却流量的限制，机组的最大抽汽能力不能完全发挥出来。对一般的 300MW 等级机组，如果不考虑最小冷却流量，机组的供热能力可以提高 30%。针对常规供热方式存在的供热参数高、抽汽能力受限等的问题，应通过供热节能技术的开发，最大限度地降低供热参数，并最大限度地发挥机组的供热能力。围绕上述核心问题，对行业现有的主要技术进行梳理分析如下。

1. 高背压分级供热技术

对于常规湿冷机组，高背压分级供热技术一般通过加工制造一套新型高背压低压缸转子，实现双转子双背压互换运行方式。在非采暖期实现低背压纯凝运行；在采暖期更换为新型低压缸转子高背压运行，以将蒸汽的有用能最大可能转换为电能后，再将在低压缸做过功后的低位能排汽引入到低温热源加热器。热网循环水回水首先经过低温热源加热器、回收低压缸排汽的低位能源，然后再送至高温热源加热器提供尖峰热量，最终送至热用户，系统实现了蒸汽能量的分级优化供热，如图 9-11 所示。

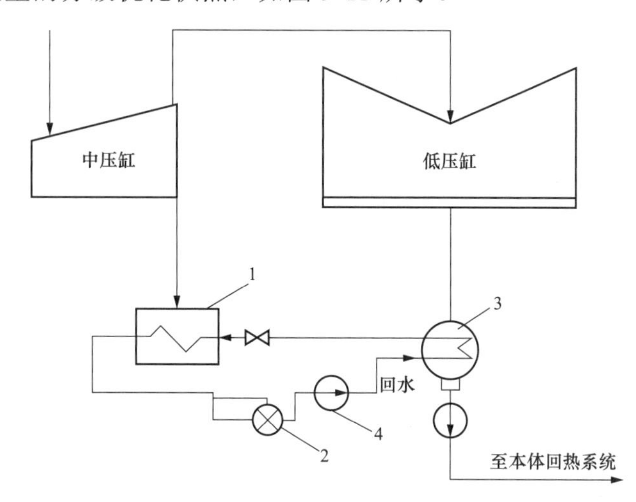

图 9-11　高背压分级供热技术示意图

1—高温热源加热器（即尖峰加热器）；2—热用户；3—低温热源加热器；4—热网循环泵

对于空冷机组，可直接在低压缸排汽管道上增设旁路管道，将部分低压缸排汽引入到低温热源加热器。热网循环水回水首先在低位热源加热器被低压缸排汽加热，回收低位能源，然后再送至高温热源加热器吸收中压缸排汽的高位热量，最终送至热用户。空冷机组的高背压分级利用供暖系统，将空冷机组低压缸排汽低位热源与中压缸排汽高位供热汽源相结合，实现了高、低位能分级利用，高效供暖。

汽轮机在进行高背压供热改造后，循环水出水温度达到 75℃。低压缸在高背压下运行，末级叶片会出现严重鼓风，一方面蒸汽做功效率会下降；另一方面排汽温度升高，引起低压缸膨胀量增长，进而影响低压轴承标高，对机组安全运行构成较大影响。为了适应高背压运行工况，必须重新设计低压转子。

由于二次网的设计以及居民采暖方式的不同，不同区域的循环水回水温度有很大的差别，对汽轮机的背压运行范围就有较大的影响。回水温度较高的区域，如对于普遍采用暖气片采暖的地区，回水温度在 45～55℃之间，背压的运行范围可以选择在 35～40kPa。其他供热条件的地区，如在一些普遍采用地暖进行供暖的地区，回水温度在 35～45℃之间，背压的运行范围可以选择在 25～35kPa。同时循环水流量对机组的背压运行范围也有较大影响。一般来说，对于常规 300MW 等级的抽汽供暖机组，循环流量的范围可在 7000～15000t/h 之间。不同的循环水量直接导致循环水温升的差异，从而进一步影响机组的运行背压。如对于循环水回水温度较低、热网循环水流量大的地区，背压的运行范围甚至可以控制在 20～25kPa。图 9-12 给出了依据回水温度和循环水流量来确定设计背压的概念图，再根据背压的范围来确定所设计转子采用的级数，使级效率最高。

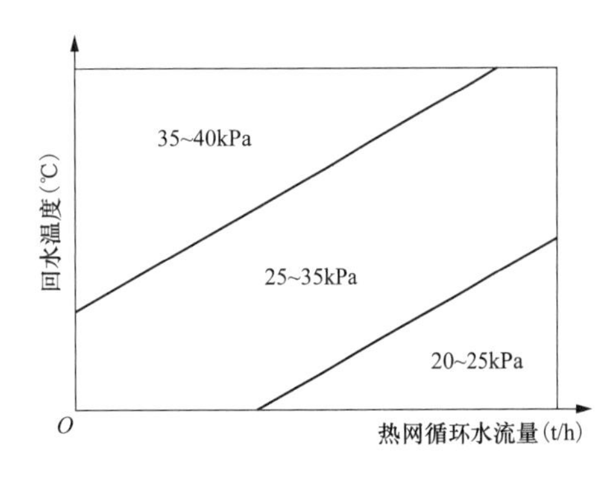

图 9-12　设计背压区域图

2. 热泵供热技术

热泵以消耗一部分高品质能量（如电能、机械能或高温热能等）作为补偿，通过制冷热力循环，吸收低温低品位余热源的热量，再通过压缩“泵”送至高温热媒。高温热媒通常采用循环水或空气，温度最高可高达 90℃。在该温度下，可满足工农商业的蒸馏浓缩、烘干或建筑物采暖等对热量的需求。

在现有的余热回收热泵中，根据余热源分类，有空气源余热回收热泵，水源余热回收热泵。根据余热回收热泵的工作方式，分为蒸气压缩式热泵和吸收式热泵。同时，在蒸气压缩式热泵中，按照采用压缩机的不同，又有离心压缩机、螺杆压缩机、涡旋压缩机等不同类型的热泵形式。在电厂、化工厂等具有巨大废热的行业内，通常采用蒸汽离心压缩式热泵和多效溴化锂吸收式热泵。下面将分别对这两类热泵的技术原理和主要性能指标进行介绍。

蒸汽压缩式热泵的驱动形式，主要有电动机驱动、蒸汽透平驱动和燃气透平驱动等主要形式。其中电动机驱动的方式应用较多，但是，电动机驱动意味着高品位能源的消耗。尽管压缩机驱动的形式不同，但是蒸汽压缩式热泵的形式基本一致。热泵本质上是制冷系统，而之所以称之为热泵，原因在于用户侧的需求为热而非冷。热泵通过将低温的能量提升泵送成高温高品位热源，实现能源质的变化。热泵系统流程为：制冷剂以低于低温低品位热源温度在蒸发器内吸收热量，实现液体到过热蒸气的过程。而后进入压缩机，通过压缩机的非等熵压缩，将制冷剂压力和温度提高，以过热的制冷剂气体形式进入到冷凝器之内。高温高压的制冷剂气体在冷凝器内释放热量给高温侧介质，实现加热供热介质的任务。而后，经冷凝并具有一定过冷度的制冷剂进入到节流阀，节流至低温低压的两相态制冷剂，并进入到蒸发器，完成一个循环。被加热后的供热介质，泵送至应用区域，实现供暖、烘干等作用。热泵一般可以利用汽轮机的乏汽或循环水的热量将供热循环水的温度提高 70～80℃。设计的 *COP* 可以达 1.6～1.7。

吸收式热泵按驱动热源可以分为蒸汽型、热水型、直燃型、烟气型，目前应用较为广泛的是蒸汽型和直燃型的吸收式热泵。蒸汽型吸收式热泵是利用高温高压的蒸汽作为驱动热源的吸收式热泵，这类吸收式热泵主要应用在回收工业余热的工程项目中。特别是热电厂的余热回收应用的比较多，本文所讨论的热电厂余热回收就是应用的蒸汽型吸收式热泵。

吸收式热泵按系统溶液循环中工质对的种类分，主要有两类，即溴化锂吸收式热泵和氨水吸收式热泵。溴化锂溶液具有如下多方面优秀的物理化学优势：溴化锂和水的沸点差很大，使得其分离难度小、纯度高；作为制冷剂的水价廉、易得、气化潜热大、无毒、无味、安全性能好；溶液比热小，有利于提高循环效率；饱和气压低，溶液吸水性强，能够吸收低温水蒸气，且过程传质推动力强等。这些都有助于增强吸收式热泵的性能，使得溴化锂吸收式热泵应用最为广泛。下面以溴化锂吸收式热泵为例来介绍吸收式热泵的系统工作流程，如图 9-13 所示。吸收式热泵系统存在两个循环，即制冷剂循环和溶液循环。

（1）溶液循环。从蒸发器吸热后出来的水蒸气进入吸收器，被吸收器中的溴化锂浓溶液吸收，将溴化锂浓溶液稀释成稀溶液后经溶液泵加压，浓溶液稀释的同时放出一定热量，并用其对热网回水进行初步预热。为了提高吸收式热泵的热效率，系统中设置了溶液热交换器，将加压后的溴化锂稀溶液首先经过溶液热交换器预热，然后再进入发生器接受驱动热源的加热使之沸腾，产生高压水蒸气，同时浓溶液变成稀溶液。稀溶液经过溶液热交换器后再经过节流阀进行节流减压后返回吸收器循环利用。

（2）制冷剂循环。由发生器出来的高温高压水蒸气（制冷剂）进入冷凝器冷对热网水进一步加热。降温后的高压水蒸气变成高压水，经过节流阀节流降压。降压后的低压水进入蒸发器吸热蒸发变成低压水蒸气，并流进吸收器进行下一个循环。蒸发器中吸收的热量一般来自于工业生产过程中的低温余热。

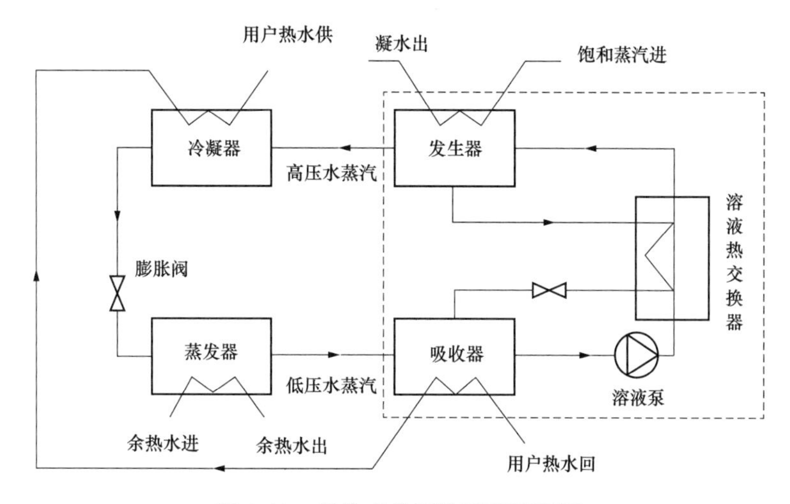

图 9-13 吸收式热泵的系统流程图

3. 低压光轴的中压缸背压供热技术

低压光轴的中压缸背压供热技术是在采暖期突破传统思路，将常规带有叶轮的低压缸转子更换为一根光轴，实现机组的高背压供热运行。进行低压光轴改造后，因低压缸不受最低通流量限制，机组的中压缸排汽可全部引入到热网加热器，利用中压缸排汽的全部显热和汽化潜热热量加热热网循环水，并供给热用户。其系统示意图如图 9-14 所示。此项技

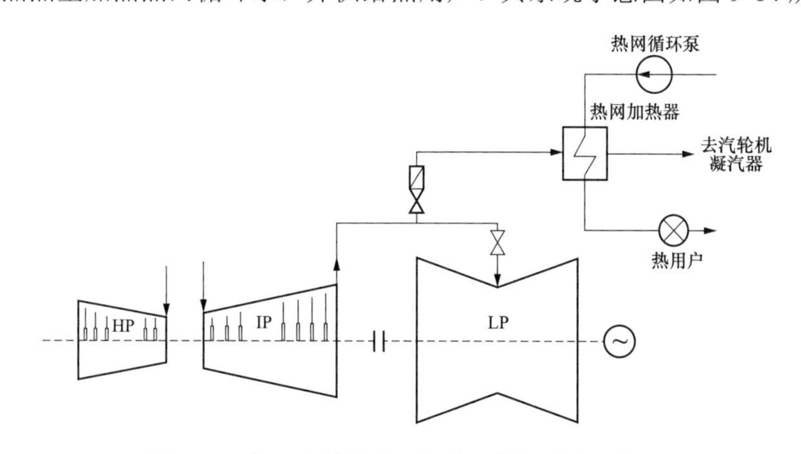

图 9-14 低压光轴的中压缸背压供热系统示意图

术不仅大大增加了机组冬季的供热量，还实现了机组冷源损失的全部利用。在非采暖期，将低压缸转子更换为带有叶轮的原低压缸转子，机组恢复为纯凝运行方式。此项技术可有效实现机组的夏季纯凝、冬季背压供热的不同运行方式。

相对于常规供热技术，低压光轴的中压缸背压供热技术的节能效果体现在以下两个方面：其一，采暖期低压缸光轴运转，不存在低压缸最低流量的限制，中压缸排汽几乎可全部用于供热，机组的供热抽汽量可提高 28%左右。其二，常规中排抽汽供热技术下低压缸进汽下降较多时，低压缸效率大幅下降，相应低压缸排汽焓提高，蒸汽在低压缸转换为电能的比例下降，进入低压缸蒸汽的热量有 80%以上排入到凝汽器，形成较大的冷源损失。而在低压光轴的中压缸背压供热技术下，中压缸排汽热量全部用于供热，机组冷源损失几乎为零。相对常规供热技术，机组的热能损失可减少 24%以上。此技术的缺点是仅适应于供热量很大、供热能力相对不足的情况。

由于机组几乎没有排汽热损失，机组的发电热耗基本接近 3600kJ/kWh，发电煤耗可实现低于 140g/kWh，供热参数对供热发电煤耗几乎没有影响。

4. 低压缸脱缸运行

低压缸脱缸运行供热技术，是在低压缸高真空运行条件下，采用可完全密封的液压蝶阀，切除低压缸原进汽管道进汽，仅通过新增旁路管道通入少量的冷却蒸汽。与改造前相比，低压缸脱缸运行供热技术将原低压缸做功蒸汽直接用于供热，实现了低压缸零出力运行，从而提高了机组供热能力、供热经济性和电负荷调峰能力。脱肛运行示意图如图 9-15 所示。

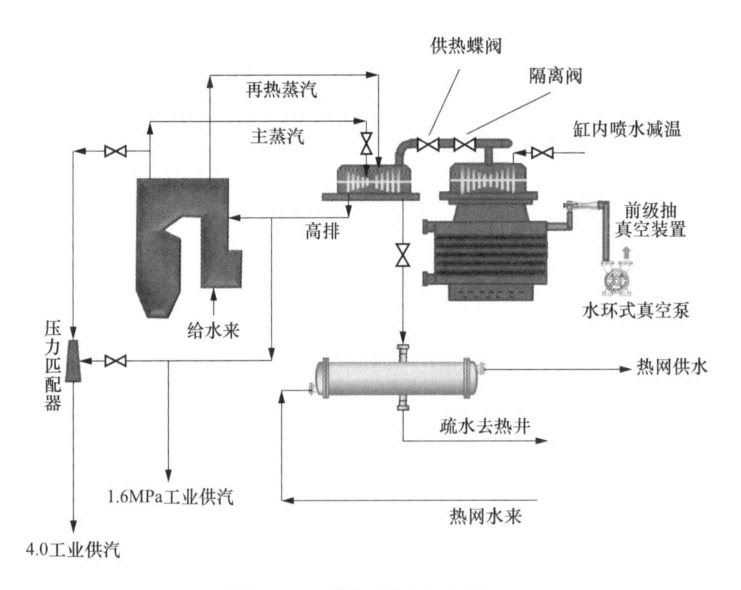

图 9-15 脱缸运行示意图

该技术优势及特点：

（1）通过在机组运行中切除低压缸全部进汽，实现低压缸“零出力”运行，大幅降低低压转子的冷却蒸汽消耗量，提高汽轮机供热抽汽能力、供热经济性和电调峰能力。

（2）实现供热机组在抽汽凝汽式运行方式与高背压运行方式的灵活切换，机组运行灵活性和范围大大提高。

（3）避免了高背压供热改造（双转子）和光轴改造方案采暖期需更换两次低压缸转子的问题和备用转子存放保养问题，机组运行时的维护费用大大降低。

5. 3S离合背压供热技术

3S离合器的三维效果图如图9-16所示。3S离合器可根据运行需要，将单轴机组断开，解列其中一部分转子，以实现部分转子运行的方式。3S离合器在燃气-蒸汽联合循环的机组中应用成熟。如在德国Siemens等公司的F级单轴燃气-蒸汽联合循环机组中，通过3S离合技术可采用发电机中间布置形式。通过3S离合器，该机组可在启动或停机过程中一分为二，相当于一套多轴系统。而正常运行时又等同于单轴系统，机组运行灵活性增加。

图9-16 3S离合器三维效果图

A—销钉；B—离合器齿；C—滑动部件；D—螺旋齿条；E—输入；F—输出离合器环；G—棘轮齿

针对低压光轴中压缸高背压供热技术在供热与非供热季，需要停机以更换转子等带来的不便，在中压缸与低压缸之间安装3S离合器。这样可根据供热的需求，随时将低压缸进行解列，以实现与低压光轴中压缸背压供热同等的供热效果。

据资料介绍，目前3S离合器已经在55个国家600余台燃气-蒸汽联合循环机组和28个国家的530艘军舰上得到应用，技术上非常成熟可靠。在国内燃气-蒸汽联合循环机组以及IGCC（整体煤气化联合循环发电系统）等项目上已经有了大量的使用业绩。3S离合器可把单轴联合循环机组一分为二，使机组在启动或停机过程中相当于一套多轴系统，而正常运行时又等同于单轴系统，机组运行灵活性增加。然而，采用3S离合器会大大增加设备投资，其经济性需要进行综合考虑。

6. 热压机供热技术

可调式热压机同压力匹配器的工作原理一样，主要有喷嘴、接收段、混合段和扩压段等几部分组成，具体结构详如图9-17所示。高温高压的工作流体经过喷嘴后，压力势能和热能转化为动能，以高速低压的状态进入热压机的接收段，由于此时的工作流体压力低于被引射流体压力，这种压力差将被引射流体吸入热压机的接收段。这两种流体进入热压机的混合段后，不断进行质量传递和能量传递，速度、压力、温度逐渐均衡，混合的程度逐渐趋于均匀。混合流体流经扩压段时，流经截面积不断变大，混合流体的速度逐步减小，压力升高，部分动能重新转换为压力势能和热能。最终在扩压段出口处，得到的介于动力流体与被引射流体参数之间的混合流体，整个过程在不直接消耗机械能的情况下提高了被引射流体的压力。

热压机供热技术最近两年刚开始在国内推广应用，技术来源于海水淡化中的蒸汽热力压缩器（thermal vapor compressor，TVC）工艺。热压机供热技术主要创新点在于利用原本供热的中排抽汽通过热压机提质低压缸排汽，使得低压缸排汽压力提高至对应的饱和温度可以加热热网循环水，回收汽轮机乏汽，降低冷端损失。热压机供热可以在不提高机组背压的基础下，通过热压机提质乏汽用于供热，也可与高背压供热技术相结合，弥补高背压供热技术的不足，提升高背压供热技术的适应范围，示意图如图 9-18 所示。

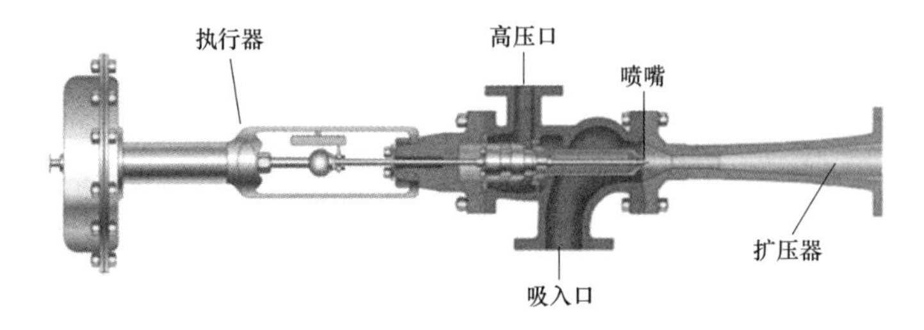

图 9-17　热压机原理图

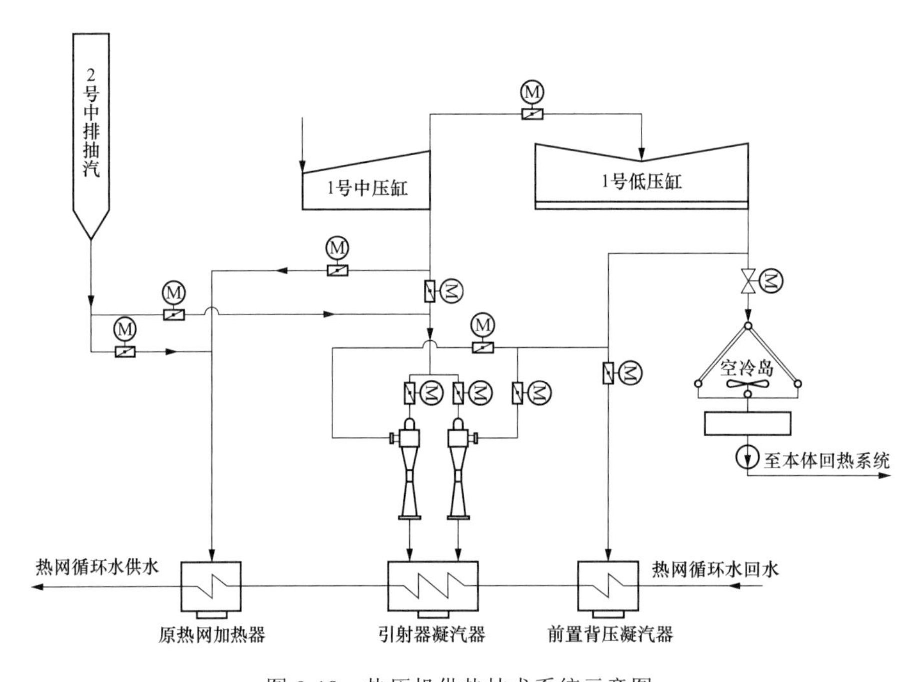

图 9-18　热压机供热技术系统示意图

热压机的应用不受供热规模和循环水流量的影响。对循环水流量在 5000～20000t/h 的机组都能提供相匹配的供热解决方案。可以将汽轮机的乏汽全部加以利用，供热机组的供热能力提升 30%以上。由于系统能耗大幅下降，在供热能力提升的同时，机组电负荷调节能力不降反升。系统没有旋转机械，也没有间接工质，运行维护十分方便。

9.3　高效供热系统

9.3.1　常规热电联产供热系统流程

图 9-19 所示为热电联产集中供热系统，热量的转换及输送经历了三个换热环节：电厂

首站的汽-水换热、热力站的水-水换热和用户末端的水-空气换热。建筑采暖的目标是维持20℃左右的室内温度。而为了满足大规模热量集中输送的要求，采用 0.2～1.0MPa 的供热抽汽作为热源，热源与供热目标的能级严重不匹配。每经历一个换热环节，热量的品质就降低一次。根据热力学第二定律的㶲分析方法，可计算图 9-19 中首站的汽-水换热㶲效率为 74%左右，热力站的水-水换热㶲效率为 70%左右，用户末端的水-空气换热㶲效率仅为52%左右，系统总的㶲效率为 27%左右。即由热源处提供 1kWh 的抽汽热量㶲，则输配过程中损耗了 0.73kJ/kg，系统存在较大的优化改进空间。

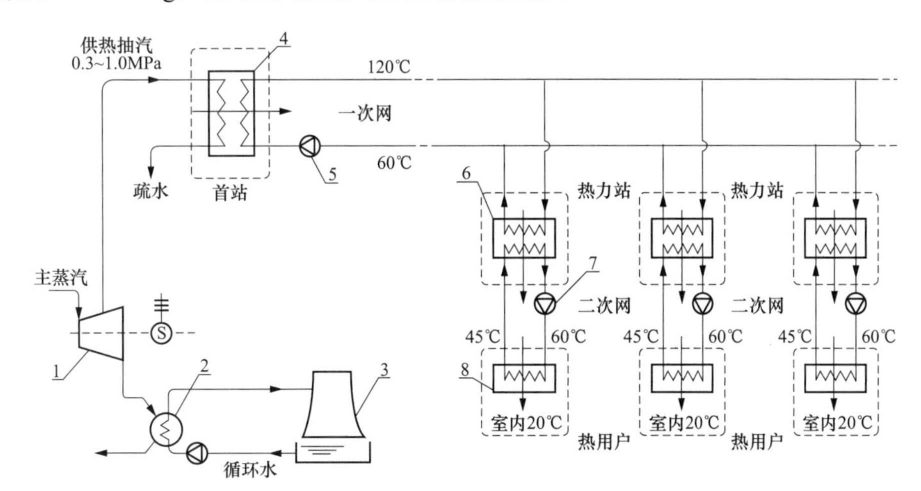

图 9-19　常规热电联产集中供热系统流程

1—供热机组；2—凝汽器；3—冷却塔；4—汽-水换热器；5 一次网循环水泵；

6—水-水换热器；7—二次网循环水泵；8—用户末端装置

9.3.2　基于“单耗最低”的供热全系统节能分析

把热电联产系统视为由六个子系统构成，即燃料能释放/转换子系统、电量生产子系统、电量输配子系统、热量生产子系统、热量输配子系统和热用户子系统。把单位供热量的煤耗和成本总称为“单耗”。且认为，热量也和任何产品一样其单耗都是由两部分组成，即理论最低单耗和附加单耗。任一时刻的供热煤耗和供热成本可分别由下式表示

$$b_{\mathrm{q}} = b_{\mathrm{oq}} + b_{\mathrm{minq}} / \prod_{i=1}^{N} Z_i \tag{9-1}$$

式中　b_{q}——总单耗，g/kWh；

b_{oq}——附加单耗，g/kWh；

b_{minq}——理论最低单耗，g/kWh；

Z_i——子系统 i 的㶲效率或㶲指数。

$$Z_i = E_i^{\mathrm{out}} / E_i^{\mathrm{in}} \tag{9-2}$$

式中　E_i^{out}、E_i^{in}——分别为第 i 个子系统的输出和输入㶲，kJ。

电厂供热煤耗可以用下式表示

$$b_{\mathrm{q}} = b_{\mathrm{oq}} + R[1 - T_0 / T_{\mathrm{R0}}] / (Z_{\mathrm{b}} Z_{\mathrm{w}} E_{\mathrm{Q}}) \tag{9-3}$$

式中 Z_b、Z_w、E_Q——分别为燃烧能释放/转换子系统、电量生产子系统和热量生产子系统的㶲效率（或㶲指数）；

T_0、T_{R0}——分别为环境温度和供回水平均温度；

R——常数。

通过分析我们发现，只要进行深入的研究，现行的热电联产系统有极大的改进余地。而且从上式可以看出在热电联产系统中每个子系统的㶲效率是以同等重要的作用影响着供热煤耗和供热成本。

9.3.3 高效供热系统设计方案

根据建立的供热系统“单耗分析”模型，得出了热电联产各子系统的㶲效率计算式，为深入地研究和改进热电联产供热系统奠定了基础。基于这一基础的初步计算，可以得出现有供热系统可以由以下几种方式来降低供热单耗：

（1）对于给定的供回水温度，供热抽汽的压力越低，单耗也越低。

（2）尽可能降低供水温度可显著降低供热单耗。

（3）保持供水温度不变降低回水温度，采用分级加热。

若不采用分级加热，出厂供热单耗基本不变，但可使给定热网加热器的传热能力加大，提高热量输配子系统的㶲效率，并降低管网的相对投资。不利的影响是所送出的热量平均品位低了，必须使用户的散热器加大才能接受同样多的热量。此外，供回水温度差加大后，加重了热网的热重力压头。不过，在降低回水温度的同时如配以多级加热，其效果是明显的。比如保持供水温度为 120℃，回水温度从 70℃降至 30℃并辅以三级加热，则出厂供热煤耗从 75g /kWh 降至 52g /kWh，即下降了 31%，成本从 11.8 元 /GJ 降至 7.5 元/GJ，即下降了39%。

根据现代节能理论，结合上述启示，提出了热电联产供热的一种新模式。此模式由五个基本环节所构成，分别如图 9-20 中的 A、B、C、D 和 E 所示。环节 B 是利用温控高效散热器对供热初温为 60～40℃的低品位热网水热能进行利用的环节；C 是以初温低于 40℃的热网水中超低品位热能为低温热源，利用热泵向用户供热的环节；D 是利用单/多指压凝汽器对热网水进行单/多级加热的环节；E 是结合冷水塔对热网水在凝汽器入口处的温度进行控制与调温的环节；A 是对热网水进行补充性加热的环节，它与环节 D 不共用一个汽源或热源，这一环节的作用是在环节 D 出口温度的基础上对热网水作进一步的加热，目的可以是用以适应热负荷提高的需要，或适应提高供热距离的需要，或用来开辟新的热利用梯级。这五个环节中，环节 D 和环节 E 是基础性环节，可以与其余三环节中的一个或数个环节组合，如 BCDE 组合、BDE 组合、CDE 组合等。环节齐全的高效热电联产供热系统，即 ABCD-E 组合。

基于系统单耗最低的原则，以用热终端高效化为目标，重视每一子系统的完善性对供热煤耗和供热成本的影响，把供热子系统向低品位区拓展。采用用户处温控和热源侧调节相结合的方法保证供需侧的谐时性。既可提高诸子系统的热力学完善性，又便于与循环性能先进的大型机组结合。以大机组热力系统中热品位最低、热量最大的循环水用于供热，有利于开展规模化热电联产的供热。同时把小规模孤立使用的现代化高效节能技术与节能设备，大规模地与热电联产系统有机地结合，扩大热网水的降温幅度，对热网水低品位能量进行梯级利用。结合多压凝汽器对热网水进行的多级加热，使总能系统整体有较高的可逆性，从而大幅度地降低供热煤耗、供热成本和节约水资源，并使采暖节能与增供电力形成相互促进、相得益彰的机制。进一步使在循环水供热的条件下减弱，乃至摆脱热负荷对电负荷的制约作用。这一模式为现代化大型汽轮机凝汽机组的供热运行、降低机组供热改造费用和热网铺设费用开辟了前景。

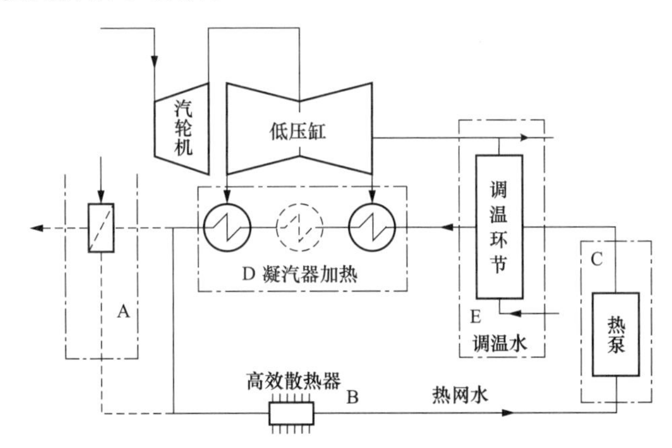

图 9-20 高效热电联产设计模式

A—补充加热环节；B—低品位热能专用环节；C—超低品位热能专用环节；D—凝汽器加热环节；E—热网水调温环节

模式的可行性探讨：

1. 用户侧的实现

低品位供热可以节能，这在理论上并非是新发现，但它的实施是需要条件的，条件之一就是整个用户群应用高效散热器或热泵。从我国和世界的技术、经济与生活质量发展阶段而言，空调包括中央空调，成为日用必备设施的时代已经或正在到来。热泵（冷暖式空调机）和高效散热器作为空调装置的一个组成部分，均可冬夏两用。

（1）低温供热。按目前技术水平，以初温为 50℃的水作为高效散热器（如风机盘管，地板/顶棚换热器等）的热媒以满足供暖要求是可能的。地板换热器所要求的热水入口温仅为 40℃。

（2）低温热源。25℃左右的温水作为供暖热泵的低温热源，如果温度提升幅度很小，*COP* 可达到很高值。

（3）需求侧管理。由于本文所提的高效热电联产方案，可同步实现经济和环境的高效。随着电力工业经济体制改革，我国有可能逐步推行近年在欧美已开展的“需求侧管理”（DSM）模式。通过使收益在供需各方以及有关管理部门间进行合理的分配，可进一步提高本模式的可行性。

2. 热源端的实现

在联产电厂方面，多年来追求的目标无非有以下几点：

（1）大机组循环水供热，扩大联产供热规模。只有规模化以后，才可以实现循环水热量的高效利用。循环水热量的利用，不论是采用背压方式，还是热泵技术，都要提高机组的运行背压，以提高循环水的温度。若供热规模小，则提高背压引起发电效率降低而带来的损益较大，导致系统方案经济上并不合理。

（2）提高热化发电率，减少由于供热所引起的供电量的下降。在保证供水温度要求的前提下，尽可能采用低品位蒸汽来加热热网循环水。即供热参数和抽汽口的设计上就要十分得当。

（3）尽量减弱热负荷对电负荷的影响作用。热电联产机组在供热的同时，也承担着一定的电网调峰任务。在供热后，机组要保有一定的负荷调节裕度。现在北方特别是东北地区，热电负荷不匹配的现象十分突出。由于这些地区热负荷大，而电负荷小。电负荷上不去，供出的热负荷也会受到限制。为此，供热机组深度调峰改造迫在眉睫。否则，随着环保要求日益严格，加之电网建设不断完善，跨网、跨区域输电格局的形成，这一“热电矛盾”将越来越激烈。

（4）在发电中使用多压凝汽器。大机组有多个排汽口，不仅每个排汽口的蒸汽流量自然地形成一个规模等级，同时两个排汽口及以上的规模可把热网水多级加热和多压凝汽器较容易地结合起来。多压凝汽器方案既有利于发电经济性，也有利于供热的经济性，机组的供热化改造也比较简单。由于兼作热网水和循环水的温升较大，多压凝汽和多级加热的获益也较显著。当单机凝汽器多压运行无法实现的情况下，多机凝汽器多压串级运行也可以实现多压凝汽器供热。

（5）对热网水实行多级加热。分级加热一直就是降低供热蒸汽参数的最有效的途径。

（6）尽量减小对凝汽机组的供热化改造费用。要利用现有系统和设备特性，在经济可靠性的范围内实施供热改造。避免不计成本的供热改造。

（7）尽量减小热网的铺设与运行的费用。减少热网的初投资和运行电耗。大温差供热，可以提高热网管线的输热能力。提高供回水温差，关键是降低回水温度。这在二级热网站或用户端采用热泵技术加以实现。

（8）提高热网的输热距离。提高热网的输热距离，可以扩大供热规模，更好利用排汽余热。

在高效热电联产系统中，由于循环水中的低品位热量得到了充分利用，汽轮机的运行方式与纯凝方式明显不同。同时，该系统也不同于背压方式，由于循环水在返回凝汽器前通常要通过冷水塔进行调节，使其温度被调整到某一给定值，以确保循环水在凝汽器中的温升量不小于某给定值，并保证在凝汽器出口处的温度不高于某给定值，这是确保汽轮机出口处不超温和不致因尾部容积流量过小引起叶片颤振而危及机组安全的必要条件。

9.4 高效化热电联产改造的综合效益

9.4.1 提升热电联产机组的供热能力

一方面受制于外部的热力市场，另外一方面是受制于机组本身的供热能力，在役机组的供热能力的提升受到了限制。对于电厂端，要主动通过技术升级改造来面对外部热力市场扩大的需求。热电联产的机组通过改造，增加供热能力，实现供热的替代。通过热电联产机组供热能力的提升，可替代现在占集中供热 50%的区域锅炉中 20%的份额，再加上代替部分原来烧散煤的一些区域。仅供热部分还可以替代和增加近 10 亿 m^2，需要增加供热

4 亿 GJ。原来小锅炉供热平均煤耗在 45kg/GJ（供锅炉的效率取 85%，管道的输热损失按 5%计算，锅炉耗电折标准煤 3kg/GJ）。采用热电联产供热替代后，供热的标准煤耗为 30kg/GJ，相当于年节约标准煤 1200 万 t。

另外代替工业供汽小锅炉单位 GJ 的供汽煤耗按 50kg/GJ（供汽锅炉的效率取 85%，管道的输热损失按 10%计算，锅炉耗电折煤 4kg/GJ），年增加和代替工业供汽量 2 亿 GJ 计算，每 GJ 节约标准煤 20kg，年节约标准煤 400 万 t。通过扩大供热代替现有小锅炉的部分存量和增量部分，每年可以实现节约标准煤 1600 万 t。

9.4.2 降低供热煤耗的收益

当前承担采暖供热的机组，仍然有大部分采用传统的抽汽供热方式，供热能耗相对较高，供热标准煤耗为 23～27kg/GJ。应积极推动热电联产机组的高效化改造。充分利用高效的节能供热技术，供热的平均标准煤耗在现有的基础上可以下降 10kg /GJ 以上，集中供热标准煤耗可以达到 15kg/GJ 以下，平均单位平方米的消耗标准煤 6kg。我国集中供暖的面积以近 80 亿 m^2，其中热电联产的供暖面积以 35 亿 m^2 进行计算，则年供热量可以达到 14 亿 GJ（每年每 GJ 对应 2.5m^2 的供热面积折算），相当于年节约标准煤 1400 万 t。

对于工业供汽的机组，工业供汽的量基本为采暖供热量的 50%左右，全国年工业供汽量大约在 7 亿 GJ。由于工业供汽基本无法使用乏汽供热，煤耗下降的潜力不如采暖供热。工业供汽的综合煤耗在 33kg/GJ 左右。通过供汽方式的升级改造，工业供汽的平均供热煤耗降低 5kg/GJ 达到 28kg/GJ，则年可以节约标准煤量 350 万 t。通过对现有采暖供热和工业供汽存量市场的技术升级改造，可以实现年节约标准煤 1750 万 t。

第10章　热电解耦推动节能减排

10.1　热电解耦的发展背景

10.1.1　电网调峰的急迫需求

据中电联统计，截至2017年底，全国发电装机容量达17.8亿kW。其中，我国水力发电、风力发电、太阳能合计上网的装机容量已达到6.4亿kW，占总装机容量比例达36%左右。2017年全国新增发电装机13372万kW中，太阳能发电装机占5338万kW，风电装机占1952万kW，水电装机占1287万kW；而煤电装机仅占3855万kW。预计到2030年前，我国可再生能源的装机容量比例可以达到50%左右。以太阳能、风能、水力等为代表的可再生能源电力发展迅猛。而可再生能源电力的负荷受季节性和气候条件的影响波动大。需要电网通过储能机组或调峰机组来进行有效的调节。随着全社会用电需求增速放缓，我国的用电结构也发生了不小的变化，我国电力市场明显展现出了新的特点。即除了用电负荷大幅度增加之外，电网的峰谷差也日趋增大，而且持续时间越来越长，现在的峰谷差值已达到电网的30%～40%。电网调峰的需求越来越大，电网弃风、弃光、弃水的问题非常严重。

在我国三北地区，热电联产机组比重大，水力发电、纯凝机组等可调峰电源稀缺，调峰困难已经成为电网运行中最为突出的问题。以东北电网为例，其目前的电源结构中，火力发电占总装机的70%，风力发电占总装机的20%，核能发电机组也在陆续投运。在冬季采暖期，供热机组运行容量占火力发电机组运行总容量的70%。热电机组按“以热定电”方式运行，调峰能力仅为10%左右，使得可再生能源发电的消纳问题更为突出。虽然电网建设在逐步加强，网架约束的影响正逐步减小，但调峰容量的不足仍然导致东北、西北大面积弃风弃光。据统计，2015年67%的弃风出现在供暖期，其中80%的弃风又集中在低谷时段。

上述情况导致了三北地区电网调峰出现三个严重的后果：一是电网低谷电力平衡异常困难，调度压力巨大，增加了电网安全运行风险；二是电网消纳风力发电、光电及核能发电等可再生能源的能力严重不足，弃风、弃光问题十分突出，不利于地区节能减排和能源结构转型升级；三是电网调峰与燃煤发电机组供热之间矛盾突出，影响居民冬季供暖安全，存在引发民生问题的风险。随着燃煤发电新建放缓和可再生能源装机容量的持续增加，火力发电机组的调峰需求会进一步增大。而且这种需求会很快从“三北”地区，逐步形成全国性的需求。

供热机组“以热定电”就是以所需热负荷的大小来确定发电量的多少。以热定电的机组一般根据热负荷的量来确定锅炉和汽轮机的型号与大小，其所发出的电能相当于供热的副产物。这时电量就受热负荷的限制，会造成电网电力负荷低谷期发电量有剩余，而电网电力负荷高峰期发电量不足的不良局面，在满足热负荷的同时无法对电量做出合理的调整。

当前中国的供热机组主要包括背压式供热机组和抽汽式供热机组两大类。背压式供热机组是利用汽轮机排出的乏力蒸汽作为热源进行供热，没有冷源损失，效率高。其热电关系如图 10-1（a）所示，两者呈线性关系，即在给定的供热功率下其发电功率为固定值，无法调节，因此是完全意义的“以热定电”。抽汽式供热机组是从汽轮机中间（供暖机组通常在中压缸到低压缸之间）抽取了一部分蒸汽作为热源对外供热。抽汽式机组的运行灵活性高于背压式机组。由图 10-1（b）描述的热电关系中可以看出，在保证供热负荷不变的条件下，发电功率具有一定的可调性。如在供热功率 P_h 下，发电功率可以在 P_E–P_F 之间调节。但供热负荷越大，电功率可调的范围越小。可见以热定电的运行方式极大地限制了供热机组的调峰能力。随着目前供热机组装机容量和规模的不断增加，供热时所产生的电量越来越大，供热机组对电网的冲击也越来越大。

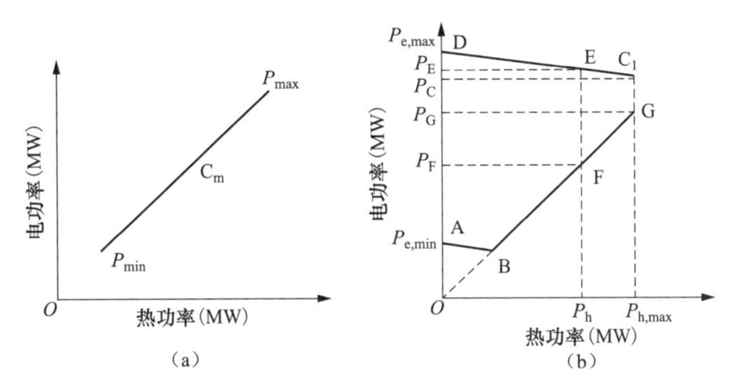

图 10-1　背压式机组与抽汽式机组电、热功率曲线

（a）背压式机组；（b）抽汽式机组

10.1.2　热电解耦是热电联产的必然选择

由于风能、太阳能等可再生能源发电自身特点，其在短时间内很难参与电力调峰。为了增加电网的调峰能力，国家也在积极发展储能技术。目前的储能技术，最主要和经济高效的方式还是抽水蓄能。然而，截至 2017 年年底，抽水蓄能发电站的容量只有 2869 万 kW，根本无法承担电网调峰的主要责任。其他储能方式一方面占比小，另外投资也高。如锂电池组、液矾电池、压缩空气储能等都很难大规模应用。燃气轮机等在中国的装机容量太小，受天然气资源及燃气轮机技术国外垄断的约束，无法在电网调峰中发挥重要作用。因此，只有燃煤发电可以承担，且一直在承担我国电网电力调峰的主要功能。

燃煤机组长期作为我国电网调峰的主力，对我国电网的负荷响应，以及部分可再生能源的发展发挥了重要作用。然而近年来在电网中承担尖峰负荷的中、小机组被逐渐淘汰，燃煤发电机组的总体调峰能力受到一定的影响。同时，作为主力调峰电源的燃煤发电的发展逐渐放缓，2017 年年底，火电装机比例已降低到全国发电总装机的 62%。如何保障电网调峰，成为电力发展迫切需要解决的问题。而减少弃风、弃光、弃水，实现能源结构的调整与高效利用，当前可行的主要手段还是推动燃煤发电机组进行深度调峰改造。为了电网能够更多的接纳风能、太阳能等可再生能源电力，燃煤发电机组必须承担更大的调峰责任。

燃煤机组中大约有 50%的机组属于热电联产机组。如果火力发电机组没有承担供热，则它的调峰能力完全受制于锅炉稳燃能力和脱硝的限制，一般仅能在 50%额定负荷以上区间进行调峰。而对应大部分热电联产机组，在过去较长一段时间内，在“以热定电”政策的影响下，大部分供热机组调峰能力很小，极大地限制了燃煤机组的总体调峰能力。若供热机组积极地参与电力调峰，可以极大的缓解电网调峰能力不足的问题。面对电网的调峰需求越来越强烈，提高电网的调峰能力迫在眉睫的整体形势，供热机组参与电力调峰已经成为亟待解决的问题。为此，近年来我国“三北”地区针对供热机组参与调峰已开展了“机组灵活性改造”的试点，取得了一定的成效，但改造比例还远远不能满足调峰要求。

第 9 章对高效供热系统的分析是基于独立的能量转换和传输的过程，是一个相对封闭的系统。若放入社会大的能源系统中，则需要针对更广泛的能源利用开展更加全面的能效评价。如已投运的可再生能源发电机组，其运行能耗理论上可以认为其近乎为 0。当燃煤发电与可再生能源发电上网出现冲突时，这时常规的燃煤机组就得给可再生能源“让道”。在“让道”的同时，这些火力发电机组除发电之外的其他功能还不能受到影响，比如要保证排放合格、要保证供电安全等。这就从社会用能结构的角度，对热电机组提出了更高的要求。

10.2 热电解耦技术

面对可再生能源消纳带来的巨大困难，通过“热电解耦”技术解除热电联产机组“以热定电”的约束，是我国电力行业发展的必然选择。当前，针对解除供热机组以热定电的约束，而采取的热电解耦技术路线主要有两种。第一种是储热式，即通过增设储热装置，实现热电解耦。如采用热水储热装置，当电网存在调峰困难时段利用储热装置对外供热，补充热电联产机组由于发电负荷降低带来的供热能力不足。第二种是非储热式，即取消储热装置，通过电锅炉或将锅炉产生的新汽通过减温减压直接加热热网循环水，进而同时满足供热需求，和电网对电厂的调峰要求。下面将对市场上存在的主要技术进行分别介绍。

10.2.1 储热技术

储热技术旨在解决热能供求在时间和空间上不匹配的矛盾，是提高能源利用效率和保护环境的重要技术。以热水储热装置、熔岩储热装置为代表的储热系统在太阳能利用、电力调峰、废热和余热的回收利用以及工业与民用建筑和空调的节能等领域具有广泛的应用前景。

目前，常见的储热技术主要有三种：显热储热、潜热储热以及电化学热储热。显热储热的基本原理是：通过对储热介质进行加热，使其温度升高，内能增加，从而实现热量储存；并通过相反过程释放热量。常用的显热储热介质有水（比较成熟应用有大型储热罐）、水蒸气以及砂石等。潜热储热的基本原理是：通过对储热介质进行加热，使其进行固—液，或者液—气，又或者固—气相变转化，从而将大量热量吸收并转化为其相变潜热进行储热；并通过相反过程进行热量释放。潜热储热材料最大的特点是在相变储热过程中近似恒温，该特点有利于控制储热系统的温度。化学热储热的基本原理是：通过加热特定化学材料，使其发生吸热反应，储存热量；并在特定条件下（如催化），使其发生可逆的放热反应，释放热量。化学热储热是一种高能量高密度的储存方式。目前化学热储热在太阳能领域比较受欢迎。它和潜热储热一样发生在恒温的环境下，而且不需要绝缘的蓄能装置。但是化学反应的装置复杂且精密度要求很高，需要专业人员对其进行小心的保养，从而使这种储热方式的应用受到了一定的限制。

对热电厂而言，如果用户侧热负荷波动较大且比较频繁，可以通过增设储热装置在热负荷较低时将多余的热量储存，在热负荷较高时再对外放出。储热过程中，储热设备相当于一个负荷可调的热用户。从而可以通过负荷实时调整，使得用户热负荷需求曲线变得更加平滑，以利于机组保持在较高的效率下运行，提高运行经济性。储热设备的储热过程完成后，机组可在夜间或者某一段时间内降低负荷甚至停机，而不影响对外供热。

10.2.2 电锅炉技术

电锅炉是将电能转换为热能的能量转换装置。即，以电能为能源，利用电热管、电热棒等金属电阻，或者碳纤维膜等非金属电阻，以及电极式水介质电阻（统称为电阻式电热技术），将电能转换为热能，从而直接或间接将水加热。这种能量转换装置，就称之为电热锅炉。

电极式电锅炉是利用水介质的高电阻特性，直接将电能转化为热能，热效率很高，是目前国际上比较先进的一种电锅炉型式。典型的电极式电锅炉结构如图 10-2 所示。根据其加热介质的压力，电极式锅炉可分高压和低压两种。电极式电锅炉利用水介质自身电阻导电发热，电极不是发热件，所以不易在电极上结垢。由于不存在金属导体发热问题，也就不存在高温金属熔断问题。电极式电锅炉比电热管电锅炉的可靠性好、寿命长，维护也比电热元件加热容易。同时，由于电极式电锅炉发热体积与被加热水的体积相同，启动速度几乎不受水容积的影响，这对锅炉工况的控制十分方便、迅速。其缺点是要解决电解氧和氢的处理问题。

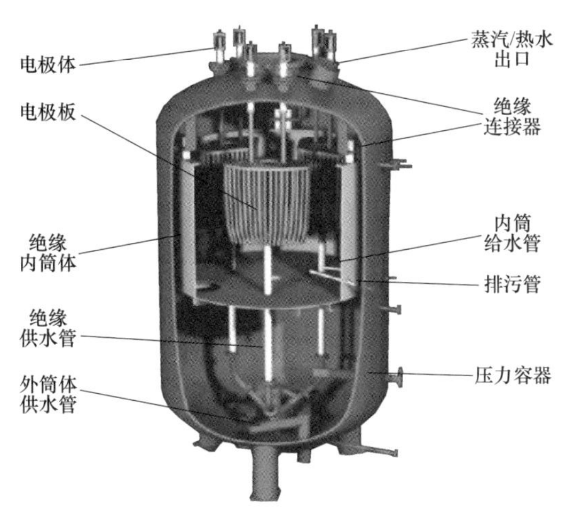

图 10-2　典型的电极式锅炉结构

电磁式电锅炉的加热原理是：先将电流通过加热线圈形成电磁场，然后把金属锅壳置于电磁场之中，使锅壳产生涡流并发热，从而完成对锅水加热的目的。电磁式电锅炉是非接触式加热，具有系统不漏电、可无级调节负荷、寿命长等优点。其缺点是热效率低，结构复杂。

电锅炉储热方案的主要原理是，通过设置电锅炉来产生高温给水，替代机组有低负荷需求时的部分供热负荷。电锅炉用电量来自机组自身发电。由于电锅炉消耗了部分电量，因此机组实际发电负荷可以不用降至过低。机组能够保持较高发电负荷的同时，低压以及中压工业蒸汽参数及抽汽量均能够得到满足。因此，电锅炉方案能够在降低机组实际供电负荷（扣除电锅炉用电）参与电网深度调峰的同时，满足热电厂高温热水、低压及中压工业蒸汽的热负荷需求，从而实现机组的深度调峰热电解耦。电锅炉储热方案的典型系统如图 10-3 所示。电锅炉容量选定时，需考虑机组本身采暖抽汽供热能力。即在机组发电负荷为机组深度调峰目标值与电锅炉容量之和时，机组最大抽汽供热能力与电锅炉负荷之和应为热电解耦时段最大热负荷。

此外，设置电锅炉提升火力发电灵活性的方案还具有以下优点：

（1）运行灵活，电锅炉功率能够根据热网负荷需求实时连续调整，响应速率快；

（2）对原有机组的正常运行及控制逻辑影响较小，且由于机组实际发电负荷有一定的提高，机组自身发电效率及运行稳定性也将有一定提升；

（3）与热水储热罐系统相比，电锅炉方案占地面积较小，且能够分散布置；

（4）机组负荷率较高，不需要考虑对烟气脱硝系统进行改造。

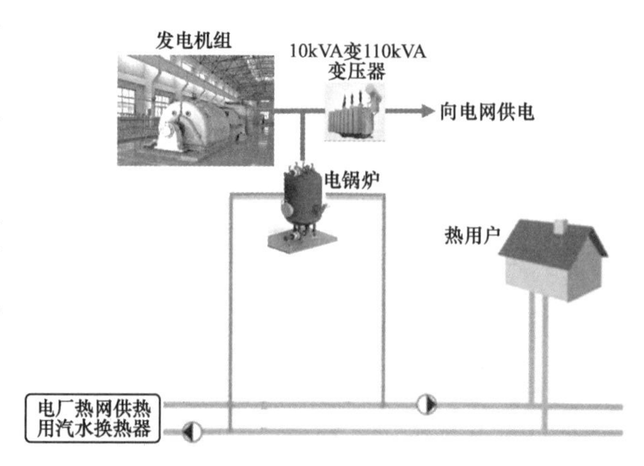

图 10-3　电锅炉供热改造系统示意图

然而，由于电锅炉技术是利用机组发出来的电直接加热供热，存在较大的㶲损失。电锅炉的供热效率相当于其所用机组电量的供电效率，热效率低下。

10.2.3　旁路补偿供热技术

为了便于机组启停、事故处理和适应特殊的运行方式，绝大部分热电机组都安装了旁路系统。通过旁路系统，高温高压的蒸汽可以不进入汽轮机做功，而直接经过与汽轮机并联的减温减压装置，将降温降压的蒸汽送入再热器，或直接通过热交换器将热量传递给热用户。

采用旁路补偿供热方案实现热电厂热电解耦的原理为：当北方地区冬季供暖期间电负荷为低谷时段，为保证供热负荷，将旁路系统投入，使部分原本进入汽轮机做功的蒸汽直接通过减温减压装置向热负荷供热。这样可以使得机组在降低电负荷出力的同时，最大程度的满足供热需求，打破热电机组以热定电的模式。根据供热负荷以及发电负荷的比例需求，可分别或同时采用机组高压旁路和低压旁路进行减温减压供热。旁路补偿供热方案的典型系统如图 10-4 所示。

单纯的高压旁路供热，受锅炉再热器冷却限制，其供热能力有限。单纯的低压旁路供热，受汽轮机轴向推力限制，其供热能力也十分有限。二种旁路供热方式均无法满足机组热电解耦时段供热需求，机组不能实现热电解耦、低负荷运行。而高低压旁路联合供热运行，只要主、再热蒸汽匹配合理，即可避免上述问题，实现完全热电解耦。

旁路补偿方案采用锅炉生产出的蒸汽对低负荷下的供热负荷进行直接补偿，其供热效率相当于锅炉效率，效率水平总体比电锅炉方案要高很多。然而，其长期运行也会存在如下问题。

（1）降低原电厂运行效率。原机组为了增加一定的调节灵活度，将大量高品位热能通过减温减压装置降为低品位热能，无形中浪费了大量的高品质能源，降低了原电厂的运行效率。

（2）降低系统的稳定性和零部件的使用寿命。旁路方式在一定程度上解耦了“以热定电”的约束，但却将原本各自独立的发电侧和热网侧进行了耦合，加大了发电与热网的关联性。这将使得整个系统事故率增高，并将事故变得复杂难以处理。长期偏离设计工况运行还会增加零部件的损耗，对电厂的安全性造成影响。

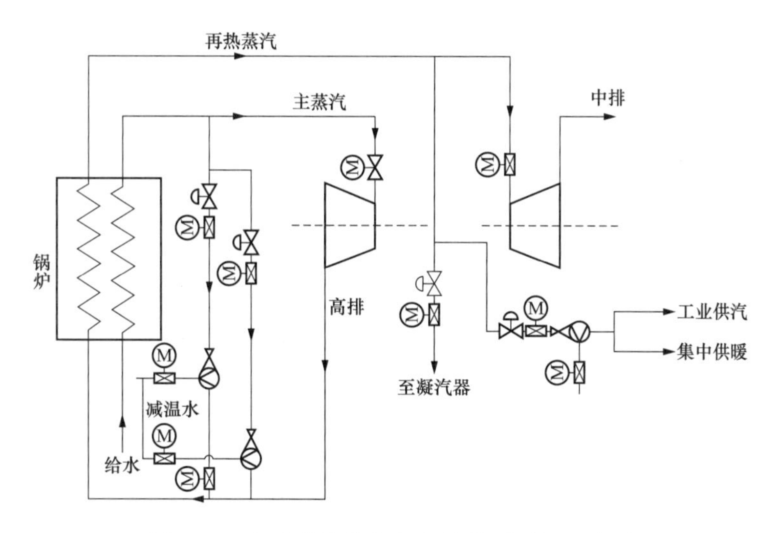

图 10-4　旁路补偿供热方案的典型系统示意图

旁路改造的适应性分析

旁路补偿供热方案，理论上可以实现全负荷的调峰。如一个机组的供热负荷可以满足锅炉稳燃和低排放的最低负荷要求，极端情况下可以直接将汽轮机旁路，将热电联产锅炉变成 100%的供热锅炉。此时既可保证锅炉安全稳定和低排放运行，又可同时实现汽轮机组供热期 100%的调峰能力（即 0 负荷到供热期最大负荷的调整范围，非 100%额定负荷）。

然而，机组与其旁路并列运行时，需要考虑锅炉再热器与过热器蒸汽量的匹配问题，汽轮机高、中压缸进汽量的匹配问题，以及中调门参与调节的复杂运行方式。为确保汽轮机与其旁路并列运行时安全稳定，避免高排发生鼓风等问题，要对旁路供热蒸汽量有所限制。

10.3　热电解耦技术现状

热电解耦的根本目的就是在实现供热机组电负荷深度和大幅调整的同时，可以满足居民采暖、工业用汽的相关要求。目前参与热电解耦的机组基本都是采暖机组，主要解决的问题是采暖供热同电负荷调峰间的矛盾。对大规模工业供汽的机组，这个矛盾还没有凸显出来，也将是一个趋势。目前热电解耦主要存在以下几个方面的问题。

不论是用储热或是电锅炉辅助供热，能耗都有进一步降低的空间。如对于储热式的解耦方式，当前储热的热源不是主蒸汽就是抽汽，存在极大的能源品质浪费。如可以采用分级供热的理念，做到分级储热，低温段采用低品质蒸汽或余热来加热储热介质，将可进一步提高储热技术的综合能源利用效率。

电锅炉直接用最高品位的电能进行加热，供热效率更低。从能源的热转化效率来看，采用电锅炉供热的方式，煤到热的转化效率只有 35%左右，远低于常规的热水锅炉的能源转化效率。对于电锅炉补充供热的方式，可以在电力调节灵活性允许的情况下，尽量避免电能的直接供热。

旁路补偿热电解耦方式，本质上是采用煤到热直接转化的解耦方式。对于这种方案，应着重提高设备的可靠性和响应速度。以确保在解耦的同时，可以灵活调节。对如抽汽储热、旁路补偿等具备条件的热-热转化过程，可以采用热驱动的方式利用高品位的热，来提取余热和环境热量，使解耦时热-热的转换效率高于 100%。

目前对工业供汽的深度热电解耦的方式还没有很成熟的方案。工业供汽不同于热水供热，如果采用储热方式，必须至少储到 300℃甚至 400℃以才可以再转化为蒸汽，而且转化的过程较为复杂。采用热—热直接转化的方式，就要解决系统设备的可靠性和灵活性的问题。本文建议基于热—热直接转化的旁路补偿热电解耦方案，结合压力匹配技术，研究旁路补偿与低压缸脱缸技术耦合方案的可行性，以解决工业供汽热电机组的热电解耦的问题。

针对热电解耦存在的问题，有人提出在保证电量平衡及热负荷平衡前提下，利用热电联合调度方法，将风力发电除并网外全部用来供热。此方案不仅可以有效削弱风力发电的负荷波动，使得风力发电平稳并网以减少弃风；还可以消耗并网剩余风力发电为热用户供暖，缓解集中供热压力，实现弃风率几乎为零。随着我国电网的进一步完善，可再生能源电力应作为高品位的能源进入电网。在其他条件具备的情况下，不建议风力发电到热的转化作为弃风消纳的方式。

为了定量研究热电解耦技术的社会经济效益，本文以一台 300MW 热电机组为例，对电锅炉热电解耦和旁路补偿解耦等不同技术方案的技术经济效果进行对比分析。在解耦前，按发电量调度的方式，热电机组最小发电负荷调度按 150MW 计算。这时机组带 200MW 的采暖抽汽热负荷。扣除厂用电的消耗，上网负荷为 139MW。为了消纳可再生能源，机组进行深度调峰。采用电锅炉配合热电解耦的方式下，电锅炉的效率取 99%。燃煤发电机组深度调峰后上网负荷下降到 0MW，139MW 的供电容量全部让给可再生能源，可再生能源的供电煤耗按 0g/kWh 计算。相关参数和计算结果见表 10-1。

表中分别比较了采用电锅炉方式热电解耦和采用主蒸汽旁路补偿方式热电解耦的标准煤消耗量。由表 10-1 可知，采用电锅炉方式热电解耦，抽汽带 100MW 的热负荷，电锅炉采用发电机出口的电负荷把电转化为热带 100MW 的热负荷，由抽汽供热+电锅炉供热的方式承担 200MW 的热负荷。在供热负荷和总的网上负荷（燃煤机组上网负荷由弃风、弃光的负荷替代）不变的情况下，电锅炉热电解耦方式每小时可节约标准煤 17.4t。若采用主汽旁路补偿热电解耦方式，厂用电采用邻机带，消耗 5.5MW 的厂用电。由主蒸汽直接供热 200MW，加上厂用电煤耗，每小时比电锅炉热电解耦的方式还可以节约标准煤 26.5t，比电锅炉热电解耦方式每小时还要多节约 9t 的标准煤量。

表 10-1　　电解耦方式前后比较

项目	单位	解耦前	电锅炉解耦后	主蒸汽旁路解耦
上网负荷	MW	139	139	139
燃煤机组供电	MW	139	0	0
可再生能源供电	MW	0	139	139
对外供热负荷	MW	200	200	200

续表

项目	单位	解耦前	电锅炉解耦后	主蒸汽旁路解耦
抽汽供热负荷	MW	200	100	200
电锅炉供热负荷	MW	0	100	0
燃煤机组发电负荷	MW	150	108	0
消耗厂用电	MW	11	7	5.5
每小时消耗标准煤	t/h	54.9	37.5	28.35

若进一步优化“热电解耦”方式，如采用热驱动的方式利用旁路补偿方式下高品位的主蒸汽，来提取环境热量，还可大幅降低热电解耦方式下的总体煤耗。在保证安全性和灵活性的前提下，应进一步挖掘热电解耦的节能空间，做到热网、电网、电源中心、负荷中心等系统能耗最低。

10.4 热电解耦的社会效益

在当前以热定电的约束下，大量供热机组在供热期调峰能力很小，平均按 20%额定负荷计。而常规燃煤机组的调峰能力一般可按 50%额定负荷计（即可在 50%～100%额定负荷之间调整）。2017 年全国热电联产装机容量 5.5 亿 kW，受以热定电方式运行的影响，在供热期将平均损失 30%额定负荷的调峰能力，即损失 1.65 亿 kW 的调峰能力。通过描述分析，供热机组本身具有更大的调峰能力。若采用热电解耦技术，不仅可以释放供热机组在供热期 1.65 亿 kW 的调峰能力，还可以进一步挖掘供热机组比常规机组更大的调峰优势。为了讨论供热机组与常规燃煤发电机组相比的深度调峰优势，下面进行简单的计算分析。

通过对已有供热机组技术现状的调研分析，可以预估当前热电联产机组通过技术改造，还可增加供热潜力。以 2017 年全国热电联产机组年供热量（包括供汽）约 21 亿 GJ 计，基于当前供热机组进一步扩大供热能力改造可提升的增量部分约 6 亿 GJ，总供热量按 27 亿 GJ 计。假定所有供热机组均为一次再热机组，1t 主汽加上再热吸热可以供的热量按 3.5GJ 计算，则总供热量对应的主汽量约为 7.7 亿 t。年供热期小时数以年平均 2000h 计算，总供热量可折合每小时 38.5 万 t 主汽消耗。下面以一个简单的模型说明供热对机组调峰能力的贡献。

以锅炉最小稳燃对应的锅炉蒸发量 G_{min} 为分析的基础。当不供热时，汽轮机最小发电负荷对应的主汽流量是 G_{min}。当有供热时，供热可采用主汽直供的方式对外供热，这样相当于减少了 G_{gr} 的蒸汽去汽轮机发电，这说明热电联产机组的调峰能力比纯凝机组更强，如图 10-5 所示。

以亚临界机组的汽耗率为基础，假定 32t/h 主蒸汽对应 10MW 的发电功率。与常规不供热的机组相比，考虑到常规机组深度调峰受锅炉最小稳燃工况限制，则在不投油、不启停机组的情况下，全国燃煤机组由于承担供热，可进一步降低的负荷量约 1.2 亿 kW。即燃煤机组由于承担供热而比常规非热电联产机组年平均增加了 1.2 亿 kW 的调峰能力。结合由于当前热电联产机组因采用以热定电方式运行而在供热期受到压抑的调峰能力 1.65 亿 kW，热电解耦方案可以累积释放热电联产机组调峰能力约 2.85 亿 kW，大大提高了可再生能源的消纳能力。

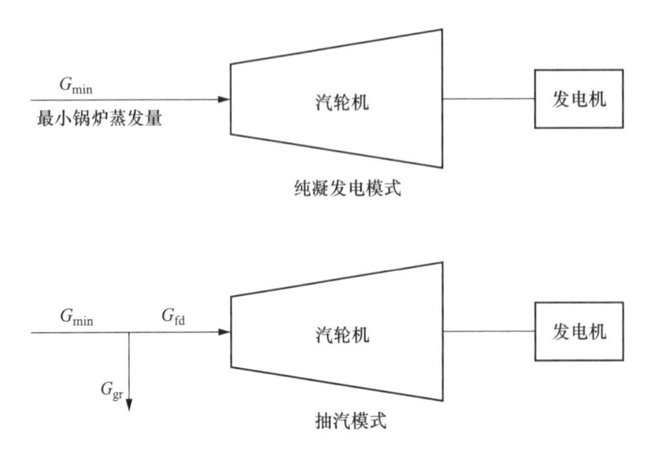

图 10-5　抽汽供热调峰能力分析模型

为了分析热电解耦供热机组调峰方案对整个用能系统能耗的贡献，将该方案直接与高效热电联产发电方案比较（无冷源损失）。由于不同机组供热方式和供热参数差异较大，情况比较复杂，将全国的供热机组按图 10-6 所示的简化模型进行分析。在一般的热电联产模式下，机组以抽汽的方式对外供热，锅炉输出的热量是 Q_1，发电是 W，供热是 Q_{gr}。采用热电解耦的供热模式后，同样还是满足供热 Q_{gr} 的需求，这时锅炉所有输出的热量 Q_2 来满足供热，把发电的负荷让给风能、太阳能等可再生能源。通盘考虑整个能源供给体系，由于风能、太阳能等运行能源消耗近似为零，在发电量 W 和供热量 Q_{gr} 都不变的情况下，热电联产机组原发电量在热电解耦模式下被可再生能源替代。因次，能源系统减少了其原所需锅炉输出的热量。根据简单的热平衡可以得出，锅炉的输出热量减少量就是汽轮机的发电量 W。

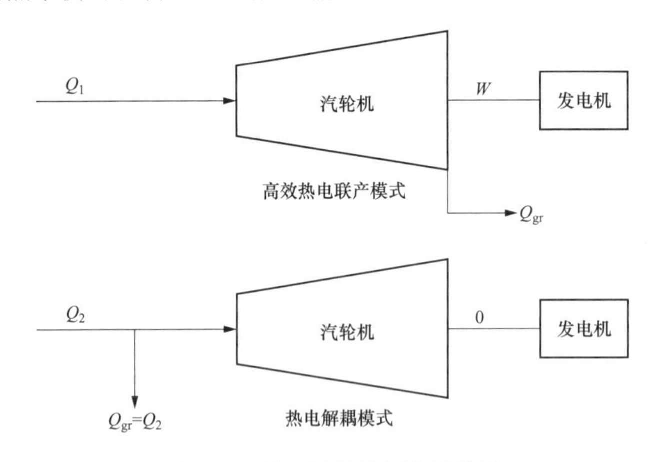

图 10-6　热电解耦能耗分析模型

有效解耦调峰时间平均按 500h 计算，则每年相当于多吸纳可再生能源电量 1425 亿 kWh。则与高效热电联产模式相比，仍可以节约汽轮机输入热量 5.1 亿 GJ，锅炉效率取 91%，折合标准煤约 1900 万 t。

第11章　热电联产发展讨论

11.1　进一步推动热电联产的发展

11.1.1　热电联产有利于节能降耗

热电联产是能源梯级利用的有效方式。据统计，2017 年我国热电联产装机已超过 5.5 亿 kW，占燃煤发电机组总装机的比例 50%左右。其中，通过热电联产机组的采暖供热量约 14 亿 GJ；相比于热水锅炉，每年可节约标准煤 2800 万 t。通过热电联产机组进行工业供汽约 7 亿 GJ；相比于蒸汽锅炉，每年可节约标准煤 1190 万 t。我国燃煤发电机组因采用热电联产方式进行供热，按好处归电的算法，使得我国燃煤发电机组平均供电煤耗下降约 9.1g/kWh。若采用高效热电联产技术对现有常规热电联产机组进行高效化改造，每年还可节约标准煤约 1750 万 t，进一步降低我国燃煤机组平均供电煤耗约 4g/kWh。因此，在具备条件的区域，仍应把热电联产做为首要的供热方式，大力推进热电联产机组的发展。

近年来，全国各地大力推进“清洁采暖”，比较通用的方式是“煤改气”和“煤改电”。将这几种方式的主要技术参数与热电联产进行系统比较，相关数据见表 11-1。其中能源消耗部分，基于 2017 年全国发电量的构成情况，电能替代方案下考虑 25%的电量来自可再生能源电力，无当量标准煤消耗。成本部分依据：标准煤单价按每吨 700 元计算，电价按每度 0.3 元计算，天然气价格按补贴后 1.5 元/方计算。

表 11-1　　各种供暖方式主要指标对比

供热方式	天然气替代	电能替代	普通热电联产	高效热电联产	小型工业炉
1GJ 供热的热源及用量	30 方天然气	285kWh 电（假设 25%来自可再生能源或空气源，不计入能耗）	供热全来自抽汽	一部分来自抽汽，一部分来自乏汽的利用	44kg 标准煤
折煤标	1.13kg/m^3	310g/kWh	1kg/kg	1kg/kg	1kg/kg
1GJ 折合标准煤量	36kg	66kg	22kg	11kg	44kg
1GJ 热的成本	45 元	85.5 元	15.5 元	7.72 元	37.1 元

从表 11-1 可以看出，电能替代方案的供热能耗最高，每 GJ 供热量消耗标准煤量达到 44kg，是小型工业锅炉供热煤耗的 1.5 倍。天然气替代方案的供热能耗比小型工业锅炉有所下降，每 GJ 供热量消耗标准煤量达到 36kg。而热电联产供热方式下每 GJ 供热量消耗标准煤量仅 22kg；若采用高效热电联产技术，则每 GJ 供热量消耗标准煤量可进一步下降到 11kg。而从供热成本上看，电能替代方案下每 GJ 供热量的成本更是高达 85.5 元；天然气替代方案的成本次之，每 GJ 供热量的成本也达 45 元；均高于小型工业炉的供热成本。而普通热电联产每 GJ 供热量的成本才 15.5 元，若采用高效热电联产技术改造，每 GJ 供热量的成本可进一步下降至 7.7 元。

基于上述分析可知，从能源消耗的角度来看，天然气替代方案比小型工业锅炉有所节能；而电能替代方案下，仅当50%的电量来自可再生能源消纳时，其煤耗水平才能与小型工业锅炉相当；若不能大幅消纳可再生能源的电能，则能耗会更大。从供热成本上，电能替代和天然气替代方案都远远高于小型工业锅炉方案。因此，天然气和电能替代目前还必须依赖政府行政干预和财政性补贴，单单靠市场机制难依推进。而只有具备条件的热电联产机组才能保证经济和节能，可以引入市场机制推进，减少地方的财政压力。采用热电联的供热方案，不增加市财政投入，不增加热力公司的供热成本，区域能耗水平都可大幅下降。相比较煤改气和煤改电，热电联产集中供热的方案无论从运营成本来还是能耗方面，都有比较明显的优势。

11.1.2 热电联产促进污染物排放控制

当前，我国大部分燃煤发电机组都已开展了超低排放改造，标况下 NO_x、SO_2 和烟尘等大气污染排放分别达到了 50、35mg/m^3 和 10mg/m^3 的要求。而当前无论是天然气锅炉还是热水锅炉，大气污染物排放执行的大多是 NO_x 和 SO_2 排放小于 200mg/m^3 的标准。因此，热电联在污染物排放控制方面具有明显的优势。

以供热面积 1 亿 m^2 为例，根据设计经验，单位采暖面积的供热量按 50W/m^2 计，分别讨论不同供热方案下采暖期 NO_x 的排放量。锅炉直接供热系统可根据热负荷延时曲线确定热负荷，进而算得燃料量。而热电联产的电厂是通过调节抽汽量，改变热电比来调节供热量，所以瞬态消耗的燃料量可以认为基本不变。热电联产供热期的总燃料量根据瞬态燃料量与供暖时间乘积计算。表 11-2 给出不同采暖方式下总能耗和相应排放的综合比较。

从表 11-2 的对比情况可以看出，燃煤电厂热电联产方式下采暖期 NO_x 的总排放量同燃气锅炉一样，低于燃气热电联产的方式。若燃煤机组采用高效热电联产的方式，则采暖期 NO_x 的总排放量才 0.023 万 t，不到燃气锅炉方式下 NO_x 的总排放量的一半，仅为燃气热电联产的 13%。

表 11-2 不同采暖方式的能耗和排放的综合比较

序号	供热方式	瞬态燃料消耗量		采暖期燃料消耗总量		发电功率	发电指标	采暖期 NO_x 瞬态排放量	采暖期总排放 NO_x 量
		t/h 标准煤	万 m^3/h	万 t 标准煤	亿 m^3	万 MW	W/m^2	t/h	万 t
1	燃煤热电联产	1367	—	394		0.38	38	0.15	0.05
2	燃气锅炉	—	51	—	14.8	—	—	0.15	0.05
3	燃气热电联产	—	154	—	44.4	0.7	70	0.575（国标）	0.175（国标）
4	高效燃煤热电联产	878	—	253	—	0.16	16	0.083	0.023

通过与现有的天然气锅炉、天然气热电联产等比较分析，可知热电联产无论从能耗和排放指标等角度看，都有明显的优势。不但能耗指标是最低的，在现行“超低排放”下，结合高效的供热方式，排放量也是最小的。

热电联产的进一步发展，可以从增量空间和现有供热方式的高效化改造等方面同时推动，深度挖掘热电联产机组的发展空间。目前集中供暖的热源接近 50%还是由区域小锅炉在承担。随着节能减排工作的进一步推进，小型工业锅炉供热占总供热量的比例将逐步被代替。如果小型工业锅炉有40%左右的供热由热电联产供热替代，则现有供热机组的供热还有40%的提升空间。同时新增部分市场可以由热电联产供热承担。此外，供热机组的平均供热负荷均有进一步增加的空间。

11.2 推动热网与电网的耦合

11.2.1 热、电的节能调配技术方案研究

在能源需求大幅度增长与污染物控制日趋严格的双重压力下，全世界范围内开始越来越关注能源系统的协同优化与综合利用（如综合能源系统，integrated energy system，IES）。IES 特指在规划、建设和运行等过程中，通过对能源的生产/传输/分配（能源供应网络）、转换、存储、消费等环节进行有机协调与优化后形成的能源产供销一体化系统。它由社会供能网络、能源交换环节和广泛分布的终端综合能源单元构成。在用户侧配置的 IES 称为用户侧综合能源系统（USIES）。USIES 为用户提供电能和热能，其主要由微型能源站、能源网络及负荷组成。IES 的研究最早来源于热电联产（combined heat and power，CHP）的热电协同优化领域。如对于简单的风力发电孤岛，将电网与热网通过电加热器耦合起来，电网通过蓄电池组平抑高频功率波动；热网通过储热罐来平抑风速变化引起的低频波动；在运行状态下风力发电机组可为用户稳定供热，供电，即实现可再生能源的稳定供能。目前 IES 已扩展至分布式能源系统、冷-热-电三联产 CCHP（combined，cold heat and power）系统等。

在运行策略优化方面，以能源效益（最大节能率）、环境效益（最小温室气体/污染物排放量）、经济效益（最小运行维护、燃料和运行费用）为优化目标，采用整数线性规划、混合整数线性规划、遗传算法、粒子群优化等数学优化技术，求解 IES 系统运行策略。

USIES 可协调热网与电网之间的能源分配，提高能源效率，更加节能、环保、经济。通过热网和电网间的节能调配，可降低系统购电成本及提高能源利用率；风机与光伏能够降低系统购电费用及提高环保效益；储能可缓解风机与光伏发电带来的波动性，实现削峰填谷和节能降损。

11.2.2 管网侧和用户侧的协同储热

当前热电解耦的着眼点主要集中在热源端，即热电厂。若可以将一、二次管网和用户全部调动起来，可以针对热电解耦的需求提出更多、更好的解决方案。如利用一、二次管网的储热能力可以解决部分供电低谷期供热能力不足的问题。现在的一次管网设计参数多在 120℃或 130℃，实际供热大多情况下都在 100℃以下。在电负荷高峰时，可以提高供水和回水温度，减少二次网的流量，把热量蓄在一次管网中；在电负荷低峰时，提高二次水流量，一次水供回水温度降低，把蓄的热释放出来。特别是在一次管网距离较长的新型热网系统，储热能力很大。例如，对于 DN1400 的 10km 长的一次管网，供回水两根管线，若将供、回水温度同时提高 30℃，可以蓄近 4000GJ 的热量。同时也可以引导具备条件的用户，采用分户储热方式，来配合电厂的调峰运行，做到电厂-管网-用户的有效协同，以实现真正的“智慧节能供热”。

11.2.3 智能热网技术方案研究

利用信息技术建设现有的集中供热体系，深度挖掘供热系统的节能潜力，提高能源利用效率。通过数字化信息网络系统，将热源的生产开发、热网输送、热量转换、用户服务等各个环节，以及热网与热用户之间的各种供热设施连接在一起。通过智能化控制，实现精确供热、节能供热、自助供热和互补供热，将能源利用效率和集中供热安全提高到全新的水平。将环境污染与温室气体排放降低到最低的程度，使供热成本、投资效益、社会效益达到一种更加和谐的状态。

城市集中供热智能化与智能热网的构建，是在最大保障供热管网的可靠性、舒适性的基础上，建立更加节能、环保的信息智能热网。本文建议：以城市集中供热系统为对象，依托热源生产过程的环保治理、能源梯级利用、热网输送水力平衡、换热站自动调整、热计量供热等一系列节能降耗的技术措施，通过热源 DCS 系统、换热站自控和远程监控系统、二级网水力平衡调控系统、分户计量系统、管道测漏系统、热网 GIS 系统、热网在线模拟仿真系统、视频监控系统等手段，构建高效、节能、环保的智能热网运行调度管理系统。随着自动化技术、计算机技术、互联网技术的发展，智能热网作为集中供热系统的重要发展方向，必将逐渐发展完善。智能热网的建成将全面推动能源高效化和智慧化的发展，进一步推动社会结构与经济发展的现代化，推进智慧城市和智能家庭建设。

11.3 热电联产的政策讨论

基于 9.4 讨论，热电联产存量市场的供热改造和热源替代，每年可以节约标准煤 3350 万 t。若热电联产机组采用热电解耦后，可进行全负荷深度调峰，在供热期可增加电网调峰能力 2.85 亿 kW，相当于当前包括燃煤、燃气、蓄水电站等所有机组调峰容量之和。通过电量交易发挥市场配置作用，热电联产机组在供暖期参与深度调峰后，可有效解决可再生能源的消纳问题。通盘考虑全社会的用能体系，热电机组热电解耦深度调峰后消纳可再生能源，可在热电联产进行全面高效化改造的基础上，每年进一步节约标准煤 1900 万 t。热电联产的累计节能潜力每年可达 5250 万 t。

热电联产的高效化改造，效益明显，相关企业的积极性较大。国家只需在产业政策方面积极引导。然而，深度调峰涉及热电联产企业与可再生能源企业之间跨行业的利益分配问题。参与深度调峰对热电联产企业并没有直接效益，而对可再生能源企业效益明显。因此，需要建立、健全热电联产机组深度调峰的相关产业政策，以保障热电联产深度调峰的切实实施。

11.3.1 激励机制是热电联产深度调峰的前提

从整个电力系统角度而言，热电联产机组参与深度调峰，可大幅提高电网系统接纳可再生能源的能力，减少弃风、弃光、弃水等问题，从而大幅降低整个系统煤耗，实现节能减排。然而，就热电联产企业而言，参与深度调峰一方面会使得热电厂损失发电量，从而损失发电利润；另一方面，还需改造当前电厂设备，如改造旁路，或建设电锅炉、热泵、储热设施等，以保证调峰时的供热水平，从而产生巨大的投资成本。因此，必须要有合理、完善的调峰激励机制，协调热电联产深度调峰的受益主体（可再生能源发电企业）和成本主体（热电联产企业）之间的利益关系。只有给予热电厂充分的激励，才能使其通过技术创新主动、积极地参与到深度调峰工作中，为可再生能源的健康发展提供可靠的电网平台。因此，调峰激励机制是热电厂参与深度调峰的关键前提。

11.3.2 当前调峰机制的问题及解决思路

根据国外经验，发电侧实时电价、峰谷电价等形式均可以激励热电企业参与调峰。然而，目前中国电力市场还远不成熟，各区域电网均没有建立起实时电价机制；发电侧峰谷电价制度也存在诸多实际问题。国内现有的试点效果并不理想，诸多问题有待深入研究。当前，中国电力市场主要实行标杆电价制度，而把调峰问题当作辅助服务进行管理。即，采用责任加补偿的方式来强迫和激励发电企业参与调峰。当前的调峰补偿只是对深度调峰和启停调峰进行补偿，且补偿额度难以激励发电企业主动调峰。随着风能、太阳能、核能发电等电源的迅猛发展，燃煤发电机组的利用小时数逐步下降，对发电企业利润造成了巨大损失。而由于热电联产机组采用“以热定电”的方式运行，无须参与调峰，可以维持相对较高的发电量和利润，各燃煤发电企业纷纷设法将凝汽式机组改造为供热机组以规避电网的调峰调度。如此，燃煤发电机组的调峰能力被大幅掩盖，电网调峰能力不足，导致大量弃风、弃光等现象频发。

因此，在中国当前电力系统运营环境下，要激励热电厂参与调峰，就必须根据国情采用更加合理的激励机制。唯有通过合理的激励机制，积极调动热电联产机组通过技术创新和管理创新，主动、积极地参与调峰，才能充分挖掘燃煤机组，特别是热电联产机组的调峰能力，以使电网接纳更多的风能、太阳能等可再生能源电量。

基于对中国现有电源结构及其运营环境的系统考量，建议建立电量自主交易平台，建立、健全不同电源结构之间的电量代发机制，鼓励特定区域内（如区域电网）不同电源结构之间的电量进行实时自主交易。如，根据电网调度，鼓励燃煤发电机组寻找风能、太阳能等可再生能源机组进行实时代发。对于代发电量的收益，根据市场需求，采用灵活的分配机制。这样，燃煤发电机组一方面可以通过降低负荷来节约燃煤发电的成本，另一方面，还可通过分配代发电量的收益，获取一定的利润。而如风能、太阳能等可再生能源发电企业，也可以根据为燃煤发电企业代发电量，获取相应的利益分成。如此，便可通过市场机制自主、高效、健康的方式，最大程度挖掘燃煤发电机组，特别是供热机组的深度调峰能力，以解决新能源的消纳问题，进而实现全社会用能系统的整体节能。

11.3.3 完善市场机制和金融配套政策

进一步推进电能产品价格改革，培育市场竞争条件下的价格形成机制，建立和完善主要能源产品在市场化条件下的整套定价和联动机制。充分发挥价格机制、供求机制和竞争机制配置市场资源的主导性作用。进一步开放电力市场的准入，让各方主体都能公平自由进入，进一步打破电能产品的区域性、行业性垄断。加大开放力度，积极引导社会资金进入，从国内外引入新的投资者、生产者，促进全国性电力能源统一市场的形成和发展，形成竞争的供求机制和竞争机制。实行与价格机制配套的有利于节能降耗的财税、金融等政策。政府制定鼓励工业企业签订“节能自愿协议”的财税政策，鼓励银行和非银行金融机构给予企业节能降耗信贷支持等，全方位形成促进节能降耗的价格调节机制和市场环境。

第四篇

燃煤发电污染物控制

第12章 燃煤发电污染排放状况

多煤、贫油、少气的资源禀赋决定了我国一次能源消费必须以煤炭为主的特征。大规模煤炭利用带来了一系列的能效、环境污染和温室气体排放问题。其中，由煤炭直接燃烧引起的环境污染近年来引起了社会的广泛关注。煤在燃烧过程中产生大量的粉尘、二氧化硫（SO_2）、氮氧化物（NO_x）和重金属等多种污染物，是形成细颗粒物污染的重要组成部分，也是近年来雾霾天气频发的原因之一。煤炭消费的途径主要有发电用煤、工业用煤、原料用煤及供热用煤等，其中燃煤电站耗煤量占全国煤炭消费总量的50%以上。燃煤发电在电力供应结构中占据主体地位，推进燃煤电站的排放治理，是控制我国大气污染的重要途径，也是解决能源需求增长与大气环境污染矛盾的必由之路。

近年来，随着环保标准的日益严格，各种环保新技术层出不穷，火力发电厂污染物控制技术路线呈现多样化的发展趋势。也正因为各种脱硫、脱硝和除尘技术在燃煤电站的广泛应用，燃煤电站的 SO_2、NO_x 和粉尘的排放浓度大幅度下降。本章通过对我国燃煤发电大气污染物控制的发展过程、排放现状及与世界发达国家排放情况的对比，系统阐述了我国燃煤发电污染物排放控制的前世今生。

12.1 燃煤发电污染控制的发展过程

20 世纪 70 年代我国首次提出工业污染物排放控制标准。以后，随着国民经济飞速发展，环境问题逐渐恶化。1987 年全国人民代表大会常务委员会审议通过《中华人民共和国大气污染防治法》（以下简称“大气污染防治法”）。1991 年国家专门针对燃煤发电工业出台了《燃煤电厂大气污染物排放标准》（以下简称“煤电排放标准”）。1995 年首次修正了大气污染防治法。1996 年首次修订了煤电排放标准。2000 年 4 月，再次修订了大气污染防治法。2002 年 1 月，颁布了《燃煤二氧化硫排放污染防治技术政策》；2002 年 9 月，国务院批准了《两控区酸雨和二氧化硫污染防治“十五”计划》。从 2003 年起，国家发改委规定新建电厂，燃煤含硫量在 0.7%以上的必须安装烟气脱硫设施。2003 年 12 月，煤电排放标准再次修订，并全面开征了 SO_2、NO_x 排污费。2011 年，煤电排放标准进一步修订，其中，粉尘标准取消了按机组时段划分标准的做法，所有燃煤机组执行统一标准；对 SO_2 排放的控制更加严格；对 NO_x 排放进行了进一步的限制，标准中要求自 2014 年 7 月 1 日起，现有火力发电锅炉 NO_x 排放限值 100mg/m^3（标况下），新建火力发电锅炉自 2012 年 7 月 1 日起执行该限值。这些法律、法规、政策和标准的实施，加强了国家对环境污染，尤其是 SO_2 和 NO_x 的排放控制。作为能源消耗大户，燃煤发电行业无疑成为环保工作大力开展的重要阵地。

12.1.1 二氧化硫（SO_2）排放控制

我国对 SO_2 的控制开始于 1996 年，通过对燃煤电厂大气污染物排放标准的修订，首次将 SO_2 浓度作为约束性指标纳入大气污染物排放标准，并于 1997 年 1 月 1 日起作为新建、扩建和改建火力发电厂环境影响报告书批准与否的重要条款。此后又经过 2003 年和 2011 年两次修订，排放限制越来越严格。2011 年 7 月修订的 SO_2 排放标准也取消了按机组按投产时段划分标准的做法，所有燃煤机组执行统一标准。

为了直观展示我国 SO_2 排放标准的变化情况，图 12-1 给出了我国自 1996 年首次制定火力发电厂 SO_2 排放标准以来，新建燃煤发电机组 SO_2 排放浓度限值的变化情况。从图 12-1 可以看出，我国新建燃煤发电机组 SO_2 排放从没有标准，到标况下 1200mg/m^3，再到 400、100、35mg/m^3 等标准，二十多年时间，历经四次大幅调整。当前的 SO_2 超低排放浓度限值仅为 1996 年的 3%左右。

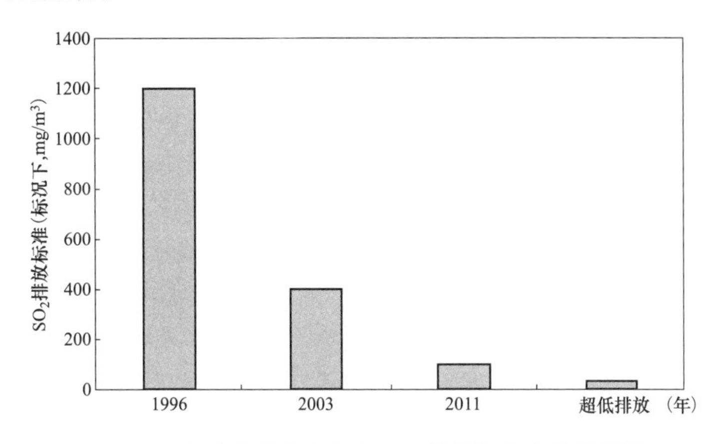

图 12-1　新建燃煤发电机组 SO_2 排放标准变化趋势图

图 12-2 给出了 2005 年以来我国燃煤发电机组脱硫装机容量及装机比例的发展变化情况。从图 12-2 中可以发现，随着燃煤发电机组的快速增长，以及环保压力的增大，我国燃煤发电机组脱硫装机的容量及装机比例在 2011 年之前经历了一个同步快速增长阶段。燃煤发电机组脱硫装机容量由 2005 年的不足 100GW 飞速增长至 2011 年的 630.9GW；脱

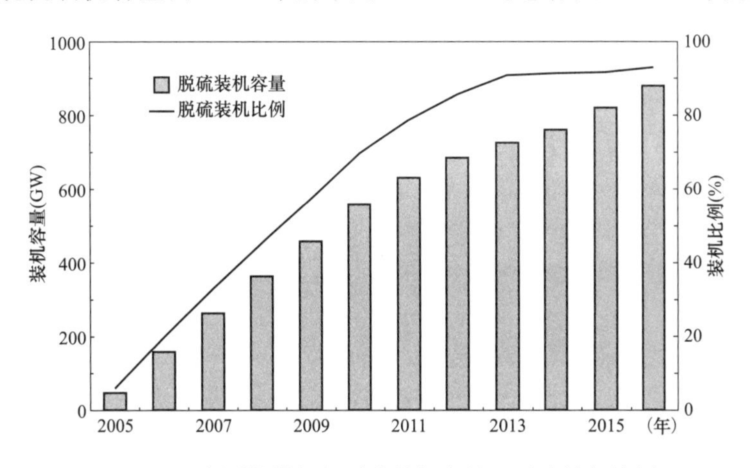

图 12-2　中国燃煤机组脱硫装机容量及脱硫装机比例

硫装机比例也从 2005 年的不到 10%大幅提升至 2011 年的 78.86%，未安装脱硫设备的装机容量也相应由 2005 年的 260GW 大幅下降至 2011 年的不到 80GW。2011 年以后脱硫装机的比例进一步提高，总装机容量到 2016 年达到近 880GW，脱硫装机比例也进一步增长至 90%以上。

随着燃煤机组脱硫装机容量的增长，以及装机比例的提高，我国燃煤发电行业的 SO_2 排放总量与排放绩效也同步下降。图 12-3 所示为 2001 年以来我国燃煤发电行业 SO_2 排放总量及排放绩效的发展情况。在 2006 年以前 SO_2 排放量及排放绩效呈现增加的趋势，2006 年我国的 SO_2 排放总量达到峰值。此后，随着环保政策的逐次修订，脱硫装机量迅速上升，SO_2 排放绩效与排放量逐年下降。我国燃煤机组脱硫装机量由 2005 年的不足 1 亿 kW 增加至 2016 年的近 8.8 亿 kW，脱硫装机比例从 2005 年的不到 10%增加至 2016 年的 93%左右。

根据“十一五”规划，2010 年，全国 SO_2 排放总量比 2005 年减少 10%，控制在 2294.4 万 t 以内；燃煤发电行业 SO_2 排放量控制在 1000 万 t 以内，单位发电量 SO_2 排放绩效比 2005 年降低 50%。“十一五”期间，由于国家给出了脱硫补贴电价的优惠政策，燃煤发电脱硫成效明显。2008 年全国 SO_2 排放量为 2321.2 万 t，比 2017 年减少 6.0%。其中，工业 SO_2 排放量为 1991.3 万吨，比 2017 年减少 6.9%，占全国 SO_2 排放量的 85.8%。2009 年提前完成了“十一五”规划的 SO_2 减排目标。电力行业 SO_2 排放强度下降尤为显著。SO_2 排放绩效值由 2006 年的 5.7g/kWh 下降到 2009 年的 3g/kWh，电力行业几乎全部承担了全国 SO_2 减排任务的总量。2007 年 6 月，燃煤发电烟气脱硫设备投运的装机容量已增至约 2 亿 kW；到 2008 年年底，全国燃煤电厂烟气脱硫机组投运容量达到 3.63 亿 kW，占全国燃煤发电装机容量的 60.4%；2009 年燃煤电厂烟气脱硫机组投运容量达到 4.7 亿 kW，占燃煤发电装机容量的 76%。到“十一五”末，全国累计建成运行燃煤电厂脱硫设施 5.32 亿 kW，燃煤发电脱硫机组装机容量比例从 2005 年的 12%提高到 82.6%。

进入“十二五”后，2011 年我国再一次重新修订了《火力发电厂大气污染物排放标准》，将燃煤发电锅炉 NO_x 排放限值进一步降低到 100mg/m^3（标况下）。然而虽然标准更严，但由于国内大部分火力发电机组都早已安装脱硫装置，且每年装机容量还在增加，全国燃煤发电行业的 SO_2 排放总量下降缓慢，年排放总量平均保持在八百万吨以上。然而随着国家环保问题的日趋严峻，2014 年发改委、环保部和能源局印发的《煤电节能减排升级与改造行动计划（2014～2020 年）》，大力推进燃煤发电实施超低排放，即在烟气基准含氧浓度 6%的基准下，要求 SO_2 排放浓度不超过 35mg/m^3（标况下）。近几年来，国内大部分地方开始推行超低排放政策，导致燃煤发电行业的 SO_2 排放在 2014～2015 年期间大幅下降。到 2016 年，全国 SO_2 排放总量已降低至 170 万 t，如图 12-3 所示。

图 12-4 所示为我国 2001 年以来燃煤发电行业 SO_2 排放量占全国排放总量的比例变化情况。从图中可以看出，我国燃煤发电行业曾经是全国 SO_2 排放的主力军，2004～2006 年最高占比达到 53.7%。随着脱硫装机容量与脱硫装机比例的大幅增加，2006 年以后燃煤发电行业的 SO_2 排放开始呈逐步下降的趋势。然而由于装机容量的发展以及部分老机组、小机组仍未执行相应脱硫排放标准，致使 SO_2 排放下降总体缓慢，总体排放比例仍然占据全国排放总量的 40%左右。直至 2011 年要求所有燃煤机组全部要求执行脱硫标准以后，经过大面积改造，至 2013 年以后燃煤发电行业的 SO_2 排放总量开始快速下降。到 2014 年部

分地区开始执行超低排放标准后，燃煤发电行业的 SO_2 排放总量进一步飞速下降，2015 年燃煤发电行业 SO_2 排放量已降至全国排放总量的 10%左右。

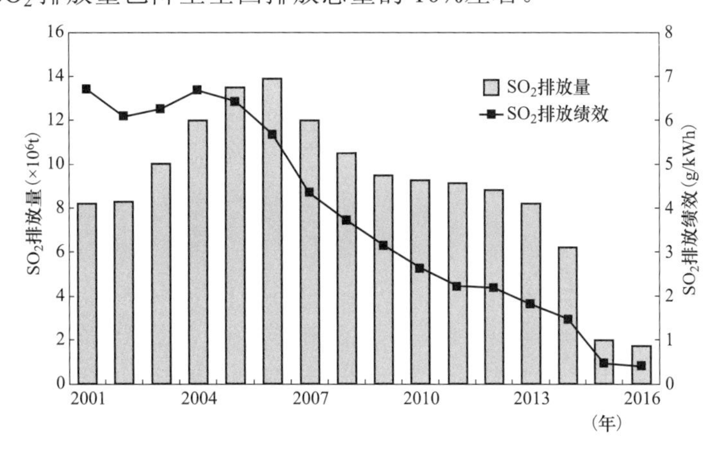

图 12-3　中国燃煤发电行业 SO_2 排放总量及排放绩效

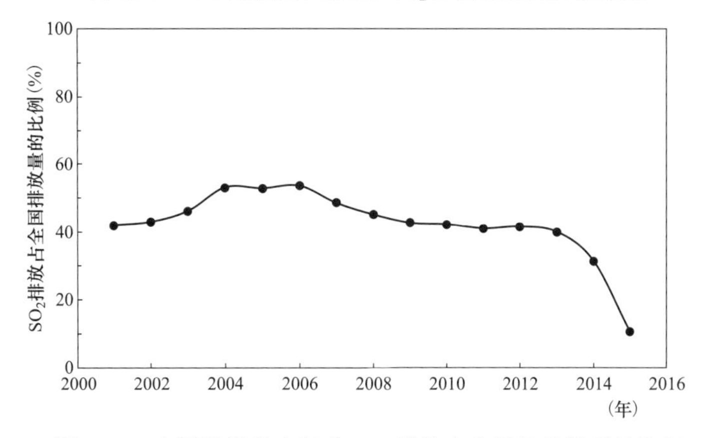

图 12-4　中国燃煤发电行业 SO_2 排放占全国总排放量的比例

12.1.2　氮氧化物（NO_x）排放控制

我国燃煤电厂对 NO_x 的控制开始于 1996 年修订的《火力发电大气污染排放标准》，规定新、扩、改建的火力发电厂锅炉的 NO_x 排放浓度不超过 650mg/m^3（标况下）。从 1996～2011 年共经过三次修订，在 2003 标准中规定设计燃料挥发分（V_{daf}）＞20%的新建电厂 NO_x 排放标准为 450mg/m^3（标况下）。在 2011 年标准中对 NO_x 排放进行了进一步的限制，要求自 2014 年 7 月 1 日起，现有火力发电锅炉 NO_x 排放达到 100mg/m^3（标况下）以下，新建火力发电锅炉自 2012 年 7 月 1 日起执行该限值。2014 年印发的《煤电节能减排升级与改造行动计划（2014～2020 年）》规定 NO_x 的超低排放是指在烟气基准含氧浓度 6%的基准下，排放浓度不超过 50mg/m^3（标况下）。

20 世纪 90 年代末我国已开始引进锅炉低氮燃烧术，为促进该技术推广发展，及早控制火力发电行业 NO_x 的排放，《火电厂大气污染物排放标准》（GB 13223—1996）首次规定了排放 NO_x 的标准限值。《火电厂大气污染物排放标准》（GB 13223—2003）设置了烟尘、SO_2 和 NO_x 三种污染物的排放限值，控制的重点之一是推动煤电烟气脱硫，对 NO_x 的控制立足于低氮燃烧方式，并预留烟气脱硝装置空间，其中 NO_x 的浓度限值为 450～

1100mg/m^3。2009 年 6 月，环保部提出《火力发电厂大气污染物排放标准（征求意见稿）》，对 NO_x 实施分时段控制，其限值向重点地区 200mg/m^3，其他地区 400mg/m^3 过渡。在 2011 年 1 月，环保部发布了《火力发电厂大气污染物排放标准（第二次征求意见稿）》，对火力发电厂大气污染物进行更加严格的限制，尤其是 NO_x，限值为 100mg/m^3，只有非重点地区 2003 年 12 月 31 日前建成投产或通过建设项目环境影响报告书审批的燃煤锅炉限值为 200mg/m^3。此标准已严于欧盟现行的 NO_x 排放限值 200mg/m^3；美国为 1.01～1.4lb/MWh，折合 135～184mg/m^3；日本为 100ppm，约折合 200mg/m^3。彼时我国政府对脱硫脱硝标准已经超过欧美。

2016 年年底，全国已投运的烟气脱硝火电机组接近 9.1 亿 kW，约占火力发电机组容量的 85.77%。据介绍，这些已建成的电厂烟气脱硝设施绝大部分都采用了选择性催化还原工艺（SCR），这也是目前世界上应用最多、最为成熟且最有成效的一种烟气脱硝技术，其脱硝效率一般可达 80%～90%。自我国实施 NO_x 排放标准以来，我国燃煤电站的 NO_x 排放控制水平得到了大幅度提高。

为了直观展示我国 NO_x 排放标准的发展变化趋势，图 12-5 给出了自 1996 首次颁布 NO_x 排放标准以来新建燃煤发电机组污染物排放标准变化趋势图。从图 12-5 可以看出，近 20 年来我国 NO_x 排放标准逐步严格。与粉尘和 SO_2 排放标准的制定与修改同步，新建燃煤发电机组 NO_x 排放从没有标准，到 650mg/m^3，再到 450、100、50mg/m^3，二十多年时间，历经四次大幅调整，当前的超低排放限值仅为 1996 年标准的 8%左右。

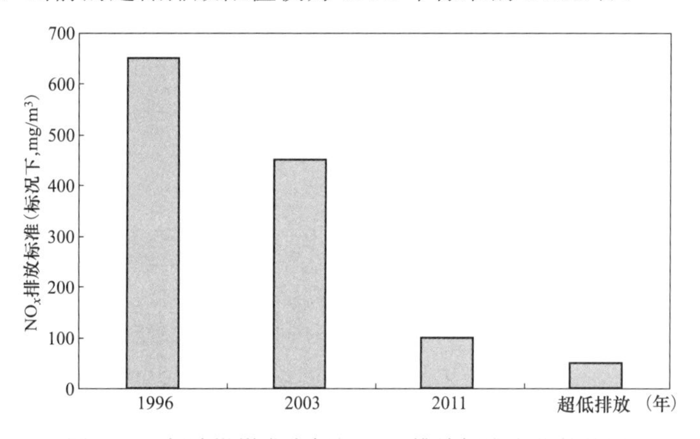

图 12-5　新建燃煤发电机组 NO_x 排放标准变化趋势图

图 12-6 所示为 2005 年以来我国火力发电机组脱硝装机容量及装机比例的发展变化情况。从图中可以看出，2011 年之前我国安装脱硝装置火力发电机组的装机容量及装机比例增长缓慢，仅有部分新上机组安装了脱硝设备。这主要是由于彼时我国 NO_x 排放标准限值为 450mg/m^3（标况下），且并未严格执行，导致大部分新上机组都未安装脱销装置。2011 年将 NO_x 排放限值降至 100mg/m^3（标况下）后，我国脱硝装机容量和装机比例迅速增长。截至 2016 年底，我国火力发电机组脱硝装机量已达到 910GW，占燃煤发电总装机容量的 85.77%。

图 12-7 所示为历年来我国燃煤发电行业 NO_x 排放总量及排放绩效的变化趋势。图 12-8 所示为我国燃煤发电行业 NO_x 排放占全国总排放量的比例。从图中可以发现，2011 年之前虽然我国燃煤发电行业 NO_x 的排放绩效逐步下降，但受燃煤发电装机容量快速增长的影响，

NO_x 排放总量却缓慢增长。在 2011 年的标准出台后，我国燃煤发电行业 NO_x 的排放绩效从 2012 年开始快速下降；在 2014 年超低排放政策出台后，NO_x 排放绩效更是飞速下降。我国燃煤发电行业的 NO_x 排放总量在 3 年左右时间内从 2012 年的 900 万吨大幅下降至 2015 年的 160 万 t 左右，2016 年进一步下降至 155 万 t。

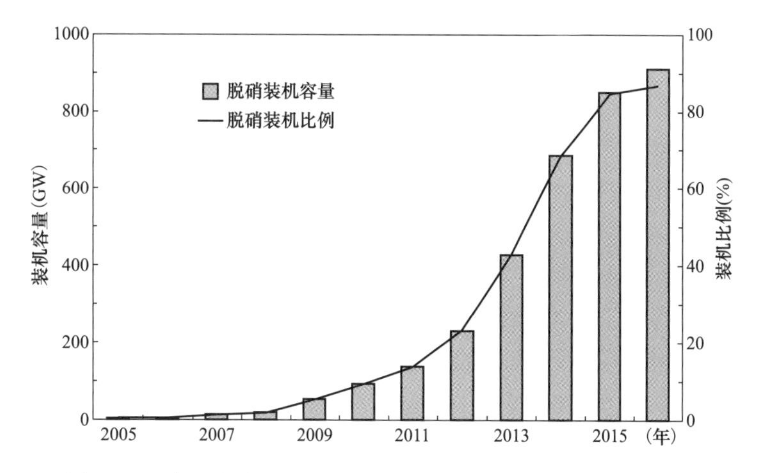

图 12-6 中国火力发电机组脱硝装机容量及其脱硝装机比例

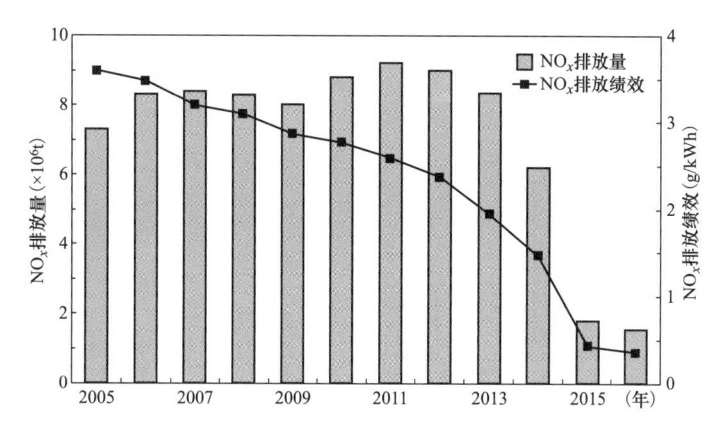

图 12-7 中国燃煤发电行业 NO_x 排放总量及排放绩效

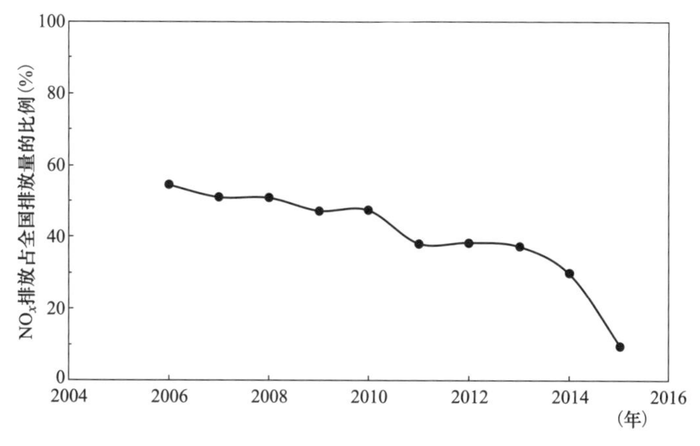

图 12-8 中国燃煤发电行业 NO_x 排放占全国总排放量的比例

12.1.3 粉尘排放控制

我国于1973年首次针对燃煤电厂粉尘排放制定了排放标准，即《工业“三废”排放试行标准》（GBJ4—1973）。但将燃煤电厂的大气污染物排放单独作为国家排放标准颁布的则始于1991年的《燃煤电厂大气污染物排放标准》（GB 13223—1991），该标准要求燃煤发电厂的除尘效率大于95%。此后，该标准于1996、2003、2011年进行了三次修订。其中，前两次修订都是基于当时的环境保护要求、除尘技术发展及经济承受能力，针对不同机组的建设时间、区域、燃料等分别给出了有区别的排放浓度限值。2011年7月修订的粉尘排放标准取消了按机组按投产时段划分标准的做法，所有燃煤机组执行统一标准。2014年，《煤电节能减排升级与改造行动计划（2014～2020年）》出台，对于粉尘来说，在烟气含氧浓度6%的基准下，粉尘超低排放浓度不超过10mg/m^3（标况下）。

为了更清楚地展示出我国历年来粉尘排放标准的变化趋势，图12-9展示了我国针对燃煤电站粉尘排放控制的几次标准中新建燃煤发电机组粉尘排放要求的变化趋势图。从图中可以看出，伴随着我国燃煤发电行业的飞速发展，我国新建燃煤发电机组的粉尘排放从没有标准，到200mg/m^3，再到50、30、10mg/m^{3}等标准，短短二十多年的时间，历经数次修订，可谓越来越严苛，当前的超低排放限值仅为1996年标准的1/20。

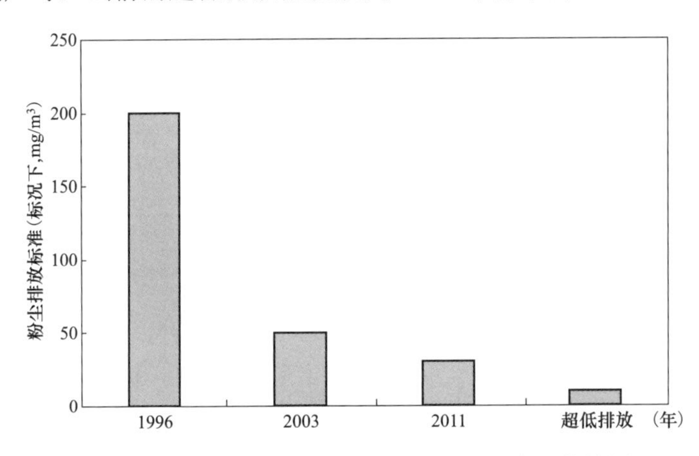

图12-9 新建燃煤发电机组粉尘排放标准变化趋势图

在日益严格的粉尘排放标准约束下，虽然燃煤发电装机容量逐年高速增长，我国近十几年来燃煤行业的粉尘排放却先经历维持稳定，然后开始逐年下降。21世纪以来我国燃煤发电行业的排放情况及单位发电量的排放绩效如图12-10所示。从图中可以看出，自2011年所有燃煤机组开始执行统一的更严格的排放标准以后，粉尘排放量由2010年的307万t骤然下降至155万t，下降幅度达50%；2014年后，随着部分地区逐渐实行超低排放要求，2015年和2016年的粉尘排放量进一步下降至40万t和35万t,燃煤发电行业的粉尘排放得到有效控制。

为了进一步说明我国燃煤发电行业的粉尘排放对全国粉尘排放总量的贡献情况，图12-11给出了2001年以来我国燃煤发电行业粉尘排放占全国排放总量的比例情况。从图12-11可以看出，2010年之前我国燃煤发电行业的粉尘排放长期占30%以上，是我国的粉尘排放大户。自2011年所有燃煤机组执行统一的更严格的粉尘排放标准以后，我国燃煤机组的粉尘排放占比迅速降低至10%左右。随着超低排放的实施，燃煤机组粉尘排放的贡献越来越小，2015 年降至 2.60%。

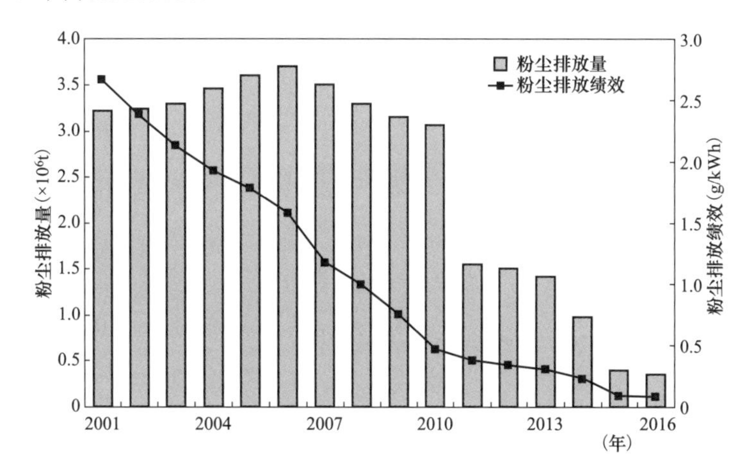

图 12-10　中国燃煤发电行业粉尘排放总量与排放绩效

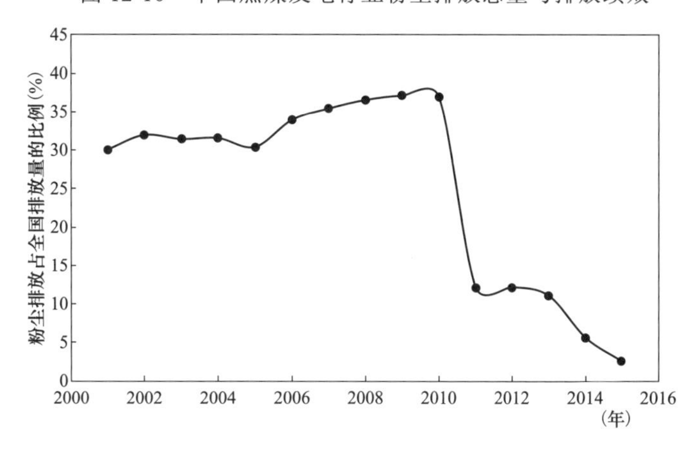

图 12-11　中国燃煤发电行业粉尘排放占全国排放总量的比例情况

12.2　燃煤电站与其他燃煤工业污染物排放的比较

12.2.1　燃煤工业污染物控制比较

随着国家环保进程的推进，针对非电燃煤各行业颁布了一系列的环保标准，集中汇总见表 12-1。根据污染物排放的统计情况，下面分别对燃煤工业锅炉、黑色金属冶炼及延压加工业、非金属矿物制品业及其他主要工业领域的污染物控制情况进行分别说明。

1. 燃煤工业锅炉

我国燃煤工业锅炉量大面广，主要分布于轻纺工业、能源工业、建材业、建筑业、化学工业、冶金工业、交通运输业和军工部门等行业。据统计，2016 年我国累计工业锅炉产量 45.8 万 t（蒸吨），目前在用工业锅炉数量约 62 万台，其中燃煤工业锅炉约 47 万台，占工业锅炉总数的 80%以上。

我国非重点地区的在用工业锅炉 SO_2 排放平均浓度 700mg/m^3 左右，达到 900mg/m^3 的占 87%，达到 1200mg/m^3 的占 94%，达到 400mg/m^3 的占 25%左右。大部分在役燃煤锅炉

NO_x 排放浓度都能达到 400mg/m^3。对于新建锅炉，中小型层燃炉 NO_x 平均排放浓度为 324.6mg/m^3，煤粉炉排放浓度在 500～800mg/m^3 之间，抛煤机炉在 340～530mg/m^3 之间，循环流化床锅炉排放浓度较低，在 150～300mg/m^3 之间。工业锅炉的烟尘排放浓度与燃料灰分含量、燃烧效率和治理措施等因素相关，我国工业锅炉烟气初始排放浓度在 1200～4000mg/m^3 左右。

2. 黑色金属冶炼及延压加工

黑色金属冶炼及延压加工业包括炼铁、炼钢、钢延压加工和铁合金冶炼等行业，主要指钢铁工业。钢铁工业是我国工业领域主要排污大户之一。钢铁工业的污染源主要为烧结烟气，即烧结混合料点火后，在高温下烧结成型过程中产生的含尘废气。与燃煤锅炉烟气相比，具有成分复杂、烟气量大、烟气量波动大（±40%）、温度波动大（120～185℃）、含水量大（8%～13%）、含氧量高（14%～18%）、含腐蚀性气体（含有一定量的 SO_x、NO_x、HCl 和 HF 等）、SO_2 浓度相对较低（国内企业一般在 1000～3000mg/m^3）等特点。

当前，我国钢铁行业普遍存在大气污染源无组织排放等情况，大多数大型钢铁联合企业的废气捕集率也仅有 60%～70%，部分小企业或管理水平低的企业所排放的无组织烟气量可达 80%以上。钢铁行业排放标准中虽然规定了厂区内代表点（厂房门窗、屋顶、气楼等排放口处）的颗粒物浓度，但受无组织排放瞬发性特点以及监测可操作性较差等因素的影响，该管控方式难以有效监管无组织的排放。

3. 非金属矿物制品业

非金属矿物制品业主要包括水泥、平板玻璃、陶瓷等行业。在水泥生产过程中，多个工序会产生颗粒物，如原料破碎、烘干、烧结和运输等环节。只有在水泥窑干燥和煅烧、窑尾余热利用等环节的烟气中，会含有 SO_2 和 NO_x。

平板玻璃熔窑烟气中的 SO_2 主要来源于两个方面：①原料中含硫物质高温分解及氧化，例如芒硝的分解；②燃料燃烧时，燃料中的硫与空气中的 O_2 反应生成 SO_2。烟气中 NO_x 除去产生于原料分解、燃料燃烧外，还有一部分来自空气中 N_2 在熔炉中的高温氧化。

陶瓷生产中的喷雾干燥塔、陶瓷窑（辊道窑、隧道窑、梭式窑）是典型的热工设备，都在使用过程中产生 SO_2、NO_x 和颗粒物等污染物。

4. 其他工业

其他工业涵盖领域较广，典型如有色金属、石油化工等。有色金属是指除了黑色金属（铁、锰、铬和铁的合金）以外的 64 种金属。目前我国工业生产中主要包括铅、锌、铜、铝、锡、锑、汞、镁、钛、镍、钴等。传统火法有色冶炼过程中，硫化金属矿经过高温焙烧使硫和金属分离，硫转化为 SO_2 随焙烧烟气排出。当前，冶金行业里对铜、镍、铅、锌等有色金属的冶炼工艺比较先进，冶炼烟气的气量稳定，SO_2 浓度高。而受现有冶炼工艺的限制，钼、锡、锑、钴等稀贵有色金属的冶炼烟气量大，SO_2 浓度较低。

与燃煤锅炉烟气相比，有色金属冶炼产生的烟气具有温度高（500～1000℃）、烟气含尘量大（标况下，一般 30～100g/m^3，较高的达到 800～900g/m^3）、烟气成分复杂、SO_2 含量高（低浓度一般小于 0.5%，高浓度达到 2%～10%）、具有一定腐蚀性和导电性等特性。

在石油炼制过程中，催化裂化催化剂再生烟气组成为：颗粒物排放浓度 150～300mg/m^3，大部分为催化剂（粒径 0～5μm 约占 75%）；SO_2 排放浓度 700～4500mg/m^3；

NO_x 排放浓度 50～400mg/m^3。

表 12-1　　　　主要非电行业污染物排放标准汇总

行业	标准名称	备注	标准限制
工业锅炉	《锅炉大气污染物排放标准》（GB 13271—2014）	2017年对2+26城市执行特别排放限制	全国特别排放限制：标况下，烟尘浓度 30mg/m^3，SO_2 浓度 200mg/m^3，NO_x 浓度 150mg/m^3，上述污染物的烟气基准含氧量为 10%
钢铁行业	《钢铁烧结、球团工业大气污染物排放标准》（GB 28662—2012）	2017 年发布标准修改单	特别排放限制：烧结机和球团焙烧设备的颗粒物限值调整为 20mg/m^3、SO_2 限值调整为 50mg/m^3、NO_x 限值调整为 100mg/m^3，上述污染物的烟气基准含氧量为 16%
建材行业	《水泥工业大气污染物排放标准》（GB 4915—2013）	2017 年发布标准修改单	特别排放限制：标况下，烟尘浓度 20mg/m^3，SO_2 浓度 100mg/m^3，NO_x 浓度 320mg/m^3，上述污染物的烟气基准含氧量为 10%
建材行业	《平板玻璃工业大气污染物排放标准》（GB 26453—2011）	2017 年发布标准修改单	特别排放限制：标况下，烟尘浓度 20mg/m^3，SO_2 浓度 100mg/m^3，NO_x 浓度 400mg/m^3，上述污染物的烟气基准含氧量为 8%
建材行业	《陶瓷工业污染物排放标准》（GB 25464—2010）	2017 年发布标准修改单	标况下，喷雾干燥塔为烟尘浓度 20mg/m^3，SO_2 浓度 30mg/m^3，NO_x 浓度 100mg/m^3；辊道窑、隧道窑、梭式窑烟尘浓度 20mg/m^3，SO_2 浓度 30mg/m^3，NO_x 浓度 150mg/m^3，上述污染物的烟气过量空气系数 1.7（折合基准含氧量为 8.6%）
石化行业	《石油炼制工业污染物排放标准》（GB 31570—2015）		现有装置自 2017 年 7 月 1 日起，催化裂化再生烟气中 SO_2、NO_x、颗粒物含量分别低于 100、200、50mg/m^3。对于重点污染地区的控制指标更加严格，要求分别低于 50、100、30mg/m^3，上述污染物的烟气基准含氧量为 3%

根据表 12-1 中不同行业现行的污染物排放标准，相比燃煤发电机组，其污染物浓度排放标准仍然较低。同时由于基准氧的浓度有较大的偏差，如工业锅炉污染物浓度基准为 9%含氧量，钢铁行业为 16%含氧量，可见污染物的排放数值存在较大的差异。为了直观分析主要燃煤工业领域污染物排放控制情况的差异，图 12-12～图 12-14 分别对比了排放标准的限定值、以及限定值折算到 6%含氧量条件下的计算值。燃煤机组以超低排放的限定值为参照。对于其他行业，统一选取了最严苛的限定值，如特殊地区的特殊限定值，具有一定的代表性。

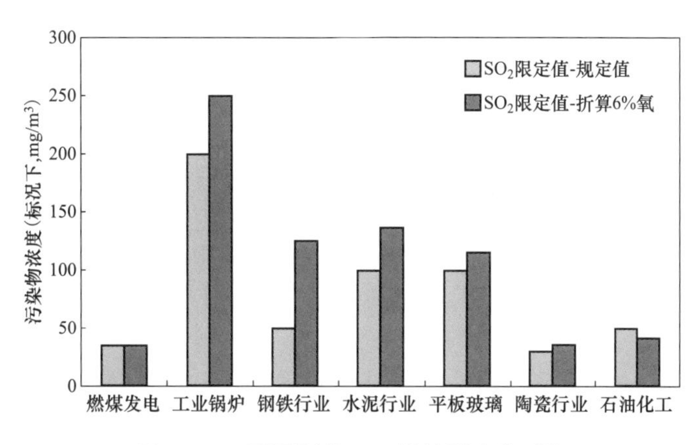

图 12-12　不同行业 SO_2 排放限定值对比

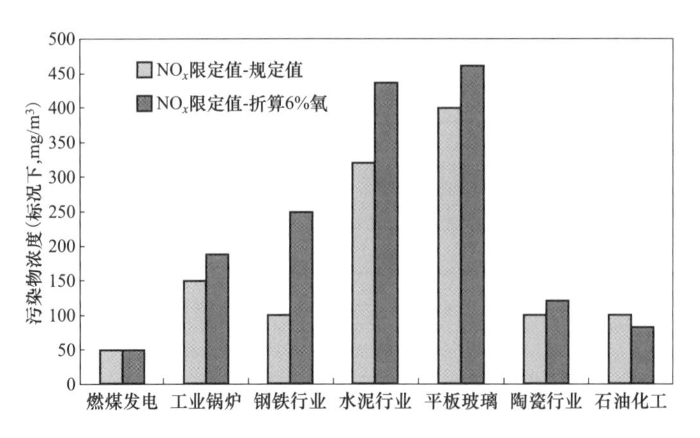

图 12-13　不同行业 NO_x 排放限定值对比

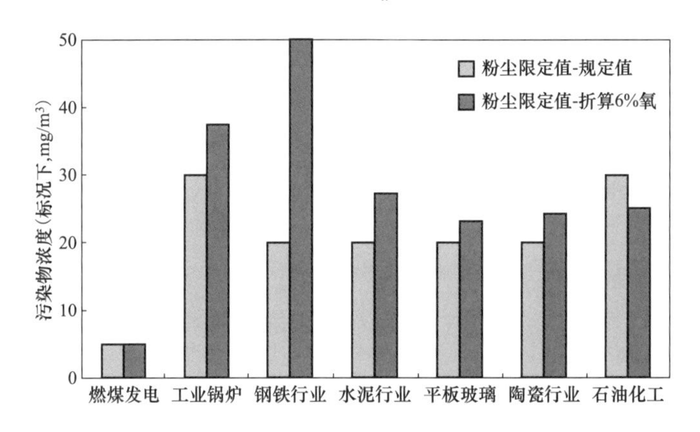

图 12-14　不同行业粉尘排放限定值对比

由图可见，相比燃煤机组的超低排放限制，工业锅炉、钢铁、水泥等非电行业的实际排放限制仍然有较大的差距。这意味着，在同样的能源消耗量和消耗强度下，非电行业的实际污染排放量远远高于燃煤发电机组。因此，对非电行业的污染物控制和排放标准，仍有较大的提升空间。

12.2.2　中国污染物排放主要构成

根据环保部出台的环境统计年报，将粉尘、SO_2 和 NO_x 的排放量按电力/热生产和供应业、黑色金属冶炼及延压加工、非金属矿物制品业、其他工业和生活等几个大类进行划分和统计。电力/热力生产和供应业是指利用煤炭、油、燃气等能源，通过锅炉等装置生产蒸汽和热水，或外购蒸汽、热水进行供应销售，供热设施的维护和管理等活动；热力生产和供应行业的产品主要包括蒸汽和热水。燃煤发电属于电力/热生产和供应业的一个主要组成部分。黑色金属冶炼及延压加工业属于金属冶炼及延压加工业，主要包括炼铁、炼钢、钢延压加工和铁合金冶炼等。非金属矿物制品业以水泥为主，还包括玻璃、陶瓷、石膏等产品在内的制造业。

图 12-15 所示为 2001 年至 2015 年全国 SO_2 排放分布及发展情况。为了重点表征燃煤发电行业的 SO_2 排放及其与其他行业的对比情况，基于中电联的统计数据，单独将电力行业的排放数据（以燃煤发电行业排放为主）以折线在图中表示出。从图 12-15 可以看出，

电力/热力生产和供应业的 SO_2 排放量在2010年以前长期占据全国 SO_2 排放总量50%以上，是中国 SO_2 排放量的主体。然而，自 2006 年以后，电力/热力生产和供应业的 SO_2 排放量持续稳定快速下降，带动全国 SO_2 排放总量呈稳定下降的趋势。随着火力发电 2011 年版排放标准的实施，SO_2 年排放量更是从 2010 年的 1153 万 t 大幅下降至 2011 年的 901 万 t，年下降幅度达 22%。2011 年以后电力/热力生产和供应业的 SO_2 排放量进一步快速稳步下降，到 2015 年，电力/热力生产和供应业的 SO_2 排放量已逐渐降低至 500 万 t 左右，占比首次低于全国排放总量的 30%，达到 26.7%左右。

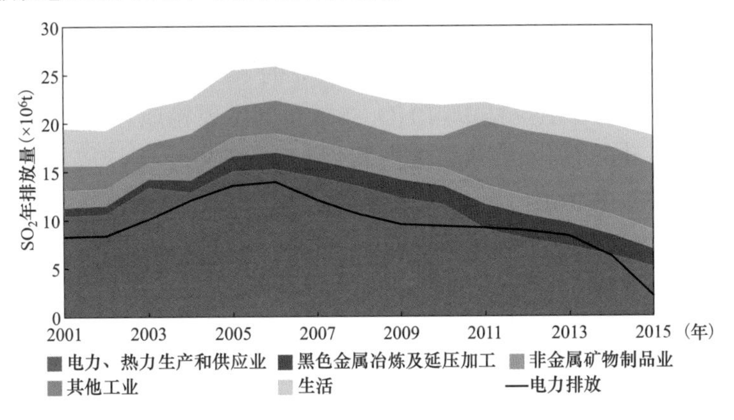

图 12-15　中国 SO_2 排放分布及发展情况

燃煤发电行业的 SO_2 排放长期作为电力/热力生产和供应业 SO_2 排放的主体，在 2006 年之前推动电力/热力生产和供应业及全国 SO_2 排放总量稳步上升。2006 年以后，随着燃煤发电机组脱硫设备的大面积安装投运，燃煤发电行业带动电力/热力生产和供应业及全国 SO_2 的排放开始稳步下降。在 2011～2013 年期间由于统计口径出入，出现电力行业 SO_2 年排放量超过电力/热力生产和供应业年排放总量的短暂“不合理”现象。2014 年后，随着燃煤发电行业超低排放的逐步推广，2015 年燃煤发电行业的 SO_2 排放量飞速下降至 200 万 t 左右，达到黑色金属冶炼及延压加工业和非金属矿物制品业等相当的水平，占比不到电力/热力生产和供应业的 40%，占全国过 SO_2 排放总量的 11.8%左右。由此，电力/热力生产和供应业中除燃煤发电以外其他工业锅炉的 SO_2 排放占全国过 SO_2 排放总量的比例已逐渐增加至 16.4%，从而被逐渐凸显而成为新的焦点。

黑色金属冶炼及延压加工业的 SO_2 年排放量自 2001 年的 85 万 t 左右先逐渐稳步上升至 2011 年的 252 万 t。十二五以来全国经济进入新常态，黑色金属冶炼及延压加工业的生产受到较大影响，同时该产业的 SO_2 年排放量自 2011 年开始逐渐下降，至 2015 年下降至 174 万 t。非金属矿物制品业的 SO_2 年排放量长期以来一直保持稳中有涨的趋势，2015 年达到 203 万 t，占全国排放总量的 11%，超过黑色金属冶炼及延压加工业成为工业领域仅次于工业锅炉的排放大户。

2011 年环境保护部对统计制度中的指标体系、调查方法及相关技术规定等进行了修订。从图 12-15 可以看出，其他工业的 SO_2 年排放量在 2011 年发生突然大幅增加的现象，导致全国排放总量也有明显增加；而生活部分排放也在 2011 年突然减少，这些主要是由于调整了调查边界所致。从图 12-15 可以看出，虽然因调查边界调整生活部分 SO_2 年排放量大幅减少，在 2011 年后却保持稳中有增的趋势。2015 年生活部分的 SO_2 年排放量达到 302 万 t，达到热力生产和供应业中工业锅炉排放的相当水平，占全国排放总量的 16%以上。

图 12-16 所示为自 2006 年至 2015 年中国 NO_x 排放的行业分布与发展情况。同样基于中电联的统计数据，单独将电力行业的 NO_x 排放数据（以燃煤发电行业排放为主）以折线形式在图中表示出。由于 2011 年环境保护部对统计制度中的指标体系、调查方法及相关技术规定等进行了修订，调整了不同行业调查的边界，从图 12-16 可以看出，从 2010～2011 年，除黑色金属冶炼及延压加工业和其他工业的 NO_x 年排放量维持稳定外，大部分行业的 NO_x 年排放量都发生突然大幅上涨的现象，全国排放总量也明显增加。

从图 12-16 可以看出，电力/热力生产和供应业的 NO_x 排放量在 2010 年之前长期占据全国 NO_x 排放总量的 60%以上，是中国 NO_x 排放量的主要构成。随着火力发电 2011 版排放标准的实施，2011 年以后电力/热力生产和供应业的 NO_x 年排放量快速稳步下降。到 2015 年，电力/热力生产和供应业的 NO_x 排放量已逐渐下降至 500 万 t 以下；与 SO_2 排放量的下降同步，占比首次低于全国排放总量的 30%，下降至 26.9%左右。

燃煤发电行业的 NO_x 排放在 2014 年之前一直是电力/热力生产和供应业的排放主体。2014 年后，随着燃煤发电行业超低排放标准的逐步推广，电力行业的 NO_x 排放量快速下降，2015 年的 NO_x 年排放量已下降至 180 万 t 左右，首次低于非金属矿物制品业等行业的排放量，占电力/热力生产和供应业 NO_x 年排放量的 36%左右，占全国 NO_x 排放总量的 9.8%左右。由此，电力/热力生产和供应业中除燃煤发电以外其他工业锅炉的 NO_x 年排放量已占全国排放总量的 17.1%，也与其 SO_2 排放量一样被逐渐凸显而成为工业领域新的焦点。

黑色金属冶炼及延压加工业的 NO_x 年排放量自 2006 年的 80 万 t 左右一直保持稳定缓慢增长。截至 2015 年底黑色金属冶炼及延压加工业的 NO_x 年排放量已达到 104 万 t，占全国 NO_x 年排放量的 5.6%。非金属矿物制品业的 NO_x 年排放量与 SO_2 年排放量同步，长期以来一直保持稳中有涨的趋势，2015 年达到 267 万 t，占全国排放总量的 14.4%，接近以热力生产为主的工业锅炉水平（电力/热力生产和供应业中的除去电力生产的部分）。

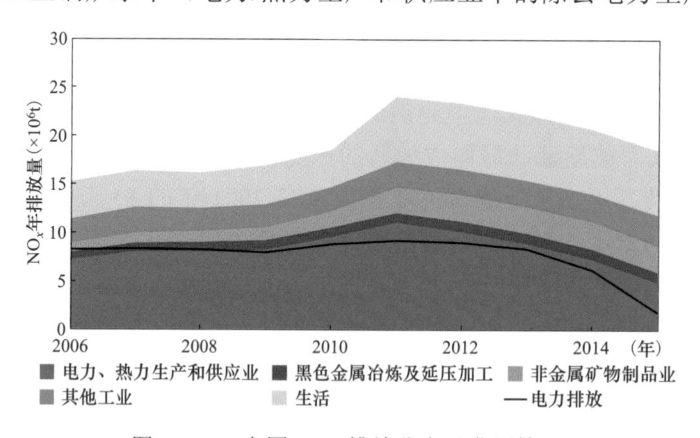

图 12-16 中国 NOx 排放分布及发展情况

自 2011 年开始，机动车的 NO_x 排放量与生活分开统计。但由于机动车的 NO_x 排放长期占生活 NO_x 排放的 90%以上，因此本文并未将机动车的数据与生活分开分析。从图 12-16 中可以看出，生活部分因调查边界调整，NO_x 年排放量增加最为明显，从 2010 年的 387

万 t 突然增长到 2011 年的 675 万 t，之后却保持基本稳定。截至 2015 年，生活引起的 NO_x 年排放量为 671 万 t，占全国 NO_x 年排放总量的 43.6%，是 NO_x 排放的主力军。

图 12-17 所示为 2005～2015 年全国粉尘排放的分布及发展情况。基于中电联的统计数据，也单独将电力行业的粉尘排放数据（以燃煤发电行业排放为主）以折线形式在图中表示出。根据 2011 年环境保护部对统计制度中的指标体系、调查方法及相关技术规定等进行了修订：自 2011 年起不再单独统计烟尘和粉尘，统一以烟（粉）尘进行统计；2014 年明确将钢铁冶炼和水泥制造企业无组织烟（粉）尘纳入调查。因此，在图 12-17 中可以明显看到 2011 年和 2014 年的粉尘排放总量出现两次突然的增加。

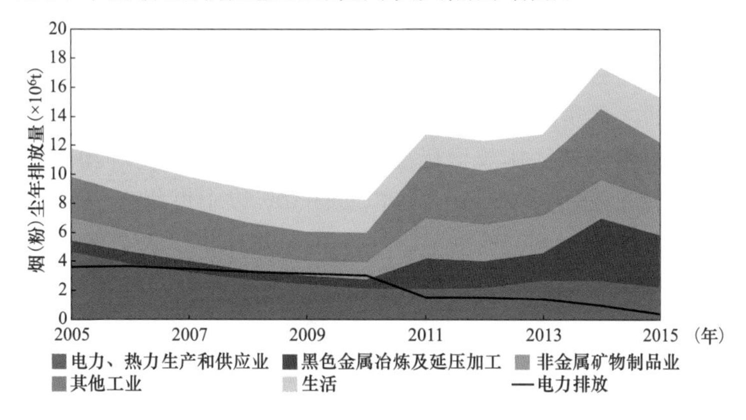

图 12-17　中国粉尘排放分布及发展情况

从图 12-17 中可以看出，电力/热力生产和供应业的粉尘排放量在 2010 之前长期占据全国粉尘排放总量的 40%以上，是中国粉尘排放的主力军。2011 年的烟尘、粉尘合并的调查，对电力/热力生产和供应业的粉尘排放量并无影响，可见电力行业排放的粉尘量很少，主要为小颗粒的烟尘。“十一五”期间，虽然工业领域各个行业的粉尘排放都稳步下降，但电力/热力生产和供应业粉尘的减排力度最明显，5 年时间减排幅度达 53%，减排量占工业粉尘减排总量的 65%。十二五期间，电力/热力生产和供应业的粉尘排放维持基本稳定。

从图 12-17 中可以看出，电力行业（以燃煤发电行业为主）的粉尘排放在 2012 年之前一直是电力/热力生产和供应业的排放主体。随着燃煤发电行业超低排放的逐步推广，电力行业的粉尘排放快速下降。2015 年电力行业的粉尘年排放量已降低至 40 万 t 左右，仅占全国粉尘总排放的 2.6%，占电力/热力生产和供应业粉尘年排放量的 18%左右。电力/热力生产和供应业中除燃煤发电以外其他工业锅炉的粉尘年排放量仍有 188 万 t 左右，也成为工业粉尘排放的主要贡献之一。

由于工业粉尘排放受环保部统计方法调整影响较大，以 2014 年以后的统计数据为参考。就 2015 年的数据而言，粉尘排放最严重的是以钢铁为主的黑色金属冶炼及延压加工业，年排放量达到 357 万 t，占全国粉尘总排放量的 23.2%。其次是以水泥为代表的非金属矿物制品业，年排放量约 240 万 t，占全国粉尘总排放量的 15.6%。以热力生产为代表的工业锅炉则以年排放量 188 万吨居于工业领域粉尘排放的第三，占全国排放 12.2%左右。而其他工业和生活的粉尘年排放量则分别以 407 万 t 和 305 万 t 占全国排放的 26.5%和 19.9%。

基于前述分析可知，2015 年电力行业的 SO_2、NO_x 和粉尘的排放量分别以 200 万 t、180 万 t 和 40 万 t 占全国相应排放总量的 10.8%、9.7%和 2.6%。而电力/热力生产和供应业中除去电力生产以外的工业锅炉 SO_2、NO_x 和粉尘的排放量则分别达到 306、318 万 t 和 188 万 t，分别占全国相应排放总量的 16.4%、17.2%和 12.2%，已成为工业污染物排放的主要贡献者。

虽然近几年电力行业的污染物减排力度非常大，但对全国污染物排放总量下降的影响越来越不明显。当前对 SO_2 排放贡献较大的行业以工业锅炉为首，同时，钢铁、水泥、其他工业和生活的影响也都不可小觑，需要采取更多的减排措施。当前对 NO_x 排放贡献较大的以生活（主要为机动车排放）为首，影响达 36%以上；其次为工业锅炉，同时钢铁和水泥等行业的影响也较大。当前对粉尘排放贡献最大是钢铁行业；同时，工业锅炉、水泥和生活也都是粉尘排放的主要贡献值。

近几年燃煤发电机组“超低排放”标准的贯彻执行力度巨大，2016年我国燃煤发电机组超低排放改造容量超过2.5亿kW，五大发电集团50%以上燃煤发电机组完成超低排放改造，神华集团超低排放机组达到62%以上。从1979～2016年，火力发电机组的年发电量增长17.5倍，烟尘排放量比峰值600万t下降了94%，SO_2排放量比峰值1350万t下降了87%，NO_x排放量比峰值1000万t左右下降了85%。根据2017年出台的《中国煤电清洁发展报告2017》，从年排放总量看，电力行业三项污染物排放比峰值下降了85%以上，燃煤电厂的大气污染物已不是影响环境质量的主要因素。

相比燃煤发电行业，非电行业对我国污染排放贡献越来越大。我国钢铁的产量占世界的50%，水泥占60%，平板玻璃占50%，电解铝占65%，还有40多万台广泛分布的燃煤锅炉，以及大量城中村、城乡结合部和农村采暖，他们的用煤数量相当惊人。数据显示，2015年全国39.6亿t煤炭消费总量中，非电工业耗煤量达18.2亿吨。但非电工业的污染治理基数和管理能力与电力行业相比还有很大的差距，SO_2、NO_x、烟粉尘的排放量占全国四分之三以上。因此，在未来大气污染物治理的道路上，研究污染物排放交易机制，引导燃煤发电行业污染控制的先进技术与资金向钢铁、水泥、化工等污染大户转移，是未来大气环保治理的重要任务。相比燃煤发电行业在环保减排方面取得的重大成就，非电工业仍然任重而道远。

12.3 世界主要国家燃煤发电机组污染物控制

12.3.1 排放标准

表 12-2 所示为美国燃煤电厂历年来污染物排放标准的限值。从表 12-2 可以看出，美国在 1970 年时对三种主要污染物均进行了限值控制。到 1977 年时，各污染物控制标准进一步提高，其中 SO_2 的排放限值是 1970 年的 1/2，粉尘的排放限值是 1970 年的约 1/3。1997 年时，SO_2 和粉尘的排放限值均未发生变化，但将 NO_x 的排放限值进一步降低至 1977 年的 1/3 左右。2005 年时出台了现行的燃煤电厂污染物排放标准，进一步缩小了 SO_2、NO_x 和粉尘的排放限值，SO_2 的排放限值降低至 184mg/m^3（标况下），NO_x 的排放限值进一步降低至 135mg/m^3（标况下），粉尘的排放限值降低至 20mg/m^3（标况下）。

表 12-2　　美国燃煤电厂污染物排放标准限值变化　　mg/m³

颁布时间	SO_2	NO_x	粉尘
1970 年	1480	860	130
1977 年	740	615～740	40
1997 年	—	218	—
2005 年	184	135	20

欧盟主要是根据燃煤电厂的热负荷不同而确定污染物排放的限值。表 12-3 给出了欧盟两次颁布的燃煤电厂 SO_2、NO_x 和粉尘的排放限值。欧盟于 1987 年首次出台了《大型燃烧企业大气污染物排放限值指令》（88/609/EEC），对新建燃煤电厂的 SO_2、NO_x 和粉尘排放进行了排放控制。2002 年，为了进一步控制燃煤电厂的大气污染物排放，对三种主要大气污染物的排放限值进行了进一步修订，出台了《大型燃烧企业大气污染物排放限值指令》（2001/80/EC），对于 500MW 以上机组，标况下 SO_2 的排放限值由 400mg/m³ 降至 200mg/m³，NO_x 排放限值由 650mg/m³ 降至 200mg/m³，粉尘排放限值由 50mg/m³ 降为 30mg/m³。

表 12-3　　欧盟燃煤电厂 SO_2、NO_x 和粉尘的排放限值（标况下）

污染物	88/609/EEC 指令		2001/80/EEC 指令	
	热负荷（MW）	排放限值（mg/m³）	热负荷（MW）	排放限值（mg/m³）
SO_2	50～100	2000	50～100	850
	100～500	400～2000 线性递减	100～300	200～850 线性递减
	＞500	400	＞300	200
NO_x	＞50	650	50～100	400
			100～300	300
			＞300	200
粉尘	＜500	100	50～100	50
	＞500	50	＞100	30

将美国和欧洲的污染物排放标准与我国对比可见，我国的污染物排放标准虽然首次出台晚于这些发达国家和地区，然而，我国现行的污染物排放标准均严于这些发达国家和地区。为了进一步对比我国和世界其他主要燃煤大国的污染物排放标准，图 12-18 根据某统计报告的数据，将中国、澳大利亚、德国、日本、韩国、印度、菲律宾等各国粉尘、SO_2 和 NO_x 的排放标准进行对比如下，图中同时也展示出了美国和欧盟的排放标准。

从图 12-18 可以看出，菲律宾的排放限值是最宽松的，我国是目前几个国家里污染物排放要求最为严格的国家；澳大利亚对粉尘的排放较为严格，而对 NO_x 的排放要求较为宽松；标况下德国、韩国、中国、美国和欧盟的粉尘排放标准都在 20mg/m³ 以下；日本的粉尘排放浓度要求为 50mg/m³；印度的粉尘排放浓度要求为 100mg/m³；除了澳大利亚和菲律宾外，其他国家对 SO_2 和 NO_x 的排放限值均在 200mg/m³ 以下。

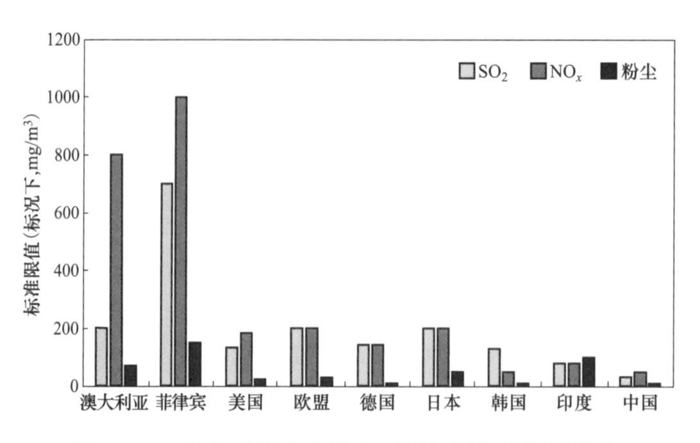

图 12-18 各主要国家燃煤电厂烟气污染物排放限值

12.3.2 烟气污染物控制情况

图 12-19 所示为中国、美国和欧洲从 2005～2015 年的电力行业 SO_2 排放量对比情况。从图 12-19 中可以发现，随着燃煤电厂污染物控制标准的日益严格和污染物控制技术的发展，美国、中国和欧盟的 SO_2 排放量逐渐显著下降，其中，美国的 SO_2 排放量由 2005 年的 1034 万 t 下降至 2015 年的 255 万 t，减排 75%；中国的 SO_2 排放量由 2005 年的 1350 万 t 下降至 2015 年的 200 万 t，减排 85%；欧盟的 SO_2 排放量由 2005 年的 443 万 t 下降至 2015 年的 123 万 t，减排 72%。

从历年的数据来看，欧盟在各个年份的 SO_2 排放量均为这三个国家/地区中最低的。中国在 2015 年以前的排放量高于美国。随着超低排放政策的实施，在 2015 年，中国的 SO_2 排放量首次低于美国。

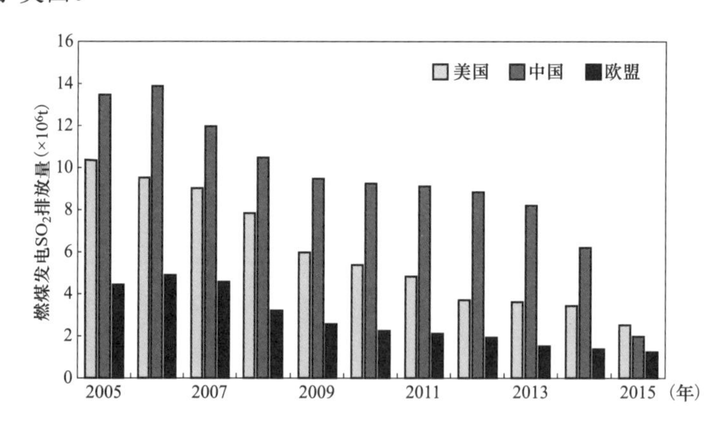

图 12-19 中国、美国和欧盟 2005～2015 年电力行业 SO_2 排放量对比图

图 12-20 所示为中国、美国和欧盟自 2005 年至 2015 年电力行业 NO_x 排放量的对比图。欧盟的 NO_x 排放量变化并不明显，主要是由于从 2005 年至 2015 年，欧盟并未修订过燃煤电厂大气污染物的排放标准。美国的 NO_x 排放量有所降低，由 2005 年的 396 万 t 降低至 2015 年的 182 万 t，减排 54%。我国电力行业 NO_x 排放量在 2014 年以前变化并不明显，从 2014～2015 年发生了大幅下降，由 620 万 t 降低至 180 万 t，短短 1 年时间减排 71%。

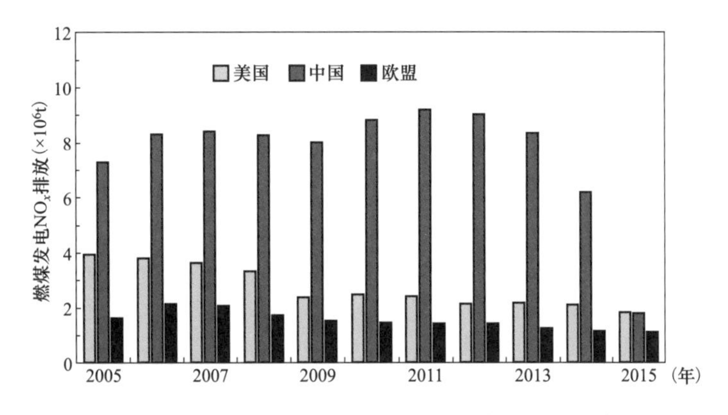

图 12-20　中国、美国和欧盟 2005～2015 年电力行业 NO_x 排放量对比图

2005～2014 年，美国和欧盟的 NO_x 排放量均远远低于同年份中国的 NO_x 排放量。2005 年美国的 NO_x 排放量为 396 万 t，欧盟的 NO_x 排放量为 162 万 t，中国的 NO_x 排放量为 730t，中国的 NO_x 排放量是美国的排放量的近两倍，是欧盟的排放量的近 5 倍。2015 年，中国 NO_x 排放量与美国和欧洲的差距较小，中国的 NO_x 排放量为 180 万 t，美国的 NO_x 排放量为 182 万 t，欧盟的 NO_x 排放量为 111 万 t。虽然我国在燃煤电厂的 NO_x 排放总量控制方面与欧洲仍有差距，但是经过这些年的努力，差距逐渐缩小，电力行业 NO_x 减排成果显著。

为了进一步对比我国与其他国家燃煤电厂大气污染物控制水平，图 12-21 所示为 2014 年世界主要国家燃煤电厂的排放绩效。限于数据来源，图 12-21 所示的其他国家数据是 2014 年的统计数据。但是鉴于我国超低排放政策于 2014 年实施，最近几年排放绩效发展较快，因此在图表中中国的排放绩效选用了 2016 年的数据。从图中可以看出，日本燃煤电厂的 SO_2 和 NO_x 排放绩效最低，均为 0.2。虽然日本全国性的环保标准比中国宽松，但是日本地区性环保标准严格。日本大部分电厂执行的是日本地区性环保标准，其污染物排放控制十分严格。加拿大的 SO_2 排放绩效最高，为 2.2；法国的 NO_x 排放绩效最高，为 2.2。相比于美国、英国、德国、意大利和日本，我国 2014 年 SO_2 和 NO_x 的排放绩效均处于较高的水平，均为 1.47。我国 2015 年和 2016 年 NO_x 排放绩效分别为 0.43 和 0.36，SO_2 排放绩效分别为 0.47 和 0.4，相比于 2014 年均有了大幅度下降。

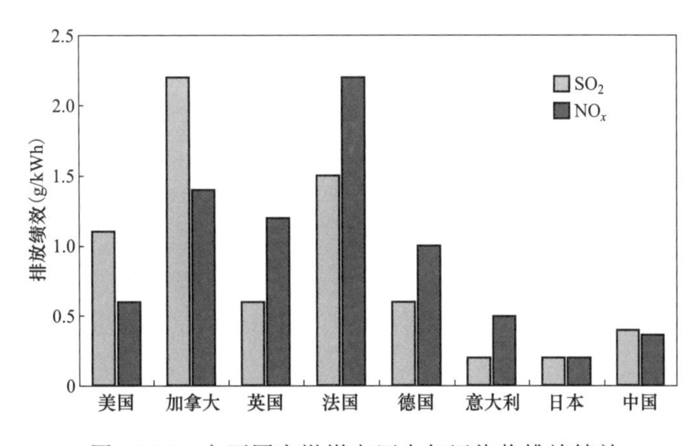

图 12-21　主要国家燃煤电厂大气污染物排放绩效

本章对国内外燃煤发电机组大气污染物控制现状进行了分析和研究，我国近年来燃煤电厂污染物控制取得了显著的成果，燃煤电厂除尘、脱硫和脱硝装机率逐年上升，近年来装机率已接近 100%。粉尘、SO_2 和 NO_x 的排放量明显降低，在全国排放量占比中持续下降。这说明，近年来我国燃煤电厂的污染物排放。

与国外发达国家相比，我国现行的超低排放取得了卓有成效的成绩标准已是世界上最严格的排放标准，虽然燃煤电站污染物排放总量控制水平与发达国家仍有差距，但是近年来差距已逐渐缩小，我国的燃煤电站污染物排放总量控制水平已基本和发达国家相当。这从另外一个方面反映了我国近年来燃煤电厂污染物控制取得的显著成绩。

第13章　燃煤电站污染物控制技术路线

作为中国最主要的化石燃料，煤炭燃烧后的主要大气污染物为粉尘、SO_2和NO_x。本章主要围绕着上述三种大气污染物，深入讨论燃煤电站除尘、脱硫和脱硝技术。通过对各技术的适用范围、优缺点进行了深入分析，进一步讨论燃煤发电过程污染物控制的不同技术路线，并总结各技术路线的适用条件及技术经济性，进而为我国燃煤发电的污染物控制提供系统指导。

除大型燃煤电厂外，工业锅炉、煤化工、供热、居民散烧等煤炭消费占据了我国煤炭消费的近50%，这一部分煤炭消费的排放情况直接影响我国大气污染物控制水平。因此，也有必要对非电行业煤炭消费的污染物排放控制进行系统研究，从而总体把握我国大气污染物控制的总体水平及燃煤发电排放所处的位置，为燃煤发电的污染物控制，及燃煤工业污染物排放协同控制提供战略支撑。

13.1　燃煤电站污染物控制技术分析

13.1.1　燃煤电站脱硫技术

煤炭燃烧过程中产生大量的SO_2，是造成环境污染的重要污染源。通过更换低硫煤、煤炭洗选等前端措施，可有效降低SO_2的排放。但是随着环保标准的提高，前端处理的方式已无法保证烟气符合环保排放标准，必须采用烟气脱硫装置。根据脱硫系统的技术特点，烟气脱硫技术主要分为干法脱硫技术、半干法脱硫技术、湿法脱硫技术。

干法脱硫技术主要应用于循环流化床锅炉（CFB），即采用炉内喷钙的形式，在炉膛内高温条件下，实现SO_2的脱除，适用范围较窄。半干法脱硫技术是利用石灰浆、碱液等喷入100～150℃烟气中，实现烟气中SO_2的脱除。脱硫装置出口的烟气处于未饱和状态，具有一定的过热度。半干法脱硫反中过程中，需要喷入水或者浆液，因此称作半干法脱硫技术。通常采用循环流化床反应器，可以实现较高的SO_2脱除效率。而湿法脱硫技术则采用浆液喷淋洗涤的方式，实现烟气的净化，可以达到极低的SO_2排放浓度，也是目前最为普遍的烟气脱硫技术。浆液可以选择多种吸收剂，目前较为普遍应用的吸收剂有石灰石、石灰、氢氧化镁、海水、液氨、氢氧化钠等。

由于国内50%的燃煤为动力用煤，火力发电行业在很长时间内一直是SO_2排放的主体。随着燃煤发电行业污染物控制的日益严格，燃煤发电脱硫装机发展迅速。基于2014年已投运的烟气脱硫设施的分类和统计，石灰石/石灰－石膏湿法脱硫约占92.4%，CFB半干法脱硫约占2.9%，海水烟气脱硫法约占2%，氨法烟气脱硫约占1.3%，其他方法占1.4%。因此本章将着重介绍以上几种脱硫技术。

13.1.1.1 石灰石/石灰-石膏湿法脱硫技术

石灰石/石灰-石膏湿法脱硫是目前普遍应用的脱硫工艺。我国于 19 世纪 90 年代初从国外引进石灰石/石灰-石膏湿法脱硫技术和成套装置，用于烟气脱硫。经历了引进、消化、再创新的过程，和大量工程实践，目前国内相关产业已经基本掌握了烟气脱硫的全套工艺流程和设备制造技术。

石灰石/石灰-石膏湿法脱硫技术的主要特点有：

（1）脱硫效率高；

（2）技术成熟，运行可靠性好，装置投运率可达 98%以上；

（3）对煤种变化的适应性强；

（4）占地面积大，一次性建设投资相对较大；

（5）吸收剂资源丰富，价格便宜；

（6）脱硫同时还可去除烟气中的 HCl、HF、颗粒物和重金属。

经过十多年的高速发展，国内的石灰石/石灰-石膏湿法脱硫技术得到长足进步。为适应我国日趋严格的排放标准，国内主流脱硫公司在引进技术的基础上，逐步开发形成了技术经济更好的高效脱硫技术。包括各种可实现中高硫分煤 SO_2 超低排放（标况下，$<35mg/m^3$）的工艺技术，如基于 pH 值分区洗涤的双循环技术、托盘/湍流器强化传质的脱硫工艺等。经过大量应用实践，当前这些技术已日益成熟，并在国内燃煤发电机组上得到广泛应用。经过近十年来的全面发展，我国的石灰石/石灰-石膏湿法脱硫技术正朝着投资小、净化效率高、综合成本低、副产物可循环利用、无二次污染等方向发展。下面分别对在传统石灰石-石膏湿法脱硫技术基础衍生出来的两类脱硫技术进行系统介绍。

1. pH 值分区洗涤技术

pH 值分区洗涤技术是指在喷淋塔内增加物理分割区域，人为的将浆液的 pH 值区分开来，实现对烟气的分级洗涤。通常第一级洗涤控制较低的 pH 值（4.5～5.3），有助于控制氧化效果和石膏品质；第二级洗涤控制较高的 pH 值（5.8～6.5），保证较高的 SO_2 脱除效率。分区洗涤的技术在化工行业应用较多，如精馏塔、尾吸塔。为提高化工产品纯度，一般会采用多段洗涤吸收的方式，与 pH 值分区洗涤的机理相同。在烟气脱硫领域，石灰石-石膏脱硫与氨法脱硫上都有类似的工艺技术。

对于石灰石/石灰-石膏脱硫工艺，pH 值分区洗涤技术目前国内普遍应用的有双循环技术（北京国电龙源环保工程有限公司）、单塔双区技术（龙净环保）、双循环 U 型塔（重庆远达环保股份有限公司）等。这些厂家虽然在技术细节、实现方式等方面各有特色，但本质上都是采用了浆液分区的方式，通过控制不同区域的浆液 pH 值，实现较高的脱硫效率，同时降低系统能耗。上述的几种技术在 300～1000MW 机组上都有成功应用的业绩。

2. 复合塔技术

常规喷淋塔的技术特征在于，烟气与喷淋浆液以液滴的形式接触。烟气处于均匀相状态，浆液液滴处于离散相状态。塔内不存在异性构件，具有较低的结垢风险。复合塔技术特征是，通过在吸收塔底部的浆液池和喷淋层之间增设托盘、格栅、湍流器等阻力件设备，使得喷淋的浆液在阻力件上形成稳定的持液层。当气体穿过持液层时，浆液处于均匀相状态；烟气处于离散相状态，以气泡或泡沫的形式与持液层发生传热、传质，具有较高的传质效率。同时经过持液层后烟气的分布更加均匀，提高顶部喷淋的效果。

通常认为在烟气 SO_2 不高于 3000～3500mg/m^3（标况下）的条件下，通过复合塔技术，可以实现 SO_2 排放浓度低于 35mg/m^3（标况下）的超低排放指标。目前复合塔技术主要有托盘塔（巴威、武汉凯迪）和旋汇耦合（清新环境）等。

13.1.1.2　*海水脱硫技术*

烟气海水脱硫是利用海水的天然碱性，通过喷淋洗涤的方式脱除烟气中的 SO_2。洗涤后的海水经过处理后，排入大海中，不仅保护了环境，减少了资源浪费，又降低了能耗，是符合循环经济、节能减排的一种脱硫技术。

海水脱硫技术的主要优点包括：

（1）技术简单，运行可靠，脱硫效率高，一般达到 95%以上。

（2）以海水作为吸收剂，节约淡水资源，并且可以不添加脱硫剂。

（3）脱硫后的硫酸盐是海水的天然组分，不存在废弃物处理等问题。

我国沿海燃煤电厂燃料的含硫量一般小于 1%。采用烟气海水脱硫工艺的燃煤电厂中，大多数为 2004 年以后新投运的机组。在《火力发电厂烟气脱硫设计技术规程》（DL/T 5196—2016）中要求："燃用含硫量<1.0%煤的海滨电厂，在海域环境影响评价取得国家有关部门审查通过，并经全面技术经济比较合理后，可以采用海水脱硫工艺；脱硫率宜保证在 90%以上。"

虽然海水脱硫技术具有很多其他技术不可比拟的优点，但是在应用过程中也存在如下局限：

（1）地域因素。海水脱硫技术仅适用于靠海边、海水扩散条件好、海水碱度能满足技术要求的滨海电厂。其技术适用范围较小，不适用于内陆电厂，且在环境质量比较敏感和环保要求较高的海滨区域也要慎重考虑。

（2）燃煤含硫量因素。海水法只适用于燃用低硫煤的电厂。根据国内外已投运海水脱硫机组的情况来看，绝大多数燃煤的含硫量都小于 1%。

（3）环境因素。由于海水脱硫利用海水，又将脱硫废海水返回海洋，应考虑其对海水温度等环境因素的影响应。

（4）腐蚀问题。海水脱硫系统设备或构筑物长期处在海水与酸性烟气的环境中。受到冷热温差、干湿介质交替、水流冲刷、深度氧化曝气等因素的作用，诱发腐蚀的因素较多。因此海水脱硫技术对腐蚀防护要求较高。

我国拥有较长的海岸线，沿海燃煤发电厂数量可观。沿海地区经济发达，人口稠密，环境环保要求严格。海水湿法脱硫工艺在世界上已有 40 多年的历史，目前全球投运项目超过 100 套。该工艺技术简单、成熟，环境友好，在我国具有良好的发展空间。

目前国外具有烟气海水脱硫业绩的公司主要有挪威阿尔斯通、德国 FBE、德国比绍夫、美国杜康、日本富士化水等企业。其中挪威阿尔斯通所占市场份额占绝大多数（80%以上），其海水脱硫机组已超过 100 台，容量 38000MW。这主要是由于挪威阿尔斯通的海水脱硫工艺开发应用较早，尤其在其国内炼铝等行业首先得到了较好的应用和发展，取得了充分的业绩证明，之后才逐渐在世界范围内得到认可和广泛应用。北京国电龙源环保工程有限公司在国家科技部 863 计划课题"大型燃煤电站锅炉海水烟气脱硫技术与示范"支持下，结合多年实际工程经验及与科研院所的合作研究，历经实验室研究、移动式中试规模研究及工程实践，对现有的海水脱硫工艺进行了较大的革新和优化。迄今为止，该公司在国内海水脱硫的市场占有率99%，是国内目前海水脱硫领域的主要供货商。

13.1.1.3　氨法脱硫技术

氨法脱硫技术以氨水为吸收剂，利用氨液吸收烟气中的SO_2生成亚硫酸铵溶液，并在富氧条件下将亚硫酸铵氧化成硫酸铵，再经加热蒸发结晶析出。反应过程主要包括吸收过程，氧化过程和结晶过程。经过氧化后的$(NH_4)_2SO_4$再经加热蒸发，形成过饱和溶液，硫酸铵从溶液中结晶析出，过滤干燥后得到$(NH_4)_2SO_4$副产品可作为化肥。

国外研究氨法脱硫技术的企业主要分布在美国、德国和日本等。美国GE于20世纪90年代自主开发了氨法烟气脱硫技术，并应用于50～300MW的多个大型示范装置。日本NKK公司开发了NKK氨法脱硫技术。该技术于70年代中期应用在200MW和300MW的两套机组。德国的一些电厂也已经成熟应用氨法脱硫技术，例如曼海姆电厂处理烟气量为750000m^3/h（标况下）；卡斯鲁尔电厂，处理烟气量300000m^3/h（标况下）等。

在中国，近年来氨法脱硫技术的环保、经济和社会效益优势逐渐体现，氨法脱硫的应用发展迅猛。根据中国电力企业联合会的统计，在2015年新建工程机组签订的烟气脱硫合同中，氨法烟气脱硫机组占4%。截至2015年底，累计投运的新建工程烟气脱硫机组中，氨法烟气脱硫机组约占1.3%。与《火力发电厂烟气脱硫工程技术规范氨法》（HJ 2001—2010）颁布时国内氨法脱硫机组占所有烟气脱硫工程机组不到1%相比，氨法脱硫的应用取得了一定的发展。

和石灰石/石灰-石膏脱硫技术走的是引进、吸收、创新的道路不同，我国的氨法脱硫技术走的是从无到有的自主研发过程。国电龙源环保、江南环保等公司均是通过自主研发实现了该技术的成功应用。尤其是在国内超低排放的大环境下，我国的氨法脱硫技术在SO_2超低排放、气溶胶控制等方面取得了长足发展，处于世界领先地位。

氨法脱硫技术早期主要应用于硫酸工业的尾气洗涤领域，且多采用泡沫塔、填料塔等技术。由于硫酸尾气的含尘浓度较低，组分清洁，因此整体应用良好。相比而言，燃煤锅炉的烟气组分比较复杂，含粉尘、杂质较多，因此多采用喷淋空塔。相比于石灰石/石灰-石膏脱硫工艺，氨的吸收能力较强，吸收过程类似，因此早期很多项目直接将吸收剂替换。石灰石/石灰-石膏脱硫塔改成氨法脱硫塔，也可以实现SO_2的脱除，但存在一系列问题，如脱除效率不高、浆液品质恶化较快、气溶胶白烟拖尾现象严重等问题。因此，目前投运的氨法脱硫塔在吸收塔的设计、流程设计上与石灰石/石灰-石膏脱硫塔相比有一定的差异。

13.1.1.4　半干法脱硫技术

循环流化床半干法脱硫技术是利用流化床反应器作为核心设备，经过预除尘的烟气与水、消石灰强烈混合后进行反应，脱除烟气中的SO_2、SO_3、HCl、HF等酸性气态污染物的技术。在半干法烟气脱硫工艺中，生石灰经过消化首先转化为氢氧化钙，通常以浆液或者干粉、湿粉的形式注入到烟气中。半干法形式的吸收剂与SO_2反应的先决条件是烟气湿度足够高，使颗粒表面形成单层的水分子。通常烟气的相对湿度要达到40%～50%，才能保证脱硫反应的发生。

自半干法烟气脱硫工艺在20世纪70年代后期出现以来，技术上有了很大进步。目前循环流化床锅炉采用半干法脱硫技术最为广泛。烟气循环流化床脱硫工艺系统主要由烟气预除尘系统、脱硫塔系统、布袋除尘和循环系统、吸收剂制备及供应系统、副产物输送系统等部分组成。

相比其他脱硫方式，半干法脱硫具有以下技术优点：

（1）可实现 SO_2、NO_x、HF、HCl、重金属等多种污染物协同脱除；

（2）排放烟气为不饱和烟气，因此系统无废水产生，无白烟现象，同时可以节约大量水耗；

（3）半干法脱硫装置设备无需防腐，设备运行可靠；

（4）工艺系统简单；

（5）对于 CFB 锅炉配套可直接利用 CFB 锅炉炉内喷钙产生的富含 CaO 的飞灰作为脱硫吸收剂，可以大量节省脱硫剂。

据不完全统计，目前我国在燃煤发电、烧结、有色冶金、垃圾焚烧、炭黑尾气、煤化工尾气等领域已建烟气循环流化床半干法脱硫工程超过 300 个，其中燃煤发电行业的配套装机容量就已经超过 25GW。循环流化床半干法脱硫工艺早期在我国主要应用于 300MW 以下机组。经过长期实践探索出采用文丘里管结构的循环流化床半干法脱硫工艺，单塔每小时处理烟气量可超过 280 万 m^3，可应用于 300～660MW 机组。我国自主研发的半干法脱硫技术目前总体处于世界先进水平。

13.1.2 燃煤电站脱硝技术

煤炭燃烧过程中产生 NO、NO_2、N_2O、N_2O_3、N_2O_5 等多种氮的氧化物，统称为氮氧化物（NO_x），是主要的大气污染物之一。NO_x 作为一次污染物，对人体健康有较大的危害。据研究当 NO_x 含量为（20～50）$\times10^{-6}$ 时，对人眼有刺激作用，含量达到 150×10^{-6} 时，对人体器官产生强烈的刺激作用。NO_x 除了作为一次污染物有害人体健康外，还会在不同条件下作为反应物生成多种二次污染物。NO_x 是生成臭氧的重要前体物之一，也是形成区域细粒子污染和雾霾的重要原因，是我国京津冀、珠三角、长三角等经济发达地区雾霾的主要成因之一。研究结果还显示，NO_x 排放量的增加使得我国酸雨污染由硫酸型向硫酸和硝酸复合型转变；硝酸根离子在酸雨中所占的比例从 20 世纪 80 年代的 10%逐步上升到近年来的 1/3 左右。

煤炭燃烧生成 NO_x 一般有三种方式：通过在高温条件下将空气中氮氧化而形成的 NO_x，称为热力型 NO_x；燃料中的挥发分高温分解产生 CH 自由基和空气中的氮和氧气进一步反应生成的 NO_x，称为快速型；而燃料本身的氮或含氮化合物在燃烧过程转化而成的 NO_x，称为燃料型 NO_x。目前，控制 NO_x 的技术手段主要包括三种，即低氮燃烧、选择性催化还原（SCR）和非选择性催化还原（SNCR）等。以下对三种技术进行分别介绍。

1. 低氮燃烧

NO_x 的生成与燃烧方式、燃烧条件密切相关。现代燃烧技术控制 NO_x 的思路主要是从改变燃烧方式和条件入手，以减少燃烧过程中 NO_x 的生成量，同时也减轻后续尾部烟气脱硝的负担。

控制 NO_x 生成的基本途径是：

（1）通过降低燃烧过程中的过量空气系数，制造还原性气氛。

（2）在氧化性气氛条件下，降低局部高温和平均温度水平。

（3）在氧化性气氛区域，缩短停留时间，降低 NO_x 转化；而在还原性气氛区域，增加停留时间，使得已生成的 NO_x 经过均相和多重均相反应被分解还原。

（4）加入还原剂，增大 CO、NH_3、HCN 的生成量，分解还原 NO_x。

控制燃煤电厂 NO_x 生成的低氮燃烧技术，大体可分为三类，即低氮燃烧器、空气分级燃烧和燃料分级燃烧技术。由于该类技术工艺成熟，投资与运行费用较低，已在燃煤电厂得到了较为广泛的应用。

根据环保部《火力发电厂氮氧化物防治技术政策》，“低氮燃烧技术应作为燃煤电厂 NO_x 控制的首选技术；当采用低氮燃烧技术后，NO_x 排放浓度不达标或不满足总量要求时，应建设烟气脱硝设施。”

2. 选择性催化还原技术（SCR）

选择性催化还原（selective catalytic reduction，SCR）是指在催化剂和氧气存在，且在较低温度范围（280～420℃）的条件下，利用还原剂有选择地将烟气中的 NO_x 还原成 N2 和水的技术。反应过程中还原剂有选择性，不和烟气中的 O_2 反应，因此称为选择性催化还原脱硝技术。SCR 技术由美国的 Eegelhard 公司发明并于 1959 年申请了专利，而由日本率先在 20 世纪 70 年代实现该技术的工业化。SCR 技术是目前应用最广泛、技术最成熟的烟气脱硝技术。该技术通过使用催化剂，控制反应温度，脱硝效率可达到 85%以上。SCR 技术可以适应目前日益严苛的 NO_x 排放规定，但 SCR 方案的总投资和运行成本较高。

电站锅炉和大型工业炉的 SCR 工艺，根据脱硝反应器的工作环境和布置方式，可以分为高尘高温布置、低尘高温布置和低温低尘布置等方式。SCR 的还原剂主要包括液氨、氨水和尿素三种。还原剂的选择一般要根据现场的实际情况，对技术方案和设备的投资进行综合比较，初步比选可见表 13-1。

表 13-1　　三种脱硝还原剂的综合性能对比

项目	液氨	氨水	尿素
还原剂耗量	1（浓度 99%）	5（20%氨）	1.76（热解）
还原剂费用	便宜	便宜	贵
运输成本	便宜	贵	便宜
运输方式	液体槽车	液体槽车	固体
储存安全性	最差（有毒/易爆）	差	好
相关法规监管	严格	中等	无
设备初投资	便宜	中等	贵
运行费用	便宜	中等	贵（热解） 中等（水解）

影响 SCR 脱硝性能的两大关键因素分别是脱硝催化剂和脱硝喷氨装置。通常在催化剂流场设计时，要求催化剂表面的入口烟气流场满足一定的均匀度，包括速度、浓度偏差、入射角等。但是在实际工程中，由于脱硝反应器的截面尺寸较大，很难实现催化剂入口流场的均匀分布，尤其是 NH_3/NO_x 混合的均匀性。在要求较高的脱硝效率时，这种现象更加

明显，导致过量喷氨、氨逃逸率升高。因此，SCR 脱硝技术的发展主要围绕催化剂和脱硝喷氨技术进行。SCR 脱硝技术自 20 世纪 80 年代以来，在欧洲、美国和日本等国家和地区得到迅速发展。自引进我国后，也在国内发展迅速，尤其是在催化剂制造、喷氨技术等方面。目前我国的 SCR 技术，包括催化剂的制造和喷氨技术等，都具有与国外供货商竞争的实力。

3. 选择性非催化还原技术（SNCR）

选择性非催化还原（selective non-catalytic reduction，SNCR）是指在 800～1200℃的温度条件下，利用将氨或尿素等还原剂喷入烟气中，与烟气中的 NO_x 反应生成氮气和水。SNCR 可选择的还原剂很多，比较常见的有液氨、氨水、尿素、碳酸氢氨等。在 SNCR 的实际应用中，氨作为还原剂适用的温度范围比较宽广，可以涵盖 800～1100℃的温度区间达到较好的脱硝效率。尿素由于受其热解反应影响，在温度超过 900℃的条件下，脱硝效果最佳。而在其他的温度条件下，脱硝效率急剧下降。如需要实现同样的 NO_x 排放，必须及时调整尿素喷射点的位置，并增加还原剂喷射量。因此当选择尿素作为还原剂时，对还原剂喷射的自动控制水平要求较高，以实现快速、精确的调节。

SNCR 技术最早于 1974 年应用于日本的 Kawasaki 炼油厂，后来大量应用于中小型机组，也是一种比较成熟的烟气脱硝技术。SNCR 技术反应温度较高，不需要催化剂和脱硝反应器，相比 SCR 和低氮燃烧来说，系统简单，初投资比较低，有较好的经济性。但是，SNCR 技术的应用受锅炉结构、运行方式等影响较大。对于频繁变负荷的机组，SNCR 的性能波动较大。通常认为 SNCR 的脱硝效率变化幅度可达 30%～75%。

13.1.3 燃煤电站除尘技术

目前燃煤电站除尘技术种类繁多，分类方法也比较复杂。通常按所处理烟气的干、湿性不同，燃煤电站除尘技术可分为干式除尘技术和湿式除尘技术。按照烟气在电除尘器内的运动方向分类，燃煤电站除尘技术可以分为立式电除尘技术和卧式电除尘技术。按除尘器的形式，燃煤电站除尘技术可以分为管式电除尘技术和板式电除尘技术。按振打方式，燃煤电站除尘技术又可以分为侧部振打电除尘技术和顶部振打电除尘技术。限于篇幅，本文将主要针对三种主要的干式除尘技术和三种主要湿式除尘技术的技术原理、优缺点、布置形式和国内外的应用情况进行系统介绍。

13.1.3.1 干式除尘技术

干式除尘技术，顾名思义，是指仅对干烟气进行处理的技术，是应用较早的除尘技术。干式除尘技术主要分为三种，即干式静电除尘技术、布袋除尘技术和电袋除尘技术。而静电除尘技术不仅可以作为干式除尘技术去除干烟气中的固体颗粒物，还可以作为湿式除尘技术去除湿烟气中的固体颗粒物。三种干式除尘技术都有不同的优缺点，详见表 13-2，下面将对其分别进行系统介绍。

1. 静电除尘技术

静电除尘器是在高压电场的作用下将气体电离，使尘粒荷电，并在电场力的作用下实现粉尘的捕集。静电除尘器的工作原理包括电晕放电、气体电离、尘粒荷电、尘粒的沉积和清灰等过程。

目前，我国部分燃煤电厂静电除尘器运行效果不佳，其原因主要包括如下两个方面，其一是燃煤电厂实际燃用煤种与设计煤种偏差很大；其二是静电除尘器设计选型不合理。

表 13-2　　主要干式除尘技术的优缺点

名称	优点	缺点
静电除尘	（1）除尘效率高，可捕集 0.01μm 以上的细颗粒。 （2）阻力小，可控制在 300Pa 以下。 （3）允许操作温度高，最高允许操作温度达 250℃（部分达 350～400℃或者更高）。 （4）处理气体流量大。 （5）主要部件使用寿命长，经济性能好	（1）设备复杂，要求设备调试、运行和安装以及维护管理水平高。 （2）对粉尘比电阻具有一定的要求，对粉尘有一定的选择性。 （3）占地面积大
布袋除尘	（1）除尘效率高，特别是对微细粉尘有较高的效率，标况下出口烟尘浓度一般低于 30mg/m³，有的可达 10mg/m³ 以下。 （2）适应性强，可捕集不同性质粉尘，尤其是高比电阻的粉尘，对入口含尘浓度范围适应性好。 （3）使用灵活，处理风量可从每小时几立方米到几百万立方米	（1）应用范围受滤料的耐温、耐腐蚀等性能影响。 （2）阻力较高，可达 1400～1900Pa。 （3）不适宜于黏结性强及吸湿性强的粉尘，烟气温度不能低于露点温度，否则产生结露，致使滤袋堵塞。 （4）应用时间较短，大型机组上的应用业绩较少
电袋除尘	（1）滤袋粉尘负荷量少，可提高滤袋的过滤风速，节省投资和占地面积。 （2）运行阻力低，粉尘经过前级电场荷电，使粉尘剥落性好，粉尘层对气流的阻力减少。 （3）粉尘冲刷磨损小，滤袋使用寿命长。 （4）运行烟温较布袋高，经过前面电场的除尘，烟气温度会有一定的下降，缓解对后面滤袋的损害。 （5）电袋除尘器对 PM2.5 和汞还具有协同脱除作用。经过前级电场的荷电的细颗粒物，带异性电荷的细颗粒物相互吸附，形成更大的颗粒物，有利于 PM2.5 的脱除	（1）电袋除尘器的运行阻力为 800Pa～1000Pa，相比于电除尘器，其运行能耗较高。 （2）定期更换滤袋，仍然没有较好的废旧滤料的处理方法。 （3）同时管理电除尘和袋式除尘两种设备，对管理水平要求较高

为了减少投资，电厂通常提供较好的煤种作为设计煤种，或提供较小烟气量作为设计参数。当实际煤种偏离设计煤种或烟气量超过设计值时，粉尘排放就会超标。另外，我国的静电除尘器普遍存在电场数偏少，比集尘面积偏小的问题。

2. 布袋除尘技术

布袋除尘器是利用纤维编织的袋式过滤原件，通过允许气体透过但粉尘被阻挡在滤袋表面的方式来捕集含尘气体中固体颗粒物的除尘装置，是一种稳定高效的干式除尘技术。布袋除尘器的过滤机理是，通过过滤纤维及其表面形成的粉尘层对粉尘的碰撞拦截作用来实现除尘目的。布袋除尘器除尘效率较高，即便对人体危害最大的 2.5μm 以下的细微粒子也有极高的除尘效率。在烟气治理过程中，与电除尘器相比，在一些比电阻高、颗粒细微、成分特殊的粉尘场合，适宜选择布袋除尘器。

在燃煤电厂的除尘器改造工程中，布袋除尘器更适用于以下几种情况：①除尘器容许改造的空间小；②煤种的比电阻较高；③燃煤的含硫量不太高，一般小于 1.5%；④除尘器运行温度小于 150℃；⑤引风机有 1～1.2kPa 的裕量。

3. 电袋除尘技术

电袋除尘技术是指先通过设在前部的电场单元去除烟气中大部分粉尘，再经过设置于后部的布袋单元除去在前部电场中难以去除的粉尘。电袋除尘技术结合了电除尘和布袋除尘的特点，其应用晚于布袋除尘技术。通常电袋除尘器前级设置一个或两个电场的电除尘器，以去除烟气中约 80%的粉尘，并使剩余约 20%的流经电场但未被收集下来的微细粉尘荷电（此过程烟气温度也会有所下降）。后级通常设置两个或三个布袋除尘器，使经过前级电场荷电的微细粉尘在通过布袋时被收集下来。

电袋除尘器对改造机组的适用条件：①除尘器有一定的容许改造的空间；②煤种的比电阻较高；③除尘器常时运行温度小于 150℃；④原电除尘器的内件还有一定的利用价值；⑤引风机有 0.8～1kPa 的裕量。

13.1.3.2　湿式除尘技术

湿式除尘技术一般是指处理湿式烟气的静电除尘技术。湿式静电除尘技术主要用于去除含湿气体中的粉尘、细颗粒物、酸雾等，是具有协同脱除多种污染物的终端精处理高效除尘技术。湿式静电除尘技术（WESP）最早在 1907 年开始应用于硫酸和冶金工业生产中，1986 年开始应用于火力发电机组。湿式除尘的基本原理与干式静电除尘类似，都要经历荷电、收集和清灰三个阶段。湿式静电除尘与干式静电除尘最大差别在于处理对象为湿烟气，集尘板上会形成一层均匀稳定的水膜，板上捕获的粉尘被水膜冲刷到灰斗中。目前，国内外湿式静电除尘主要包括柔性电极湿式静电除尘、导电玻璃钢湿式静电除尘和金属极板湿式静电除尘等三种主要形式，其各自的结构形式如图 13-1 所示。

（a）

（b）

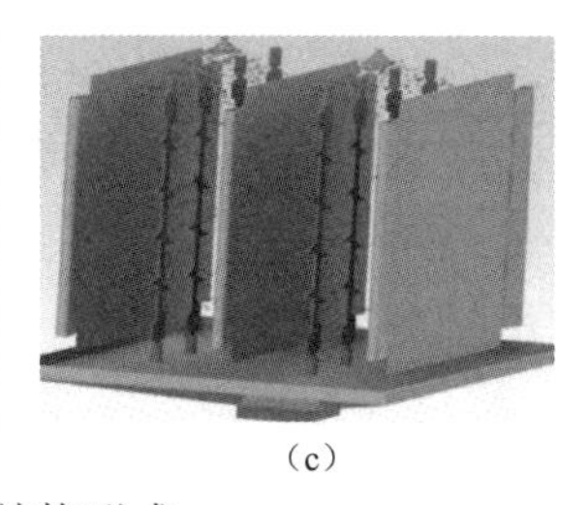
（c）

图 13-1　不同形式的湿式电除尘器的结构形式

（a）柔性电极湿式静电除尘；（b）导电玻璃钢湿式静电除尘；（c）金属极板湿式静电除尘

三种不同的湿式除尘技术都有各自不同的优缺点，详见表 13-3。此外脱硫塔协同除尘作为辅助的除尘技术，也属于湿式除尘。

表 13-3　　主要湿式静电除尘技术的优缺点

名称	优点	缺点
柔性电极湿式静电除尘器	（1）在启动前、停运后对极板喷水，水耗小。 （2）系统运行阻力小于 300Pa。 （3）无水膜冲洗清灰，利用从烟气中收集的酸液带出灰	（1）柔性极板，机械强度弱，易变形摆动，极间距不易保证，电场稳定性差，运行电压低。 （2）烟气流速较高，产生气流带出，停留时间段，PM2.5 细微颗粒及气溶胶脱除率低；高气速更易使柔性电极摆动。 （3）不耐高温，烟气温度较高时对阳极寿命有影响，严重时可能烧蚀。 （4）无喷淋水系统，清灰无保证，设备性能、安全待工程验证
金属极板湿式静电除尘器	（1）金属极板不易变形，极间距有所保证，电场稳定性好，运行电压高。 （2）烟气流速较低，有效控制气流滴带出，PM2.5 的脱除效率高。 （3）水膜清灰，分布均匀，清灰效果好，除尘效率高	（1）耗水量大，增加电厂的废水排量。 （2）阳极板和壳体易腐蚀。 （3）辅助设备复杂，需要增加碱液储罐等设备

续表

名称	优点	缺点
导电玻璃钢湿式静电除尘器	（1）极板机械强度较高，介于金属极板和柔性极板之间，极间距容易保证，电场稳定性好。 （2）间歇冲洗，水耗少，无喷淋水系统。 （3）耗电量少，无需添加化学药剂	（1）不耐高温，烟气温度较高时对阳极寿命有影响，严重时可能烧蚀。 （2）对于1000MW机组的大型化，其设备性能、安全待工程验证

1. 柔性电极湿式静电除尘器

柔性电极湿式静电除尘器利用静电除尘原理，阳极板采用耐酸碱腐蚀的柔性纤维织物材料，通过湿润使其导电，利用柔性电极的毛细作用，强化超细颗粒物高效收集与彻底清灰。被收集下来的水雾可在集尘极表面形成一层均匀连续的水膜，依靠收集液完成自身的清灰冲洗，无需喷淋清灰系统，水耗量基本为零。柔性电极湿式静电除尘技术为国内自主研发技术，目前已在国电益阳电厂300MW机组、国电荥阳电厂600MW机组等工程中应用，除尘效果良好；但其电压稳定性、抗腐蚀能力等还需进一步提升。

2. 导电玻璃钢湿式静电除尘器

导电玻璃钢湿式静电除尘器是采用新型耐酸碱腐蚀性优良的导电玻璃钢材料制成的正六边形蜂窝状结构。其阳极采用导电玻璃钢材料，即通过在玻璃钢材料内添加碳纤维毡、石墨粉等导电材料，使其自身可以导电。阴极材料常采用钛合金、超级双相不锈钢等。配置水喷淋清灰系统，每个模块每天停电冲洗一次，无需水循环系统。导电玻璃钢湿式静电除尘器最早应用于化工领域，近年来已在国电都匀福泉电厂、国电苏龙电厂、宿迁电厂、国电泰州电厂应用。

3. 金属极板湿式静电除尘器

金属极板湿式静电除尘器，利用烟气中的粉尘颗粒吸附负离子而荷电，并通过电场力的作用，将其吸附到集尘极上；通过喷水到极板的方式，使粉尘冲刷到灰斗中随水排出。阳极板一般采用平行悬挂的金属极板，极板材质为SUS316L不锈钢。

金属极板式静电除尘器主要来源于日本日立和三菱重工的技术。他们的技术路线基本一致，只是在喷嘴型式和布置方式、放电极的形式、集尘极板的形式上有所不同。三菱的喷淋系统中冲洗喷嘴布置在电极上方，采用喷雾冲刷方式对集尘极和放电极同时进行连续喷淋，不需要断电。日立的喷淋系统中，集尘极与放电极的喷淋水由不同的管道提供，在电除尘的运行过程中，集尘极持续喷淋，而放电极一天只喷淋一次，放电极喷淋时电除尘需暂时停电。

4. 脱硫塔内协同除尘技术

脱硫吸收塔一般采用喷淋塔的形式，逆流布置。烟气由脱硫塔喷淋区下部进入吸收塔，并向上运动。在喷淋浆液形成分散雾滴向下运动过程中，与烟气逆流并充分接触，对SO_2进行洗涤。烟气中部分粉尘颗粒与液滴颗粒接触而被捕集。喷淋塔的除尘机理与水膜除尘器等湿法除尘的技术原理类似，在喷淋塔内，气流中的粉尘主要靠液滴来进行捕集。湿法除尘的捕集机理主要有重力、惯性碰撞、截留、布朗扩散、静电沉降、凝聚和沉降等。烟气中粉尘细微而又无外界电场的作用，因此喷淋塔内的除尘主要是由惯性碰撞、截留和布朗扩散三种机理的作用。由于各个工程项目有所差异，实际情况均有不同，但普遍认为喷淋塔具有30%～70%的除尘效率，具体根据塔内烟气流速、循环浆液量以及除雾器形式而确定。

13.2 燃煤发电污染物路线讨论

13.2.1 技术路线分析

13.2.1.1 常规技术路线

常规技术路线的实施主要是为了满足我国 2011 年版排放标准，即标况下粉尘排放浓度小于 20mg/m^3（重点地区），SO_2 排放浓度小于 100mg/m^3，NO_x 排放浓度小于 100mg/m^3。在该标准下，针对煤粉锅炉，通常采用常规静电除尘+SCR+湿法脱硫的常规污染物控制技术路线便可实现达标排放。其中，采用常规石灰石/石灰-石膏湿法脱硫技术可实现 99%以上的脱硫效率；采用传统的 SCR 2+1 层催化剂的脱硝技术可实现 85%的脱硝效率；采用常规静电除尘器的除尘技术可实现 99.6%以上的除尘效率。

针对 CFB 锅炉，采用炉内干法脱硫+半干法脱硫，可以实现 95%以上的 SO_2 脱除效率；由于炉膛温度较低，NO_x 原始排放低于煤粉炉，采用 SNCR 可实现 60%以上的脱硝效率；下游采用电袋除尘或布袋除尘器即可达到粉尘的超低排放。

13.2.1.2 单污染物控制技术手段

超低排放政策出台后，为了适应新的环保要求，各种环保技术层出不穷，燃煤电站的污染物控制技术路线呈现多样化的发展趋势。然而近年来应用的各种超低排放技术，主要是在常规技术的基础上进行强化提效。

表 13-4 给出了超低排放技术方案通常涉及的主要污染物控制技术。在超低排放技术路线选择过程中，受锅炉燃烧方式限制，脱硝系统可选方案并不多。对于煤粉炉而言，现有成熟的脱硝技术方案通常是低 NO_x 燃烧+SCR 脱硝技术的组合。低 NO_x 燃烧技术可将锅炉出口的 NO_x 浓度（标况下）控制在 300mg/m^3 以下，当煤质较好时甚至可控制在 150～200mg/m^3。炉后脱硝系统通常选用 SCR 脱硝技术，通过采用不同的催化剂层数和催化剂体积以及不同的流道结构和吹灰方式，可实现 70%～90%的脱硝效率。在燃用优质烟煤的条件下，可将烟囱出口的 NO_x 浓度（标况下）降低至 20mg/m^3。SNCR 脱硝技术也是炉后脱硝系统的一种，但由于 SNCR 技术的脱硝效率一般仅为 20%～40%，仅适合在炉膛出口 NO_x 浓度较低的条件下应用，如循环流化床锅炉等，应用范围远不及 SCR 技术广泛。

表 13-4　超低排放技术方案拟定参考的备选污染物脱除技术

<table>
<tr><td colspan="2">脱硝系统</td><td>SCR 脱硝技术</td></tr>
<tr><td colspan="2" rowspan="3">脱硫系统</td><td>单塔/双塔双循环脱硫技术/单塔双区脱硫技术</td></tr>
<tr><td>单托盘/双托盘脱硫技术</td></tr>
<tr><td>旋汇耦合脱硫技术</td></tr>
<tr><td rowspan="4">除尘系统</td><td rowspan="4">常规除尘系统</td><td>常规电除尘技术</td></tr>
<tr><td>低低温电除尘技术</td></tr>
<tr><td>电袋复合技术</td></tr>
<tr><td>袋式除尘技术</td></tr>
</table>

续表

脱硝系统		SCR 脱硝技术
除尘系统	除尘提效技术	湿式静电除尘技术
		高效电源技术（高频电源、三相电源）
		高效除雾器技术
		管束式除雾技术

在超低排放概念提出后，由于目前国内绝大多数电厂采用湿法脱硫技术，针对湿法脱硫系统扩容增效的技术得到广泛推广。除了增加喷淋层、更换喷嘴、提高钙硫比等方法外，在常规湿法脱硫系统的基础上改进的单塔/双塔双循环脱硫技术（或单塔双区脱硫技术）、单托盘/双托盘脱硫技术，以及旋汇耦合脱硫技术等均可实现较高的脱硫效率，脱硫效率最高可达 99.5%。在协同控制方面，湿法脱硫技术具有协同除尘效果。考虑不同的脱硫塔内烟气流速、除雾器形式及除雾器级数的差异，一般认定湿法脱硫系统的除尘效率 50%～70%。这里认定的除尘效率指的是包含了石膏颗粒的总尘除尘效率。若采用高效除雾器，烟尘总脱除效率可达 75%～90%。

基于国内大部分电厂采用的干式静电除尘器，进一步采用高频电源、三相电源、移动极板电除尘器等，可在一定程度上提高除尘效果。也有单位提出了高效脱硫除尘的一体化装置，即在原旋汇耦合脱硫塔的基础上，通过在塔内增设除尘除雾一体化装置代替除雾器来实现高效的协同除尘。2014 年上半年，超低排放概念刚提出时，不同形式的湿式电除尘技术曾一度受到了业内追捧。随着对湿式静电除尘技术的适用范围和优缺点认识的不断深入，部分发电集团提出不应采用湿式静电除尘器，而应通过增设高效除雾器提高湿法脱硫系统的协同脱除作用，以实现粉尘超低排放的目标。

13.2.1.3　超低排放技术路线

目前，典型的超低排放技术路线可分为配置湿式静电除尘器的技术路线和不配置湿式静电除尘器的技术路线两种。

1. 配置湿式静电除尘器的技术路线

SCR+低低温静电除尘技术+单塔单循环脱硫技术+湿式静电除尘技术：

该技术路线主要强调粉尘超低排放的达标要求，而在脱硫方面并未做太大提效的改动。神华国华惠州电厂 300MW 机组采用该技术路线，测试结果表明，NO_x、SO_2 和粉尘的最大排放浓度（标况下）分别为 20、9mg/m^3 和 1.7mg/m^3，平均排放浓度（标况下）为 16.8mg/m^3 和 1.4mg/m^3。一般来说，该技术路线的脱硝效率最高可达 90%，脱硫效率最高可达 97.9%，电除尘效率可达 99.91%，湿式电除尘效率可达 80%。

（1）SCR+干式静电除尘技术+双塔双循环脱硫技术+湿式静电除尘技术：

该技术路线采用双塔双循环脱硫系统，主要针对含硫量较高的工况。华能白杨河电厂 300MW 机组采用该技术路线，测试结果表明，NO_x、SO_2 和粉尘的排放浓度（标况下）分别为 36、20mg/m^3 和 4.5mg/m^3。一般来说，该技术路线的脱硝效率最高可达 90%，脱硫效率最高可达 99.50%，静电除尘效率可达 99.85%，湿式静电除尘效率可达 80%。

（2）SCR+低低温静电除尘技术+双托盘脱硫技术+湿式静电除尘技术：

浙能嘉华电厂 1000MW 机组采用该技术路线，测试结果表明，NO_x、SO_2 和粉尘的排放浓度（标况下）分别为 25、12mg/m^3 和 2.0mg/m^3。一般来说，该技术路线的脱硝效率最高可达 90%，脱硫效率最高可达 98.80%，静电除尘效率可达 99.91%，湿式电除尘效率可达 80%。

（3）SCR+电袋复合除尘技术+双塔双循环脱硫技术+湿式静电除尘技术：

山西瑞光电厂 300MW 机组采用的是该技术路线，试运行期间，标况下 NO_x 排放浓度 21.1mg/m^3，SO_2 排放浓度 14.3mg/m^3，粉尘排放浓度 1.7mg/m^3。该技术路线采用电袋复合除尘器替代干式电除尘器，一般来说，脱硝效率最高可达 90%，脱硫效率最高可达 99.50%，电袋复合除尘器出口粉尘浓度可以控制在 5～15mg/m^3，湿式电除尘效率可达 80%。

2. 不配置湿式静电除尘器的技术路线

（1）SCR+低低温电除尘技术+单托盘/双托盘脱硫技术+高效除雾技术：

神华鸳鸯湖电厂采用该技术路线，测试结果表明，标况下 NO_x 排放浓度 26.1mg/m^3，SO_2 排放浓度 8.3mg/m^3，粉尘排放浓度 4.8mg/m^3。该技术路线主要充分利用脱硫吸收塔的协同除尘作用以及高效除雾器对液滴的高脱除率，保证脱硫吸收塔出口处的液滴浓度较低，从而使得雾滴含固量较低。一般来说，该技术路线的脱硝效率最高可达 90%，脱硫效率最高可达 98.80%，静电除尘效率可达 99.91%。脱硫吸收塔的协同除尘效率最高可达 80%左右。

（2）SCR+干式静电除尘技术+旋汇耦合脱硫技术+管束式除雾技术：

该技术路线利用管束式除尘除雾一体化装置代替除雾器，置于脱硫塔顶部，起到协同除尘除雾的效果。大唐云冈电厂 300MW 机组采用该技术路线，运行经验表明可实现超低排放的要求。一般来说，该技术路线的脱硝效率最高可达 90%，脱硫效率最高可达 98.80%，电除尘效率可达 99.85%，管束式除尘除雾一体化装置的除尘效率可以达到 80%。

13.2.2 技术经济性分析

13.2.2.1 脱硫系统的技术经济性比较

1. 不同脱硫系统的比较

根据目前的应用情况，主要考察三种增效脱硫技术方案，即双托盘脱硫系统、双塔双循环脱硫系统以及旋汇耦合脱硫系统。投资运行经济性的分析以一台 1000MW 燃煤机组为基础，年利用小时数 5000h，燃煤含硫量 0.8%，煤耗 305g/kWh。满负荷工况下，双托盘脱硫系统及旋汇耦合脱硫系统的脱硫效率为 98.5%，双塔双循环脱硫系统的脱硫效率为 99.5%。

不同脱硫提效系统的投资运行经济性见表 13-5。双托盘脱硫系统的初投资为 10000 万元，旋汇耦合脱硫系统的初投资为 8000 万元，双塔双循环脱硫系统的初投资为 14000 万元。因此，从初投资方面分析，在同等工况下，双塔双循环脱硫系统的初投资最高。

表 13-5　不同增效脱硫系统的技术经济性

系统	效率（%）	初投资（万元）
双托盘脱硫系统	98.5	10000
旋汇耦合脱硫系统	98.5	8000
双塔双循环脱硫系统	99.5	14000

脱硫系统的运行经济性方面，主要考虑石灰石消耗成本，电耗成本及水耗成本。表 13-6 所示为不同增效脱硫系统的运行成本，总成本为石灰石成本、电耗成本及水耗成本的加和。从表 13-6 可以发现，将石灰石消耗、电耗及水耗按照年利用小时数及容量进行折算，在三种增效脱硫系统中均发现电耗成本占总运行成本的比重最大，在 50%以上，石灰石消耗成本次之，水耗成本所占比例最低。由于脱硫效率差异而引起的石灰石运行成本的差异对总运行成本的影响不大。

表 13-6　　不同增效脱硫系统的运行成本

系统	单位成本（$\times10^{-3}$ 元/kWh）			
	石灰石	电耗	水耗	总成本
双托盘脱硫系统	1.16	3.838	0.41	5.41
旋汇耦合脱硫系统	1.16	3.648	0.61	5.42
双塔双循环脱硫系统	1.17	6.837	0.68	8.69

从总运行成本来看，双托盘脱硫系统的总运行成本为 0.00541 元/kWh，双塔双循环脱硫系统的总运行成本为 0.00869 元/kWh，旋汇耦合脱硫系统的总运行成本为 0.00542 元/kWh。因此，从运行成本方面分析，双托盘脱硫系统的运行成本与旋汇耦合脱硫系统的运行成本相差不大，双塔双循环脱硫系统的总运行成本最高。

在燃用煤质及工况条件相同的条件下，双塔双循环脱硫系统的投资和运行成本明显高于双托盘脱硫系统和旋汇耦合系统。根据现有工程经验来看，双塔双循环脱硫系统的脱硫效率高于双托盘脱硫系统及旋汇耦合脱硫系统。因此，当燃煤含硫量较低时，采用双托盘脱硫系统或旋汇耦合脱硫系统，既可以使 SO_2 排放浓度达标，又具有较好的运行经济性。

2. 不同含硫量的经济性

本节通过对双塔双循环脱硫系统在不同含硫量情况下的运行成本进行比较，进一步讨论不同燃煤含硫量对双塔双循环脱硫系统运行经济性的影响。图 13-2 给出了不同燃煤含硫量情况下，采用双塔双循环脱硫系统时各项成本的变化情况。图 13-3 所示为不同燃煤含硫量情况下，采用双塔双循环脱硫系统的年运行成本分析。其中，考虑到常规的煤种情况，本文只对比了燃煤含硫量分别为 0.8%、1.0%、1.2%、1.4%、1.6%、1.8%、2.0%和 2.2%等几种工况。

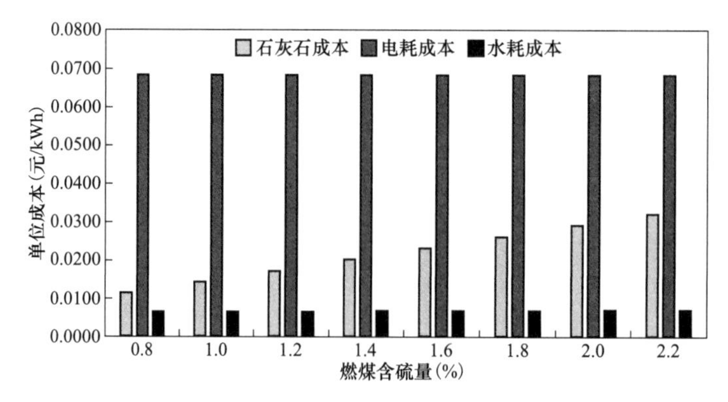

图 13-2　不同燃煤含硫量情况下双塔双循环脱硫系统单位成本分析

从图 13-2 可以看出，在满负荷工况下，电耗成本随燃煤含硫量的变化并不明显，即，在几种燃煤含硫量的工况下，电耗成本基本一致。随着燃煤含硫量的增加，为了保持 99.5%的高脱硫效率，石灰石消耗成本增加明显，水耗成本轻微增加，但并不明显。

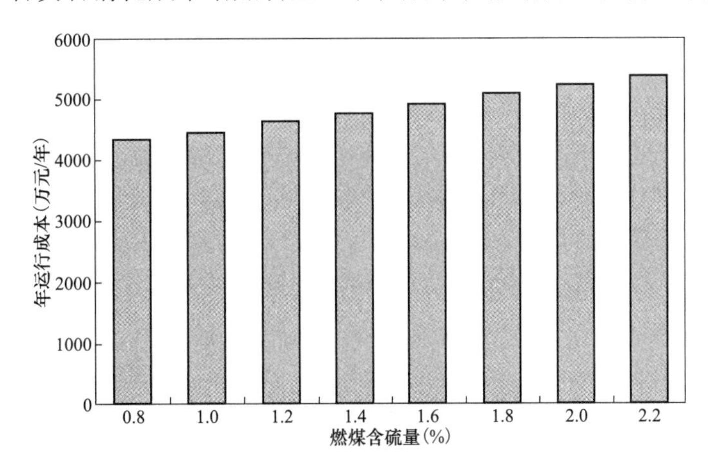

图 13-3 不同燃煤含硫量下双塔双循环脱硫系统年运行成本分析

从图 13-3 可以看出，随着燃煤含硫量的增加，年运行成本呈明显增加的趋势。当燃煤含硫量 0.8%时，年运行成本约为 4300 万元，当燃煤含硫量 2.2%时，年运行成本约为 5400 万元，增加了 1000 多万元。

3. 不同负荷对脱硫系统运行经济性影响分析

由于火力发电厂调峰运行，不同负荷下，脱硫系统的运行成本具有一定的差异。本节以双塔双循环脱硫系统为例，讨论不同负荷下脱硫系统的运行经济性。以百万等级机组为基础，考虑满负荷、750MW 和 500MW 三种负荷的工况，煤耗分别为 305、307g/kWh 和 317g/kWh。

表 13-7 所示为不同负荷下双塔双循环脱硫系统的运行成本。从表中可以看出，当机组满负荷运行时，总单位成本为 0.00869 元/kWh，而当机组 50%负荷运行时，总单位成本为 0.01137 元/kWh。单位发电量脱硫的石灰石消耗成本、电耗成本以及水耗成本随着负荷降低而增加，使得总单位成本随着负荷的降低而增加。其中，单位发电量脱硫的电耗增加最为明显。

表 13-7　　不同负荷下双塔双循环脱硫系统运行成本

负荷（MW）	单位成本（$\times10^{-3}$ 元/kWh）			
	石灰石	电耗	水耗	总成本
1000	1.17	6.8	0.68	8.69
750	1.18	7.5	1.07	9.72
500	1.22	8.9	1.26	11.37

对双托盘脱硫系统和旋汇耦合脱硫系统在不同负荷下的脱硫经济性进行比较，也得到了类似的趋势。这说明降负荷运行将大大提高增效脱硫运行成本，不利于脱硫系统的经济性运行。

13.2.2.2 除尘设备技术经济性比较

1. 干式除尘设备

表 13-8 所示为干式除尘设备运行经济性的对比，其中，除尘器的功率消耗包括了荷电功率消耗及通风功率消耗。静电除尘器（配高效电源）的荷电功率高于电袋除尘器的荷电功率，其通风功率低于电袋除尘器的通风功率。同样以 1000MW 机组为参照一般而言，静电除尘器的总功率消耗为 1800kW，常规电袋除尘器的总功率消耗为 1200kW。分析电袋除尘器的运行成本还需考虑滤袋的更换成本，常规电袋除尘器的滤袋更换周期为 4 年，滤袋成本为 900 万～1100 万元，平摊到每年滤袋的维护成本约为 250 万元。综合电耗及滤袋维护成本，干式电除尘器的年运行总费用最低，约为 342 万元/年，单位运行成本约为 0.00068 元/kWh，普通电袋除尘器的年运行总费用约为 478 万元/年，单位运行成本约为 0.00096 元/kWh。

表 13-8　　干式除尘设备运行经济性比较

除尘器形式	功率消耗（kW）	滤袋维护（$\times10^3$ 元/年）	运行成本（$\times10^{-3}$ 元/kWh）
干式静电除尘器	1800	0	0.68
电袋除尘器	1200	2500	0.96

以上分析说明，从运行经济性及系统维护的角度来看，干式静电除尘器相比于电袋除尘器具有一定的优势。

2. 湿式静电除尘设备

目前，国内燃煤电厂应用较多的湿式静电除尘器主要是金属极板式和导电玻璃钢式。以 1000MW 机组为例，金属极板式湿式静电除尘器的初投资约 4500 万元，导电玻璃钢式湿式电除尘器的初投资约为 3500 万元。

表 13-9 所示为 1000MW 机组采用两种湿式电除尘器的运行经济性比较。从表中可以发现，金属极板式湿式静电除尘器的电耗约为 500kW，导电玻璃钢式湿式静电除尘器的电耗约为 380kW；金属极板式湿式静电除尘器的工艺水用量为 30t/h，导电玻璃钢式湿式静电除尘器的工艺水耗为 1.6t/h；金属极板式湿式电除尘器的碱耗量 150kg/h，导电玻璃钢式湿式电除尘器无碱耗量。综合计算，金属极板式湿式静电除尘器的单位运行成本为 0.0006 元/kWh，导电玻璃钢式湿式静电除尘器的单位运行成本为 0.0002 元/kWh。碱耗成本是金属极板式湿式静电除尘的运行成本高于导电玻璃钢式湿式静电除尘的主要原因。由于导电玻璃钢式湿式电除尘器耗水量少，无碱耗的优点，目前已经在燃煤电厂得到广泛应用，百万等级燃煤机组的应用业绩越来越多。

表 13-9　　1000MW 机组湿式电除尘器运行成本比较

项目	金属极板式	导电玻璃钢式
除尘器电耗（kW）	500	380
工艺用水量（t/h）	30	1.6
碱耗量（kg/h）	150	0
单位运行成本（元/kWh）	0.0006	0.0002

13.2.2.3 低温省煤器及烟气再热器的投资运行经济性比较

表 13-10 所示为低温省煤器及烟气再热器的投资运行经济性的比较。在初投资方面，根据管道材料、机组容量、投运时间等，低温省煤器的初投资差异较大。低温省煤器的初投资范围在 1000 万～4000 万元每套之间，这里设定初投资 2500 万元每套。根据管道材料、机组容量、投运时间等，MGGH 和 GGH 的造价有所差异，MGGH 的初投资较高，可达 5000 万元/套，GGH 初投资相对较低。另外，若烟囱前未设置烟气再热器，还需考虑烟囱的防腐措施。对于不在烟囱前设置烟气再热器的情况，也就是湿烟囱的工况，设定采用钢筋混凝土外筒、钛钢复合板双钢内筒集束烟囱，初投资每套约 4000 万元；对于在烟囱前设置了烟气再热器的情况，也就是干烟囱的工况，设定采用钢筋混凝土外筒、耐硫酸露点钢内筒（涂防腐涂料）集束烟囱，初投资每套约 2800 万元/套。按照年费法进行计算，将低温省煤器、烟气再热器及烟囱的投资费用按照年利率 7%，机组寿命 30 年，折算到年费，低温省煤器的投资年费约 0.00104 元/kWh，烟气再热器的投资年费约 0.00093 元/kWh。

表 13-10　　低温省煤器及烟气再热器初投资

项　　目	初投资（$\times10^6$ 元）
低温省煤器	25
烟气再热器	30
干烟囱	28
湿烟囱	40

在运行经济性方面，低温省煤器及烟气再热器的设置对机组的运行经济性主要有两个方面的影响。第一，将烟气回热器设置在干式电除尘器前或脱硫吸收塔前的机组，降低了脱硫吸收塔入口的烟温以及烟气流量，使得脱硫吸收塔内的蒸发水量降低，减少脱硫吸收塔的补充水量。根据相关研究，对于一台 300MW 的机组而言，当烟气温度由 120℃降低至 90℃时，水耗减少 18t/h。假设水耗与烟气量成正比，对 1000MW 机组而言，当烟气温度由 120℃降低至 90℃时，水耗减少 45t/h 左右。第二，采用低温省煤器的机组，煤耗可降低 2.0～3.0g/kWh，这里按煤耗降低 2.5g/kWh 进行运行经济性的计算。如表 13-11 所示，以烟气再热器的运行成本为基准，采用低温省煤器而不采用烟气再热器的机组，运行成本可减少约 0.00139 元/kWh。综合初投资及运行来看，采用低温省煤器更加经济。

表 13-11　　低温省煤器及烟气再热器的运行经济性

项目	投资年费（元/kWh）	煤耗（g/kWh）	运行成本（元/kWh）
低温省煤器	+0.00011	−2.5	−0.00125
烟气再热器	基准	基准	基准

13.2.2.4 超低排放技术路线经济性分析

根据前述典型的几种超低排放技术路线，以及考虑低温省煤器及烟气再热器对技术路线的经济性的影响，对比了9个典型超低排放技术的路线经济性。方案一至方案五均是采用湿式静电除尘技术的技术路线，方案二和方案三根据是否设置低温省煤器及烟气再热器而区分。方案四采用单塔单循环脱硫技术以及低温省煤器的形式。方案六至方案九为不采用湿式静电除尘技术的技术路线，方案六和方案七根据是否设置低温省煤器及烟气再热器而区分。

表13-12所示为上述9种不同典型技术路线的初投资比较。根据前述对各种单污染物脱除设备初投资的调研，可以得到9种典型技术路线的总初投资的比较。根据前述内容，湿式静电除尘根据形式的差异，其初投资有所差别，这里统一设定为4000万元。高效除雾器根据是进口还是国产，价格差距明显，这里统一设定为800万元。烟气再热器根据GGH或MGGH形式的差异以及材质的差异等，导致初投资价格差别较大，这里将价格统一设定为3000万元。根据表13-13所示的结果，在初投资方面，采用湿式静除尘技术的技术路线明显高于不采用湿式电除尘技术的技术路线。采用双塔双循环脱硫技术路线的初投资明显高于其他脱硫方式技术路线的初投资。方案一、方案三和方案五的初投资较高，方案六和方案八的初投资较低。如方案七所示，即使不采用湿式电除尘技术，采用高效除雾器和烟气再热器也可能大大提高总初投资成本。

表13-12　典型超低排放技术路线

方案	路　线
方案一	干式电除尘技术（配高效电源）+双塔双循环脱硫技术+湿式电除尘技术
方案二	低低温电除尘技术（配高效电源）+双托盘脱硫技术+湿式电除尘技术（低温省煤器）
方案三	低低温电除尘技术（配高效电源）+双托盘脱硫技术+湿式电除尘技术（烟气再热器）
方案四	低低温电除尘技术（配高效电源）+单塔单循环脱硫技术+湿式电除尘技术（低温省煤器）
方案五	电袋复合除尘技术+双塔双循环脱硫技术+湿式电除尘技术
方案六	低低温电除尘技术（配高效电源）+双托盘脱硫技术+高效除雾技术（低温省煤器）
方案七	低低温电除尘技术（配高效电源）+双托盘脱硫技术+高效除雾技术（烟气再热器）
方案八	干式电除尘技术（配高效电源）+旋汇耦合脱硫技术+除尘除雾一体化技术
方案九	超净电袋除尘技术+双塔双循环脱硫技术

因此，在超低排放技术路线的选择过程中需要结合工程实际、排放标准、煤种煤质等具体条件，结合长期稳定经济运行的原则，对超低排放技术路线进行慎重选择。

表13-13　不同典型技术路线的初投资比较　$\times 10^6$元

方案	干除	脱硫	湿除	烟气回热器	烟气再热器	高效除雾器	总初投资
方案一	45	140	40	0	0	0	225
方案二	45	100	40	25	0	0	210
方案三	45	100	40	25	30	0	240
方案四	45	80	40	25	0	0	190
方案五	45	140	40	0	0	0	225
方案六	45	100	0	25	0	8	178

续表

方案	干除	脱硫	湿除	烟气回热器	烟气再热器	高效除雾器	总初投资
方案七	45	100	0	25	30	8	208
方案八	45	80	0	0	0	0	125
方案九	53	140	0	0	0	0	193

图 13-4 所示为不同典型技术路线运行成本的比较，这里考虑的运行成本包括了除尘运行成本、脱硫运行成本、采用高效除雾器增加的运行成本、采用湿式静电除尘增加的运行成本。同时，由于采用低温省煤器会在一定程度上节约煤耗，从而降低运行成本。因此，图 13-4 也把采用低温省煤器技术路线的煤耗节约运行成本展示了出来。根据图示的结果，在所有的运行成本中，脱硫运行成本最高，除尘运行成本次之，采用湿式静电除尘增加的运行成本明显高于采用高效除雾器增加的运行成本。采用低温省煤器可以在一定程度上节约煤耗的运行成本，从而降低总运行成本。

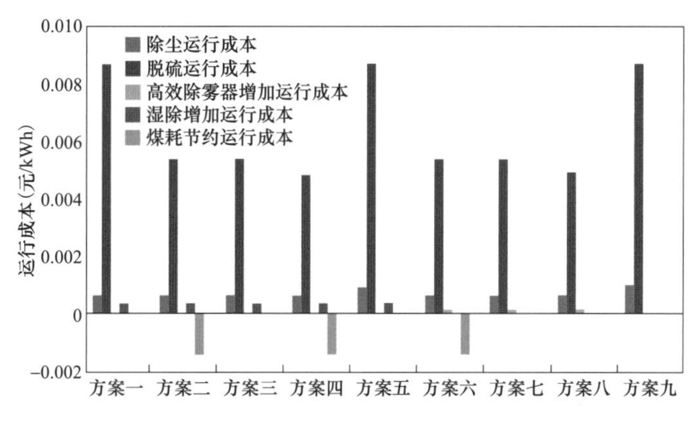

图 13-4　不同典型技术路线的运行成本比较

图 13-5 所示为不同典型技术路线的投资年费及运行成本的比较。这里将初投资按照年利率 7%，设备寿命 30 年进行年费的折算，再根据机组容量 1000MW 及年利用小时数 5000h 进行年成本的折算。如图 13-5 所示，投资运行总成本主要由运行成本决定。方案一、方案五和方案九的运行成本较高，从而导致投资运行总成本较高。方案四、方案六和方案八的运行成本较低，从而导致投资运行总成本较低。

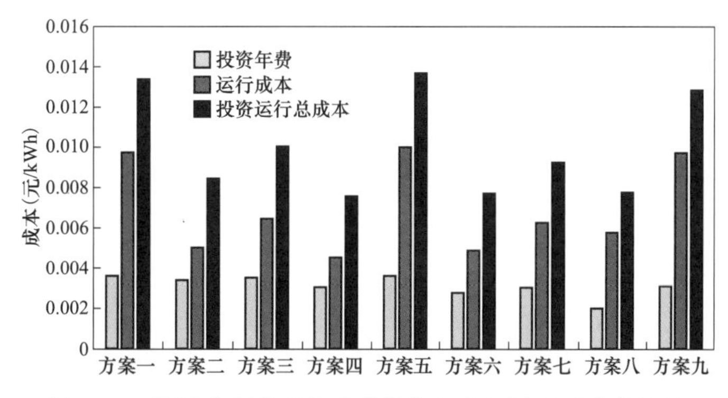

图 13-5　不同典型技术路线的投资年费及运行成本的比较

13.3 超低排放路线选择建议

在进行超低排放技术路线的选择时，需要结合运行的长期可靠、稳定性和投资运行经济性两方面进行考虑。影响设备长期可靠、稳定运行的因素主要有煤质因素、工况变化情况、以及超低排放技术对电厂运行的影响。影响投资运行经济性的主要因素是投资成本和运行成本。

13.3.1 煤质因素

煤质因素是影响超低排放技术路线选择的首要因素。一般来说，燃用中低灰分、中低硫分和高发热量煤种的机组适宜采用超低排放技术，其技术路线的选择范围较宽。燃用高灰分、高硫分的煤种需要充分评估各技术路线的运行可靠性及经济性后再做选择。

根据具体项目煤质和灰成分的差异，在除尘方面可以选择干式静电除尘器、低低温静电除尘器或静电袋复合除尘器，再配合脱硫吸收塔进行协同洗尘。在脱硫方面可以根据煤种含硫量的高低选择单塔/双塔双循环脱硫系统（或单塔双区脱硫系统）、单托盘/双托盘脱硫系统、旋汇耦合脱硫系统（或管式格栅脱硫系统）等。

在超低排放技术路线选择和方案设计时，需要留出一定设计裕度，充分考虑机组长期燃煤煤质的变化情况，考虑煤炭供应市场对燃煤煤质的影响，以下确保燃煤煤质变化时，污染物排放浓度仍然可以达到超低排放标准。

13.3.2 工况变化

燃煤机组变负荷运行是影响超低排放技术路线选择的又一因素。当负荷降低时，烟气量减少，烟温降低，有可能使进入 SCR 脱硝系统的烟气温度低于催化剂温度窗口，影响脱硝效率。一般来说 SCR 系统催化剂温度适用区间为 280～400℃。当负荷率低于 50%左右时，需注意 SCR 脱硝系统是否能稳定运行。当机组长期运行在低负荷状态（负荷低于 50%时），建议选择全负荷脱硝方案。全负荷脱硝方案主要涉及省煤器高温烟气旁路、省煤器水旁路和分级省煤器等措施，可以根据具体项目情况选用不同的方案。

13.3.3 对电厂运行的影响

超低排放技术的采用在一定程度上提高了厂用电率，从而降低了电厂能量转化效率，提高了电厂的运行成本。进行超低排放项目改造后，不同项目的厂用电率均有所提高。水系统平衡是需要考虑的另一个重要方面。如果采用湿式静电除尘器的话，应该考虑湿式静电除尘器的水系统平衡以及废水排放问题，建议优先考虑耗水量少的导电玻璃钢式湿式静电除尘器。由于除雾器冲洗水是考虑在脱硫系统水系统内的，因此，采用三级高效除雾器时，需考虑除雾器冲洗水量的增加是否影响脱硫系统水平衡。当除雾器冲洗水量过大时可能会影响脱硫系统的水平衡；而除雾器冲洗水量不足时，容易造成除雾器的结垢，影响除雾器的除雾效果。

13.3.4 投资成本和运行成本

超低排放技术的投资成本和运行成本一直是业内关心的问题。在技术路线选择时，在保证超低排放技术长期可靠稳定运行的基础上，需要综合考虑不同技术路线的投资和运行成本。当燃用优质煤种时，可选技术路线的范围较多，通过充分论证技术路线的经济性，选择经济性好的技术路线。当煤质灰分较低，根据粉尘排放浓度（标况下）小于 $10mg/m^3$ 或 $5mg/m^3$ 的要求，可考虑不采用湿式静电除尘器，节约投资成本和运行成本；当煤质硫分较低时，可以考虑不采用双循环脱硫技术；当煤质硫分更低（含硫量小于 0.6%）时，甚至可以考虑不采用托盘脱硫技术或旋汇耦合技术，仅通过更换喷嘴或增加喷淋层的方式即可达到超低排放标准。需要指出的是，湿式静电除尘器对 PM2.5、SO_3 和汞具有一定的协同脱除作用，因此，当考虑 PM2.5、SO_3 和汞的脱除时，可以根据具体情况选择配置湿式静电除尘器。

13.3.5 总体建议

通过对超低排放相关技术原理、技术优缺点和应用概况等方面进行了分析。在粉尘、SO_2和NO_x控制技术方面，针对近期广泛应用的提效技术进行了重点论述：对低低温静电除尘器的适用范围进行了讨论，对湿式静电除尘器的不同形式进行了比较，还对超低排放技术的应用情况进行了归纳和总结。重点分析了超低排放技术的应用现状、减排效果和运行可靠性及投资成本等，在此基础上对适用于超低排放的单项污染物控制技术的适用范围、脱除效率、技术设备性能保证值进行了归纳和总结。最后，提出了典型的超低排放技术路线并进行经济性分析，提出应用建议。

干式静电除尘器是目前我国燃煤电厂采用的主流除尘方式。只有当燃煤煤质不适宜采用电除尘技术时，考虑采用电袋复合除尘技术和袋式除尘技术。为了提高除尘效率，满足日益提高的环保标准，低低温静电除尘技术、湿式静电除尘技术和高效电源技术等在燃煤电厂广泛应用，但由于这些技术在我国应用时间较短，尚未有成熟的应用经验。未来还需结合我国燃煤电厂的实际情况，对技术适用范围、技术经济性等方面进行评价。

石灰石/石灰-石膏湿法脱硫技术是目前我国燃煤电厂采用的主流脱硫方式。单塔/双塔双循环技术、单/双托盘技术和旋汇耦合技术等均是湿法脱硫技术的提效技术，可使脱硫效率达到98.5%～99.5%。

SCR脱硝技术是目前我国燃煤电厂采用的主流脱硝方式。通常而言，先通过炉内低氮燃烧技术，将NO_x浓度控制在$400mg/m^3$（标况下）以下，再通过SCR脱硝技术使NO_x浓度达到$50mg/m^3$（标况下）以下。燃煤机组变负荷运行会对SCR脱硝系统的运行产生影响。当负荷降低时，烟气量减少，烟温降低，有可能使进入SCR脱硝系统的烟气温度低于催化剂温度适用区间，影响脱硝效率。

典型的超低排放技术路线主要分为配置湿式静电除尘技术的超低排放技术路线和不配置湿式电除尘技术的超低排放技术路线。根据对不同超低排放技术路线的建设费用的分析，可以发现不同技术路线的投资成本相差较大。在进行超低排放技术路线的选择时，需要结合长期可靠稳定运行和投资运行经济性两方面进行考虑。影响设备长期可靠稳定运行的因素主要有煤质因素和工况变化情况，同时还应考虑超低排放技术对电厂运行的影响。影响投资运行经济性的主要是投资成本和运行成本。根据调研结果和测算，不同超低排放方案之间的投资运行总成本的差异达 0.006 元/kWh。

13.4 非电工业污染物控制技术分析

对于主要的非电工业，大气污染物仍然以粉尘、SO_2 和 NO_x 为主，但受制于工艺特点，污染物控制呈现出与燃煤发电机组有所不同的特点。其中粉尘、SO_2 控制技术与燃煤发电机组基本一致，但 NO_x 的控制路线不统一、实施难度大。几类污染物的控制技术与现有燃煤发电机组的污染物控制技术基本一致，主要可分为以下几类，技术分类见表 13-14。

表 13-14　　非电工业除尘、脱硫、脱硝技术汇总

分类	技术名称	技术内容
脱硫		
湿法脱硫	石灰石/电石渣/白泥-石膏湿法脱硫技术	采用石灰石、电石渣、白泥等作为脱硫吸收剂，在吸收塔内，吸收剂浆液与烟气充分接触混合，烟气中的 SO_2 与浆液中的碳酸钙（或氢氧化钙）以及鼓入的氧化空气进行化学反应从而被脱除，最终脱硫副产物为二水硫酸钙即石膏。该技术的脱硫效率一般大于 95%，可达 98%以上；SO_2 排放浓度一般小于 100mg/m³，可达 50mg/m³ 以下；单位投资大致为 150～250 元/kW 或 15 万～25 万元/m² 烧结面积；运行成本一般低于 1.5 分/kWh
	氨法脱硫技术	采用一定浓度的氨水（NH_3•H_2O）或液氨作为吸收剂，在一个结构紧凑的吸收塔内洗涤烟气中的 SO_2 达到烟气净化的目的。形成的脱硫副产品是可作农用肥的硫酸铵，不产生废水和其他废物，脱硫效率保持在 95%～99.5%，能保证出口 SO_2 浓度（标况下）在 50mg/m³ 以下；单位投资大致为 150～200 元/kW；运行成本一般低于 1 分/kWh
	钠碱法脱硫技术	利用酸碱中和原理，在脱硫塔中利用氢氧化钠脱除烟气中的 SO_2，之后在结晶器中，将亚硫酸氢钠转化为亚硫酸钠。副产物亚硫酸钠晶体经过干燥、包装成为副产品。脱硫率大于 95%；副产品亚硫酸钠达到工业合格品标准，具有较高的经济效益。该技术装置对原烟气工况适应性强，实际运行烟气温度可高达 360℃，入口 SO_2 浓度（标况下）超过 22000mg/m³
	镁法脱硫技术	锅炉烟气由引风机送入吸收塔预冷段，冷却至适合的温度后进入吸收塔，往上与逆向流下的吸收浆液反应，利用氧化镁或氢氧化镁脱去烟气中的硫份。吸收塔顶部安装有除雾器，用以除去净烟气中携带的细小雾滴。净烟气经过除雾器降低烟气中的水分后排入烟囱。一般情况下镁法脱硫效率可达到 95%以上
	有机胺脱硫技术	采用水溶性有机胺溶液，脱除工业尾气中的 SO_2，实现尾气 SO_2 超低排放，被脱除的 SO_2 的经胺液解吸，得到高纯度 SO_2（99.9%，干基）用于生产高纯硫磺、硫酸或液体 SO_2 产品，有机胺溶液循环使用。该工艺流程简单，处理含 SO_2 尾气适应性广泛。通过与硫磺回收装置的工艺整合实现石化企业一套脱硫装置应对全厂含 SO_2 尾气的综合排放治理，既工厂全硫管理
半干法	旋转喷雾干燥法	该法利用石灰浆液作吸收剂，以细雾滴喷入反应器，与沿切线方向进入喷雾干燥吸收塔的 SO_2 作用，利用烟气自身的温度，边反应边干燥，在反应器出口处随着水分蒸发，形成干的颗料混合物，该产品是硫酸钙、硫酸盐，飞灰及未反应的石灰组成的混合物。喷雾干燥法脱硫效率一般为 70%～98%，通常为 85%左右
	密相干塔法	脱硫剂在脱硫塔内通过机械提升和靠自身重力下落进行循环和完成脱硫的过程。它的优点是烟气和脱硫剂均从脱硫塔顶部进入，同向进行，脱硫剂和烟气接触时间短，对循环灰和脱硫剂加湿后进入脱硫塔，反应塔内不喷水降温；脱硫塔中部设有机械搅拌器，通过机械搅拌来提高脱硫剂和烟气的接触反应强度。具有脱硫剂用量少，耗水量低，节省能耗，投资成本和运行费用较低等特点
	循环流化床烟气脱硫	利用石灰（CaO）或熟石灰 Ca（OH）$_x$ 吸收 SO_2 的原理，把电除尘器或布袋除尘器捕集下来的具有一定碱度的循环飞灰与新补充的脱硫剂充分混合、增湿，然后作为吸收剂注入除尘器入口烟道，使之均匀地分布在热态烟气中，此时吸收剂表面水分被蒸发，烟气得到冷却，湿度增加，烟气中的 SO_2、HCl 等酸性组份被吸收，生成 $CaCl_2 \cdot 1/2H_2O$ 和 $CaCl_2 \cdot 4H_2O$。被除尘器捕集下来的粉尘和未反应的吸收剂，再部分注入混合增湿装置，补充新鲜吸收剂后进行再循环，当 Ca/S=1.2～1.3 时，脱硫效率达 85～92%

续表

分类	技术名称	技　术　内　容
干法	吸收剂喷射法	按所用吸收剂不同分为钙基和钠基工艺，其中钙法比较常见，吸收剂可以干态，湿润态或浆液。喷入部位可以为炉膛、省煤器和烟道。钙硫比为 2 时，干法工艺的脱硫效率达 50%～70%，钙的利用率达 50%
	活性炭/焦吸附法	在一定温度条件下，活性焦/炭吸附烟气中 SO_2、氧和水蒸气，在活性焦/炭表面活性点的催化作用下，SO_2 氧化为 SO_3，SO_3 与水蒸气反应生成硫酸，吸附在活性焦的表面。采用活性焦/炭的干法烟气脱硫技术，其脱硫效率高，脱硫过程不用水，无废水，废渣等二次污染问题
脱　　硝		
中低温 SCR 脱硝技术		采用选择性催化还原法，以氨为还原剂、利用商用或自主开发的新型脱硝催化剂，将烟气中的 NO_x 还原为氮气。该技术的脱硝效率一般大于 80%
臭氧氧化脱硝技术		以臭氧为氧化剂将烟气中不易溶于水的 NO 氧化成更高价的 NO_x，然后以相应的吸收液对烟气进行喷淋洗涤，实现烟气的脱硝处理。本技术脱硝效率高（90%），对烟气温度没有要求，可作为其他脱硝技术的补充，达到深度脱硝
活性炭/焦吸附技术		以物理-化学吸附和催化反应原理为基础，能实现一体化脱硫、脱硝、脱重金属及除尘的烟气集成深度净化，解析二氧化硫制硫酸，NO_x 则在还原剂氨的气氛下，经由催化作用生成了无害的氮气和水，整个反应过程无废水、废渣排放，无二次污染，是适应烧结烟气脱硫和集成净化的先进环保技术。理论上可实现 90%以上的脱硫效率与 50%以上的脱硝效率，虽然仍存在较多实际问题，如运行稳定性
除　　尘		
静电除尘技术		在电晕极和收尘极之间通上高压直流电，所产生的强电场使气体电离、粉尘荷电，带有正、负离子的粉尘颗粒分别向电晕极和收尘极运动而沉积在极板上，使积灰通过振打装置落进灰斗。对现有静电除尘器提效改造技术有三种可行方向：改进静电除尘器（包括静电除尘器扩容、采用电除尘新技术及多种新技术的集成）、电袋复合除尘技术、湿式电除尘技术
袋式除尘技术		袋式除尘器的主要工作原理包含过滤和清灰两部分。过滤是指含尘气体中粉尘的惯性碰撞、重力沉降、扩散、拦截和静电效应等作用结果。布袋过滤捕集粉尘是利用滤料进行表面过滤和内部深层过滤。清灰是指当滤袋表面的粉尘积聚达到阻力设定值时，清灰机构将清除滤袋表面烟尘，使除尘器保持过滤与清灰连续工作
电袋复合除尘技术		在一个箱体内安装电场区和滤袋区（电场区和滤袋区可有多种配置形式），将静电和过滤两种除尘技术复合在一起的除尘器。粉尘排放不大于 $20mg/m^3$，除尘效率不小于 99.9%，PM2.5 捕集效率不小于 96%，除尘器阻力不大于 1200Pa，滤袋寿命不小于 30000h，过滤风速不小于 1.2m/min
高效袋式除尘关键技术		利用滤袋对含尘气体进行过滤，颗粒大、比重大的粉尘，由于重力的作用沉降下来，落入灰斗，含有较细小粉尘的气体在通过滤料时，粉尘被阻留，使气体得到净化。该技术处理烟气量为 10 万～300 万 m^3/h，入口温度小于 260℃，排尘浓度不大于 $30mg/m^3$，漏风率不大于 3%，设备阻力 1200～1500Pa，滤袋寿命大于 3 年（年破袋率不大于 0.5%）。该设备具有烟气处理能力强、除尘效率高、排放浓度低等特点，且具有稳定可靠、能耗低等特点

尽管与燃煤发电行业烟气治理相比，技术的类型、原理基本一致，但是目前绝大多数非电工业的环保装置存在投入率较低的问题。尽管设施安装率较高，但是市场混乱，简单模仿、低质低价、恶性竞争现象普遍；防腐、外保温、副产物处理等环节缺失；设施运行效果不好，普遍缺乏有效的运营维护，设备故障率高，投运率低。非电工业最突出的特点是烟气量小，项目分散，存在监管执行不到位的情况，相比燃煤发电机组，目前环保市场

依然需要进一步的规范。

从粉尘的控制技术来看，干式除尘是目前非电工业粉尘排放控制的主流技术，其中布袋除尘和静电除尘得到了广泛应用，可以较为轻松的达到环保排放标准。在今后环保标准进一步提高后，通过借鉴燃煤机组的低低温静电除尘、湿式静电除尘等技术，整体的技术发展方向清晰可控。

从SO_2的控制技术来看，由于非电工业的燃煤煤质普遍较好，因此SO_2的原始排放浓度较低。加上现有的排放标准偏低，半干法脱硫和湿法脱硫的工艺都普遍存在。对于半干法脱硫工艺，由于具有协同脱除多种污染物、耗水量低等特点，具有一定的市场发展空间；而对于湿法脱硫工艺，由于烟气量小、工艺以趋简为主。相比火力发电厂石灰石/石灰-石膏湿法脱硫一家独大的情形，各种类型的吸收剂如烧碱、纯碱、液氨、氧化镁、石灰等都有较多的应用，整体来看，现有的环保设施可以实现较高的SO_2脱除效率。需要指出的是，采用烧碱、纯碱、液氨类型的吸收剂带来的气溶胶二次逃逸的问题仍然没有引起足够的重视。随着亚微米级测试方法的不断更新，微细粉尘的逃逸将会成为重点关注的问题。

从NO_x的控制技术来看，和火力发电厂普遍采用SCR脱硝工艺不同，由于受主工艺流程、温度适用区间等限制，对于绝大多数非窑炉型的非电工艺装置，NO_x的控制仍然是亟需解决的问题。如对于钢铁行业的烧结、球团，现有的工艺只能采用低温SCR脱硝或者臭氧氧化脱硝技术；而对于玻璃窑炉，SNCR和配有特殊催化剂的SCR看起来是相对可行的技术方案。现有非电工业的NO_x排放标准普遍较低，因此要求的NO_x脱除效率不高。下一步环保趋势进一步收紧的条件下，从目前的技术发展趋势来看，SCR脱硝是唯一的可靠的技术途径。目前限制非电行业SCR技术应用所必需的低温催化剂、抗中毒催化剂等特殊催化剂，也是需要重点研发攻关的方向。

第五篇

智 能 发 电

第 14 章　节能减排与智能电站

14.1　电站信息控制技术发展综述

随着科学技术的飞速发展，电力工业在近一百多年内从无到有，单机容量从最初的千瓦级，到如今的吉瓦级（百万千瓦），机组蒸汽参数从早期的低温/低压到如今的超超临界，无论从哪个角度都发生了翻天覆地的变化。随着控制技术的发展，在历经七十余年的人工就地控制后，电力工业在 20 世纪 40 年代发展出了集中控制方式。而随着计算机与信息技术的发展，20 世纪 70 年代进一步发展出集散控制系统（distribute control system，DCS）。随后又逐步产生了管理信息系统（management information system，MIS）、厂级监控系统（supervisory information system，SIS）等。如果说 DCS 系统的出现，给现代化的电站配备了先进、高效的“手”，MIS 和 SIS 则可理解为电站先进的“眼睛”。

燃煤电站一直是安全、技术密集型的工业。近几十年来，随着计算机硬件、软件等迅猛发展，各种小型的智能化的辅助决策应用软件也开始尝试与电站 DCS 和 SIS 结合。然而，受相关产业技术水平、以及电站行业相对封闭的管理状况的限制，近几十年来信息科技领域日新月异的现代化成果，如大数据分析、云计算、人工智能等信息利用的先进技术，至今尚未撬开燃煤电站相对封闭的大门，燃煤电站的“大脑”还迟迟没有出现。现代化燃煤电站一方面须要响应电网、热网系统大幅、快速、精准、频繁调峰的外部需求，另一方面又要满足安全、稳定、节能、减排及高效化管理的内部需求，燃煤电站急切需要在自动化、信息化、辅助决策等领域大幅升级，并最终实现自主决策的智能化电站。

本章节将基于燃煤发电的行业特点，结合国内外信息科技、设备性能、电站管理等一系列相关领域的发展历程及现状，系统分析燃煤电站信息控制方面目前主要存在的问题和可提升空间，进而提出未来的发展方向，并拟定相应的技术路线。

14.1.1　电站自动化技术的发展

20 世纪 40 年代以前，燃煤电站的控制方式主要是就地控制，系统运行人员在生产控制过程中采用在车间就地控制柜中以手动控制的方式完成系统的整个运行过程。这种原始的操作方式劳动强度大，危险系数高，执行效率低下，却在电力工业持续了七十多年。20 世纪 40 年代后，随着经典控制理论的发展，自动化进入以单变量自动调节为主的局部自动化阶段，很快被引入电力生产控制，这便是电力工业早期的集中控制方式。到 20 世纪 70 年代，随着计算机、通信技术、系统工程等专业的进一步发展，电力工业发展出了 DCS 系统，大大提高了机组控制效率。经过几十年的发展，DCS 已经在技术和应用上取得了长足的进步。进入 21 世纪后，特别是现场总线控制系统（fieldbus control system，FCS）实用化进程的推进，DCS 从现场设备到高层管理实现全面数字化是当前的发展趋势。

燃煤发电厂的发展有一百多年的历史。按照控制方式，可以将燃煤发电生产控制的发展过程大体分为四个阶段：

1. 就地控制阶段

在火力发电厂发展的早期，即自1875年法国投产的第一座发电厂开始，至20世纪40年代之前，燃煤发电厂的规模和单机容量都很小，需要控制的设备相对也较少。燃煤机组仅需对发电机组中锅炉蒸汽压力、汽包水位、汽轮机转速等系统和设备进行简单的控制。由于彼时自动控制技术尚未发展成型，电力生产过程对自动控制的需求也较小，各个系统也相对独立，系统运行人员在生产控制过程中采用在车间就地控制柜中以手动控制的方式完成系统的整个运行过程。

2. 集中控制阶段

在20世纪40～50年代，随着燃煤发电技术的发展，单台机组容量逐渐增加，锅炉与汽轮机之间的关系越来越密切。由于发电系统内设备之间联系的加强，运行人员需要监视与控制的设备数量越来越多，现场控制柜来操作整个系统的就地控制方式已经无法满足整个机组正常运行和监控的需求。为了加强汽轮机与锅炉的监控，保证机组稳定、安全的运行，把锅炉和汽轮机的监视设备和控制柜安装在集中控制室内。此时，系统运行人员只要在集中控制室就可以以手动操作的方式完成整个系统的运行过程。为了方便区分，把这个阶段称之为集中控制阶段。

3. 计算机控制阶段

20世纪50～60年代开始，燃煤发电工业技术发展更加迅速。随着机组参数的不断提高，生产设备容量也逐渐大型化。随之而来的是整个发电系统越来越复杂，并且系统的耦合性、非线性、时变性等特点也越来越突出，对运行人员的操作提出了更加严格的要求。为了保证系统正常运行，必须配备更多的运行人员来监视和控制越来越多的现场设备。虽然增加运行人员可以满足机组的正常运行，但庞大的运行人员体系不仅是一种人力资源浪费，运行人员技术能力的参差不齐也给机组的运行故障埋下了很大的隐患。此时，以往电力生产自动控制方法已经无法适应整个电力行业的发展。随着计算机技术的发展，燃煤电站的控制方式开始步入了计算机控制时代。

4. 集散控制阶段

20世纪70年代后，受当时硬件水平的限制，集中式计算控制的可靠性相对较低，集中控制虽然一方面简化了操作工序，但同时也增加了电站运行失控的风险。如一旦计算机发生故障，全厂的生产就陷入瘫痪。因此，这种大规模集中式直接数字控制系统的尝试很快显现出难以适应电站安全生产需求的致命弱点。如何把因计算机故障造成的危害减小，使危险分散，成为计算机控制系统亟待解决的首要问题。同时，人们也逐渐认识到，直接数字控制系统确实有许多模拟控制系统无法比拟的优点。基于这种认识，在集中式计算机控制系统的基础上很快发展成DCS系统。

DCS是集中控制基础上发展出来的分散控制系统，最显著特征是分散（分布）控制和集中监视操作管理，国内常称为集散控制系统，国外则直接称为分散控制系统。集散控制系统的发展大致可以分为四个阶段，见表14-1。

表 14-1　　集散控制系统的发展历程

阶段	时间	主要技术内涵	主要产品（厂商）
第一阶段	20世纪70年代中叶到70年代末	计算机技术、控制技术、通信技术和显示技术的出现和发展奠定了DCS诞生的基础	TDC-2000（HONEYWELL），MOD3（TAYLOR），SPECTRUM（FOXBORO），CENTUM（横河），Controlnic3（H&B），P400（肯特）等
第二阶段	进入20世纪80年代后	系统的功能扩大或者增强，数据通信系统的发展	TDC-3000（HONEYWELL），MOD300（TAYLOR），NETWORK-90（BAILEY），WDPF（西屋），MASTER（ABB），TELEPERM-ME（西门子），MAX1000-PLUS（L&N）等
第三阶段	进入20世纪90年代后	以美国FOXBORO公司推出的I/A's系统为标志，它的主要改变是在局域网络方面。同时，第三方的应用软件也能在系统中应用，从而使分散控制系统进入了更高的阶段	TDC-3000/UCN（HONEYWELL），WPDF II（西屋），TELEPERM XP（西门子），IDINFI-90（BAILEY），maxDNA（METSO）等
第四阶段	20世纪末至21世纪初	受信息技术（网络通信技术、计算机硬件技术、嵌入式系统技术、现场总线技术、各种凸台软件技术、数据库技术等）发展的推动，以及用户对先进的控制功能与管理功能需求的增加，各DCS厂商纷纷提升DCS的技术水平，并不断丰富其内容	EXPERION PKS（HONEYWELL）、OVATION（EMERSON）、A2（FOXBORO）、R3（横河）、Industrial IT Symphony（ABB）、SPPA-T300（西门子）等

我国在20世纪70年代末开始引进DCS，于20世纪90年代逐渐普及，并逐渐具备自主生产DCS的能力。主要代表产品及生产厂商见表14-2。

表 14-2　　国内典型 DCS 产品

序号	典　型　产　品	所属公司
1	EDPF-NT 系列	国电科环
2	XDPS-400	新华控制技术公司
3	HS-200，MACS-Smartpro	和利时
4	Webfield	浙大中控

国产DCS不论从硬件还是软件上，当前都已达到能与国外DCS产品相当的水平。由于其性能和实现的功能与国外DCS产品接近，结合价格上的优势，国产DCS在国内更具竞争力。随着国家对发展民族品牌DCS在政策上也有一定的倾斜，鼓励各个工业领域采用国产自主知识产权DCS产品，国产DCS的应用越来越多，已逐渐成为国内DCS市场的主流。

14.1.2　电站信息化技术的发展

DCS技术的逐渐成熟大幅提高了燃煤电站的运行水平，提高了机组的运行稳定性。随着我国电力技术的进一步高速发展，电力企业的工作重心逐渐从“安全运行”向“精细化”“高效益”等现代发展方向转变。而燃煤机组的大型化、现代化为电厂运行人员的信息管理带来了巨大的挑战，也对电站管理工作提出了更高的要求，电力企业的管理机制必须由分散型向集约型转变。随着计算机与信息处理技术的发展，采用信息化技术对工程进行统一管理的概念在20世纪80年代首次被提出，随后很快被应用于燃煤电站的燃料、设备、人员等管理中去，逐渐形成了现代化的管理信息系统（MIS）。

随着机组自动化水平的提高，大部分机组都实现了计算机监控，机组运行的数据都能很方便地收集传送，为MIS各种功能的发展创造了条件。MIS可将全厂的相关信息集中整理并发布，为全厂各级和各类工作人员提供一个科学的、方便的工作平台。并且使各种管理制度用计算机程序的方式固定下来，从而保证在执行过程中不受人为因素的干扰。MIS为电力企业生产全过程提供了一种现代化科学管理的重要手段。

然而电站底层控制系统相对比较分散，相互之间基本没有信息沟通。MIS主要局限于常规的生产，行政和运营等，对于生产过程中的实时控制和数据查询无能为力。在原有的DCS和MIS的基础上建立一套面向电厂生产管理层的厂级监控信息系统变得日益紧迫。电力规划总院侯子良教授于1997年首次提出了厂级监控信息系统（SIS）的概念，同年10月份被正式列入电力规划设计总院“关于建设2000年新一代示范（试点）电厂”的公文中，上报原电力工业部。次年，国家电力公司正式批准在几个大型示范电厂工程项目中立项建设SIS，表明对SIS方向的肯定。

2000年，《火力发电厂设计技术规程》（DL 5000—2000）中明确规定：当电厂单机容量为300MW及以上、规划容量为1200MW及以上时，可设置厂级监控信息系统，SIS建设被正式列入火力发电厂设计标准。2000～2002年，根据设计规程要求，一些新建火力发电工程开始立项建设SIS，已建成的许多火力发电厂也纷纷参照设计规程，自筹资金建设SIS。各大发电集团公司在SIS建设方面的积极态度带动和推动了SIS的建设步伐，同时也反映出发电企业对SIS建设的迫切需求，SIS项目建设进入快速发展的阶段。

2003年9月，我国具有自主知识产权的首个火力发电厂厂级监控信息系统在某电厂投入运行，在应用功能方面一些SIS工程也取得了不同程度的进展，这些都说明SIS系统的工程试点和建设已经初见成效。2004年，SIS研究会宣告成立，我国电力行业的第一部有关SIS的标准《火力发电厂厂级监控信息系统技术条件》以及与之配套的《火力发电厂厂级监控信息系统实时/历史数据系统基准测试规范》由其完成，为SIS的进一步发展指出了方向。目前，国内成熟的SIS产品有：山东鲁能公司与山东电力研究院联合开发的LNDL-SIS、国电南瑞科技股份公司的GKS-SIS、西安热工研究院有限公司的TPRI-SIS和东南大学的POWER-SIS等。

在MIS、SIS等信息管理系统发展的同时，在线监测与运行优化的软件系统也在同步发展。在线监测与运行优化的最终目的是提供辅助决策方案，指导运行人员选用合适的运行调整方式，使机组处于最佳或接近最佳运行状态。通过全面监测电站机组的运行状况，及时准确地分析机组运行中存在的问题，指导运行人员操作和维护，进而提高机组安全和经济运行。

如早在20世纪70年代初，一些发达国家就开展发电机组系统性能监测方面的研究。80年代，随着测控技术、计算机和信息技术的发展，研究方向从系统性能监测开始向机组整体运行优化方向转变，以期完成机组各设备的性能分析与诊断，从而指导现场运行。从90年代开始，随着计算机硬件及电站系统建模等方面的不断发展，国内外高等院校、电力研究单位和一些专业的企业针对燃煤电站的运行优化开展了大量的研究工作，各种电站优化软件发展迅速，同时也取得了一定的经济效益。表14-3、表14-4分别列举了国外和国内电站运行优化方面主要软件产品的技术特点及相关应用情况。

表 14-3　　国外厂商提供的成熟运行优化系统

序号	典型产品/厂家	应用电厂	主要技术特点
1	OPTIMAX/ABB	浙江长兴发电厂	包含了过程信息管理、电站负荷优化和诊断专家系统等功能模块，它以发电成本为中心，应用实时数据在线计算，使电站运行人员和管理人员根据实际情况进行调整，采取合适的措施，将整个电站系统处于最佳优化状态
2	Neu SIGHT 和 Power Perfecter 美国 Pegasus 公司	山东华电莱城发电厂和华能天津杨柳青发电厂	主要是用于燃煤机组燃烧优化和锅炉运行优化，它是利用先进的神经网络技术，建立多目标的动态优化控制器，来调整 DCS 参数和偏置，提高锅炉热效率，降低污染物排放，以实现机组运行的优化控制，从而提高机组的经济性
3	Eta PRO/美国通用物理公司	江苏谏壁发电厂	以降低成本，提高效率为目的，通过动态管理和状态监测以达到优化的效果来确定设备的最佳运行状态和不同负荷下的最佳运行工况
4	Sienergy/德国 SIEMENS 公司的	国华准格尔发电有限责任公司	以被控对象的数学模型为基础，通过状态观测、模糊控制等先进的控制算法和策略对控制回路进行修正，并将修正值直接作用于调节输出中，对控制调节系统起到优化作用
5	Smart Process	波兰 Ostroleka 电站	在电站的整体范围内提供动态过程优化功能，该软件包采用多种软件工具（线性模型、神经元网络和模糊逻辑）来建模和优化发电机组，并将优化设定值和偏差值直接送至现有的 DCS 系统实现闭环集成

表 14-4　　国内厂商提供的成熟运行优化系统

序号	典型产品/研发单位	应用电厂	主要技术特点
1	锅炉变工况运行优化监测系统/清华大学	辽宁开原热电股份有限责任公司	采用的是 RBF 网络加多元数据统计的方法，通过变量选取、数据预处理、标准化、统计分析、RBF 网络权系数训练等步骤来完成运行优化
2	火力发电机组在线经济性诊断与监测系统 /西安交通大学	华能福州电厂和首阳山发电厂	主要通过在线对运行参数进行检测、诊断，确定系统能量损失的设备和大小，分析其原因和系统、设备的缺陷，对运行人员进行正确指导，减少能量的损失，提高机组的经济性
3	机组动态经济运行分析系统/西安热工研究所	中电国际淮南平圩发电有限责任公司、渭河电厂、蒲城电厂	包括全厂生产过程监视、信息分析和统计、性能计算、性能试验、指标分析和诊断、优化运行、负荷优化分配、辅机状态检修、可靠性管理和技术监督管理应用功能
4	机组运行优化管理系统/华东电力试验研究院	浙江嘉兴发电厂、山东黄岛发电厂和华电青岛发电有限责任公司	主要是以单元机组为对象，以机组经济运行为目标，通过机组性能分析、优化调整试验确定优化参数和方式，来指导运行人员的操作，以达到机组的经济运行
5	锅炉性能优化（SOAP）系统/北京埃普瑞电力科技公司	青岛发电厂、华能大连发电厂和江西丰城发电厂	引进开发的过程优化新技术，可以明显提高锅炉设备的经济性、可靠性和安全性

14.1.3　电站信息控制技术的现状

经过几十年的发展，虽然 DCS、MIS 和 SIS 等自动控制、信息管理已发展成熟，但受电站燃料差异大、设备性能差异化严重、操作系统复杂、运行管理经营难以标准化、电站环境不同等一系列问题的影响，燃煤电站的运行优化与辅助决策方面的技术发展总体差强人意，这与电站行业相对封闭的管理状况也有很大关系。近年来，随着物联网技术的快速发展，基于数字化、信息化、可视化、智能化的技术架构，集设备层、控制层、生产执行层、经营管理层和决策支持层的功能为一体，以实现电站安全、经济、高效和环保运行为目的的“智慧电厂”的概念逐渐被提出。

德国尼德豪森电厂 K 机组于 2002 年 12 月投入商业运行后采用的 PROFIBUS 现场总线体系，是在燃煤电站运行、检修、经营管理等层面上进行系统优化管理较为典型的案例。在技术层面上，由于在 DCS 系统中采用现场总线 PROFIBUS，其屏蔽双绞线和光纤大大提高了系统信号的抗干扰能力和系统整体可靠性。在运行层面上，由于采用 PROFIBUS 现场总线系统，系统的监控范围从传统的系统端子排扩展到全厂，真正实现了全厂监控。

当前国内有些电厂已开始尝试利用三维可视化、大数据分析、云计算等技术。三维可视化利用物联网技术和设备监控技术，可加强设备/人员的现场监控和信息管理，提高生产过程的可控性。大数据分析和云计算等技术还打破了传统电厂独立的数据管理模式，大大提高了事故预报与诊断水平，从而科学地制定生产计划，实现了从人工决策到机器辅助决策的发展。

总体来看，随着近几十年来信息科技领域日新月异的发展，以及高等院校、电力研究单位、热工控制领域企业的不懈努力，整个电力行业开始越来越关注燃煤发电企业未来的智能化发展方向。但燃煤电站的信息技术发展总体还处于初级阶段，智能电站框架下的部分控制技术和先进算法已在许多发电厂得到研究和应用。然而，从目前的实际建设和生产情况来看，大多产品都处于探索阶段，总体效果并不理想。

14.2 电站自动化与节能降耗

火力发电厂热工控制系统的优化主要包括热工自动调节品质优化和控制系统结构优化两方面。热工自动调节品质优化主要是对控制策略和控制参数进行优化整定，使机组始终在最优参数附近运行并减少其波动，以达到节能目的。控制系统结构优化主要是采用合适的控制方式来降低控制系统自身的能耗，并提高被控参数的精度和稳定性，以达到节能降耗的目的。

14.2.1 电站自动化的必要性

火力发电厂燃煤机组生产过程就是将煤的化学能（一次能源）转化为电能（二次能源）的过程。整个生产系统主要包括锅炉及其附属设备（燃料的化学能转化为热能）、汽轮机及其附属设备（热能转化为机械能）、发电机及励磁机（机械能变为电能）和主变压器（电能提升为高压电输送给输电线路）。在机组运行过程中，主机和各种辅机系统之间相互密切关联，只有它们协调配合，才能充分发挥发电机组的能力，从而实现机组的安全经济运行。

随着机组容量的增大和参数的提高，生产设备和生产系统都越来越复杂，参数之间的关联也更加紧密。在机组运行中，需要监视和操作的项目也显著增多。不同容量机组需要监视和操作的项目数量见表 14-5。

表 14-5　　不同容量机组需监视和操作的项目数量比较

机组容量（MW）	50	125	200	300	600
监视项目（监测点数）	115～135	540～600	560	950～1050	2000
操作项目（执行器数）	70～75	142	80	410～450	800

随着监视和操作的项目增加，仅仅依赖运行值班人员人工执行难以应付，稍有疏忽便有可能引发事故，甚至导致机组跳机，对机组的安全稳定运行提出了巨大的挑战。为了确保机组安全稳定运行，必须采用先进可靠的计算机自动化控制工具和先进的控制策略来代替运行人员，从而对生产系统工况进行全面、准确、迅速地检测、分析判断、自动操作控制。

14.2.2　自动调节与节能优化

火力发电厂热工自动调节系统控制策略和控制参数的节能优化，主要是针对具体的自动调节系统，通过优化调整 PID 参数或采用预测控制、自适应控制、模糊控制、智能控制及最优控制等各种先进控制策略来替代传统的 PID 调节，以获得更好的控制精度，减少参数的波动，达到节能降耗的目的。实践表明，先进控制策略对机组的运行安全稳定性和能耗水平影响很大。特别是优化控制、自适应控制和智能控制等的应用会使电厂自动控制达到一个新的水准。

燃煤机组主要运行参数包括机组负荷、主蒸汽压力、主蒸汽温度、再热蒸汽温度、锅炉烟道氧量等。各个参数对机组煤耗的影响见表 14-6。氧量是锅炉过量空气系数的一种常用表征方式，是锅炉燃烧调整不可缺少的重要指标。氧量的大小不仅直接影响风机的电耗，还通过影响排烟量、排烟温度、燃烧效率等直接影响锅炉效率，是日常运行中需重点监控和分析的指标。提高送风自动调节系统的调节品质，维持氧量在最佳值附近运行，对机组的安全高效运行意义重大。

在负荷较低、煤质较差时，主汽压力波动较大，不仅影响机组带负荷能力，还影响机组自动滑压运行方式的效果，直接影响机组的经济性。机组的主蒸汽温度一方面直接影响过热器管道、汽轮机等设备的安全运行，同时还影响机组的热效率。当压力不变而蒸汽温度降低时，汽轮机组的循环效率会相应下降，引起发电煤耗增加。与主蒸汽温度类似，再热汽温偏离额定值同样会影响机组运行的经济性和安全性。通常，再热汽温调整特性差的主要原因是燃烧器摆角难以投自动、烟气挡板调节性能比较差等。当负荷比较高时，需要用再热器事故减温水参与调整才能保证再热汽温度不超标，直接导致机组发电煤耗的增加。

表 14-6　　主要自动调节参数对机组煤耗的影响

序号	参数名称	单位	变化量	影响煤耗（g/kWh）			
				200MW	300MW	600MW 亚临界机组	600MW 超临界机组
1	烟气含氧量	%	1	1.0	0.9	0.9	0.9
2	主汽压力	MPa	1	1.7	1.7	1.4	1.2
3	主汽温度	℃	10	1.0	1.0	1.0	1.0
4	再热汽温度	℃	10	0.8	0.8	0.8	0.8

1．锅炉燃烧控制调节

锅炉燃烧自动调节系统的基本任务是使燃料燃烧所提供的热量适应锅炉蒸汽负荷的需要，同时保证燃烧过程的安全性和经济性，其主要目标是保证汽压、炉膛过量空气系数（氧量）和炉膛负压为给定值。燃烧控制系统的燃料控制、送风控制、引风控制系统的动作是互相协调、不可分割的。

锅炉燃烧自动的优化调整，是根据机组的实际情况对燃料、送风和引风三个控制系统的 PID 参数、前馈系数等参数进行调整优化，或者修改 DCS 逻辑，根据需要增加少量辅助回路。这类优化调整在一定程度上可以提高汽压、氧量和负压的调节品质，提高锅炉运行的效率。

2．过热汽温控制系统优化

汽温控制是火力发电厂自动控制系统的难点之一，这主要是因为温度控制具有大迟延、大惯性、非线性和时变性等特点，采用常规和简单的控制规律难以获得理想的调节效果。为了优化过热汽温控制效果，需要根据锅炉的燃烧特性设计汽温自动控制策略，优化控制参数，提高汽温自动调节品质。目前，工程中常用的汽温控制系统还是采用最基础的串级调节和具有导前微分的双回路控制结构，并在此基础上引入 SMITH 预估、参数自适应等控制策略，以改善汽温的调节品质。

控制系统中调节器的参数是根据对象的动态特征整定的。当对象特征变化时，调节器的参数也应适当变化，这样才能保证系统的调节品质不会因对象特征的变化而恶化。随着控制理论的发展，越来越多的智能控制技术（如模型预测控制、自适应控制、模糊控制、神经网络、鲁棒控制、基于状态观测器的状态反馈控制等）被引入到锅炉过热蒸汽温度控制中。这些控制技术大大改善和提高了控制系统的控制品质。

3．重要辅机的变频控制

在火力发电厂中，泵和风机是最主要的耗电设备。这些设备普存在着“大马拉小车”的现象，长期连续运行并经常处于低负荷及变负荷运行状态，运行工况点偏离高效点，运行效率降低，节能潜力大。

目前变频装置在电厂的送风机、引风机、一次风机、凝结水泵等重要辅机得到了较广泛的应用，变频调速装置可高效率、精确地调节交流电动机的转速，使得流量、压力、液面等工艺参数的控制由低效的阀门、挡板的节流控制转变为高效的转速控制。变频调速节电率高达 30%以上，节能降耗效果明显。

14.3 电站信息化与节能降耗

基于计算机和信息技术的发展，电站信息化系统在推动电力企业向“精细化”“高效化”等现代电站的转变过程中发挥重要作用。而基于电站信息化功能需求的 MIS、SIS 和一系列在线监测、优化运行软件，其主要目的是为电站安全生产、高效运行和精细化管理等提供辅助决策的依据乃至直接方案。下面将重点针对电站信息化的辅助决策功能进行分析讨论。

14.3.1 设备全生命周期管理

设备管理是依据企业的生产经营目标，通过一系列的技术、经济、组织措施，对设备的所有物质运行形态和资金运动形态进行的综合管理。设备管理从产生发展至今已近百年，与企业管理其他职能一样，它也是经历了一个逐步发展和完善的过程。设备管理经历了三个不同的发展时期：

（1）事后维修时期。在这一时期，设备管理最显著的特点即是坏了再修、不坏不修、以事后修理模式为主。这种设备管理制度在西方发达工业国家一直持续到20世纪二三十年代。

（2）预防维修时期。随着机器设备的日益复杂，设备维修所占用的时间已成为影响生产的一个重要因素。为尽可能早地发现设备的隐患，强调采用适当的方法和组织措施，预防和修理相结合，保证设备的正常运行。

（3）设备综合管理时期。为了摆脱传统设备管理的局限性，实现现代工业生产无事故、无缺陷、无伤亡、无公害的要求，世界上工业发达国家先后提出了设备综合管理理论。分别有英国的“设备综合工程学”，美国的“后勤学”等管理理论。

随着经济的发展，我国已开始进行设备管理的改革，使我国企业的设备管理由传统模式向设备综合管理过渡。但对电力企业来说，绝大部分单位都没有进行体制变革，依旧采用传统的设备管理模式，仅有个别单位采用资产全生命周期管理理念进行了某一方面或某个阶段的尝试，取得了一些成果。但这些尝试主要是对工作的回顾和反思，缺乏一定的系统性和全局性，并未形成整套的设备管理理论，对实际工作指导不够全面。

14.3.2 负荷优化分配

电力生产中的负荷分配问题在20世纪30年代就已经提出来，在两台或者更多台机组并列运行时就会遇到。在我国电力生产市场化的情况下，负荷优化分配基本采用发电或购电成本为目标函数，系统考虑负荷平衡、负荷上下限等为约束条件的分配方案。随着系统安全性要求的提高和环保问题的重视，负荷优化分配问题中逐渐引入一些新的费用函数和约束条件。

自机组负荷优化分配问题提出以来，学界在优化理论方面做了大量的研究工作，提出了许多有效的算法，如传统优化方法（效率法、等微增率法、热化做功系数法等）、最优化方法（线性规划法、非线性规划法、动态规划法等）、现代优化方法（遗传算法、模拟退火算法、人工神经网络法等）和生物群智能方法（蚁群算法、粒子群算法）等。

以某电厂的3台机组为例，进行负荷优化分配，并与实际分配进行对比，优化前后的热耗情况如图14-1所示。从图中可以看出，采用该算法进行优化分配后煤耗率可下降0.2～5.3g/kWh，对电厂节能降耗，提高经济效益有重要意义。

14.3.3 锅炉吹灰优化

受热面污染是燃煤电站锅炉运行中不可避免的问题，对锅炉的安全经济运行带来严重影响。运行过程中利用高温高压的过热蒸汽对受热面管道带负荷吹扫是一种十分有效且普遍采用的手段。传统采用定时定量的吹灰策略并不合理，往往造成吹灰不足或过于频繁。通过研究机组脏污的相关参数，进行在线监测，可开发出直接或间接诊断炉内各受热面积灰结渣的在线监测诊断技术。在此基础上运用非线性优化理论，针对应用对象的运行特性和具体的优化目标，可研究合理的吹灰策略。以优化的吹灰策略直接指导运行人员的操作，将传统的周期性统一吹灰改为根据受热面污染状况和其他运行需要的动态吹灰，对燃煤机组的安全稳定运行和机组经济性都有直接影响。

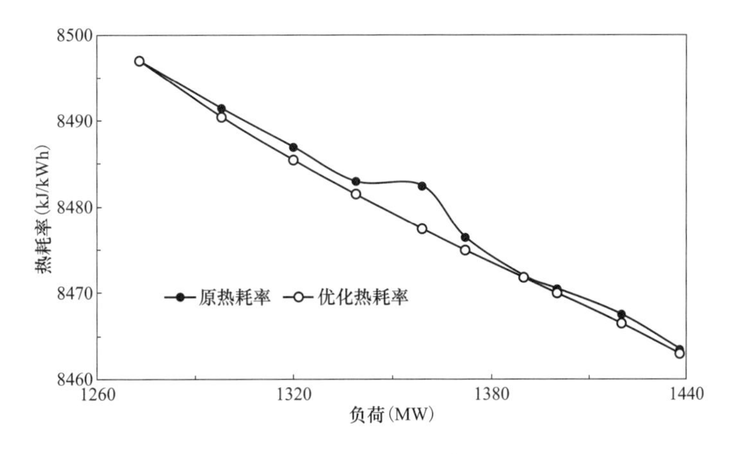

图 14-1　优化前后热耗率对比图

通过对浙江某发电厂 600MW 机组的调研发现，该厂应用的吹灰优化系统能够根据锅炉灰污程度发出吹灰建议，指导运行人员吹灰。还可以根据锅炉现状，对受热面进行合理分组，吹灰时可以单独启动某个受热面的吹灰，从而大大节约了吹灰蒸汽用量，也降低了吹灰对管壁的损坏程度。以该厂某典型工况为例，与常规吹灰方式相比，优化吹灰虽然使得机组因耗气量增加而引起煤耗增加 0.02g/kWh，但相应降提高了锅炉效率，降低煤耗 0.98g/kWh，综合降低煤耗 0.96g/kWh，经济效益明显。

14.3.4　循环水泵优化调度

循环水泵是火力发电厂中耗电量较大的辅机之一，其厂用电消耗约占机组总发电量的 1%～1.5%。循环水泵的运行方式对凝汽器真空和厂用电率等指标影响较大。因此，研究在一定环境及汽轮机负荷条件下的循环水泵最优运行方式，确定循环水泵的合理运行台数，保证凝汽器在更佳合理的真空下工作，是提高电厂运行经济性的重要举措。

广东某发电厂利用循环水泵运行优化原理和运行优化计算方法，对某 1000 MW 汽轮机组进行循环水泵运行优化研究，得出机组在不同负荷和不同凝汽器冷却水进口温度条件下的汽轮机最佳运行背压和循环水泵最优运行方式。对运行优化结果进行增强可操作性分析，划分循环水泵配置方式，有效减少了循环水泵高低速切换次数、增强了循环水泵运行优化结果可操作性，为提高机组运行经济性提供了可靠依据。

根据循环水泵流量耗功试验结果和凝汽器变工况性能试验结果，结合汽轮机背压变化对汽轮机出力影响的修正曲线，在机组不同负荷工况和不同凝汽器冷却水进口温度条件下，分别计算出不同循环水泵运行方式对应的机组净出力值，进而对比分析出最优的循环水泵运行方式。

按照运行优化原理计算出的循环水泵最优运行方式，在机组实际运行过程中往往受循环水泵启停及循环水泵高低速切换限制，循环水泵理论最优运行方式无法直接实施。需进一步结合机组实际运行情况，分析确定可操作性强的循环水泵运行优化结果。

1. 理论最优运行方式

按照循环水泵运行优化原理分析计算出的循环水泵运行优化结果总画面如图 14-2 所示。图中横坐标代表凝汽器冷却水进口温度，纵坐标代表机组负荷，图中折线代表两种运行方式之间的分界线。根据机组负荷和凝汽器冷却水进口温度可以查找出对应工况的循环水泵最优运行方式。

2. 增强运行优化结果可操作性分析

从循环水泵运行优化结果总画面可以看出，随着机组负荷或凝汽器冷却水进口温度变化，循环水泵最佳运行方式在两泵高速运行区域与一高一低运行区域之间，或一高一低运行区域与两泵低速运行区域之间，可能存在高低速切换问题，给实际操作带来较大困难。

为增强循环水泵运行优化结果可操作性，将循环水泵配置方式分为两高一低配置和一高两低配置，循环水泵三泵高速和三泵低速运行方式可不作考虑。在两高一低配置方式下，循环水泵可选运行方式有两高一低、两泵高速、一高一低、单泵高速和单泵低速。在一高两低配置方式下，循环水泵可选运行方式有一高两低、一高一低、两泵低速、单泵高速和单泵低速。循环水泵不同配置方式下运行优化结果如图14-2所示，相应的循环水泵功耗测试情况见表14-7。从图14-2可以看出，通过循环水泵优化，可明确表示出不同工况下系统高效运行的最佳组合方式，为系统运行提供重要指导。而从表14-7也可以看出，随着循环水泵运行方式的调整，循环水泵功耗发生明显的变化，可大幅节约机组厂用电。

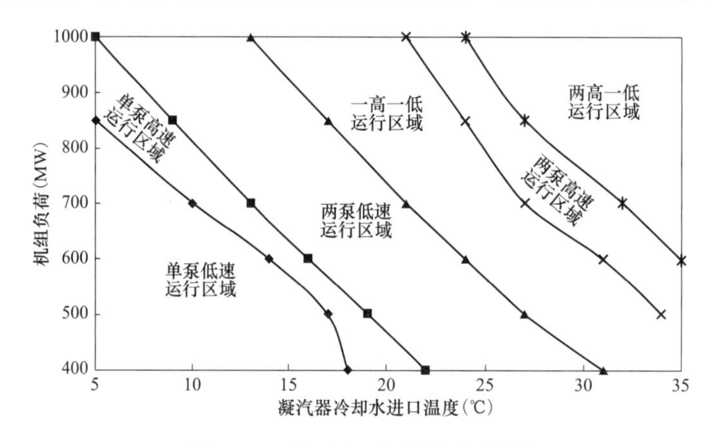

图 14-2 循环水泵运行优化结果

表 14-7 **循环水泵流量耗功试验结果**

循环水泵运行方式	凝汽器冷却水流量（m^3/h）	循环水泵总耗功（kW）
单泵低速	37365	1572
单泵高速	41768	2085
两泵低速	67280	3233
一高一低	76273	3871
两泵高速	82725	4365
一高两低	94273	6085
两高一低	102350	6711
三泵高速	108428	7398

14.3.5 机组设备故障预警

发电企业都考虑在提高机组可靠性和发电小时数的同时，降低检修成本减少检修时间，尽量避免过修或者失修。为此，曾历经 RCM（以可靠性为中心的维修），RBM（以风险分析为基础的维修），点检定修和建立责任制等发展阶段。但是上述方式往往都是事后分析查找原因，很难做到实时、预知、自动化和信息化。发电设备故障预警系统，是一种以电厂实时数据为基础，对生产设备的运行参数进行实时检测和分析比较，对设备状态变化趋势进行判断，对潜在故障隐患做出提前警示的在线监测诊断系统。

浙江某电厂应用设备状态在线监测系统对引风机进行故障监测，该引风机故障前后的监测数据如图 14-3 所示。从图 14-3 上可以看到，从 2013 年 7 月 4B 引风机轴承温度已连续发出偏差预警，在 2013 年 11 月，4B 引风机轴承温度经常上升至 65℃，并且环境温度下降至 2～3℃时，前轴承温度并没有下降（4A 引风机前轴承温度在环境温度低时，明显下降）。此外 3 个轴承温度变化是一致的，所以基本可以排除传感器的问题。而在冬季工况时，引风机轴承温度不时上升可能是引风机轴承处于比较差的运行状态，甚至已经发生一些轻微磨损。现场检查结果：拆开引风机检查，发现引风机前轴承已经磨损。

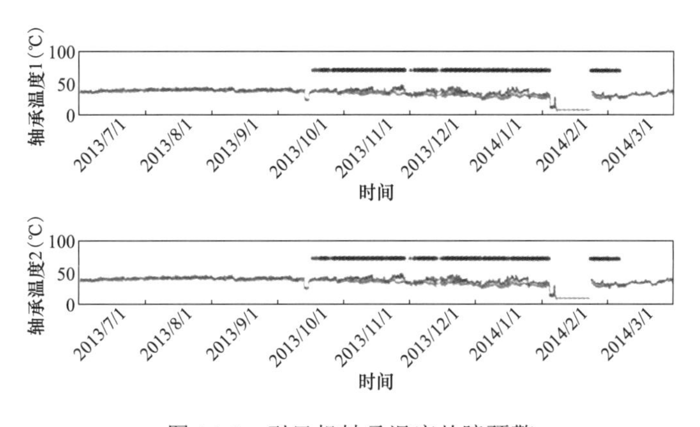

图 14-3 引风机轴承温度故障预警

14.4 智能电站的发展展望

14.4.1 建设智能电站的必要性

在我国，随着计算机技术的飞速发展，大数据、云计算、人工智能等高新技术已经在一些领域进入实用阶段，极大地提高了企业的效率。与此同时，随着上网电价全面下调、电力体制改革工作强力推进、燃煤电厂超低排放和节能改造等政策的落地实施，发电企业面临的运营压力日渐增大。对于发电企业来说，在保证安全生产的前提下，如何通过精细化的生产管理降低运行和检修成本、实现资产全生命周期管理，是亟待解决的问题。在这种情况下，建设智能型电站，利用先进的信息技术，改进企业生产流程，提高企业运营效率，具有极其重要的意义。

目前很多发电厂已经在 SIS 的基础上进行了多种辅助决策优化，取得了较好的效果。然而，这些辅助优化都存在一定的不足之处，进一步的改进则有赖于智能电站的建设。比如，对于控制策略优化、设备管理和状态监测等方面，由于发电厂目前的系统构架难以提供足够的计算能力和数据通道，效果并不尽人意，而建设基于大数据和云计算技术的计算平台则可以使上述功能全面得以实现。再比如对于负荷分配优化、锅炉吹灰优化、循环水泵运行优化等方面，目前的辅助决策系统都只是给电厂运行人员提供建议，最终的决策有赖于运行人员的个人技术水平，而智能电站则可以通过强大的计算能力和高级的智能算法实现优化过程的全自动。

以传统DCS系统为核心的发电厂自动化系统和以SIS/MIS为核心的发电厂信息化系统近10年来无明显进步。现场总线仅仅作为过程数据的通信总线，现场设备的内部信息始终无法很好的接入系统并被进一步使用。发电厂主辅机检修和维护还遵循多年以来的“大小修”传统，无法通过优化的按需实施的状态检修来实现设备检修的精确化和低成本化。发电厂运行和设备数据很多，但是出现机组故障后，多采用现场“事后分析”的模式，不能通过互联网技术将主辅机数据实时在线反馈到设备厂家，利用设备厂家的知识库、专家库进行实时远程分析、远程维护和故障预测。

14.4.2 电站智能化发展面临的主要问题

智能化技术的广泛应用可以有效地提高燃煤电站的运行效率。一方面，采用智能控制技术将有助于机组参数的控制和调节，使机组重要运行参数始终保持在较好的范围内，避免由于调控不佳导致的设备老化加速或突发故障；另一方面，采用智能化分析技术，辅助运行和管理人员进行有效地决策，保证机组高效安全运行。

同时，智能化技术可以使厂内事务管理更加高效。一方面，利用信息化技术可以加强对厂内工作人员的监督管理，督促他们改进工作态度，提高工作效率；另一方面，可以使厂内事务相关信息流动更加高效，缩短上传下达的时间，提高现场问题反馈处理速度。

智能化技术可以提升电站节能减排效果。由于智能化技术具有强大的参数监控和调节能力，因此，采用这种技术将增强对机组能耗和污染物排放相关参数的控制，进而提高机组整体节能减排的效果。在当前经济社会环境下，经济效益和环保效果同样重要，智能化技术对于燃煤电站的价值显然非同寻常。然而，就目前而言，智能电站的发展存在诸多问题。

1. 智能电厂建设方向不明确

智能化电厂定义不清，方向不明，对系统的结构缺少顶层设计，技术要求、应用方式缺少统一的标准规范。尽管电厂提出需求并参与认证，但由于电厂对数字化电厂、智能化电厂的理解各有不同，而厂商往往对企业千差万别的需求“理不清”（即使“理清”也不一定能修改，因这种需求经常变动，大多代理的国外软件难以跟随）；因此，已报道建成的智能化电厂，解决方案多半由厂商提供，虽然解决方案技术先进，但同企业生产和管理的实际需求存在较大差距，投入与产出不相应，使得人们在智能化电厂发展的认知上两极分化。

2. 技术应用跟不上需求

智能仪表和现场总线选择余地小，测量技术不成熟或缺乏而跟不上智能化需求，智能在线优化技术自适应能力差，这一系列问题使得智能电力技术应用还跟不上产业发展需求。大数据技术可以成为解决电厂优化现实需求问题的共性基础，实现基于数据的决策，支持管理科学与实践，减少对精确模型的依赖。发电行业对数据的应用需求旺盛，但由于缺少顶层设计，缺乏有效的共性技术支撑与理论指导，使得大数据应用技术在发电行业还未有效展开。

3. 信息未有效利用

DCS 功能的拓展和部分现场总线的应用、SIS 与管理信息系统的融合，加之信息技术的发展、众多设备故障诊断软件和三维数字化信息管理平台的应用，为实现信息的有效利用、交互和共享提供了基础。但从实施效果来看，并未实现数字化管理功能，现场智能设备只是当作常规设备使用，未能通过网络技术将智能设备内的信息贯穿起来，实现底层设备数据的集成和智能通信；底层数据支持的缺少，又阻碍了对大量生产过程数据等进行深度有效的二次开发和利用，或者即使积累有大量的数据，但很少有对涵盖电厂的所有相关数据进行深度挖掘，从海量无序数据中提炼与生产、经营有关的有效数据加以利用，使得 SIS 和 MIS 系统大多数情况下只是数据采集系统。加之信息化设备不统一，端口不一致，信息孤岛情况仍有存在。

从总体发展情况看，基于各个子系统单元运行优化的辅助决策等方面的应用还处于尝试阶段，离大规模推广还有一定距离。基于燃煤电站故障诊断、在线监测、运行优化、现场总线信息技术、物联网技术、大数据、云计算、人工智能等领域的智能化主动决策还有长远的距离。当前电力行业的智能化发展亟待解决的问题是，尽快联合高校、设计院、研究院、业主、制造或供应厂商，从不同的角度，对智能化电厂的设计、实践、运行维护进行深入研究，建立统一技术标准体系和技术导则，为智能化电厂建设与运行维护提供总体指导。同时在建设的前期，做好智能化电厂的层次规划，使电站各层功能规范、平台和接口统一，第三方产品能无缝接入。

14.4.3 智能电站是燃煤电站的发展方向

未来的一段时间，智能电站将成为燃煤电站的主要发展方向。智能化的燃煤电站将具有以下几个特点：

在生产现场广泛采用智能设备。基于先进的测量技术，将现场测量参数、设备状态等信息实时转换为数字信息并进行集成后智能通信传输，或接受机组智能控制层指令进行执行设备的精准操控，它是智能化电厂建设的基石。相关智能设备如现场总线技术和智能测控技术。

在机组控制系统中应用智能控制算法，实现单元机组各工艺过程的智能控制。基于智能设备层的数据信息和综合管理决策层的指令，通过智能技术的采用，使单元机组在各种燃料和环境条件下，都能在最佳经济、环保、安全状态下运行。智能控制算法如智能实时控制技术、智能故障诊断技术和智能运行值班员技术等。

在全厂管理信息系统中应用智能管理策略。以数据信息共享平台为基础、以资产高效利用为目标，通过采用数据分析处理、智能预测、自动决策、流程优化等技术对全厂生产和经营活动进行智能管理。应至少基于厂级监控系统（SIS）、厂级负荷优化调度系统、燃料管理系统等各种厂级优化的高级应用软件，完成厂级生产过程的优化，使全厂发电状况处于节能和最佳调峰状态。智能管理的应用如全息电厂、智能燃料管理系统、厂级巡检数据分析系统和厂级负荷优化分配系统等。

在发电集团监控系统中应用先进的信息技术。主要涵盖故障预警技术、性能分析与评估技术、设备全生命周期管理技术、智能燃料管理系统、ERP、智能仓储技术、远程监测与诊断技术、智能决策技术、智能物流技术、专家支持系统、信息安全技术、智能风险管控技术。典型的应用如设备状态监测与诊断等。

与当前燃煤电站的智能化状态相比，全面的智能化将使燃煤电站具有更强大的调控能力，能够实现更高的经济效益和环保效果。

人类历史的发展，历经了农耕社会，及以机械化、电气化、自动化为代表的工业革命，现今正步入工业化和信息化深度融合的工业 4.0 时代。2015 年政府工作报告突出了互联网在经济结构转型中的重要地位，报告明确指出：要制定“互联网+”行动计划，推动移动互联网、云计算、大数据、物联网等与现代制造业结合，促进电子商务、工业互联网和互联网金融健康发展。报告引发了各行各业对互联网行业的极大关注，未来产业与互联网的融合将贯穿相关行业业务的主线。

“互联网+”是互联网思维进一步实践的成果，它代表一种先进的生产力，推动经济形态不断发展演变。利用工业互联网技术将传统发电设备、控制设备以及耗能设备接入云端服务平台，在海量数据挖掘的基础上，实现发电厂设备在线诊断、耗能设备能耗优化、事故预报、机组优化运行等功能，通过互联互通以及实时的数字化的展示最终实现智能电站。未来，智能电站企业可以利用已掌握的海量发电大数据，依托工业互联网，利用高效高端产品提供发电效率及质量全生命周期管理：利用高效运维系统，实现发电系统全生命周期管理，构建智能电站运维平台；利用微型电网技术进行发电相关能源峰谷调节，对接用能端需求，构建能源互联网能源共享及高效利用的基本单元。基于工业互联网的智能电站必将给传统发电行业带来巨大变革，对促进传统发电厂从工业 3.0 升级为工业 4.0 起到关键作用。

14.4.4 智能电站的主要技术特征

智能电站是指利用先进的控制技术、管理技术、信息技术，通过智能型控制系统、智能化管理系统、智能厂区综合管控系统，实现生产和管理过程的智能化，构建“以人为本，人际和谐”的新型电厂。在不同的控制层面（智能设备层、智能控制层、厂级管控层、集团监控层）上，智能电站具有不同技术特征。

1. 现场智能设备层

现场智能设备层主要基于先进的测量技术，将现场测量参数、设备状态等信息实时转换为数字信息并进行集成后智能通信传输，或接受机组智能控制层指令进行执行设备的精准操控，它是智能化电厂建设的基石，可综合应用以下技术。

（1）现场总线技术。通过现场总线设备的应用，在节省建设期大量电缆投资，减少故障节点的同时，通过底层设备数据的集成和智能通信，实现安装在现场区域的智能设备（装置）信号与控制室内的自动装置之间的数字式、串行、多点通信，为上层智能化管理与开发提供基础。

（2）智能测控技术。智能测控设备具有性能参数、变化趋势、故障诊断的显示管理等功能，其应用可提供丰富的运行、维护信息，辅助运行及维修策略决策，如：

1）对现场智能传感器进行在线远程组态和参数设置，零位飘移远程修正，精度自动标定，计算各类误差生成标定曲线和报告；自动跟踪并记录仪表运行过程中综合的状态变化等。

2）对智能化执行设备进行在线组态、调试、自动标定，如对阀门开度阶跃测试，判断阀杆活动性能、阀芯磨损程度等，通过阀门性能状况的全面评估，为实现预测性维护提供决策依据。

3）对重要转动设备状态，综合采用基于可靠性状态监测的多种技术，通过振动、油温的分析以及电机诊断，快速开展故障隐患识别，在隐患尚未扩展前发出报警，为检修提供指导和帮助。

4）先进检测技术。现有的常规检测技术还不能完全满足智能电厂的需求，需研究开发和应用新的技术，如煤质在线测量技术、炉膛温度场测量技术、烟气及重要参数测量（包括软测量）技术等。

2. 智能控制层

智能控制层实现单元机组各工艺过程的智能控制。它基于智能设备层的数据信息并综合管理决策层的指令，至少通过下列智能技术的采用，使单元机组在各种燃料和环境条件下，都能在最佳经济、环保、安全状态下运行。

（1）智能实时控制技术。

1）采用先进控制策略与技术，自动进行控制参数最优搜索和整定，完成发电过程重要参数的精细控制（包括 PID 参数快速自动整定或参数在线自校正）。

2）在锅炉燃烧优化运行调整与闭环寻优的基础上，通过采用模型预测控制、自抗扰控制等先进建模、优化和控制技术，使得锅炉运行效率和污染物排放达到最佳状态。

3）在现有机组的自启停控制技术基础上开展控制优化，实现整个机组在无人工干预下，自动、安全地完成启、停过程的全程自动控制。

4）在现有冷端优化技术基础上，以对象特性函数为基础，求解供电功率增量为目标函数的最大值，得到冷端设备最佳结构参数及最佳运行参数，以实现火力发电厂冷端系统的节能目标。

5）基于智能电网协调控制技术，实现电源与电网信息的高效互通，增强火力发电机组的调控能力，促进网源协调发展。

6）打破燃煤机组单独使用脱硫、脱硝、除尘装置的传统烟气处理格局，利用多种污染物协同高效脱除技术，将这些装置通过功能优化和系统优化后进行有机整合，实现机组可持续发展的超低排放。

7）与实际机组同步运行的高精度在线仿真，精细地进行机组性能分析、控制方案验证、重演历史运行过程和演绎系统未来变化趋势。除对生产人员进行技能培训，还能对管理人员进行岗位培训。

（2）智能化故障诊断。通过对生产过程发电设备的设备性能状况的监测与分析，了解和掌握设备在线使用的状态，结合设备的运行历史，对设备可能要发生的或已经发生的故障进行汇类统计、分析诊断和预测，对机组运行趋势和状态作出分析、判断，用以指导运行维护人员，通过采取调整、维修、治理的对策消除故障，最终使设备恢复正常状态，或进行主要辅助的设备状态检修，减少故障扩大带来的后果。

（3）机组智能运行值班员系统研发。目前机组的控制都是通过 DCS 系统执行，通过保护逻辑自动处理紧急情况，联锁逻辑自动关联相关设备的运行或启停，通过具体参数值报警来提醒值班员关注或进行相关手动操作，这种方式是一种被动消极现象后处理方式，依赖值班员主观判断的正确性，且未涉及对重要参数量变过程中预警脉动情况的未来预测和相关参数的联系分析。在智能化建设中，应将智能运行值班员系统研发作为任务之一，利用当前先进的数据采集技术对运行数据进行实时和历史统计，通过筛选、图表、曲线、棒图、罗列、立体、比对标准值、公式计算等直观有效的方式方法，把值班员大脑中松散主观的检查分析判断过程转化为机组运行专家诊断、统计分析、故障回放重演、计算机严谨客观的检查分析判断过程，以此给出异常预警、关键操作强调、处理方案罗列、未来趋向展示等。

3. 厂级管控层

厂级管控层以数据信息共享平台为基础，以资产高效利用为目标，通过采用数据分析处理、智能预测、自动决策、流程优化等技术对全厂生产和经营活动进行智能管理。应至少基于厂级监控系统（SIS）、厂级负荷优化调度系统、燃料管理系统等各种厂级优化的高级应用软件，完成厂级生产过程的优化，使全厂发电状况处于节能和最佳调峰状态，如：

（1）全息电厂。利用三维建模技术，在管理信息系统的基础上充分利用三维模型特有的空间概念和三维实体造型，将设计和建设过程中的资料、实时生产运行数据以及资产管理数据与三维模型关联在同一平台上集成应用，辅助生产管理人员直观、便捷地进行设备管理、工况监控、检修控制、辅助教学等工作，使同生产、经营相关的所有问题实现“闭环管理”。逐步实行电子签名，使各级领导能够移动办公；实现数字档案管理和开发数字阅览功能，实现电厂工作对象全生命周期的量化、分析、控制和决策的数字化管理。

（2）智能燃料管理系统。智能燃料管理系统是指采用现代计算机信息技术对煤场进行数字化管理，得到清晰明确的煤场存煤情况信息，包括煤位置、煤质、堆放时间、现存量、煤的自动控制堆存与取料、皮带秤的实时在线校验与故障诊断等信息，为锅炉配煤掺烧优化提供良好的基础数据信息。

（3）厂级巡检数据集中处理与分析系统。

厂级巡检数据集中处理与分析系统是指利用移动巡检设备实现设备外观检测，红外测温以及表计压力、泄漏电流、设备油位自动辨识等功能，对异常点实现声音、图像、录像等多种方式的记录存储功能，在巡检过程中，通过无线网络或其他方式将采集的数据实时上传至主控机。

（4）厂级负荷优化调度。厂级负荷优化调度是根据电网调度的全厂负荷指令调节全厂负荷，使全厂的负荷及时满足电网要求，保证机组运行在允许的负荷范围内和安全的工况下，合理地调配各台机组的负荷调节任务，降低机组的负荷调节频度，提高机组的稳定性，延长主、辅机组设备的寿命，经济分配各台机组的负荷，降低全厂的供电煤耗。

（5）厂级数据深度挖掘技术。通过底层设备数据的集成和智能通信，实现现场设备级的数字化；通过智能设备管理和三维数字化电厂信息管理平台，实现数据抽取、存储和管理，数据的分析和展现，通过多种数据挖掘（关联规则挖掘、顺序模式挖掘、分类规则挖掘）技术，从大量数据中获取有效的、新颖的、潜在有用信息，实现设备的状态监测与故障诊断。

（6）竞价上网报价决策系统。发电厂竞价上网辅助决策系统是基于计算机、网络通信、信息处理技术及安全管理模式，并融入电力系统及电力决策计算分析理论的综合信息系统，其根据电力市场的运行规则和市场信息、结合电厂和机组的成本分析，为发电厂竞价上网提供决策分析。开展竞价上网报价决策技术研究，实时计算出发电成本，准确预测生产成本变化趋势，为控制成本提供准确的依据，为报价工作提供多种辅助决策信息。

通过厂级管控层的智能化技术的实施，综合利用三维可视化技术、数字安防与智能巡检技术、在线仿真与 3D 培训技术等实现全厂智能化监视维护，提高厂级信息共享与互动融合水平，降低机组运行维护成本，提高网源协调控制与辅助服务能力，提高机组市场竞价能力。

4. 集团监控层

集团监控层主要涵盖故障预警技术、性能分析与评估技术、设备全生命周期管理技术、智能燃料管理系统、ERP、智能仓储技术、远程监测与诊断技术、智能决策技术、智能物流技术、专家支持系统、信息安全技术、智能风险管控技术，应包含以下技术的应用。

（1）设备状态监测与诊断。远程实时传输技术解决数据孤岛问题。建立发电设备远程诊断中心，实现对发电设备的生产过程监视、性能状况监测及分析、运行方式诊断、设备故障诊断及趋势预警、设备异常报警，主要辅助设备状态检修、远程检修指导等功能。通过应用软件分析诊断结合专家会诊，定期为发电企业提供诊断及建议报告（包括设备异常诊断、机组性能诊断、机组运行方式诊断、主要辅助设备状态检修建议）；为集团各成员电厂的运行、状态检修提供重要的辅助支撑。服务包括：实时在线服务、定期服务、专题服务。

（2）物联网技术。物联网通信网络实现互联互通、应用大集成，以及基于云计算的营运等模式，在内网、专网和/或互联网环境下，采用适当的信息安全保障机制，提供安全可控乃至个性化的实时在线监测、定位追溯、报警联动、调度指挥、预案管理、远程控制、安全防范、决策支持、领导桌面等管理和服务功能，实现对各种设备与物资的“高效、节能、安全、环保”的管控一体化。实施电厂数据中心建设，在大数据平台上开展相关研究，形成互联网+电力技术服务业务。

（3）智能决策与分析技术。发电集团通过挖掘各电厂实时控制及 ERP 系统生成的大量运行、业务数据和外部数据中所蕴含的信息，进行市场需求预测和智能化决策分析，从而制定更加行之有效的战略。通过云平台实现数据大集中，形成集团数据资产。

14.4.5 智慧电站整体思路

建设完整的智能化电厂，需要从电站设计到生命周期结束整个过程进行统一规划，使不同时期的数据信息和产品得以延续和贯通，实现跨平台资源信息可靠而准确地实时共享。在电厂建设期间，通过设计和建立有效、切合实际的体系构架、开放的静态智能化模型和动态信息，实现对电厂建设实时监控、跟踪和数字化管理及优化，保证电厂建设按时顺利进行。在电厂运维期，实现建设期静态智能化模型数据和电厂运行产生的动态信息相结合，形成电厂运维所需的动态智能化模型，使发电厂生产过程处于安全经济环保最佳运行状态，与用户智能互动使电能产品安全快速满足用户要求。智能化技术的发展将不断改变发电厂的传统面貌，其作为智能电网的有机组成部分，将为社会的持续发展提供坚实的动力。

附录A 锅炉基本设计数据

表 A-1 300MW 等级锅炉基本设计数据

机组编号	U30-1	U30-2	U30-3	U30-4	U30-5	U30-6	U30-7
铭牌容量（MW）	330	330	330	330	330	300	330
投产日期	1987	1991	1996	1998	2004	2006	2010
参数分类	亚临界	亚临界	亚临界	亚临界	亚临界	亚临界	亚临界
燃煤种类	烟煤	贫煤	烟煤	贫煤	烟煤	烟煤	烟煤
A_d（%）	28.64	21.5	28.54	31.76	9.1	19.77	15.16
V_{daf}（%）	31.09	14	18.8	8.89	26.34	32.31	37.02
$Q_{ar,net}$（kJ/kg）	21200	24389	20496	20075	23470	22440	24580
点火方式	微油	微油	微油	微油	微油	等离子	等离子
燃烧方式	切圆	切圆	切圆	切圆	切圆	切圆	切圆
空气预热器漏风率	7	8	8	10.33	7	8	6.3
排烟温度（℃）	135	135	136	138	130	127.2	125
设计效率（%）	91.2	91.4	91.61	90.03	93.62	93.5	93.56
磨煤机型式	钢球	钢球	碗式	钢球	碗式	碗式	碗式
制粉方式	中储式	中储式	直吹式	中储式	直吹式	直吹式	直吹式
一次风机型式	离心式	离心式	离心式	离心式	离心式	离心式	离心式
最大风压（Pa）	12500	8800	11660	11558	15000	13971	18248
最大流量（m^3/s）	33	41	67	42	67	64	67
电机电压（kV）	6	6	6	6	6	6	6
电机功率（kW）	550	560	1250	800	1400	1250	1600
送风机型式	轴流	轴流	动调轴流	轴流	动调轴流	动调轴流	动调轴流
最大风压（Pa）	4800	2765	3359	3787	4686	4180	4100
最大流量（m^3/s）	175	124	133	148	123	126	147
电机电压（kV）	6	6	6	6	6	6	6
电机功率（kW）	900	800	630	1250	800	800	800
引风机型式	双动调轴流	轴流式	动调轴流式	轴流式	双动调轴流	动调轴流式	动调轴流式
最大风压（Pa）	10000	9014	6900	9014	8600	9769.6	9060
最大流量（m^3/s）	330	292	321	298	260	379	337
电机电压（kV）	6	6	6	6	6	6	6
电机功率（kW）	3850	3150	2700	3150	2800	3400	3600

表 A-2　　600MW 等级锅炉基本设计数据

机组编号	U60-1	U60-2	U60-3	U60-4	U60-5	U60-6	U60-7	U60-8
铭牌容量（MW）	600	600	640	600	660	660	670	660
投产日期（年）	1994	2006	2006	2006	2009	2009	2012	2015
参数分类	亚临界	亚临界	超临界	亚临界	超超	超临界	超临界	超超
燃煤种类	烟煤	烟煤	烟煤	烟煤	烟煤	烟煤	烟煤	混煤
A_d（%）	19.77	7.04	13.42	30.66	26	12.61	19.77	33.13
V_{daf}（%）	22.82	33.19	36.04	16.84	28.5	32.59	32.31	27.49
$Q_{ar,net}$（kJ/kg）	22404	23390	22750	20190	21300	19250	22440	18640
点火方式	微油	等离子	等离子	微油	微油	等离子	等离子	微油
燃烧方式	对冲	切圆	对冲	对冲	切圆	切圆	对冲	切圆
空气预热器漏风率	4.6	6.0	6.0	6.0	5.0	5.6	5.3	6.0
排烟温度（℃）	131	130	123	127	128.9	127	126	127
设计效率（%）	93.5	93.55	93.77	93.3	93.6	93.75	93.5	93.8
磨煤机型式	MPS	碗式	碗式	碗式	碗式	MPS	碗式	碗式
制粉方式	直吹式	直吹式	直吹式	直吹式	直吹式	直吹式	直吹式	直吹式
一次风机型式	动调轴流	轴流	轴流	轴流	双动调轴流	动调轴流	动调轴流	动调轴流
最大风压（Pa）	13790	12346	14318.2	17440	13450	12608	14683	15715
最大流量（m^3/s）	106	112	110	99	116	108	98	91
电机电压（kV）	3	6	6	6	6	10	6	6
电机功率（kW）	1759	1800	2240	2500	2240	3100	1800	1750
送风机型式	动调轴流	轴流	轴流式	轴流式	动调轴流	动调轴流	动调轴流	静调轴流
最大风压（Pa）	3800	3521	4566	4417	3970	3440	—	4023
最大流量（m^3/s）	267.9	255	218.71	244.3	255	248	—	243.5
电机电压（kV）	3	6	6	6	6	10	6	6
电机功率（kW）	1338	800	1200	1500	1400	1600	1400	1200
引风机型式	双动调轴流	轴流式	双动调轴流	双动调轴流	静调轴流	动调轴流	静调轴流	静调轴流
最大风压（Pa）	11000	9773	9000	9660	10230	2566	8255	1379
最大流量（m^3/s）	530	485	502	582	495	582	490	443
电机电压（kV）	10.5	6	6	6	6	10	6	6
电机功率（kW）	7500	5500/3100	5250	6600	汽动	6000	4900	2000

表 A-3　　1000MW 等级锅炉基本设计数据

机组编号	U100-1	U100-2	U100-3	U100-4	U100-5	U100-6
铭牌容量（MW）	1000	1000	1000	1000	1000	1000
投产年份	2007	2008	2009	2011	2016	2016

续表

机组编号	U100-1	U100-2	U100-3	U100-4	U100-5	U100-6
参数分类	超超临界	超超临界	超超临界	超超临界	超超临界	超超临界
燃煤种类	烟煤	烟煤	烟煤	烟煤	烟煤	混煤
A_d（%）	8.8	19.5	7.04	9.1	8.8	29.67
V_{daf}（%）	34.73	22.82	33.19	26.34	34.73	18
$Q_{ar,net}$（kJ/kg）	23442	22440	23390	23470	23442	19850
点火方式	等离子	等离子	等离子	微油	等离子	微油、等离子
燃烧方式	切圆	对冲	切圆	切圆	对冲	对冲
空气预热器漏风率（%）	6	6	6	6	5.5	4
排烟温度（℃）	129	127	121	127	120	130
设计效率（%）	93.66	94.06	94.35	93.72	94.65	94.35
磨煤机型式	MPS 磨	碗式磨	碗式	碗式磨	碗式磨	碗式磨
制粉方式	直吹式	直吹式	直吹式	直吹式	直吹式	直吹式
一次风机型式	动调轴流	动调轴流	动调轴流	动调轴流	动调轴流	动调轴流
最大风压（Pa）	21734	16533	18781	19110	19614	17061
最大流量（m^3/s）	177	119	152	177	163	148
电机电压（kV）	10	6	6	6	10	6
电机功率（kW）	5000	4700	3500	3500	3800	2850
送风机型式	动调轴流	动调轴流	动调轴流	动调轴流	动调轴流	动调轴流
最大风压（Pa）	5289	3942	5171	3837	5024	5496
最大流量（m^3/s）	369	338	413.2	278.7	355.55	355.51
电机电压（kV）	10	6	6	6	10	6
电机功率（kW）	2300	2900	2800	3000	2150	2400
引风机型式	静调轴流	AN 系列轴流	动调轴流	静调轴流	双动调轴流	动调轴流
最大风压（Pa）	8195	5820	6261Pa	9981	9392	10200
最大流量（m^3/s）	756	629	732	777	736	719
电机电压（kV）		6	6	6	10	6
电机功率（kW）	汽动	7200	6000	7800	8500	8600

附录B 锅炉基本运行数据

表 B-1 **300MW 等级锅炉运行统计数据**

机组编号	U30-1	U30-2	U30-3	U30-4	U30-5	U30-6	U30-7
铭牌容量（MW）	330	330	330	330	330	300	330
平均负荷（MW）	237	240	222	241	239	239	183
点火用油（t/a）	72.62	113.66	24.1	60.80	65.88	—	—
助燃用油（t/a）	—	22.10	71	21.20	16.94	—	—
排烟温度（℃）	121	127	135	137	136	136	136
飞灰含碳量（%）	1.70	4.66	2.84	4.62	0.57	0.87	1.32
空气预热器漏风率（%）	5.5	9.3	10.2	9.0	5.0	7.5	4.3
V_{daf}（%）	29.23	11.83	26.15	11.83	34.39	32.52	37.66
A_d（%）	18.46	22.97	17.74	22.97	12.48	5.72	26.92
$Q_{ar,net}$（kJ/kg）	—	22273	20412	22273	—	17223	19241
燃煤收到基硫分（%）	0.82	1.65	0.61	1.65	0.69	0.48	0.66
送风机耗电率（%）	0.14	0.24	0.15	0.21	0.15	0.25	0.17
引风机耗电率（%）	1.35	1.27	0.89	1.08	0.95	1.04	0.96
一次风机耗电率（%）	0.43	0.19	0.40	0.39	0.58	0.68	1.14
磨煤机耗电率（%）	0.75	0.65	0.32	0.70	0.42	0.63	0.43
电除尘器耗电率（%）	0.16	0.06	0.05	0.04	0.15	0.25	0.27
除灰系统耗电率（%）	0.29	0.11	0.36	0.36	0.30	0.10	0.22

表 B-2 **600MW 等级锅炉运行统计数据**

机组编号	U60-1	U60-2	U60-3	U60-4	U60-5	U60-6	U60-7	U60-8
铭牌容量（MW）	600	600	640	600	660	660	670	660
平均负荷（MW）	417	413	530	368	518	474	424	457
点火用油（t/a）	639	16	8	61	48	—	—	6
助燃用油（t/a）	95	—	—	77	4	—	—	5
排烟温度（℃）	111	125	134	126	130	111	126	106
飞灰含碳量（%）	1.73	1.00	2.58	1.15	1.49	1.19	0.60	2.17
空气预热器漏风率（%）	5.0	3.7	4.7	8.4	6.7	5.5	3.2	5.0
V_{daf}（%）	26.27	29.44	18.07	20.31	26.19	23.45	32.65	23.19
A_d（%）	20.50	14.36	25.04	25.68	17.78	24.08	5.92	23.46
$Q_{ar,net}$（kJ/kg）	20736	21195	21070	20236	20293	19512	16910	19708

续表

机组编号	U60-1	U60-2	U60-3	U60-4	U60-5	U60-6	U60-7	U60-8
燃煤收到基硫分（%）	0.70	0.49	1.05	0.97	0.68	0.73	0.55	0.84
送风机耗电率（%）	0.19	0.11	0.14	0.16	0.12	0.18	0.15	0.23
引风机耗电率（%）	1.10	0.60	—	1.02	—	1.27	0.83	—
一次风机耗电率（%）	0.32	0.36	0.36	0.56	0.43	0.53	0.58	0.37
磨煤机耗电率（%）	0.34	0.41	0.29	0.36	0.39	0.42	0.46	0.33
电除尘器耗电率（%）	0.10	0.35	0.07	0.10	0.35	0.19	0.26	0.27
除灰系统耗电率（%）	0.25	0.07	0.14	0.22	0.15	—	0.10	0.13

表 B-3　　1000MW 等级锅炉运行统计数据

机组编号	U100-1	U100-2	U100-3	U100-4	U100-5	U100-6
铭牌容量（MW）	1000	1000	1000	1000	1000	1000
平均负荷（MW）	774	714	692	786	805	830
点火用油（t/a）	10	113	86	70	31	10
助燃用油（t/a）	1	72	—	174	4	—
排烟温度（℃）	114	112	125	127	127	124
飞灰含碳量（%）	1.1	1.1	0.9	1.0	1.7	1.8
空气预热器漏风率（%）	8.1	4.7	3.8	4.7	6.5	3.9
V_{daf}（%）	28.02	25.89	29.44	35.42	28.41	24.24
A_d（%）	15.15	20.22	14.36	11.52	13.42	16.71
$Q_{ar,net}$（kJ/kg）	18981	20250	21258	—	19041	21887.87
燃煤收到基硫分（%）	0.83	0.69	0.49	0.64	0.74	0.99
送风机耗电率（%）	0.19	0.20	0.20	0.18	0.22	0.28
引风机耗电率（%）	—	0.26	0.76	—	0.99	0.85
一次风机耗电率（%）	0.53	0.53	0.46	0.35	0.50	0.33
磨煤机耗电率（%）	0.40	0.34	0.33	0.29	0.38	0.37
电除尘器耗电率（%）	0.20	0.07	0.18	0.06	0.09	0.29
除灰系统耗电率（%）	0.35	0.10	0.03	0.12	0.21	0.13

参 考 文 献

[1] 张彬．中国电力工业志北京：当代中国出版社，1998．

[2] 杨勤明．中国火电建设发展史（12）．电力建设，2008，（12）：101-105．

[3] 罗承先．世界风力发电现状与前景预测．中外能源，2012，（03）：24-31．

[4] 胡泊，辛颂旭，白建华，等．我国太阳能发电开发及消纳相关问题研究．中国电力，2013，（1）：1-6．

[5] Pramanik S，Ravikrishna R V．A review of concentrated solar power hybrid technologies．Applied Thermal Engineering，2017，127：602-637．

[6] Sahu B K．Wind energy developments and policies in China：A short review．Renewable and Sustainable Energy Reviews，2018，81：1393-1405．

[7] 中国电力企业联合会．二〇一五年电力工业统计资料汇编北京：中国电力企业联合会，2016．

[8] 中华人民共和国国家统计局．中国统计年鉴北京：中国统计出版社，2016．

[9] Han S，Chen H，Long R，et al．Peak coal in China：A literature review．Resources，Conservation and Recycling，2018，129：293-306．

[10] Li D，Wu D，Xu F，et al．Literature overview of Chinese research in the field of better coal utilization．Journal of Cleaner Production，2018．

[11] 中华人民共和国国家统计局．中国统计年鉴 2016．北京：中国统计出版社，2017．

[12] 国家电力规划研究中心．我国中长期发电能力及电力需求发展预测．China Energy News．2013.7．

[13] 单葆国，韩新阳，谭显东，等．中国“十三五”及中长期电力需求研究．中国电力，2015，（1）：6-10，14．

[14] 黄兴．晚清电气照明业发展及其工业遗存概述．内蒙古师范大学学报（自然科学汉文版），2009，38（03）：329-336．

[15] 李代耕．中国电力工业发展史料：解放前的 70 年（1879-1949 年）．北京：水利电力出版社，1983．

[16] 程均培．中国重大技术装备史话．北京：中国电力出版社，2012．

[17] 杨勤明．中国火电建设发展史（5）．电力建设，2008，（05）：94-98．

[18] 杜祥琬．20 世纪中国知名科学家学术成就概览·能源与矿业工程卷：动力与电气科学技术与工程分册（二）．北京：科学出版社，2014．

[19] 王宝乐．保持我国电力供需平衡的几个问题．电力技术经济，2001，（02）：5-8．

[20] 朱中原．“电荒”=另类“SARS”?．中国报道，2006，（04）：29-38．

[21] 陆延昌．加大电力结构调整力度关停小火电机组提高电力工业的经济和环保效益．中国电力，1999，32（9）：1-7．

[22] 2005 年全国电力生产快报．中国电力企业管理，2006，（02）：77-78

[23] 薛新民，李际，耿志成，等．中国的关停小火电行动．中国能源，2003，（03）：10-13．

[24] 陆延昌．加大电力结构调整力度　关停小火电机组　提高电力工业的经济和环保效益．中国电力，1999，（09）：3-9．

[25] 王楠．我国关停小火电机组的形势分析．电力技术经济，2006，18（03）：17-19．

[26] 杨勇平，杨志平，徐钢，等. 中国火力发电能耗状况及展望. 中国电机工程学报，2013，(23)：1-11.

[27] Spath P L，Mann M K，Kerr D R. Life Cycle Assessment of Coal-fired Power Production，1999.

[28] White S. Birth to death analysis of the energy payback ratio and CO_2 gas emission rates from coal，fission，wind，and DT-fusion electrical power plants. Fusion Engineering and Design，2000，48 (3-4)：473-481.

[29] 周亮亮，刘朝. 洁净燃煤发电技术全生命周期评价. 中国电机工程学报，2011，(02)：7-14.

[30] 不同发电能源温室气体排放关键问题研究项目组. 中国不同发电能源的温室气体排放. 北京：中国原子能出版社，2015.

[31] Netl. Life Cycle Analysis：Supercritical Pulverized Coal （SCPC） Power Plant：U.S. Department of Energy，2010.

[32] 国家统计局，环境保护部. 中国环境统计年鉴北京：中国统计出版社，2016.

[33] 电力规划设计总院. 火电工程限额设计参考造价指标（2004-2015 年）. 北京：中国电力出版社，2015.

[34] 蒲鹏飞，赵保华. 电源项目投资财务净现值的多因素敏感性分析及风险防范. 电力建设，2013，(01)：88-91.

[35] Di Gianfrancesco A，Blum R. 24-A-USC programs in the European Union：Materials for Ultra-Supercritical and Advanced Ultra-Supercritical Power Plants. Di Gianfrancesco A Woodhead Publishing，2017，773-846.

[36] 刘入维，肖平，钟犁，等. 700℃超超临界燃煤发电技术研究现状. 热力发电，2017，46 (9)：1-7，23.

[37] 欧盟的 AD700 计划. 华电技术，2008，(04)：79-80.

[38] 王卫良，李永生. 大型汽轮机组 2 次再热回热系统关键技术研究. 热力发电，2013，42 (11)：49-53.

[39] Kjaer S，Drinhaus F. A MODIFIED DOUBLE REHEAT CYCLE：ASME 2010 Power Conference. Chicago，Illinois，USA，2010，285-293.

[40] Blum R，Kjær S，Bugge J. Development of a PF Fired High Efficiency Power Plant （AD700)：Risoe National Lab Dtu Roskilde，2007，69-80.

[41] Fukuda M. 22 - Advanced USC technology development in Japan：Materials for Ultra-Supercritical and Advanced Ultra-Supercritical Power Plants. Di Gianfrancesco A Woodhead Publishing，2017，733-754.

[42] Shingledecker J P. 20 - The US DOE/OCDO A-USC materials technology R&D program：Materials for Ultra-Supercritical and Advanced Ultra-Supercritical Power Plants. Di Gianfrancesco A Woodhead Publishing，2017，689-713.

[43] 乔加飞，王斌，陈寅彪，等. 630℃高效超超临界二次再热机组关键技术研究. 煤炭工程，2017，(S1)：109-113.

[44] 我国启动 700℃超超临界燃煤发电技术研发计划. 燃气轮机技术，2011，(03)：55.

[45] 徐炯，周一工. 700℃高效超超临界技术的发展. 中外能源，2012，(06)：13-17.

[46] Liu Z，Xie X. 21-The Chinese 700℃ A-USC development program：Materials for Ultra-Supercritical and Advanced Ultra-Supercritical Power Plants. Di Gianfrancesco A Woodhead Publishing，2017，715-731.

[47] 徐炯，周一工. 700℃高效超超临界火力发电技术发展的概述. 上海电气技术，2012，(02)：50-54.

[48] Nierop S，Vree B，Kielichowska I. International comparison of fossil power efficiency and CO_2 intensity - update 2016：MRI Research Associates，Japan，2016.

[49] BoA and KoBra. Modern power-plant technology for brown coal. Fuel and Energy Abstracts，1995，36（3）：215.
[50] 林宗虎. 中国燃煤锅炉节能减排技术近况及展望. 西安交通大学学报，2016，（12）：1-5.
[51] 褚达，史月涛，王晓娟. 四分仓回转空气预热器热力模型与漏风模型耦合计算. 山东大学学报（工学版），2016，（05）：126-130.
[52] 王一坤，陈国辉，王志刚，等. 回转式空气预热器密封技术及研究进展. 热力发电，2015，（08）：1-7.
[53] 张安国. DL/T 466-2004《电站磨煤机及制粉系统选型导则》内容精点. 电力标准化与计量，2004，（02）：9-12.
[54] 张永明，郝文蛇，李振东，等. 离心式一次风机节能改造. 内蒙古电力技术，2014，（03）：62-66.
[55] 赵有飞. 火力发电厂锅炉点火节能技术应用进展. 工业技术创新，2016，（05）：1052-1055.
[56] 聂欣，周俊虎，汪洋，等. 我国电站锅炉煤粉直接点火技术的发展以及现状. 热能动力工程，2008，（04）：333-337.
[57] 马凌波，王丰超. 电站锅炉等离子点火技术应用初探. 中国设备工程，2017，（14）：123-124.
[58] Tillman D A. Chapter Eight - Coal-Fired Power Plants：2000 – Present and Beyond：Coal-Fired Electricity and Emissions Control. Tillman D A Butterworth-Heinemann，2018，207-236.
[59] Rant Z. Exergie，ein neues Wort fur "Technische Arbeitsfahigkeit"（Exergy，a new word for "technical available work"）. Forschung auf dem Gebiete des Ingenieurwesens，1956，22：36-37.
[60] 朱明善.（火用）与能的合理利用. 能源，1983，（01）：32-35.
[61] 项新耀.（火用）（Ex）概念及（火用）值的计算. 油田地面工程，1985，4（01）：27-35.
[62] 项新耀. 化学（火用）的计算. 油田地面工程，1985，4（06）：31-37.
[63] Sengupta S，Datta A，Duttagupta S. Exergy analysis of a coal-based 210 MW thermal power plant. International Journal of Energy Research，2007，31（1）：14-28.
[64] 刘强，段远源. 超临界600MW火电机组热力系统的火用分析. 中国电机工程学报，2010，30（32）：8-12.
[65] Yang Y，Wang L，Dong C，et al. Comprehensive exergy-based evaluation and parametric study of a coal-fired ultra-supercritical power plant. Applied Energy，2013，112：1087-1099.
[66] Uysal C，Kurt H，Kwak H. Exergetic and thermoeconomic analyses of a coal-fired power plant. International Journal of Thermal Sciences，2017，117：106-120.
[67] 王雨丝，夏家群，和浩浩，等. 600MW 超临界火力发电机组锅炉效率分析. 工业加热，2016，45（01）：5-8.
[68] Si N，Zhao Z，Su S，et al. Exergy analysis of a 1000 MW double reheat ultra-supercritical power plant. Energy Conversion and Management，2017，147：155-165.
[69] 李永毅，徐钢，薛小军，等. 燃煤电站一次风加热流程优化的高效集成系统性能分析. 中国电机工程学报，2017，37（20）：5970-5979.
[70] 李金玉. 电站锅炉㶲平衡计算分析. 西安交通大学学报，1986，20（02）：87-97.
[71] 石奇光，仝宁，高乃平，等. 火电厂管道热效率及行业标准的探讨. 华东电力，2004，32（01）：44-47.

[72] 赵建民. 新排放标准情况下火电厂除尘方式的选择. 中国环保产业，2013，（04）：48-54.
[73] 戴铁华，李彦，胡昌斌，等. 大型燃煤电厂大气污染物近零排放技术方案. 湖南电力，2014，（06）：47-50.
[74] 王临清，朱法华，赵秀勇. 燃煤电厂超低排放的减排潜力及其 PM_（2.5）环境效益. 中国电力，2014，（11）：150-154.
[75] U.S. Energy Information Administration. Electric Power Annual 2015，2018.
[76] 陈冬林，吴康，曾稀. 燃煤锅炉烟气除尘技术的现状及进展. 环境工程，2014，（09）：70-73.